Henning Mittelbach

Programmierkurs
TURBO-PASCAL

Programmierkurs TURBO-PASCAL

Version 6.0

Von Prof. Dr. Henning Mittelbach
Fachhochschule München

 B. G. Teubner Stuttgart 1992

Im vorliegenden Buch erwähnte Produkt- und Firmennamen wie BORLAND, EPSON, IBM, MS.DOS, TURBO u. a. sind gesetzlich geschützt, ohne daß im einzelnen darauf hingewiesen wird.

Die Deutsche Bibliothek – CIP-Einheitsaufnahme

Mittelbach, Henning:
Programmierkurs TURBO-PASCAL Version 6.0 / von Henning
Mittelbach. – Stuttgart : Teubner, 1992
ISBN 978-3-519-02981-6   ISBN 978-3-322-94770-3 (eBook)
DOI 10.1007/978-3-322-94770-3

Vorwort

Seit Ausgabe des Bandes "TURBO Pascal aus der Praxis" in der Teubner-Reihe
MikroComputer-Praxis sind an die fünf Jahre vergangen. In dieser Zeit ist
TURBO Pascal von der Version 3.0 bis zur Version 6.0 erheblich ausgeweitet
und verbessert worden bis hin zum objektorientierten Programmieren (OOP).
Die Vorlesungen für Informatikstudenten an der Fachhochschule München FHM
sind diesem raschen Fortschritt natürlich angepaßt worden.

Das jetzt gedruckt vorliegende Skriptum ist Grundlage einer sechsstündigen
Anfängervorlesung "Programmieren", die durch umfangreiche Praktika ergänzt
wird. Einige kritische Bemerkungen aus früheren Rezensionen habe ich abge-
wogen; so wurde die alte Darstellung nur auszugsweise übernommen, vielfach
völlig überarbeitet, vor allem aber spürbar erweitert und zudem durch ein
ausführliches Stichwortverzeichnis ergänzt.

Etliche Kapitel sind völlig neu: Der Einstieg in die Systemprogrammierung
wird durch einen entsprechenden Abschnitt erleichtert; die Erstellung von
Units wird exemplarisch beschrieben; für praxisorientierte Programme gibt
es Mausroutinen mit und ohne Grafik, auch eine erste Einführung in den Maschinencode und manch anderes.

Unverändert ist aber das grundsätzliche Konzept: nicht systematische Darstellung des Anweisungsvorrats, sondern vielmehr exemplarische Einführung
in die Sprache anhand vielfältiger und nichttrivialer Programme. – Während
ersteres (also die strenge Systematik) viele gute Lehrbücher leisten, muß
man sich Kenntnisse über Algorithmen und dgl. in verschiedenen Fachbüchern
oft mühselig zusammensuchen. Es erscheint mir wichtig, auch in einer Ein-
führungsveranstaltung praktische Programme zu zeigen und nicht nur Sprach-
beschreibung zu treiben. Die Studenten sehen das ähnlich.

So bleibt es weiterhin erklärtes Ziel, daß dieses Buch sowohl der Anfänger
für das Selbststudium als auch der Student (freilich mit dem Vorteil, daß
ihn ein Dozent unterstützt) gleichermaßen benützen können. Auch jene, die
schon ein paar Programmierkenntnisse in TURBO Pascal haben, werden einiges
neue vorfinden, denn im Text verstreut finden sich diverse Tips und Tricks
für den Programmieralltag. Ich habe versucht, dies im Stichwortverzeichnis
zu verankern.

Trotz so mancher Einwände sind Beispiele zwangsläufig auch aus dem Bereich
Ingenieurmathematik und Informatik gewählt; sie verlangen aber keine tief-
liegenden Kenntnisse und sind so ausreichend beschrieben, daß die jeweiligen Algorithmen verstanden werden können (und man möglicherweise auch aus
dem Umfeld etwas dazulernt). Der an sich positiven Kritik früherer Bücher
komme ich dadurch entgegen, daß ich vermehrt Listings anbiete, die mit Mathematik wenig bis fast nichts zu tun haben: komplette Programme etwa für
Adressverwaltungen, zur Erstellung von Terminkalendern, Druckertreiber und
manch anderes, was von allgemeinem Interesse ist.

In diesem Sinn ist auch ein Kapitel über Dateien und Bäume neu aufgenommen
worden, in dem z.B. Sortieralgorithmen, Indexdateien, Bayer-Bäume und dgl.
soweit besprochen werden, daß der Einstieg in speziellere Literatur ohne
Mühe möglich wird. Im Blick auf die mittlerweile vier Handbücher zu TURBO
Pascal sind eigentlich nur zwei Themen ausgespart: OVERLAY-Programmierung
ist anfangs weniger wichtig, das Schreiben residenter Programme einfach zu
schwer ... Jedoch wird im letzten Kapitel dieses Kurses noch der Anschluß
an OOP hergestellt.

Für den echten Anfänger habe ich ein ausführliches Kapitel zum Betriebssystem DOS vorgesehen, in dem alle für den Alltag wichtigen und nützlichen
Kenntnisse zusammengestellt sind. Der Umgang mit der TURBO Sprachumgebung
wird - zwar keineswegs vollständig, aber für den Einsteiger ausreichend -
soweit erklärt, daß alle Programme des Buches ökonomisch geschrieben, verändert und compiliert werden können. Nach kurzer Zeit wird man dann sicher
mit den Originalhandbüchern von BORLAND arbeiten können; anfangs sind sie
wegen etlicher Fachausdrücke nicht gerade leicht lesbar und daher zunächst
etwas unbeliebt ...

Auf den Disketten zu diesem Buch (Beschreibung im Kapitel 27) finden sich
bis auf Kurzbeispiele alle Listings dieses Skripts, aber auch noch etliche
weitere Quellfiles, mehrere nützliche Dateien, weiter ein paar compilierte
(residente) Maschinenfiles für spezielle Zwecke, bei denen auf eine Quell-
textversion vorerst verzichtet worden ist. - Deren Beschreibung hätte ein
eigenes (und ziemlich umfangreiches) Kapitel erforderlich gemacht. - Diese
beiden Disketten werden mit ergänzendem Begleittext angeboten: Erklärungen
der weiteren Files und zusätzliche Hinweise.

Bis auf ganz wenige Ausnahmen laufen alle Programme unter TURBO Pascal 5.5
wie 6.0 gleichermaßen. Die Entwicklung erfolgte unter 5.5, der Test unter
6.0 oder umgekehrt. Mit älteren Versionen von TURBO Pascal wird man jedoch
in sehr vielen Fällen nicht mehr arbeiten können, es sei denn, man ändert
die Listings teils stark ab.

Die Vorbereitung des Skriptums für den Druck war (trotz oder wegen Unter-
stützung durch ein Textprogramm) ein zeitaufwendiges und kaffee-intensives
Unterfangen, das neben der enormen Lehrbelastung abgewickelt werden mußte.
Meiner privaten Umgebung (Petra in erster Linie) danke ich daher für viel
Geduld und Nachsicht, Kater Iwan-Pascal für viele Nachtstunden als unver-
drossen schnurrendem Beisitzer am Schreibtisch und Computer. Einige sicher
noch vorhandene Fehler möge der Leser verzeihen ...

Dem Verlag Teubner danke ich für die vorbehaltslose Aufnahme dieses Textes
in seine Hochschulliteratur. Ich hoffe, daß das fertige Manuskript, allen
noch möglichen Schwächen und denkbarer Kritik zum Trotz, wenigstens etwas
von dem hält, was ich beabsichtigt habe.

Friedberg, im März 1992   Henning Mittelbach

INHALTSVERZEICHNIS

1 EINLEITUNG

Die Steuerung von Computern erfolgt teils über Kommandos von der Betriebssystemebene, teils über sog. Programme: Das sind letztlich Folgen von Bit-
mustern, die von der CPU ('Central Processor Unit') des Rechners direkt
verstanden und in zeitlicher Abfolge abgearbeitet werden. Solche stets
prozessorabhängigen Maschinenprogramme ('object code') können zwar auch
selber entwickelt werden, doch ist das relativ schwierig und recht fehler-
trächtig. Heute bedient man sich daher meist sog. höherer Programmierungs-
sprachen, die auf ganz unterschiedlichen Rechnern einsetzbar, kompatibel
sind. – Die allgemein üblichen Personalcomputer (PCs) gehören meist der
Familie der DOS-Rechner an und haben zudem fast immer Prozessoren der Baureihe 8086, 80286, 80386 ... Die im Laufe dieses Kurses vorkommenden Programme, die wir in der sog. TURBO Sprachumgebung IDE (d.h. 'Integrated
Development Envirement') entwickeln, laufen auf diesen PCs ohne Probleme.
Für absolute Neulinge im Umgang mit PCs ist zu Ende dieses Buches noch ein
ergänzendeS Kapitel angefügt, der den ersten Umgang mit dieser Rechner-
familie erleichtert und auch einige Begriffe (so Betriebssystem) erklärt,
die wir immer wieder verwenden werden.

Eine höhere Sprache wie BASIC oder Pascal ist eine zweckmäßig entwickelte
Kunstsprache, nach Wortwahl und Anzahl der Wörter ein sehr kleiner Ausschnitt aus einer lebenden Sprache (meist Englisch) mit präziser Abgrenzung
der Semantik, und im Blick auf maschinelle Bearbeitung strenger Syntax.
Hinzugenommen wird stets ein Vorrat an Ziffern und Zeichen, um Zahlen zu
bilden bzw. "Sätze" strukturieren zu können. Gewisse Zeichenfolgen haben
oft auch Steuerungsfunktion. Die lauffähigen Bausteine solcher Sprachen
heißen Anweisungen ('statements'); jede zulässige Anweisung bewirkt eine
definierte Reaktionsfolge des Computers. "Zulässig" ist eine Anweisung
dann, wenn sie aus den vorab definierten (und noch kleineren) Elementen
der Sprache syntaktisch regelgerecht aufgebaut ist. Man muß also einerseits
die Syntax (etwa "Grammatik") lernen, aber andererseits auch die Bedeutung
der Sprachelemente (Semantik: etwa Bedeutungsinhalt) kennen, um damit die
gewünschte Wirkung sicher (oder überhaupt) zu erzielen.

Mehr wissenschaftstheoretisch formuliert ist eine Programmiersprache ein
abgeschlossenes System mnemotechnisch, fürs Erinnern günstig formulierter
Anweisungen zur Steuerung eines Automaten. "Abgeschlossen" bedeutet dabei,
daß jede sinnvolle Verknüpfung von Anweisungen zu neuen Anweisungen nach
den geltenden Regeln wiederum zu einer spezifischen Aktion des Automaten
führt. Eine (endliche) Menge zulässiger Anweisungen zu einem bestimmten
Zweck nennt man dann ein Programm, das ist ein Abbild eines Algorithmus
zur Lösung eines Problems. – Programmieren in diesem allgemeinen Sinn ist
damit eine weitgefächerte Tätigkeit: Man muß das Problem sachgerecht formulieren und analysieren, sich einen Lösungsweg ausdenken und zuletzt den
Algorithmus in einer passenden Sprache codieren, ehe man einen Rechner
hinzuzieht. Es wundert daher nicht, daß die mittlerweile hoch entwickelte
Rechnertechnik und die Vielfalt differenzierter Probleme, die mit Rechnern
heute untersucht werden können, viele dieser Einzelschritte Spezialisten
zuweisen. "Programmieren" steht daher in engerem Wortsinn nur noch für
einen einzigen der Arbeitsschritte, nämlich das Codieren des Algorithmus
zum Quellprogramm. Der Benutzer eines PCs ist, wenn er nicht nur käufliche
Software einsetzt, oftmals in allen Rollen tätig.

Im Laufe dieses Kurses werden wir daher in vielen Fällen zuerst Problem-
analyse betreiben müssen, ehe wir ein Programm selbst schreiben und aus-
testen.

Damit ein Rechner das <u>Quellprogramm</u> ('source code') in einer Hochsprache
abarbeiten kann, muß es erst in ein Objektprogramm verwandelt, in ein Bit-
muster "übersetzt" werden. Diese Arbeit leistet ein bei Bedarf verfügbares
Programm des jeweiligen Sprachsystems, das zusätzlich zum Betriebssystem
des Rechners geladen werden muß. Im Falle von TURBO Pascal handelt es sich
um die sehr aufwendige Sprachumgebung IDE, ein Werkzeug, das neben diesem
Übersetzer auch eine Reihe anderer Komponenten aufweist, vor allem einen
<u>Editor</u> zum Erstellen und Bearbeiten der Quelltexte in Pascal. Zwei grund-
sätzlich verschiedene Typen solcher Übersetzer existieren:

Wird das Quellprogramm in Laufzeit ('Runtime') Zeile für Zeile übersetzt und
sogleich zeilenweise abgearbeitet, so spricht man von einem <u>Interpreter</u>.
Charakteristisch ist für diesen Fall, daß auch ein Programm mit fehlerhaften
Anweisungen gestartet werden kann, weil solche erst unter Laufzeit erkannt
werden. Interpretierte Programme sind relativ langsam, da bei jeder Ausführung neuerlich übersetzt werden muß.

Ein <u>Compiler</u> hingegen generiert zuerst einmal den vollständigen Maschinencode und speichert ihn auf Wunsch auch dauerhaft ab; nur bei erfolgreicher
Übersetzung steht (auch ohne Quelle) ein syntaktisch fehlerfreier Objektcode zur Verfügung, der dann wiederholt sehr schnell abgearbeitet werden
kann. Daß jenes Programm dann "läuft", spricht noch lange nicht für seine
"Richtigkeit", denn logische Fehler, also Fehler im Algorithmus, werden
auch von Compilern kaum erkannt. Höhere Programmiersprachen waren zunächst
fast immer problemorientiert, d.h. prozedural für einen ganz gewissen Zweck
konzipiert worden. Dies geht häufig schon aus den gewählten Namen hervor:

```
ALGOL:    ALGOrithmic Language,
BASIC:    Beginners All-purpose Symbolic Instruction Code,
COBOL:    COmmon Business Organization Language,
FORTRAN:  FORmula TRANslator   u.a.
```

Die zweitgenannte Sprache ist meist in ein interpretierendes Sprachsystem
eingebunden (es gibt aber auch BASIC-Compiler), die übrigen werden stets
compiliert. Allen aufgeführten Sprachen ist gemeinsam, daß das zu lösende
Problem streng algorithmisiert werden muß, der Lösungsweg also detailliert
prozedural zu beschreiben ist. – Hingegen ist z.B. PROLOG (PROgramming in
LOGics) eine deklarative Sprache (der sog. fünften Generation), in der ein
Programm die Aufgabe beschreibt, und der Rechner dann nach einer Lösungsstrategie sucht. Die Programmiertechnik ist gegenüber Pascal recht anders.

Die Sprache Pascal ist benannt nach dem französischen Mathematiker und
Philosophen BLAISE PASCAL (1623 – 1662), der vermutlich als erster eine
funktionsfähige Rechenmaschine entworfen hat. Pascal wurde um 1971 an der
ETH Zürich von NIKLAUS WIRTH vorgestellt und als Sprache konzipiert, die
"klar und natürlich definiert ist und das Erlernen des Programmierens als
einer systematischen Disziplin im Sinne des Strukturierens unterstützen
soll." Wirth hat seinerzeit wohl kaum ahnen können, welchen Siegeszug der
Entwurf seiner "didaktischen" Lernsprache antreten würde: Mittlerweile sind

weltweit Millionen von Sprachsystemen installiert, nicht zuletzt deswegen,
weil sich Pascal auch auf kleineren Rechnern mit relativ wenig Speicherplatz schon vor Jahren (s.u.: APPLE Pascal) vorteilhaft implementieren
ließ und außerdem eine Kunstsprache ist, die die Vorteile vieler bis dahin
bekannter Sprachen verbindet und gleichzeitig eine Reihe spürbarer Nachteile vermeidet: Pascal ist kaum schwerer erlernbar als BASIC, weist aber
bessere Strukturierungsmerkmale auf und hat nicht die sehr fehlerträchtige
Syntax, die beim Betrachten eines FORTRAN-Programms sofort auffällt.

Betrachten Sie dazu die <u>Listings</u> (Quellprogramme) auf der folgenden Seite:
Das erste Beispiel eines BASIC-Programms verrät auch dem weniger Kundigen,
worum es geht: Es liest sechs Zahlen ein, bildet deren Summe und gibt das
Ergebnis aus. Die restlichen Listings leisten in etwa dasselbe, lassen das
aber im Falle ALGOL, Version 1960 bzw. FORTRAN IV (zeitlich etwas früher,
ab 1954 von IBM) keineswegs so einfach erkennen.

Pascal ähnelt in den Formulierungen BASIC, ist jedoch besser strukturiert,
was ein Vergleich jetzt freilich noch nicht erkennen läßt. Übrigens: Die
Groß- bzw. Kleinschreibung der Anweisungen (wie in Pascal) ist für den
Rechner ohne Bedeutung; sie hat lediglich didaktische Gründe, die später
erläutert werden.

Die Übersetzung eines Pascal-Quelltextes (etwa jener von Seite 10) erfolgt
mit einem Compiler. Enthält der Quelltext irgendwelche Syntaxfehler, also
Verstöße gegen die Regeln der Sprache, oder sehr einfache logische Fehler
(z.B. Nichtabschluß von Schleifen und ähnliches), so ist kein Maschinencode
generierbar. Ist die Übersetzung erfolgreich, so liegt ein Objektcode vor,
der auch ohne Quelltext lauffähig ist. Kommerzielle Software wird meistens
so geliefert. - Die Sprachumgebung IDE von TURBO Pascal besteht nicht nur
aus einem solchen Compiler, sondern zusätzlich aus etlichen weiteren (und
nützlichen) Komponenten, von denen der Anfänger zunächst nur den Editor
zur Quelltextbearbeitung benötigt. Hierfür könnte man sogar einen anderen
(externen) Editor benutzen und den Compiler in der völlig "abgemagerten"
Form TPC.EXE einsetzen (was dann zwingend wird, wenn die Quellen sehr umfangreich werden und der Arbeitsspeicher an seine Grenzen stößt).

Auf das Handling der TURBO Sprachumgebung werden wir im nächsten Kapitel
und fallweise auch später nur soweit eingehen, wie es für den Anfänger unbedingt erforderlich ist. Die insgesamt sehr umfangreichen, komfortablen
Arbeitsmöglichkeiten kann man dann nach und nach den Manualen [1] ... [4]
entnehmen. Unser Kurs ist auch dazu da, eben diese Manuale im Laufe der
Zeit zu verstehen und sinnvoll zu nutzen.

Von WIRTHs Pascal ausgehend, wurde zunächst <u>Standard-Pascal</u> entwickelt,
das seit Mitte der Siebzigerjahre vor allem auf Großrechenanlagen im Einsatz ist. Der Anweisungsvorrat ist im ANSI-Standard genormt. Die implemen-
tierten Compiler erstellen direkt ein schnelles Maschinenprogramm.

<u>UCSD-Pascal</u> ist eine seit 1977 verfügbare Version, die an der University of
California San Diego speziell für kleinere Rechner (v.a. die ersten PCs von
APPLE) entwickelt worden ist. Man legte erstmals Wert auf Dialogfähigkeit
(Kommunikation per Tastatur und Monitor, weniger über Datenendgeräte). Der
Compiler erstellte in UCSD einen sog. p-Zwischencode, der unter Laufzeit

interpretiert wurde. Allerdings war das Handling von UCSD auf kleinen PCs ziemlich schwerfällig: Das gesamte Sprachsystem konnte i.a. nicht komplett im Rechner gehalten werden; immer wieder waren Ladevorgänge erforderlich.

```
BASIC               10   REM : SUMME
(Standarddialekt)   20   S = 0
                    30   FOR L = 1 TO 6
                    40   INPUT A
                    50   S = S + A
                    60   NEXT L
                    70   PRINT "SUMME "; S
                    80   END
```

```
ALGOL 60            "BEGIN"
                    "COMMENT" SUMME;
                    "REAL" S, A;
                    "INTEGER" L;
                    S := 0;
                    "FOR" L := 1 "STEP" 1 "UNTIL" 6 "DO"
                    "BEGIN"
                    INPUT (60,"("")",A);
                    OUTPUT(61,"("/")", A);
                    S := S + A;
                    "END";
                    OUTPUT(61,"("/"("SUMME ")"")",S)
                    "END"
```

```
FORTRAN IV          C       SUMME
                            S=0.
                            DO 10 L = 1,6
                            READ (5,20) A
                    20      FORMAT (F9.2)
                            WRITE (6,30) A
                    30      FORMAT (20X,F9.2)
                            S=S+A
                    10      CONTINUE
                            WRITE (6,40) S
                    40      FORMAT (15X,5HSUMME,F9.2)
                            STOP
                            END
```

```
Pascal              PROGRAM summe (input, output);
                    (* berechnet eine Summe *)
                    VAR     l : integer;
                            s, a : real;
                    BEGIN
                    s := 0;
                    FOR l := 1 TO 6 DO BEGIN
                                       readln (a);
                                       s := s + a
                                       END;
                    writeln ('Summe ... ', s : 10 : 2)
                    END.
```

Dann, um 1983, kam <u>TURBO Pascal</u>, eine Entwicklung von BORLAND. Auch diese
Version enthält im Kern Standard-Pascal, zeichnete sich aber in der frühen
Version 3.0 durch geringen Speicherbedarf aus und konnte auch auf Rechnern
mit nur 64 KByte und einem einzigen Laufwerk gut genutzt werden, weil das
gesamte Sprachsystem stets geladen blieb. Der schon damals recht schnelle
Compiler erstellt direkt einen prozessororientierten Maschinencode. Grafik
gab es zunächst nicht, aber mittlerweile sind PCs weit leistungsstärker
geworden, und über die Versionen 4.0/5.0 bis hin zur Version 6.0 (1990/91)
hat sich viel geändert, nicht nur das mittlerweile enorme Tempo des TURBO
Compilers. – Das TURBO Pascal Konzept ist speziell auf PCs zugeschnitten,
d.h. die Sprachumgebung ist äußerst benutzerfreundlich und gleichzeitig so
leistungsfähig, daß die Entwicklung auch kommerzieller Software mit TURBO
Pascal auf PCs der jetzigen Generation durchaus üblich ist. Andere Sprach-
umgebungen z.B. für die Sprache C haben sich diesen Vorgaben BORLANDs angepaßt und nachgezogen: TURBO Pascal blieb trotzdem ein Werkzeug der Wahl.

Beim Erlernen von Pascal beginnt man mit dem "harten Kern" der Sprache,
d.h. mit einer Teilmenge des Standards, der allen o.g. Versionen gemeinsam
ist. Im weiteren Lernfortschritt werden dann Anweisungen hinzukommen, die
versionsspezifisch sind bzw. die jeweilige Rechnerkonfiguration berücksichtigen. In diesem Sinne behandelt das vorliegende Buch TURBO Pascal.
Als Erstsprache auch für den Anfänger ist Pascal sehr gut geeignet; es
macht später kaum Mühe, auf eine andere höhere Programmiersprache umzu-
steigen. Wer bisher extensiv (das keinesfalls überholte) BASIC benutzt
hat, muß sich allerdings ein paar "Schlampereien" abgewöhnen ...

Ehe wir jedoch mit der eigentlichen Beschreibung von TURBO beginnen, geben
wir einige allgemeine Hinweise, die zumindest für den Anfänger von Nutzen
sind. (Im Anhang zu DOS finden sich weitere Informationen.)

Die <u>Informationseinheit</u> 1 Bit ist der Gewinn an Wissen nach Beseitigung
der Unsicherheit in einer direkten Frage mit Ja/Nein-Charakter. 1 Bit läßt
sich schaltungstechnisch leicht realisieren, so z.B. mit einem Relais, das
offen oder geschlossen ist, allgemeiner mit jeder abfragbaren Schaltung,
die genau zweier definierter elektrischer Zustände fähig ist. Genutzt werden
heute hauptsächlich Halbleiterschaltungen (für Bearbeiten unter Zeit), und
magnetische Eigenschaften von Schichtträgern für dauerhaftes Speichern (wie
z.B. auf den verbreiteten 5.25"- bzw. "3.5"- Disketten oder Festplatten).
Die ersten Großrechner vor mehr als 50 Jahren arbeiteten tatsächlich mit
mechanischen Relais und Elektronenröhren; sie waren schon deswegen sehr
langsam und benötigten viel Energie, die sie hauptsächlich in Wärme um-
setzten ... Erst die Erfindung des Transistors (serienreif so um 1960)
brachte den Durchbruch. Historisch sollte nicht vergessen werden, daß in
Deutschland KONRAD ZUSE ab 1936 die ersten Großrechner aus Schaltern und
Relais (und Militärschrott) zusammenbaute und 1941 seine legendäre Z3 in
Berlin vorführen konnte. Die letzten Maschinen dieser Baureihe liefen noch
in den Siebzigerjahren zur vollen Zufriedenheit ihrer Benutzer. Der Autor
erinnert sich noch gut des rotierenden Trommelspeichers der Z23 ...

Schon historisch zu unterscheiden sind nach ihrer Bauart wesentlich zwei
Typen von Rechnern: <u>analoge</u> und <u>digitale</u>. "Urvater" ist auf der einen
Seite der Rechenstab, der mit der Erfindung der Taschenrechner fast aus-
gestorben ist, und auf der anderen Seite der Abakus, den es in ganz ver-

schiedenen Bauformen auch heute noch in weiten Teilen der Welt gibt; in China heißt das Gerät Chua suan, etwa "Rechnen mit Perlen". Diese beiden Typen unterscheiden sich wesentlich in der Art der Zahlendarstellung: Am Rechenstab wird prinzipiell durch Skalenvergleiche gerechnet, dies theoretisch also mit beliebiger Genauigkeit, während mit einer digitalen Maschine eine endliche und diskrete Menge von Zahlen dargestellt werden kann. Moderne Bauformen elektronischer Analogrechner existieren durchaus für bestimmte Zwecke; sie realisieren das Rechnen z.B. mit Schwingkreisen, die problemgerecht verdrahtet (geschaltet, "programmiert") werden müssen. Unser PC hingegen ist ein Digitalrechner, der jüngste Urenkel des Abakus gegen Ende des 20. Jahrhundert also. Einen solchen wollen wir im folgenden programmieren, gesteuert arbeiten lassen. Für sehr spezielle und diffizile Aufgaben gibt es beide Rechnertypen verbunden als "Hybridrechner", die zum Datenaustausch entsprechender Digital- und Analogwandler bedürfen.

Texte, Daten und Programme werden vom Rechner <u>binär (dual) codiert</u>, und dann mit einem standardisierten Code (meist der ASCII der USA - Norm) in eine maschinenlesbare Form gebracht. 8 Bit werden dabei zur Einheit 1 Byte zusammengefaßt, der kleinsten sog. <u>"Wortlänge"</u>. Ein solches Wort (oder ein längeres wie auf den jetzt üblichen 16-Bit bzw. 32-Bit-Maschinen) wird vom Betriebssystem unter einer "Adresse" (das ist wiederum ein Wort) gefunden, die auf einen Speicherplatz im Arbeitsspeicher des Rechners weist. Diese Verwaltungsarbeiten laufen automatisch ab und interessieren den Benutzer im allgemeinen nicht. Der 'User' muß über diese internen Vorgänge nichts wissen; er kommuniziert nur über eine "Softwareschnittstelle" mit dem gesamten System, das ihn fortwährend und unbemerkt unterstützt, gelegentlich aber Meldungen absetzt wie z.B. OUT OF MEMORY - Speicherplatz erschöpft.

2^{10} Byte (= 1024 Byte oder 8192 Bit) ergeben ein Kilobyte, gut 1000 Byte also. Ein älterer sog. 64-KByte-Rechner hatte demnach etwas mehr als 65000 Speicherplätze (Adressen), zu deren mechanischer Verwirklichung über eine halbe Million Schalter notwendig wären. Die skizzierte Speicherungsform legt es nahe, Zahlen und Zeichen dual (0, 1, 10, 11, 100, ...) mit der Basiszahl 2 zu verschlüsseln und damit zu rechnen. In der Praxis verwendet man allerdings die sog. <u>hexadezimale Codierung</u> zur Basiszahl 16, die mit der dualen Form eng verwandt ist. Da alle Speicherplätze im Rechner nur in eingeschaltetem Zustand aktiviert sind, gehen die Informationen beim Ausschalten verloren, von kleinen Festspeichern ('ROM' = Read Only Memory) einmal abgesehen, die z.B. für Startroutinen (feste "Vorkenntnisse" des Rechners beim Einschalten, etwa für das Ansprechen peripherer Speicher, das Einlesen von DOS u. dgl.) erforderlich sind.

Periphere Speicher sind notwendig, um Informationen wie z.B. Programme und Daten dauerhaft verfügbar zu machen. Hierzu gehört heute meistens auch das Betriebssystem, das beim Starten der Anlage von einer sog. System-Diskette oder der Festplatte eingelesen ("geladen"), d.h. in den Arbeitsspeicher gebracht werden muß: Der Vorgang heißt 'Booten', "die Stiefel anziehen".

An dieser Stelle soll eine möglichst allgemein gehaltene Kurzbeschreibung eines (digitalen) Rechnersystems nicht fehlen: Im Zentrum steht die CPU (auf deutsch: Zentraleinheit), ein Chip mit Fähigkeiten ganz elementaren Rechnens, die getaktet ablaufen, etwa mit 12 oder 16 MHz oder noch mehr. Ihm unmittelbar zugeordnet sind Speicherplätze ("Register") für die Über-

wachung der jeweiligen Abläufe (Inhalt z.B. aktuelle Adressen, Zahlenwerte
und dgl.), ferner ein ROM für die Startroutinen bzw. bei sehr kleinen Rechnern sogar für eine (dann einfache) Sprachversion von BASIC. Über Datenleitungen ("Bus") steht die CPU mit dem Arbeitsspeicher ('Memory' oder
schneller Zugriffsspeicher) in Verbindung, ferner mit wenigstens einer
Eingabeeinheit ('Keyboard' = Tastatur, aber auch anderen) und einer Aus-
gabeeinheit wie dem Bildschirm ('Monitor'), Drucker ('Line-Printer') und
anderen. Periphere Speicher (Diskettenlaufwerk: 'Drive', oder Festplatte:
'Harddisk' und andere) ergänzen fallweise das System.

Nach dem Booten meldet sich die sog. Kommandoebene des Betriebssystems und
wartet auf die Eingaben des Benutzers. <u>Kommandos</u> ('command') sind direkte
Befehle von der Kommandoebene aus an das System. Sie werden im Gegensatz
zu den <u>Anweisungen</u> ('statement') eines Programms sofort im sog. "direkten"
Modus ausgeführt. Kommandos sind also nicht Bestandteile einer Programmiersprache, sondern Bedienungskürzel der Betriebssystem-Software und werden im
Manual des Herstellers erläutert. Anweisungen dagegen wirken unter Laufzeit
und werden in den Manualen des Sprachentwicklers oder in einem Lehrbuch
der Sprache erklärt, etwa in der vorliegenden Einführung von TURBO. Beide
Begriffe müssen streng unterschieden werden. (In BASIC gibt es Verwirrung,
weil dort viele Kommandos auch als Anweisungen mit Zeilennummer verwendbar
sind, eine in Pascal ausgeschlossene Möglichkeit.) Während BASIC in vielen
Betriebssystemen schon beim Start eingebunden wird, muß Pascal wahlweise
nachgeladen werden, wird also "unter einem Betriebssystem gefahren" (UCSD
benützt jedoch ein eigenes Betriebssystem). Unter MS.DOS erfolgen alle
Sprachwechsel auf der Betriebssystemebene ohne Ausschalten des Rechners.

Auch das Betriebssystem stellt schon Dienstleistungen zur Verfügung, die
ohne Sprache nützlich sind (Kopieren von Disketten, Erstellung einfacher
Programme mit einem Editor und dergleichen); im wesentlichen werden aber
seine Möglichkeiten von der Sprachebene her eingesetzt, d.h. sind vom Hersteller des TURBO Sprachpakets im Hintergrund der Anweisungen eingebaut.
Insofern genügen zur effizienten Nutzung von z.B. TURBO Pascal mindestens
am Anfang durchaus sehr bescheidene Kenntnisse über das Betriebssystem.
Diese können Sie sich notfalls im Anhang dieses Buches erwerben.

Wir haben weiter oben von dualer und hexadezimaler Codierung gesprochen.
Während wir heutzutage im Dezimalsystem zu rechnen gewohnt sind (die alten
Babylonier hatten aber 12-er bzw. 60-er Systeme; Zeiteinheiten Minute und
Sekunde!), sind Computer aus o.g. technischen Gründen völlig auf duale oder
hexadezimale Berechnungen fixiert, sodaß es zur Kommunikation mit dem User
passender Konvertierungsprogramme des Betriebssystems bedarf. - Beispiele
für solche Programme können wir später selbst erstellen.

Üblicherweise zählen wir

    1 2 3 4 5 6 7 8 9 10 11 ...,

schreiben also die <u>Basiszahl</u> Zehn als erste mit zwei Ziffern; die Null
symbolisiert dabei einen Platzhalter für die Einer. Dual (oder auch binär)
sieht dies hingegen so aus:

    1 10 11 100 101 110 111 1000 1001 1010 1011 ...,

und ist nicht so recht lesbar. Schon die Zwei benötigt zwei Stellen, die Vier drei, die Acht vier usw. Acht ist 2^3, eine Eins mit drei Nullen. Dezimal 1000 ist analog 10^3. Ein Vorteil unseres Dezimalsystems ist sicher, daß Zahlen üblicher Größenordnung relativ kurz sind. Dem stehen aber auch Nachteile gegenüber, weil die Zehn nur die Teiler 2 und 5 hat, also viele gängige Divisionen nicht aufgehen. (Die 12 als Basiszahl mit den Teilern 2, 3, 4 und 6 ist daher durchaus von Wert, wie die Babylonier erkannten!)

Im Zweiersystem besteht das ganze "Einmaleins" aus vier Sprüchlein

$$0 \cdot 0 = 0 \quad 0 \cdot 1 = 0 \quad 1 \cdot 0 = 0 \quad 1 \cdot 1 = 1,$$

ideal für "Grundschüler" wie unseren Rechner. Addition mit Übertrag ist auch recht leicht:

```
    110
+    11
   ====
   1001          (dezimal: 6 + 3 = 9).
```

Man spricht (von rechts nach links) etwa: 1 + 0 ist 1, 1 an; 1 + 1 ist 10 ("eins null"), 0 an, 1 gemerkt, d.h. weiter; ...

Die Rückverwandlung des Ergebnisses ist unter Berücksichtigung der Stellenschreibweise einfach:

Man beginnt rechts (also hinten) und rechnet sich aus:

$$1 \cdot 1 + 0 \cdot 2 + 0 \cdot 4 + 1 \cdot 8 = 9.$$

Dezimalzahlen werden mit dem am Beispiel der Zahl 11 sogleich vorgeführten Divisionsalgorithmus (der sich natürlich begründen läßt) in Dualzahlen verwandelt:

```
11 : 2 = 5    Rest 1
 5 : 2 = 2    Rest 1
 2 : 2 = 1    Rest 0
 1 : 2 = 0    Rest 1
```

Dieser Algorithmus bricht ab, wenn sich bei der Division erstmals ein Wert 0 ergibt; nun liest man die Reste rückwärts und findet 11 (dual) = 1011. Im Hexadezimalsystem reichen unsere Ziffern zur Darstellung der Zahlen nicht aus, man fügt daher als weitere "Ziffern" die Buchstaben A ... F hinzu und zählt

$$1 \quad 2 \quad 3 \quad 4 \quad 5 \quad 6 \quad 7 \quad 8 \quad 9 \quad A \quad B \quad C \quad D \quad E \quad F \quad 10 \ldots$$

wobei 10 ("eins null") jetzt 16 bedeutet. Die größte zweistellige Zahl ist also FF, d.h. dezimal $15 \cdot 16 + 15 = 255 = 16^2 - 1$ durch Berechnung gemäß Absprache zur Positionsbedeutung der Stellenschreibweise.

Wir stellen uns einmal vor, der Rechner könne direkt mit der Wortlänge ein Byte arbeiten, d.h. auf 8 Bit parallel zugreifen, also die entsprechenden

Schalter bzw. Speicherelemente "gleichzeitig" ansprechen und umschalten.
(Tatsächlich beträgt von Haus aus die Wortlänge heute mindestens 2 Byte,
also 16 Bit, die sog. "Busbreite".)

Die größte darstellbare Nummer (Zahl ohne Vorzeichen) ist dann

     1111 1111

hexadezimal als FF geschrieben. Dezimal ist das $2^8 - 1$ oder 255. Dem entsprechen die 256 Adressen 0 ... 255. Soll ein solches Wort jetzt als Zahl
mit Vorzeichen verstanden werden, sind zusätzliche Vereinbarungen nötig:

Wir zählen die Bits von rechts nach links mit den Positionen 0 bis 7. Das
höchste Bit ganz links auf Platz 7 wird als <u>Vorzeichenbit</u> verwendet: Der
Inhalt 0 signalisiert positive, der Inhalt 1 hingegen negative Zahlen. Die
größte positive Zahl ist dann also dual

     0111 1111   oder hexadezimal 7F,

dezimal 127. Addiert man dual 1 hinzu, so ergibt sich dual 1000 0000 oder
hexadezimal 80, was jetzt dezimal als -128 interpretiert wird. Diese acht
Bit unseres Beispiels (oder Vielfache davon) werden parallel verwaltet,
d.h. gelesen, gesetzt und so weiter. Das Weiterzählen (also Addieren) erfolgt dann in der Form

     1000 0001, 1000 0010, ...

und bedeutet nunmehr dezimal -127, -126 usf. Demnach ist 1111 1111 oder FF
offenbar die Dezimalzahl -1, aus der nach Addition von 1 wie erwartet 0
entsteht. Charakteristisch ist dabei, daß der Überlauf nach links vorne
zum nicht vorhandenen Bit 8 (dem neunten sozusagen) ignoriert wird. Dieses
sehr seltsame zyklische Zählen (und damit Ganzzahlrechnen auf einer endlichen Menge) zeigt einen einfachen und durchaus nützlichen Zusammenhang
zwischen positiven und negativen Ganzzahlen in dualer Schreibweise:

Die negative Zahl -a zu einer positiven Zahl a aus 0 ... 127 findet man in
der Binärschreibweise einfach durch die sog. <u>Zweierkomplementbildung</u>. Man
"kippt alle Bits um" und addiert dann eine 1. Da sich dies mit Maschinen
einfach realisieren läßt, arbeitet auch unser PC gemäß dem folgenden Beispiel zur Negation für die Dezimalzahlen 1 bzw. 8:

     0000 0001 -> 1111 1110 -> 1111 1111   (1 -> -1)
     0000 1000 -> 1111 0111 -> 1111 1000   (8 -> -8).

Dezimal 8 - 1 rechnet die Maschine binär rein addierend daher wie folgt:

     0000 1000   (das ist 8)
     1111 1111   (-1 durch Komplementbildung)

     0000 0111   (von rechts nach links, Überlauf ignorieren)

Das Ergebnis ist erwartungsgemäß dezimal 4 + 2 + 1 = 7.

Sofern die Maschine nicht Dezimalzahlen ausgibt (das ist auf der Ober-
fläche einer Hochsprache normalerweise der Fall), werden Zahlen kaum dual,
sondern in der Regel hexadezimal aus den Speichern ausgelesen und dann
angezeigt; der Zusammenhang zwischen beiden Schreibweisen ist oben schon
mehrfach angedeutet worden. Wir gehen darauf noch etwas ein, auch wenn das
für unseren Pascal-Kurs zunächst weniger wichtig ist:

Man faßt ein Byte als Kombination zweier Bitmuster mit je vier Bit auf und
interpretiert diese unabhängig voneinander hexadezimal:

    0100 1001

ist die Dezimalzahl $2^6 + 2^3 + 2^0$, also 73. Die "niederwertige" (rechte)
Gruppe hat den Dezimalwert 9, der auch hexadezimal so zu schreiben ist und
1111 bedeutet dabei 15, also F. Die linke Gruppe hat isoliert betrachtet
den Dezimalwert 4, hexadezimal ebenfalls als 4 geschrieben. Also ist die
Hexaform dieser Zahl 49. Zur Kontrolle rechnen wir das nach:

    $4 \cdot 16^1 + 9 \cdot 16^0 = 64 + 9 = 73 \ldots$

Nun gehen wir davon aus, daß die Prozessoren der 80-er Reihe tatsächlich
mit einer Wortlänge von 2 Byte (oder mehr!) arbeiten.

Versteht man ein solches Wort als Adresse, so ist somit als größte Nummer

    1111 1111 1111 1111

verwendbar, hexadezimal FFFF geschrieben. Dezimal ist das die ominöse Zahl
$2^{16} - 1$ oder genau 65535. Mit der kleinsten "Hausnummer" oder Adresse
Null im Speicher sind das $2^{10} \cdot 2^6 = 1024 \cdot 64$ Adressen, eben 64 KByte. Um
den Adressraum weiter auszubauen, sind zusätzliche Vereinbarungen nötig:
Er wird in Blöcke gleicher Länge eingeteilt, von deren jeweiligem Beginn
an Relativadressen ('offset') gezählt werden. Wir kommen später in anderem
Zusammenhang auf diese Organisationsform zurück.

Gehen wir zu Zahlendarstellungen mit der Vorzeichenvereinbarung wie eben
über. Dann sind mit der Wortlänge 2 Byte offenbar Ganzzahlen im Bereich

    $-2^{15} = -32768 \ldots \ldots 32767 = 2^{15} - 1$

möglich. Dieser spezielle Typ von Ganzzahlen wird in TURBO Pascal *Integer*
genannt. In diesem zyklischen (endlichen) Zahlenraum kann man besonders
schnell rechnen, kann ihn aber nicht "verlassen". Man verwendet ihn daher
bei nicht zu großen Ganzzahlen recht gerne und oft. Die vollständige Liste
der in TURBO Pascal vordefinierten sog. Integertypen (ab Version 5.0) auf
der folgenden Seite wird nun leicht verständlich: Die ersten drei Typen
berücksichtigen Vorzeichen, die beiden letzten nicht. Bei einer Wortlänge
von 4 Byte = 32 Bit ist die größte ganze Zahl gemäß Übersicht $+ 2^{31} - 1$,
wie man leicht nachrechnen kann.

Bei den Grundrechenarten mit gemischten Typen ist später zu beachten, daß
fallweise automatisch Konvertierungen des Formats durchgeführt werden. Ein
Beispiel ist aussagekräftig:

Typ	Wertbereich	Speicherbedarf
Shortint	-128 ... 127	8 Bit
Integer	-32768 ... 32767	16 Bit
Longint	-2147483648 ... 2147483647	32 Bit
Byte	0 ... 255	8 Bit
Word	0 ... 65535	16 Bit

Abb.: Ganzzahltypen in TURBO Pascal

Sind zwei Speicher vom Typ *Shortint* mit 127 bzw. 3 belegt, so ergibt deren Summe 127 + 3 bei zyklischer Berechnung den Wert - 126, auch *Shortint*. Ist aber wenigstens einer der beiden Summanden vom Typ *Integer*, so erfolgt vor der Addition eine Konvertierung auf den Typ *Integer* und das Ergebnis wird dann lesbar 130. Soll dies auf einem Speicher abgelegt werden, so muß der Speicherplatz in TURBO Pascal dann *Integer* vereinbart werden.

Unser Programmbeispiel von Seite 10 läßt diese Vereinbarung erkennen: Im sog. Kopf eines Pascal-Programms befindet sich stets eine Auflistung aller vorkommenden Variablen, hinter deren Namen sich symbolisch unter Laufzeit Speicherplätze verstecken, also Adressen im Hauptspeicher. Je nach Typ einer Variablen sind über eine solche Adresse mehr oder weniger Byte im Speicher organisiert. Eine Eigenart von Pascal ist, daß jedes Programmlisting diesen Vereinbarungsteil benötigt. Das hat verschiedene Gründe:

Einmal kann der Compiler bereits beim Übersetzungslauf eine Einteilung des später benötigten Speicherplatzes vornehmen und eine entsprechende Liste an den Anfang des Maschinencodes schreiben (dieser 'Header' enthält auch noch andere Informationen), wodurch das Programm später ganz wesentlich schneller wird (denn diese Organisation wäre unter Laufzeit sehr aufwendig und damit u.U. zeitraubend). Zum anderen ist es aber möglich, während des Compilierens auf sog. "Typenverträglichkeit" zu testen und damit Fehler auszuschließen, die ansonsten leicht passieren könnten:

Eine sorglos hingeschriebene Addition a + b sollte nur mit Zahlen durchgeführt werden. Ist daher a später in Wahrheit eine Zahl (was der Benutzer an der Tastatur unter Laufzeit durch Eingabe realisiert), b hingegen ein Buchstabe oder ein anderes Zeichen, so wäre die weitere Ausführung des Programms nicht möglich und das Programm im übrigen grob fehlerhaft. - Ein Term der obigen Form wird daher bereits vom Compiler zurückgewiesen, wenn dieser die entsprechenden Informationen vorab aus dem Kopf des Programms entnehmen kann: a ist vom Typ her eine Ganzzahl, b hingegen ein Zeichen vom Typ *Char*, und das kann man nie und nimmer addieren. Der zusätzliche Aufwand für diese Anfangsdeklaration ist daher allemal lohnend im Blick auf die Ausführungssicherheit eines Programms.

Sieht man einmal auf einer Diskette (mit DIR) nach, so erkennt man dort Maschinenprogramme mit der Extension EXE, aber auch solche mit COM. TURBO erzeugte in den früheren Versionen nur COM-Programme, während die neueren Versionen beim Compilieren EXE-Programme generieren. - Damit hat es grob folgende Bewandtnis: COM-Programme können eine bestimmte Länge nicht überschreiten; die Startadressen solcher Programme sind im Code absolut festgelegt, explizit wie Hausnummern genannt. EXE-Programme hingegen können viel länger sein (aber sie müssen natürlich in einen freien Speicherabschnitt passen). Und: EXE-Programme sind "verschieblich", d.h. ihr Code samt Variablenliste ist "relativ" angegeben und kann vom Betriebssystem beim Laden ab einer geeigneten Startadresse umgesetzt werden.

Hexadezimalzahlen werden in Pascal mit einem vorgestellten Dollarzeichen markiert, also z.B. $FF. Eingaben oder Wertzuweisungen werden in dieser Form unmittelbar verstanden und ausgewertet. Man kann also anstelle von 16 jederzeit $10 schreiben oder $F für 15 ...

Nach dieser Einleitung mit eher allgemeinem Charakter sind wir endlich soweit: wir wollen unser erstes Pascal-Programm schreiben und erfolgreich zum Laufen bringen. Im folgenden Kapitel wird daher auf die Sprachumgebung IDE mindestens soweit eingegangen, daß nicht schon beim Schreiben, Starten und Abspeichern oder Laden von Beispielen Frust auftritt ... Sie werden sehen, daß der Umgang mit Pascal Spaß macht ...

Dabei wird vorausgesetzt, daß Sie das Sprachpaket TURBO Pascal von BORLAND installiert haben (das müssen Sie nach Anweisung des Herstellers mit einem Installationsprogramm nur einmal tun), und mit dem Kommando TURBO von der DOS-Ebene aus in den Editor gewechselt sind. Es sei noch angemerkt, daß bis auf ganz wenige Ausnahmen alle Listings in diesem Buch auch mit der älteren TURBO Version 5.5 compilierbar sind (und also auch laufen), unsere Systemhinweise aber nur 6.0 betreffen. Eine entsprechende Abbildung geben wir eingangs des nächsten Kapitels; hier sehen Sie die ältere Version 5.5 zum Vergleich:

```
   File      Edit     Run    Compile    Options    Debug     Break/watch
                                      Edit
 ┌──────────────────┐ ol 2   Insert Indent          Unindent * B:BEISPIEL.PAS
 │ Load        F3   │
 │ Pick    Alt-F3   │
 │ New              │        PROGRAM summe (input, output);
 │ Save        F2   │        (* Kommentar: Dieses Programm summiert a und b *)
 │ Write to         │        VAR a, b, sum : integer;
 │ Directory        │        BEGIN
 │ Change dir       │           write ('Zwei ganze Zahlen eingeben ... ');
 │ OS shell         │           readln (a, b);
 │ Quit      Alt-X  │           sum := a + b;
 └──────────────────┘           writeln ('Summe von  ', a, ' und ', b, ' = ', sum);
                                readln
                             END.
```

Abb.: Workfile BEISPIEL.PAS im Editor von TURBO 5.5
      mit geöffnetem File-Menü.

2 PROGRAMME IN PASCAL

Ein Pascal - Quellprogramm besteht stets aus dem <u>Programmkopf</u>, dem an-
schließenden <u>Deklarationsteil</u> und dem eigentlichen <u>Anweisungsteil</u>. Mit
einem ganz einfachen Beispiel führen wird erste Anweisungen ein und erläutern zugleich für den Anfänger, wie die TURBO Sprachumgebung Schritt
für Schritt effektiv eingesetzt werden kann. Die folgende Abbildung zeigt
unser erstes Programm, das wir zunächst ein wenig trocken erklären wollen,
ehe wir es schreiben, testen und abändern:

```
 ▪  File  Edit  Search  Run  Compile  Debug  Options  Window  Help
─[              ═══════════ B:BEISPIEL.PAS ═══════════════════════════1═[
│  ┌─────────────────────┐
│  │ Open...      F3      │  PROGRAM summe (input, output);
│  │ New                  │  (* Kommentar: Dieses Programm summiert a und b *)
│  │ Save         F2      │  VAR a, b, sum : integer;
│  │ Save as...           │  BEGIN
│  │ Save all             │      write ('Zwei ganze Zahlen eingeben ... ');
│  ├─────────────────────┤      readln (a, b);
│  │ Change dir...        │      sum := a + b;
│  │ Print                │      writeln ('Summe von  ', a, ' und ', b, ' = ', sum);
│  │ Get info...          │      readln
│  │ DOS shell            │  END.
│  │ Exit      Alt-X      │
│  └─────────────────────┘
```

Abb.: Workfile BEISPIEL.PAS mit geöffnetem File-Menü in TURBO 6.0

Die in der Sprache Pascal sog. <u>reservierten Wörter</u> werden wir immer mit
Großbuchstaben schreiben; solche Wörter können nie als benutzerdefinierte
<u>Bezeichner</u> von Variablen ('identifier', "Namen") verwendet werden und
haben eine ganz bestimmte, semantische Bedeutung. Ferner dienen sie der
Strukturierung des Algorithmus und gliedern zusammen mit <u>Steuerzeichen</u>
wie Komma, Semikolon u.a. den Text beim Compilieren.

PROGRAM steht am Anfang des Quelltextes, gefolgt von einem weitgehend frei
wählbaren Namen, der für den Compiler ohne Bedeutung ist (und nicht mit dem
Namen der Programmdatei auf Diskette oder im Arbeitsspeicher des Rechners
übereinstimmen muß, dem sog. 'Workfile'). *BEGIN* und *END* markieren im Beispiel den <u>Anweisungsteil</u> des Programms. Allgemeiner dienen diese beiden
Wörter (dann meistens paarweise) als "Klammern" von Anweisungsblöcken in
Programmen. Die Liste der reservierten Wörter in <u>Standard-Pascal</u> sieht
vollständig so aus:

```
AND ARRAY BEGIN CASE CONST DIV DO DOWNTO ELSE END FILE FOR
FORWARD FUNCTION GOTO IF IN LABEL MOD NIL NOT OF OR PACKED
PROCEDURE PROGRAM RECORD REPEAT SET THEN TO TYPE UNTIL VAR
WHILE WITH
```

In TURBO (siehe [1]) kommen einige weitere hinzu wie z.B.

```
IMPLEMENTATION INLINE INTERFACE OBJECT STRING
```

Sie sind Bausteine von Anweisungen, beschreiben logische Verknüpfungen oder
Rechenoperationen oder kommen wie *VAR* im Deklarationsteil von Programmen
vor. Bis auf *PACKED* werden nach und nach alle in diesem Buch auftauchen
und besprochen werden. Eng verwandt mit ihnen sind die <u>Standardbezeichner</u>;
hier ist eine kleine Auswahl (teils spezifisch TURBO Pascal wie *gotoxy*,
lowvideo u.a.) aus den wohl mehr als 200 ...

```
assign  boolean  char  chr  close  clrscr  cos  false  gotoxy  input
integer  lowvideo  normvideo  odd  ord  pi  pos  pred  random  read
readln  real  rename  reset  rewrite  round  seek  sin  sqr  sqrt
succ  true  trunc  upcase  val  write  writeln  ... und andere.
```

Sie stehen für sog. Typenbezeichner, Konstanten, Prozeduren und Funktionen
und können prinzipiell umdefiniert werden (mehr dazu in Kapitel 11); man
wird dies anfangs jedoch nicht tun. Wir bezeichnen reservierte Wörter und
Standardbezeichner als Sprachelemente etwas willkürlich im ungezwungenen
Umgang einfach als "<u>Pascalwörter</u>".

In BEISPIEL.PAS kommen die Ein- und Ausgabeprozeduren (kurz: Anweisungen)
readln, *write* und *writeln* vor, teils mit <u>Variablenbezeichnern</u> (in
Klammern), die man selber wählen darf. Hinter diesen Bezeichnern verbergen
sich unter Laufzeit des Programms Adressen im Speicher, die Speicherplätze
also, in denen die konkreten Werte der Variablen abgelegt sind. – Alle in
einem Pascal-Programm vorkommenden Variablen müssen im Deklarationsteil des
Programms genau einmal aufgeführt werden. Diese Liste wird mit dem Wort *VAR*
eingeleitet, gefolgt von einer Aufzählung aller Variablen, jeweils nach
einheitlichem Typ samt Typenbezeichner zusammengefaßt, im Beispiel nur der
Typ *Integer*. Kommata, Doppelpunkt und Strichpunkt in dieser Zeile sind als
<u>Trennzeichen</u> für den Compiler notwendig und verbindlich.

Die Typenbezeichner regeln u.a. für den vom Betriebssystem ausgewählten
Speicherplatz die Größe für die jeweilige Variable. Im Beispiel *Integer*
können damit nur ganze Zahlen eingegeben und verarbeitet werden; der zugehörige Speicherplatz hat zwei Byte. Andere Ganzzahltypen wurden bereits im
ersten Kapitel genannt; man vergleiche dazu die Übersicht auf Seite 17.
Ein Typ *Real* macht reelle Zahlen (d.h. Dezimalzahlen, Punkt als Dezimal-
komma!) mit vier Byte Speicher für uns verfügbar. Auf einen zusätzlichen
Grund für diese Organisation gehen wir zu Ende des Kapitels ein.

Weitere <u>Grunddatentypen</u> sind *Char* (das ist irgendein Zeichen der Tastatur)
und *Boolean* für die beiden logischen Wahrheitswerte *true* und *false*. Man
nennt alle diese <u>einfachen Datentypen</u> "skalar". In TURBO ist noch ein sehr
nützlicher Datentyp *STRING* vorgesehen: Strings oder Zeichenketten (mehr in
Kapitel 6) bilden den Übergang zu den strukturierten (zusammengesetzten)
Datentypen, die wir später besprechen. Dann wird sich auch zeigen, daß man
eigene Datentypen problembezogen selber definieren kann.

Das Programm enthält in einer Zeile eine sog. <u>Wertzuweisung</u>; solche Zeilen
dürfen auf der linken Seite lediglich einen Variablennamen vor dem Operator
:= aufführen, einer Zeichenfolge mit zwei Anschlägen auf der Tastatur, die
stets ohne Zwischenraum ('Blank', d.h. Leertaste) einzugeben sind. Rechts
von := steht ein arithmetischer Ausdruck, im einfachsten Falle ein Zahlen-
wert oder ein Variablenname. Im Beispiel wird die Summe a + b berechnet

und in sum abgespeichert. Testhalber könnten Sie später als weitere Zeile
danach *sum := sum + 10;* ergänzen und das Ergebnis beobachten.

Andere zulässige Wertzuweisungen wären etwa

```
a := 7;             (d.h. 7 auf a schreiben)
b := 3 * 5;         (3 * 5 = 15 in b ablegen)
a := a + 1;         (weiterzählen)
```

wobei letzteres bedeutet, daß der Inhalt des Speichers a um Eins erhöht
wird: Sein Inhalt wird zunächst in die CPU eingelesen, dort um Eins erhöht
und dann wieder nach a transportiert; die Bearbeitung := erfolgt also von
rechts nach links!

```
a - b := 7; a - 7 := b;
```

Diese vermeintlichen Anweisungen sind falsch: Wohin sollte links in diesen
Fällen geschrieben werden?

Neben den Buchstaben a ... z bzw. A ... Z der Tastatur zur Bildung jeweils
gewünschter Pascalwörter und Variablennamen (signifikant, d.h. vom Compiler
identifiziert werden die ersten 63 Zeichen) haben wir die Ziffern 0 ... 9
für Zahlen zur Verfügung; Ziffern dürfen auch in Variablennamen verwendet
werden, aber nicht an erster Position. Es versteht sich von selbst, daß
Pascalwörter <u>nicht</u> als Variablenbezeichner verwendet werden können, denn
deren Bedeutung ist ja vorweg festgelegt. *a* und *b* sind also korrekte
nBezeichner, oder auch *hoehe1, test22a,* nicht jedoch *wetter!* oder *22test*
oder *höhe,* denn ö ist ein deutscher Umlaut! Auch der Name des Programms
darf weder solche Zeichen noch Blanks enthalten, Unterstriche _ jedoch
sind erlaubt. Vorsicht ferner mit Namen wie *beginn* und dgl.

Als <u>Rechenzeichen</u> haben wir +, −, *, und / (später noch DIV und MOD).
Die (umgangssprachlichen) Satzzeichen Komma, Semikolon und Punkt (am Programmende und später bei Records) sowie der Doppelpunkt sind syntaktische
Trennzeichen. =, < und > verwendet man in logischen Vergleichen (mit Zu-
sammensetzungen wie >=, <= für größer/gleich bzw. kleiner/gleich und <> im
Sinne von ungleich, nicht etwa das Zeichen # !). Runde Klammern (bzw.)
werden wie in der Mathematik zum Gliedern und Berechnen von Ausdrücken wie
(a + b) * c gebraucht, auch zum Anschreiben der Argumente bei Funktionen
wie etwa *z := sin(3);* und dergleichen.

Klartexte in Ausgabeanweisungen wie z.B. *writeln ('Dies ist ein Text.');*
werden in einfache Gänsefüßchen ("Hupferl") gesetzt; in solchen Texten sind
alle Zeichen der Tastatur verwendbar, also auch die bisher nicht genannten
sog. <u>Sonderzeichen,</u> der einfache Gänsefuß ausgenommen. Für Anführungen wäre
dann " zu verwenden. − Die deutschen Umlaute sowie ß gelten ebenfalls als
Sonderzeichen, da sie im angloamerikanischen Alphabet nicht vorkommen. Die
eckigen Klammern [und] haben eine spezielle Bedeutung bei Feldern sowie
Mengen; arithmetische Ausdrücke können damit <u>nicht</u> gegliedert werden. Auch
die geschweiften Klammern { und } sind für diese Zwecke tabu; sie kommen
bei Kommentaren (s.u.) vor. Notfalls muß man sich bei umfangreichen Termen
daher mit der aus der Mathematik bekannten Klammerhierarchie von (und)
behelfen.

Bei der Ausgabeanweisung *writeln* erkennt man, daß nacheinander auf mehrere
Adressen oder Festwerte zugegriffen werden kann, d.h. es können etliche
Variable und/oder Texte hintereinander ausgegeben werden. Etwas analoges
für Texte ist beim Einlesen mit *readln (...)* nicht zulässig, d.h. Text-
einfügungen wie vielleicht aus BASIC gewohnt, sind leider nicht möglich.

Alle Anweisungen werden mit einem Strichpunkt abgeschlossen, der vor *END*
entfallen kann. In einer Zeile dürfen mehrere Anweisungen stehen, jedoch
gliedert man aus Gründen der Lesbarkeit gerne wie in unserem Beispiel und
fügt zusätzliche Blanks und Einrückungen bei Bedarf hinzu. Diese werden vom
Compiler ignoriert. Wechsel von Groß- und Kleinschreibung ist ohne jede
Bedeutung, außer natürlich in Klartexten.

Kommentare, die nur für den menschlichen Leser bestimmt sind, dürfen überall
in Klammerpaaren (* ... *) oder auch { ... } hinzugefügt werden, bei denen
aber das Mischen (* ... } oder umgekehrt nicht erlaubt ist. Der Compiler
ignoriert derartige Einschübe, außer wenn Compilerdirektiven folgen (siehe
Kapitel 9 bzw. 12). – Da man in der Erprobung von Programmen ganz gerne
Teile mit solchen Klammern "hinauskommentiert", ist das mit einem Klammer-
paar auch dann noch möglich, wenn in dem zeitweise überflüssigen Teil nur
die anderen Kommentarklammern vorkommen.

Mit dem obigen Programm gleichwertig (also mit identischem Maschinencode
nach dem Compilieren) ist die sehr komprimierte Programmversion, die aber
noch einige unbedingt notwendige Blanks enthält:

```
PROGRAM summe;VAR a,b,sum:integer;
BEGIN   {auch schon in die erste Zeile ...}
write('Zwei Zahlen eingeben ');readln(a,b);
sum:=a+b;writeln('Summe von ',a,' und ',b,'=',sum)
END.
```

Die sog. Kanalangaben im Programmkopf haben wir weggelassen; sie sind in
Standard-Pascal erforderlich, können aber in TURBO Pascal unterbleiben, da
dem System der Standard (PC-Konfiguration) bekannt ist.

Die komprimierte Schreibweise hat nur den Vorteil, im Quelltext Speicher
zu sparen. Zu *readln (a, b);* wäre noch zu ergänzen, daß die Eingabe der
beiden Zahlen später unter Laufzeit des Programms durch wenigstens ein
Blank getrennt in einer Zeile vorzunehmen ist, erst dann sollte man die
Taste <RETURN> drücken! (TURBO 6.0 bemerkt aber im Gegensatz zu früheren
Versionen ein Fehlen der zweiten Eingabe.) Allemal besser ist anstelle von
readln (a, b); eine Schreibweise wie z.B.

```
write ('Erster Summand  '); readln (a);
write ('Zweiter Summand '); readln (b);
```

zur Vermeidung von Unklarheiten beim User, der den Quelltext nicht kennt
und daher ohne Meldung am Bildschirm nicht wissen dürfte, was er tun soll.
write und *writeln* sind für den programmierten Algorithmus gleichwertig,
unterscheiden sich aber in ihren Wirkungen am Bildschirm hinsichtlich des
sog. Zeilenvorschubs bei Ausführung. Beispielweise ist

write (a); writeln;   mit   writeln (a);

gleichwertig. Dies und anderes ausprobieren! – Starten wir also ...

Die Entwicklungsumgebung meldet sich mit einem zwar übersichtlichen und
nach einiger Übung sehr kommunikationsfreundigen, aber für den absoluten
Anfänger doch etwas verwirrenden Bildschirm, der in der Version 6.0 neben
der Arbeitsfläche zum Schreiben der Quelltexte (das ist der sog. <u>Editor</u>)
eine obere Menüleiste und eine Statuszeile (unten) enthält und so eine
Reihe üblicher Bedienungsstandards heutiger Software widerspiegelt. Dazu
gehören neben möglicher Mausbedienung (falls Sie eine installiert haben)
Fenstertechnik, viele Pull-down-Menüs und der Einsatz der Funktionstasten
F1 ... F10 sowie der sehr universellen "Allerweltstaste" Esc.

Wie geht man damit um? Haben Sie einen erfahrenen Bekannten, so kann er
Ihnen eine kleine Lektion geben. Wenn nicht, so müßten Sie bereits jetzt
das Benutzerhandbuch [2] von BORLAND querlesen, um dabei die gute Laune zu
verlieren ... Benutzen Sie als Anfänger ganz einfach nur die unbedingt er-
forderlichen Optionen (d.h. Wahlmöglichkeiten) wie folgt:

Mit der Taste F10 (das steht in der Statuszeile unten) können Sie in das
Hauptmenü gelangen. In der Menüzeile des Bildschirms (oben) können Sie
sich nun mit den Pfeiltasten hin- und herbewegen und eine Option (d.h. den
Einstieg in ein Untermenü) einstellen. Für den Anfang benötigen Sie nur
die hier ausgeschriebenen Optionen

       File   Edit   S...   Run   Compile   D...   Options   W...   H...

Ist eine dieser Optionen angewählt, so führt die <RETURN>-Taste zu einem
Pull-down-Menü, das fallweise eine Menge weiterer Optionen enthält. Ist
ein solches Menü offen, so verschwindet es wieder mit Esc, oder Sie können
mit den Pfeiltasten zu einem benachbarten Menü wechseln, das dann bereits
offen ist. Innerhalb eines solchen Menüs wechseln Sie die Zeilen ebenfalls
mit den Pfeiltasten, mit einer Ausnahme, die unten angeführt wird.

Sind Sie aus Versehen durch Drücken der <RETURN>-Taste schon weiter "in
die Tiefe" geraten, dann drücken Sie Esc. Dies ist übrigens <u>immer</u> un-
gefährlich, also ein ganz sicherer "Rückzug" in der Hierarchie der TURBO
Menüs, meist auch in anderen Tools (Werkzeugen).

Als erstes wählen Sie die <u>Option File</u> an und öffnen das in der Abbildung
auf Seite 19 gezeigte Menü. In diesem Menü benötigen Sie zu Ende Ihrer
Arbeit die unterste <u>Option Exit</u> zum ordentlichen Verlassen der IDE-Sprach-
umgebung. (Sie könnten den Rechner auch einfach abschalten, aber das wäre
schlechter Stil.) <u>DOS shell</u> dient zum vorübergehenden Ausstieg aus TURBO:
Sie erreichen die Kommandozeile von DOS für direkte Kommandos an das Betriebssystem. In jenem Fenster können Sie z.B. COPY oder dgl. aufrufen,
auch mal eine Diskette formatieren und dgl. Sie sollten aber dort keine
umfangreichen Maschinenprogramme starten, aus Speicherplatzgründen: Denn
TURBO bleibt geladen und wird durch Eintippen von Exit <RETURN> ab DOS-
Kommandozeile jederzeit und sofort durch Wechsel des Bildschirms wieder
erreicht. – Reichlich widersinnig wäre es, in diesem DOS-Fenster TURBO zu
starten: Meistens "hängt" dann der Rechner mangels freiem Speicher ...

Wichtig sind für den Neuanfang die Optionen Open und Save des File-Menüs,
nachdem Sie zuerst Change dir ... angewählt haben. Hier geben Sie jenes
Laufwerk (z.B. A:) an, in dem sich die Diskette für Ihre Quellprogramme
befindet. Dann können Sie mit Open ... von der Peripherie einen bereits
existierenden Quelltext zur weiteren Bearbeitung einladen bzw. erstmals
einen Namen geben und dann mit der Arbeit anfangen. Man nennt diesen Namen
Workfile, weil Sie damit jeweils im Editor und so weiter arbeiten. Wählen
Sie vielleicht für unser Beispiel als Name BEISPIEL, ohne .PAS. – TURBO
hängt die Extension .PAS automatisch an, sie muß daher von Ihnen nicht
erst getippt werden. Geben Sie allerdings dem Workfile ausdrücklich eine
andere Endung, so wird diese berücksichtigt. – Sie könnten also im TURBO
Editor auch Briefe schreiben oder Texte einlesen, die mit einem anderen
Editor erstellt worden sind.

Der Name des Workfiles hat nichts mit dem Namen des Programms hinter
PROGRAM zu tun; er kann freilich in den ersten acht Zeichen identisch
sein. Unser Workfile-Name taucht später unter DOS in der Directory der
Diskette auf, während der u.U. wesentlich längere Programmname nur Text-
bestandteil im abgelegten Quellfile ist, einem ASCII-Textfile ...

Haben Sie einen Namen angegeben und mit <RETURN> bestätigt, so werden Sie
sehen, daß TURBO versuchsweise von A: einliest (aber es gibt noch kein
Quellfile mit dem gewählten Namen) und sodann automatisch in den Editor
wechselt. Die Arbeitsfläche ist leer, aber der Name des Workfiles wird als
Information in der Mitte nun ständig sichtbar bleiben. In jeder Phase der
Erstellung, insbesondere aber bei Arbeitsabschluß, können Sie aus dem
Editor mit F10 wieder in das Hauptmenü wechseln, dort erneut das File-Menü
öffnen und mit Save (nach A: wie eingangs festgelegt) abspeichern. Aus dem
Editor heraus geht das auch (wie angezeigt) direkt mit der Taste F2. Tun
Sie dies wiederholt, so generiert TURBO neben dem File BEISPIEL.PAS auch
stets eine Sicherungskopie BEISPIEL.BAK, die jeweils jener Textversion des
Quellprogramms entspricht, die Sie letztmals vorher abspeicherten. Zweimal
unmittelbar Save hintereinander ergibt also inhaltlich identische Quellfiles auf der Peripherie.

Wenn Sie im Hauptmenü Edit angewählt und irrtümlich geöffnet haben, ist
die Rückkehr in den Editor mit Esc möglich. Die Optionen unter Edit sind
anfangs überflüssig und sollten Sie nicht weiter interessieren.

Nun können Sie im Editor damit anfangen, unseren Quelltext mit der schon
angegebenen Verbesserung (von S. 22 unten) abzuschreiben und später beliebig zu verändern. – Sie beginnen natürlich ganz links oben mit dem
Schreiben; in unserer Abbildung haben wir den Quelltext wegen des vorge-
zeigten File-Menüs nur nach rechts verschoben.

Der TURBO Editor ist eine übliche komfortable Textverarbeitung mit dem
Unterschied, daß sie jede fertige Zeile mit <RETURN> abschließen müssen.
Das gilt vor allem für die letzte Zeile *END.* des Programms; der Cursor muß
auf jeden Fall mindestens einmal darunter gestanden haben, sonst fehlt dem
Programm im Quelltextspeicher diese Zeile!

Ansonsten können Sie mit den Pfeiltasten nach Wunsch beliebig umherwandern
und Korrekturen, also Ergänzungen, Löschungen etc. anbringen und auch den

Editor an beliebiger Stelle und zu beliebiger Zeit mit der Funktionstaste
F10 verlassen.

Dies tun Sie dann, wenn Sie den Quelltext compilieren wollen: Gehen Sie
mit F10 ins Hauptmenü und wählen Sie nun <u>Compile</u> an. Im dortigen Pull-
down-Menü (Compiler-Menü) gibt es zwei wichtige Zeilen, einmal den Com-
pileraufruf selber, dann noch eine Zeile <u>Destination ...</u>, die vorläufig
auf <u>Memory</u> zeigen sollte. Wir compilieren vorerst nur in den Speicher der
Maschine. Zeigt diese Zeile also <u>... Disk</u> an, so sollten Sie durch einfache Anwahl per Pfeiltaste und <RETURN> auf Memory umstellen. Sie können
das durch erneuten Aufruf des Compiler-Menüs und anschließendes Verlassen
mit Esc prüfen.

Haben Sie nun im Compiler-Menü die gleichnamige Zeile <u>Compile</u> eingestellt,
so wird durch <RETURN> der Compiler aktiviert und übersetzt Ihr Programm
erstmals.

Entweder kommt eine Erfolgsmeldung, oder – das ist wahrscheinlicher – das
System wechselt in den Editor und gibt eine möglicherweise irritierende
<u>Fehlermeldung</u> in irgendeiner Zeile des Quelltextes. Suchen Sie den Fehler
und bessern Sie ihn aus: Er ist in der Regel nahe bei der Cursorposition,
und zwar im allgemeinen etwas davor, weil der Compiler möglichst weit
übersetzen möchte ... Liegt der Fehler weiter hinten, was selten ist, dann
ist er meist von ziemlich prekärer Natur, im allereinfachsten Falle nur
ein fehlendes *END.* am Programmende.

Sollte sich kein Fehler finden, so könnten Sie im Editor testhalber einige
einbauen und die jeweiligen Fehlermeldungen studieren: Schreiben Sie etwa
BEGINN mit zwei *N*, vergessen Sie *VAR*, streichen Sie eine Variable in der
Liste des Deklarationsteils oder irgendwo ein Semikolon. Denn: "Learning
by doing" ist allemal die beste Methode, eine Sprache zu erlernen ...

Schließlich wird Ihr Quelltext einwandfrei sein und TURBO die erfolgreiche
Übersetzung in den Maschinencode im Arbeitsspeicher halten. <u>Speichern Sie
spätestens jetzt den Quelltext mit Save</u> des File-Menüs unbedingt einmal
ab, ehe Sie das Programm laufen lassen! Es könnte nämlich sein, daß das
Programm logische Fehler enthält und nach dem Start "hängt", d.h. gar ein
Booten des Systems erforderlich macht. In unserem Beispiel kann das kaum
passieren, aber später bei Schleifen und manch anderem. Dann wäre Ihre
Schreibarbeit verloren; Sie könnten nicht einmal nach dem Fehler suchen.

Im Hauptmenü wählen Sie nach dem Abspeichern die Option <u>Run</u> und starten
nach dem Öffnen des Untermenüs über <u>Run</u> Ihr Programm, am besten in der
modifizierten Schreibweise mit getrennten Eingaben der beiden Summanden.
Nachdem das Ergebnis auf dem Bildschirm steht, müssen Sie zum Abschluß
noch <RETURN> drücken. Streichen Sie jetzt im Editor die letzte Programmzeile *readln* und starten Sie das Programm nach dem Übersetzen erneut: Es
tritt zu Ende ein eigenartiger Effekt auf:

Sie sehen kein Ergebnis mehr, sondern gelangen sofort in den Editor: Der
DOS-Bildschirm unter Laufzeit "verschwindet" mit Programmende sofort. Mit
der Tastenkombination ALT F5 können Sie diesen Schirm zwar "zurückholen",
besser ist es aber, das Beispiel bis auf weiteres vor *END.* mit eben jenem

readln zu ergänzen: Sie erreichen damit, daß Ihre Ergebnisse unter Laufzeit erst nach einem <RETURN> durch Bildschirmwechsel verschwinden ... Das
Tool TURBO Pascal verwaltet in der Arbeitsumgebung etliche Bildschirme,
eigene, und solche von DOS. Jeweils einer wird gezeigt, die anderen warten
im Hintergrund, bis sie aufgerufen werden. – Das Programm kann nunmehr in
beliebiger Weise verändert, immer wieder neu compiliert, getestet werden.
Speichern Sie hie und da den Quelltext ab!

Haben Sie eine vorläufige oder endgültige und nach Übersetzungsversuchen
lauffähige Fassung des Quelltextes erstellt, so ändern Sie nichts mehr und
stellen im Compiler-Menü jetzt auf <u>Destination ... Disk</u> um. Unter <u>Options</u>
sollten Sie nun über die Zeile <u>directories</u> im entsprechenden Fenster nach-
sehen, wohin das Maschinenprogramm auskopiert wird: Dessen einzelne Zeilen
erreichen Sie ausnahmsweise mit der Tabulatortaste (links auf der Konsole)
statt mit den Pfeiltasten. <u>EXE & TPU directory</u> ist zuständig für die entsprechenden Vermerke. Sie können die Peripherie zwar ganz beliebig (z.B.
auch mit Unterverzeichnissen) einstellen, am besten aber jetzt jenes Laufwerk A: eintragen, wo auch die Quelltexte von BEISPIEL liegen. Es gilt dabei: Neu schreiben mit <RETURN> oder Übernahme eines Eintrags mit Esc.

Ist alles richtig eingestellt, also Destination ... Disk und Verzeichnis
für das abzulegende EXE-File auf A:, so können Sie jetzt compilieren. Beobachten Sie das Laufwerk, d.h. dessen optische Anzeige. Es muß in Bewegung kommen! Das Ergebnis BEISPIEL.EXE können Sie über DOS shell des File-
Menüs und dann DIR auf DOS-Ebene kontrollieren ...

Wenn Sie jetzt TURBO verlassen, so haben Sie auf der Peripherie A: Ihr
allererstes Maschinenprogramm generiert. Es kann von der DOS-Ebene aus mit
dem Namen BEISPIEL gestartet werden, auch wenn Sie die Files BEISPIEL.PAS
bzw. BEISPIEL.BAK nicht mehr haben oder nach Wegkopieren löschen. Das Programm hat einen kleinen Schönheitsfehler; Mit Programmende ist nochmaliges
Betätigen der <RETURN>-Taste notwendig, zur Rückkehr auf die Kommandoebene
von DOS. Nehmen Sie daher für die endgültige Fassung des Programms dieses
readln am Ende wieder heraus und compilieren Sie letztmals auf die Disk.

In unserem Programmbeispiel müssen Sie ganze Zahlen eingeben; probieren
Sie unter Laufzeit Eingaben wie 2.5 <RETURN>, so werden Sie Ihre ersten
Erfahrungen mit sog. Laufzeitfehlern machen: Die Systemantwort nennt jene
Adresse im Arbeitsspeicher, wo der Fehler aufgetreten ist: Unser Programm
läßt nicht zu, auf einem *Integer*-Platz eine Zahl vom Typ *Real* abzulegen.

Mit unserem Programm sollten Sie zunächst noch ein wenig experimentieren
und Sicherheit im Umgang mit TURBO gewinnen. – Geben Sie schon mal sehr
große Ganzzahlen (erster Summand um 32000, zweiter zuerst einige Hunderter
und dann immer mehr) ein und schauen Sie sich das Ergebnis auf dem Bildschirm an; die Erklärung für die bald recht seltsamen Summenwerte finden
Sie zu Ende unseres ersten Kapitels, gleichzeitig dort aber auch den
wichtigen Hinweis, daß eine andere Typenvereinbarung (nämlich *Longint*)
nach *VAR* Abhilfe schaffen kann ...

Haben Sie schon *write* bzw. *writeln* ausprobiert? – Volle Klarheit erlangen
Sie, wenn Sie folgende Zeilen der Reihe nach schreiben und mit/ohne *ln* am
Ende ganz willkürlich und unterschiedlich ausstatten:

```
write ('Dies ist Text, ');
write ('den wir ausgeben ');
write ('und sehen wollen ...');
```

Bei *write* bleibt der Cursor stehen und bereitet die nächste Ausgabe vor, mit *writeln* geht er nach der Ausgabe sofort auf die nächste Zeile. Ein *writeln;* ohne Argument schafft einfach eine Leerzeile, wenn die vorherige Zeile mit "Cursorsprung *ln*" durchgeführt worden ist. Also sind die beiden folgenden Zeilen gleichwertig:

```
write ('Text');  writeln;
writeln ('Text');
```

Sie können all das mit einem neuen Workfile TEST ausprobieren oder aber diese Zeilen am Anfang unseres Programms vorläufig als Zusatz einfügen. Das kürzeste Pascal-Programm wäre übrigens

```
PROGRAM nichts_tun;
BEGIN     END.
```

Es wird einwandfrei compiliert, hat aber keine nennenswerte Wirkung ...

Um eine Ausgabe am <u>Drucker</u> zu erhalten (man sagt, "der Ausgabekanal werde auf den Drucker umgelenkt"), genügt fürs erste der Hinweis, daß in diesem Fall im Argument jeder Ausgabeanweisung die <u>Kanalangabe</u> *lst* mitzuführen ist, also

```
writeln (lst, 'Summe von ',  ...  , sum);
```

und analoges in unserem Programm. Dabei muß der Drucker "On-Line" sein, d.h. angeschlossen und eingeschaltet ... Für diese Programmversion müssen Sie im Kopf des Programms unmittelbar nach der Kopfzeile *PROGRAM name;* eine Zeile *USES printer;* einfügen: Wir werden später genauer erklären, was das bedeutet. Hier nur folgendes: Der Umfang an vorgefertigten Standard-anweisungen ist so groß, daß der Compiler die vollständige Vergleichsliste nicht immer bereithält. Seltenere Anweisungen (Prozeduren und Funktionen) sind daher in eigenen Listen abgelegt, die allgemein <u>Units</u> (mit der Extension *.TPU) heißen und bei Bedarf temporär benutzt werden. In unserem Fall ist das eine Unit, die in einem Systemfile TURBO.TPL (der sog. 'Turbo Pascal Library') versteckt ist und den Umgang mit Druckern regelt.

Mit den bisherigen Kenntnissen ist es nun möglich, selbständig ein kleines Programm zu schreiben, das nach der Eingabe von z.B. drei Zahlen deren Produkt ausgibt. Man vereinbart für diesen Fall am besten reelle Variablen. Hier ist die Kurzlösung:

```
PROGRAM uebung;       (* nicht übung ! *)
VAR  a, b, c, pro : real;
BEGIN
   readln  (a, b, c); pro := a * b * c;
   writeln ('Produkt = ', pro);
   readln
END.
```

Eine Eingabezeile (also ohne Trennung der einzelnen Speicher) in Laufzeit
sieht hier beispielsweise so aus:

    2.31   5   7.28   (jeweils mit Leertaste, dann Taste <RETURN>).

Die mittlere Zahl 5 ist zwar ganzzahlig, wird aber vom Rechner bei der
Eingabe reell interpretiert, d.h. in anderer Form abgespeichert. Der
Zahlentyp *Real* läßt also auch ganzzahlige Verarbeitung zu, aber nicht
umgekehrt! Das Ergebnis erscheint in wissenschaftlicher, in Exponential-
schreibweise, die nicht immer gewünscht wird. Um diese zu unterdrücken, ist
in Pascal eine einfache "Formatierung" der Ausgaben vorgesehen: In der
jeweiligen Ausgabeanweisung wird nach der auszugebenden reellen Variablen
durch zwei ganze Zahlen das unter Laufzeit gewünschte "Ausgabeformat" näher
beschrieben. Im obigen Beispiel könnte dies etwa so aussehen:

    writeln ('Produkt =', pro : 7 : 2, '.');

Dies bedeutet, daß zwei Nachkommastellen gewünscht sind, bei insgesamt
sieben Schreibstellen rechtsbündig, von denen eine für den Dezimalpunkt
reserviert ist, eine weitere für ein eventuelles Vorzeichen – .

Die größtmögliche formatgerechte (7 : 2) Ausgabe ist daher 9999.99, die
kleinste –999.99. Diese beiden Ausgaben schließen unmittelbar an den Text
'Produkt =' an, d.h. dann finden sich vor der Zahlenausgabe keine Blanks
mehr. Wäre das Ergebnis pro z.B. zufällig drei, so sähe die Ausgabe so
aus: Produkt =   3.00.

Kann nicht formatgerecht ausgegeben werden (d.h. ist der Inhalt von pro
betragsmäßig zu groß), so ignoriert der Rechner fallweise die Format-
anweisung n : m bezüglich n und gibt ohne Fehlermeldung aus, aber eben
nicht rechtsbündig wie gewünscht. Daß n > m gelten sollte, versteht sich von
selbst.

Auch Zahlen des Typs *Integer* sind formatierbar, und zwar mit nur einem
Parameter; man schreibt im Quelltext dann *write (z : 12);* oder dgl.

Es ist also möglich, Ausgaben in verschiedenen Zeilen bündig untereinander
zu schreiben; man wählt einfach ein hinreichend großes Format. Tatsächlich
Real vereinbarte Zahlen r können so mit dem Format *r : n : 0* scheinbar
ganzzahlig ausgegeben werden. Zu guter Letzt: Formatieren heißt stets nur
ausgabeseitig (aber nicht im Variablenspeicher!) runden.

Testen Sie das Beispielprogramm von oben auch mit Typen *Integer* und zwei
verschiedenen Versuchen: Geben Sie zunächst Dezimalzahlen ein. Dann erhalten Sie wiederum eine Runtime-Fehlermeldung unter Laufzeit. Aber auch
sehr große Ganzzahlen, mindestens wenn das Produkt betragsmäßig einen
hohen Grenzwert übersteigt, liefern u.U. eine Fehlermeldung unter Laufzeit: Nicht alle Zahlen sind in unserem Rechner noch darstellbar. Lehr-
reich ist noch der abgeänderte "gemischte" Deklarationsteil

```
VAR  a, b, c : integer;
         pro : real; ...
```

der vom Compiler nicht reklamiert wird. Unter Laufzeit tritt natürlich ein
Fehler auf, wenn nicht-ganzzahlige Eingaben versucht werden. Jetzt ist
aber auch zu beachten, daß eine eventuelle Formatierung von pro in der
Ausgabe "passen" muß. Umgekehrt jedoch verhält sich TURBO, wenn a, b und c
Real, pro hingegen *Integer* deklariert werden: Jetzt reklamiert schon der
Compiler! Probieren Sie das unbedingt aus! Schließlich wäre noch zu ergänzen,
daß u.U. auf die Deklaration von Variablen verzichtet werden kann, wenn an-
fallende Rechnungen ohne weitere Benutzung des Ergebnisses schon in einer
Ausgabeanweisung untergebracht werden können: Das obige Beispiel kann daher
ohne alle Texte ganz kurz so lauten:

```
PROGRAM uebung;
VAR a, b, c : real;
BEGIN
    readln (a, b, c);
    writeln (a * b * c); readln
END.
```

Zu bemerken wäre, daß eine deklarierte Variable im Programm nicht benutzt
werden muß, also pro im Teil *VAR ...* durchaus (und also überflüssigerweise)
genannt werden dürfte. Ferner sind, wie schon erwähnt, Schreibfehler wie
etwa *writeln (a ' B ' c);* für den Compiler unerheblich.

Wir haben bisher nur addiert und multipliziert; die Subtraktion ist ebenfalls ohne Probleme bei *Real* und *Integer* anwendbar. Die Division hingegen
wird unterschiedlich gehandhabt. Darauf gehen wir im nächsten Kapitel ein.

Ein ganz anderes Problem muß aber noch angesprochen werden: Wir betrachten
dazu das folgende, sehr primitive Beispiel:

```
PROGRAM komisch;
VAR  a, b : integer;
BEGIN  writeln (a + b);  readln  END.
```

Es ist compilierbar und liefert am Bildschirm stets eine Ausgabe, bei
mehrmaligem Start wohl immer dieselbe. Ganz offenbar wird der zufällige
Speicherinhalt von a und b als Summe ausgegeben. Schreiben Sie vor die
erste Zeile jetzt noch die Eingabeanweisung

```
readln (a, b);
```

und testen Sie erneut in folgender Weise. Einmal

```
5  3  <RETURN>
```

eingeben, dann nur noch 6 <RETURN>. Haben Sie die Version TURBO 6.0, so
ist die verkürzte Eingabezeile abgeblockt, d.h. die zweite Eingabe wird
nachgefragt. Mit älteren Versionen hingegen sollten Sie die Ergebnisse 8
bzw. 9 erhalten. – Mit einer älteren Version von TURBO können Sie nach dem
Start sogar nur <RETURN> betätigen und ein altes Ergebnis reproduzieren.
Es wird klar, warum eine Eingabe mehrerer Variabler in einer Zeile zugleich (und ohne Wissen, wieviele es sind!) ohne weiteren Kommentar dann
ziemlich gefährlich ist und wir besser

        readln (a); readln (b);

schreiben, zusätzlich mit Vortexten. Das Programm ist logisch falsch; es
fehlt vor dem ersten lesenden Zugriff auf die beiden Speicher a und b
deren "Initialisierung", d.h. Wertbestimmung der Inhalte. - Wir müssen
also entweder von der Tastatur vollständig eingeben oder aber

        a := 5; b := 7;

eingangs des Programms festlegen. Dieser hier offensichtliche Fehler ist
bei größeren Programmen schwerwiegend: Sie reagieren trotz gleichartiger,
aber unvollständiger Eingaben bzw. infolge Zugriffen auf noch nicht dezi-
diert beschriebene Speicher mal gleich, mal verschieden und lassen Rat-
losigkeit entstehen. Ohne Quelltext kann man einen solchen Fehler nicht
aufdecken, ja man bemerkt ihn u.U. lange Zeit überhaupt nicht.

Unser Programm uebung von weiter vorne wäre in diesem Sinne ebenfalls
fehlerhaft und wegen dreier Variabler unter Laufzeit u.U. noch wesentlich
"vielfältiger" in unerwarteten Ergebnissen ...

Halten wir daher fest:

In einem Pascal-Programm darf auf Speicherplätze nur dann per Lesen zugegriffen werden, wenn die Inhalte dieser Speicher zuvor eindeutig gesetzt
(beschrieben) worden sind.

"Lesen" bedeutet: Ansprechen auf der rechten Seite von Wertzuweisungen
bzw. Ausgeben in writeln-Anweisungen.

"Setzen" bedeutet Abfragen von der Tastatur oder Zuweisen von Inhalten auf
diese Speicherplätze über Wertzuweisungen; der in Frage stehende Speicherplatz muß dann links von := genannt sein. - Anders als in BASIC wird eine
erstmals aufgerufene Variable nicht automatisch auf Null gesetzt.

Testen Sie abschließend das Programm

```
PROGRAM
VAR a : integer;
BEGIN
   a := a + 1; a := a * a;
   writeln (a); readln
END.
```

durch wiederholtes Starten ... Vielleicht stürzt es nach dem n.ten Versuch
sogar ab ...

Und noch etwas: Aus der TURBO Umgebung heraus können Sie ein Programm
stets mit der Tastenkombination Ctrl-Pause abbrechen, insbesondere dann,
wenn es "hängt". Diese Möglichkeit ist in der Testphase extra eingebaut.
Fallweise taucht dann im Editor ein Farbbalken unter einer Programmzeile
auf, den Sie mit der Anwahl von <u>Program reset</u> unter dem Fenster <u>Run</u> des
Hauptmenüs löschen können. Bei Start des Maschinenprogramms ab Disk geht
das nicht mehr. Hier müßten Sie u.U. den Rechner neu starten ...

3 Funktionen, Zeichen, Logik

Unser Programm aus Kapitel 2 haben Sie wohl als Quelltext abgespeichert
und können es somit als Workfile auch wieder in den Editor laden und verändern. Statt der Multiplikation versuchen wir einmal eine Division:

```
PROGRAM uebung;
VAR     a, b : real;   (* versuchsweise integer *)
        quot : real;   (* versuchsweise integer *)
BEGIN
   readln (a, b); writeln (a/b); readln
END.
```

Im Typenbereich *Real* dient der Schrägstrich / als Divisionsoperator. Fügen
Sie also oben zusätzlich die Zeile *quot := a / b;* ein, so muß jetzt *quot*
zwingend *Real* vereinbart werden. *a* und *b* dürfen bei Eingabe jedoch durchaus ganzzahlig sein oder so deklariert werden, wenn dies das Programm verlangt. – Und: Solange Sie nur in der Ausgabeanweisung rechnen, kann auf
den Speicher *quot* verzichtet werden. Starten Sie das Programm ferner auch
einmal mit einer Eingabe Null bei *b* ...

Im Ganzzahlenbereich gibt es jedoch noch eine Division *DIV*. Soll deren Ergebnis auf einem Speicher abgelegt werden, so muß dieser stets ganzzahlig
vereinbart werden. Diese <u>Ganzzahlendivision</u> *DIV* unterdrückt den Divisions-
rest, ein Operator *MOD* liefert eben diesen:

```
21 DIV 4 hat den Wert 5, denn 5 * 4 = 20 (Rest 1).
21 MOD 4 hat den (Rest-) Wert 1.
```

Ist z.B. p eine Primzahl, so beantwortet *a MOD p* sofort die Frage, ob a
den Teiler p hat: dann und nur dann ist nämlich a MOD p Null. – Programm:

```
PROGRAM teilerpruefung;
VAR testzahl, modul, rest : integer;
BEGIN
   write  ('Zahl eingeben ... '); readln (testzahl);
   write  ('Teiler eingeben . '); readln (modul);
   writeln; writeln;
   rest := testzahl MOD modul;
   write  ('Division liefert ', testzahl DIV modul);
   writeln (' mit Rest ', rest, '.');   (* readln "abgeklammert" *)
END.
```

Mit der Ausgabe *writeln (testzahl MOD modul);* kann auf die Variable *rest*
u.U. verzichtet werden. – Ändern Sie im Beispiel Typenvereinbarungen testhalber ab und geben Sie auch einmal den Teiler Null ein! Diese Ganzzahlenrechnung mit *DIV* und *MOD* (auch bei *Longint*) ist besonders schnell und
daher (wenn möglich) der Division / vorzuziehen; in der Praxis ist das oft
auch mit Dezimalzahlen möglich, wenn z.B. Mark und Pfennige in Rechnungen
getrennt und die aufsummierten Pfennige in Mark verwandelt werden:

```
mark := mark + pfennig DIV 100;     (* zuerst mark erhöhen ...*)
pfennig := pfennig MOD 100;         (* dann pfennig reduzieren! *)
```

In TURBO Pascal sind etliche <u>mathematische Standardfunktionen</u> und auch
andere implementiert, "vorgefertigt": Hier ist eine vollständige Liste
aller in TURBO vorhandenen mathematischen Funktionen:

```
arctan(x),  Bogenmaß, dessen Tangens x ist
sin(x),
cos(x),     die Winkelfunktionen mit x im Bogenmaß
exp(x),     die e-Funktion zur Basis e = 2,718 ...
ln(x),      der natürliche Logarithmus für x > 0
abs(x),     der Wert von x ohne Vorzeichen, d.h. >= 0
int(x),     die größte ganze Zahl <= x für x >= 0 bzw.
            die kleinste ganze Zahl >= x für x < 0,
            der zurückgegebene Wert ist stets Real
trunc(x),   identisch mit int(x), aber Wert ganzzahlig
round(x),   rundet x im üblichen Sinn, d.h. Rückgabe ganzzahlig
            von   trunc (x+0.5) bzw. trunc(x-0.5)
frac(x),    gebrochener Anteil von x, d.h. Rückgabe des Wertes Real
            x - int(x), also  frac (x) = x - int (x)
sqr(x),     das Quadrat von x            (merke: 'square')
sqrt(x),    die Wurzel aus x für x >= 0   ('squareroot')
```

Nicht in der Liste ist der Zufallsgenerator (siehe Kapitel 7).

Die Argumente aller angegebenen Funktionen können vom Typ *Integer* wie auch
Real sein; die Ergebnisse sind (für den Fall der Wertzuweisung) meist *Real*
zu deklarieren, von *abs* und *sqr* abgesehen, denn z.B. bei ganzzahligem n
ist n*n ebenfalls von diesem Typ. Man beachte, daß *x* bei Winkelfunktionen
stets im Bogenmaß gemessen wird; für einen Eintrag im Gradmaß *grad* gilt
bekanntlich die Umrechnung

```
wert := sin (grad * pi / 180); (wert stets Real, grad auch Integer)
```

wobei die Konstante pi = 3.14159... dem System bekannt ist, also nicht
vorab vereinbart werden muß. Ansonsten werden Konstanten dem Compiler im
Deklarationsteil noch vor den Variablen nach dem Muster

```
PROGRAM ... ;
CONST zahl = 7.12; zeichen = 'P'; wort := 'ETRA'; ...
VAR ...
```

mitgeteilt, wobei *zahl*, *zeichen* und *wort* wieder frei wählbare Bezeichner
sind. Eine spätere Anweisung wie *writeln (zeichen, wort);* schreibt sodann
PETRA. Die Konstanten *zeichen* bzw. *wort* in unserem Beispiel sind übrigens
vom Typ *Char* bzw. *String*, ohne daß dies eigens gesagt wird. Sie sind daher
mit Hochkommata zu schreiben. *zahl* ist *Real*.

Mit *CONST pi = 3;* hätten Sie die Kreiszahl pi absichtlich (und ganzzahlig)
umdefiniert, also verändert! Unzulässig ist das spätere Überschreiben von
Konstanten im Programm, z.B. hier *zahl := 77.11;*.

Außerdem sei noch angemerkt, daß TURBO die Zahl e = 2.718... nicht kennt,
diese also entweder als Konstante vereinbart oder aber als *e := exp(1);*
reell unter Laufzeit berechnet werden muß.

Bei der Wurzelfunktion *sqrt(x)* ist zu beachten, daß das Argument nicht
negativ sein darf, um Fehler unter Laufzeit zu vermeiden. Entsprechend muß
in *ln(x)* das Argument stets größer Null sein. – Die Exponentialfunktion
exp(x) unterliegt im Argument keinen Beschränkungen.

Es gibt im übrigen <u>keine allgemeine Potenzfunktion</u> a^x wie in BASIC. Man
muß mit Blick auf eine Formelsammlung dafür *exp (x * ln (a))* schreiben.
Auch goniometrische Funktionen u.a. müssen bei Bedarf erst formelmäßig umschrieben oder (siehe Kapitel 11) selber definiert werden.

Vorhanden sind ferner Funktionen zur Typenumwandlung bei Zahlen (sinngemäß
lesen als "die jeweilige Funktion liefert" ...) wie z.B.:

```
trunc(1.4) = 1      trunc(1.9) = 1      trunc(-2.5) = -2
round(1.4) = 1      round(1.9) = 2      round(-2.4) = -2
```

Die Argumente sind dabei vom Typ *Real*, die Ergebnisse ganzzahlig, also
z.B. *Integer*. Die Funktion *round* aus der Übersicht rundet im üblichen
Sinne, *trunc* schneidet ab. Probieren Sie die restlichen bei Bedarf aus ...

Anstelle des Arguments x, das vorher zugewiesen sein muß, können in allen
Fällen auch konkrete Zahlenwerte aus dem jeweiligen Definitionsbereich der
Funktionen eingesetzt werden, aber, was viel wichtiger ist, auch umfangreiche arithmetische Ausdrücke. Hierbei ist fallweise zu beachten, daß mit
vorherigen Zuweisungen im Programm der Definitionsbereich nicht verlassen
wird. – Somit kann man z.B. ohne Gefahr eines Laufzeitfehlers schreiben

```
ergebnis := 25 + 3 * sqrt (x - y);
```

wenn für x und y nur Werte in Frage kommen, für die gilt

```
x - y >= 0.
```

Außerdem dürfen Funktionen geschachtelt werden; folgende Zeilen sind daher
bei entsprechenden Deklarationen der Speicherplätze zulässig:

```
y := sin (sqr (a * a)) + 5;
x := exp (3 + ln (a) + sqrt (a));
```

Wegen des Quadrats darf a unter Laufzeit im ersten Fall auch negativ sein,
in der zweiten Zeile sind jedoch nur positive a erlaubt.

Schon früher war vom Variablentyp *Char* ('character' = Zeichen) die Rede;
ein solcher Speicherplatz hat die Größe 1 Byte und gestattet nur die Ab-
speicherung eines Zeichens. Das Wesentliche erkennt man am folgenden
kurzen Programm:

```
PROGRAM zeichen;
VAR letter : char;
BEGIN
   readln (letter);
   writeln (letter);    (* readln *)
END.
```

Am Bildschirm taucht das eingebene Zeichen schon vor der Ausgabe auf, also insgesamt zweimal, was manchmal unerwünscht sein kann, z.B. wenn *letter* ein Geheimbuchstabe ist, der im Programm (unsichtbar) etwas auslösen soll. Zum Unterdrücken der Anzeige beim Eingeben von Einzelzeichen dient die argumentlose Funktion *readkey* für Tastatureingaben vom Typ *Char*. Diese erfolgen jetzt ohne <RETURN>, denn die CPU "weiß" gemäß Typenvereinbarung, daß nur ein Zeichen kommen kann und ein Endesignal somit überflüssig ist.

Die CPU "beobachtet" lediglich, ob eine Taste (überhaupt) gedrückt wird. Bei dieser Gelegenheit kann man eventuelle Kleinbuchstaben zudem in große verwandeln:

```
letter := readkey; letter := upcase (letter);
letter := upcase (readkey);          (* Kurzfassung! *)
```

Später können ganze Wörter (Zeichenketten) "verdeckt" eingegeben werden. Die Funktion *upcase* für Zeichen hat keinerlei Wirkung, wenn andere Zeichen als angloamerikanische Buchstaben eingegeben werden, also nicht bei 1 oder auch ü ... Sofern in einem Programm die Funktion *readkey* verwendet wird, muß im Programmkopf unbedingt *USES crt;* eingefügt werden, der Zugriff auf eine Unit aus der bereits erwähnten TURBO-Bibliothek, in der neben dieser Funktion noch weitere Routinen zur Ein- und Ausgabe an Konsole und Bildschirm eingebunden sind (Kapitel 12).

Bleiben wir noch ein wenig bei den Zeichen. Sie sind maschinenintern dual codiert, und zwar nach dem sog. <u>ASCII-Code</u>, einem US-Standard (siehe dazu das Kapitel DOS). Daher haben alle Zeichen eine Rangfolge (Anordnung der "Größe nach"), die bei den Ziffern 0 ... 9 und den Buchstaben A ... Z sowie a .. z der "natürlichen" entspricht: 3 kommt vor 7, 9 vor A, C vor V, Z noch vor a ... Die Kleinbuchstaben kommen erst nach den großen, die Umlaute wegen ihrer Sonderstellung ganz zuletzt. Dazwischen liegen diverse andere Zeichen: Das folgende Programm gibt über diesen Code Aufschluß:

```
PROGRAM ascii_code;
VAR i : integer;
BEGIN
   FOR i := 30 TO 127 DO write (i : 3, '->',  chr(i), '  ');
   readln
END.
```

In der später noch im Detail zu besprechende *FOR ... DO*-Schleife wird zuerst der Code i angeschrieben, danach das zugehörige Zeichen *chr(i)*. Die Funktion *chr(i)* mit ganzzahligem Argument ist dabei von der ganz ähnlich lautenden Typenbezeichnung *Char* genau zu unterscheiden!

Wir haben zwei Blanks nachgeschoben und erzielen dadurch auf dem Monitor je Ausgabe einen Bedarf an acht Plätzen, also in einer Zeile genau zehn Meldungen mit automatischem Zeilenvorschub im Blick auf die Zeilenlänge 80 am Monitor. Irgendein Zähler ist damit überflüssig, und trotzdem kann man die Ausgaben gut studieren. Ändern Sie die Anzahl der Blanks versuchsweise ab!

Die Schleife erfaßt Codes von 30 bis 127; gehen Sie von 120 bis 255, so zeigen sich auch verschiedene graphische Symbole ... Bis i = 127 ist der

(ursprüngliche 7-Bit-) Code standardisiert, danach nicht mehr. Denn es ist
127 + 1 = 128: Diese Zweierpotenz um Eins vermindert belegt (mit einer
Stelle für das Vorzeichen) gerade ein Byte: 0111 1111. Suchen Sie also die
Umlaute, ß und ähnliches. Versuchsweise kann man auch mit i = 0 beginnen ...

Dabei findet man einige Merkwürdigkeiten: *chr(7)* ergibt einen Piepton; ein
solcher kann also im Programm mit *write (chr(7));* oder *writeln (chr(7));*
bei Bedarf erzeugt werden. "Richtige" Töne sind ebenfalls vorhanden; wir
zeigen das später in einem Beispiel. Generell läßt sich statt chr(i) stets
#i schreiben, z.B. *write (#7);* zum Piepton.

Beispielsweise ist chr(65) = 'A'. Umgekehrt liefert die Funktion *ord* über
ord('A') den Wert 65. Jetzt ist das Argument ein Zeichen (in Hochkommas!),
und die Funktion wirft den Code aus. Zum speziellen Suchen von Vorgänger
und Nachfolger eines Zeichens stehen noch weitere Funktionen zur Verfügung:
pred und *succ*; Beispiele:

```
    pred('Z') ergibt 'Y'   und   succ('K') ergibt 'L'
    pred('B') = chr (ord ('B') - 1) = chr (66 - 1) = 'A'.
```

Beide Funktionen sind auch für Ganzzahlen einsetzbar, z.B. succ (12) = 13.
Unser Programm zeigt Ausschnitte der ASCII-Tabelle, die man praktisch in
jedem Handbuch irgendwo findet. Die Tabelle beginnt (ab 0) mit diversen
Steuerzeichen, die noch aus der Frühzeit der Fernschreiber stammen. So
bedeutet *chr(7)* die Klingel BEL, *chr(10)* bedeutet LF ('Line Feed' oder
Zeilenvorschub), *chr(13)* heißt CR ('Carriage Return' = Wagenrücklauf) und
anderes. Bei Bedarf werden wir auf das eine oder andere solche Signal
zurückkommen. Neben diesem ASCII-Code gibt es auch noch andere Codes, aber
die sind heute praktisch ohne Bedeutung. Mit etwas besseren Programmier-
kenntnissen wird es bald möglich sein, die ASCII-Tabelle informativer und
gleichwohl übersichtlich auszugeben.

Vorsicht: Sollten Sie einen Ausschnitt der obigen Tabelle auf den Drucker
senden wollen ... Es genügt nicht, einfach *lst* in die write-Anweisung einzutragen. In unserem Programm haben wir zum Zeilenvorschub die Länge der
Monitorzeile ausgenutzt, was der Drucker nicht übernimmt, d.h. am Drucker
muß der Zeilenvorschub eigens mit einem Zähler programmiert werden:

```
    PROGRAM ascii_drucken;
    USES printer;
    VAR i : integer;
    BEGIN
      writeln (lst, 'Ausschnitt ASCII-Tabelle ...');
      FOR i := 32 TO 255 DO BEGIN
                     write (lst, i : 3, ' = ', chr(i), '   ');
                     IF i MOD 8 = 0 THEN writeln (lst)
                     END
    END.
```

In der Schleife haben wir jetzt einen Block mit *BEGIN ... END* definiert,
d.h. zwei Anweisungen durch Klammerung zu einer zusammengefaßt; durch Verwendung von *MOD* in der *IF...THEN*-Anweisung erreichen wir, daß nach jeweils
acht Ausgaben ein Zeilenvorschub samt Wagenrücklauf (d.h. Druckkopf nach

links!) am Drucker ausgeführt wird. Senden Sie dieses Programm keinesfalls
ab i = 0 zum Drucker: Für gewisse kleine i-Werte spielt er verrückt!

i MOD 8 = 0 ist ein sog. <u>BOOLEscher Ausdruck</u>, benannt nach dem Mathematiker GEORGE BOOLE (1815 – 1864). BOOLE gilt als Begründer der neuzeit-
lichen formalen Logik und war Professor der Mathematik am Queens College
in Cork, ohne als Autodidakt je ein Hochschulstudium absolviert zu haben!

Für i = 0, 8, 16, ... ist dieser Ausdruck wahr, sonst falsch. Zum ersten
Umgang mit BOOLEschen Ausdrücken am besten ein Minibeispiel, wobei wir
wiederum die später noch genauer zu besprechende Anweisung *IF ... THEN ...*
verwenden müssen:

```
PROGRAM suchtaste;
CONST w = 'gefunden'; n = 'Niete';
VAR   a : char;
BEGIN
   writeln ('Ratespiel ... ');
   write   ('Suchen Sie einen Buchstaben ... ');
   readln  (a);
   IF (a =  'X') THEN writeln (w);
   IF (a <> 'X') THEN writeln (n);
   readln  (* zum Anhalten unter TURBO *)
END.
```

Die beiden BOOLEschen Ausdrücke können ebenso ohne Klammern geschrieben
werden, die hier nur der Deutlichkeit halber hinzugefügt sind. Wird unter
Laufzeit des Programms der Buchstabe X eingegeben, so ist   *a = 'X'* wahr
und die Anweisung *writeln* nach *THEN* wird ausgeführt. Die nachfolgende Zeile
bleibt dann ohne Wirkung, denn der weitere BOOLEsche Ausdruck ist offenbar
falsch. Bei Eingabe jedes anderen Zeichens ist es genau umgekehrt.

Gefunden werden muß übrigens X und nicht nur x. Um dies zu umgehen, kann
man nach *readln(a);* wieder die Anweisung *a := upcase (a);* einfügen. Damit
ein Zuschauer nicht erkennt, welche Eingabe sie machen, kann *readln (a)*
ferner mit der Funktion *readkey* zur "verdeckten" Eingabe so umgestaltet
werden, wie wir das im Beispiel weiter vorne vorgeführt haben; vergessen
Sie dabei aber nicht, die Zeile *USES crt;* im Programmkopf einzutragen.

BOOLEsche Ausdrücke vergleichen die Inhalte von Speicherplätzen; im Beispiel wird auf Gleichheit geprüft, mit dem Zeichen = , das stets von der
Zuweisung := zu unerscheiden ist. Demnach ist in Pascal

```
a + b := c;              falsch,
IF a + b = c THEN ...    hingegen zulässig!
```

Denn im zweiten Fall wird = als Vergleichsoperator benutzt. Will man, wie
in der Mathematik oft nötig, Intervalle abfragen, z.B. ob x im Intervall
(5, 7) liegt, so ist die richtige Umsetzung in Pascal

```
IF (5 < x) AND (x < 7) THEN ...
```

aber *IF 5 < x < 7 THEN* ... ist falsch. Mit *AND* werden zwei BOOLEsche Ausdrücke logisch verknüpft, und zwar in dem Sinne, daß der gesamte Term nur dann wahr ist, wenn dies für die beiden Teile zutrifft. Unser Gesamtterm nach *IF* ... ist z.B. wahr, wenn x = 6.5 gilt, aber falsch für x = 8. Eine direkte Wertzuweisung auf BOOLEsche Variable zeigt das folgende Beispiel:

```
PROGRAM fragezeichen;
VAR eingabe : char;
            b : boolean;
BEGIN
   write  ('Zeichen eingeben ... ');
   readln (eingabe);
   writeln;
   b := false;
   IF eingabe = '?' THEN b := true;
   IF b THEN writeln ('? gefunden; b steht auf wahr (true).')
END.
```

Eine BOOLEsche Variable b kann nur zwei Werte *true* oder *false* annehmen; ihr Inhalt kann nicht direkt mit *writeln (b);* ausgegeben werden, d.h. die entsprechenden Speicherinhalte (0 bzw. 1) müssen "übersetzt" werden. Auch *readln(b);* ist ausgeschlossen. Eine interne Wertzuweisung auf b erfolgt jedoch mit *true* oder *false*, wie das Programm zeigt.

In der Abfrage *IF b THEN* ... genügt schon *b* allein anstelle des ausführlicheren *IF b = true THEN* ... , denn im Vergleich *b = true* liegt schon derselbe Wahrheitswert vor, hier auf der BOOLEschen Variablen *b* selber.

Mit BOOLEschen Variablen sind anfangs eigentümlich anmutende Schreibweisen in Pascal möglich, über die man etwas nachdenken muß:

```
PROGRAM seltsam;
VAR   a, b : integer;
    w1, w2 : boolean;
BEGIN
   readln (a); readln (b);
   w1 := a > b;
   IF w1 THEN writeln ('a ist größer als b.');
   w2 := (a = b + 1) OR (b - 1 = a);
   IF w2 THEN writeln ('a und b unterscheiden sich um Eins.');
   IF w1 AND w2 THEN writeln ('Es gilt a = b + 1.')
END.
```

Mit *OR* verknüpfen wir zwei BOOLEsche Ausdrücke dann zu einem wahren Ausdruck, wenn dies wenigstens für einen von beiden gilt.

Eine Zeile wie z.B. *w1 := (a = b);* besagt demnach, daß die Ganzzahlen a und b (also Speicherinhalte) erst auf Gleichheit überprüft werden, und sodann der gefundene Wahrheitswert auf w1 geschrieben wird.

Hier ist eine wichtige Anmerkung: Wären a und b *Real* vereinbart, so gäbe die Abfrage auf a = b keinen rechten Sinn (das wäre auch bei angeblicher Gleichheit wegen der im Speicher abgelegten Gleitkommazahlen nur Zufall).

In diesem Fall <u>muß</u> man stets auf einen kleinen Abstand prüfen, etwa in der Form

```
epsilon := 0.000001;
IF abs (a - b) < epsilon THEN ...
```

wobei epsilon natürlich *Real* vereinbart sein muß.

Wir wollen die logischen Verknüpfungen etwas genauer beschreiben und dazu die sog. <u>Wahrheitstafeln</u> der drei elementaren logischen Verknüpfungen aufstellen: Diese auch mit einem Programm erstellbaren Tafeln sehen für zwei BOOLEsche Variable u und v so aus:

u	NOT u
true	false
false	true.

(logisches nicht: Negation)

(Die Verneinung NOT ist eine sog. einstellige Verknüpfung.)

u	v	u AND v
true	true	true
true	false	false
false	true	false
false	false	false

(logisches und: Konjunktion)

u	v	u OR v
true	true	true
true	false	true
false	true	true
false	false	false.

(logisches oder: Alternative)
(nicht "ausschließend")

Das umgangssprachliche "entweder – oder" ist <u>nicht</u> mit OR identisch; es wird präzisiert und fallweise anders beschrieben:

Die <u>Disjunktion</u> (mit dem Pascal-Operator *XOR*) schließt jene Fälle aus, wo beide Aussagen wahr oder aber falsch sind ("exklusives" oder): Die beiden mittleren Zeilen der Tabelle sind *true*, die anderen *false*.

Bei der <u>Unverträglichkeit</u> ("entweder – oder", aber beides zusammen nicht: fehlt in Pascal) ist die erste Zeile *false*, alle übrigen sind *true*.

Ausdrücke wie *u OR (NOT u)*, die immer *true* sind, heißen <u>Tautologien</u>. Ihnen gilt in der Logik besonderes Interesse.

Das Sprachsystem Pascal und die CPU "kennen" diese Logik; die "virtuelle Pascalmaschine" (das ist die im Rechner implementierte Software) ist vor allem auch eine logische Struktur, die nach den klassischen Regeln dieser auf ARISTOTELES (384 – 322 v.Chr.) zurückgehenden <u>Zweiwertlogik</u> arbeitet. Erst in unserem Jahrhundert hat man diese Logik durch "Mehrwertlogiken" ergänzt, die manchmal besser zur Untersuchung und Bewertung von Strukturen geeignet sind. Die sog. "Fuzzy Logik" jedoch zur Beschreibung von umgangssprachlichen Unschärfen ist damit nicht gemeint; sie spielt im Gebiet der <u>Wissensverarbeitung</u> auf Rechnern ("Künstliche Intelligenz", z.B. Expertensysteme) zunehmend eine Rolle.

Mit dem etwas umständlichen Programm

```
PROGRAM logik;
VAR a, c1, c2 : boolean;
BEGIN
    c1 :=  NOT (a AND (NOT a));
    a := NOT a;
    c2 :=  NOT (A AND (NOT a));
    IF c1 AND c2 THEN writeln ('wahr')
END.
```

können Sie z.B. feststellen, daß der eingetragene BOOLEsche Ausdruck eine Tautologie ist, d.h. stets den Wahrheitswert *true* hat. Das Gegenteil sind unerfüllbare Aussagen, solche, die niemals wahr sind. In unserem Programm fehlt eingangs eine Zuweisung *a := ...;* auf a; denken Sie darüber nach, warum diese hier überflüssig ist. – Und: Da *NOT* stärker bindet als *AND*, kann auch *c1 := NOT (A AND NOT A);* geschrieben werden.

Nun als Anwendung aus der sog. <u>BOOLEschen Algebra (Schaltungsalgebra)</u> etwas ganz anderes: Die folgende einfache Verdrahtung mit drei Schaltern und einem Lämpchen

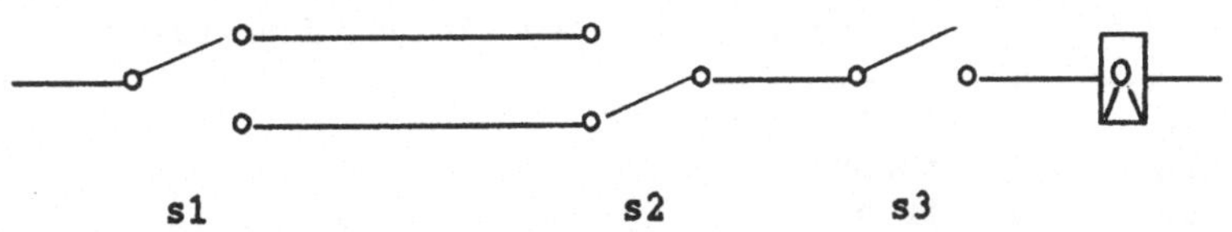

entspricht unmittelbar dem Programm

```
PROGRAM lichttechnik;
VAR s1, s2, s3 : integer;
BEGIN
    writeln ('Schalterstellungen eingeben 0/1... ');
    readln (s1, s2, s3);   (* Kann mit Infos verbessert werden! *)
    IF (s1 = s2) AND (s3 = 1) THEN writeln ('hell')
                        (* ELSE writeln ('dunkel') *)
END.
```

Willkürlich seien "obere" Schalterstellungen mit 0, untere mit 1 abgekürzt. Das Programm entscheidet, ob die Lampe brennt. Grundsätzlich läßt sich jede Schaltung so auf BOOLEsche Ausdrücke abbilden, theoretisch untersuchen und

in vielen Fällen dann konstruktiv einfacher gestalten, sofern der logische
Ausdruck kürzer geschrieben werden kann. Dafür gibt es formale Routinen.
Offenbar entsprechen AND und OR schaltungstechnisch der Hintereinander-
bzw. Parallelschaltung. Überlegen Sie sich einmal den Schaltplan zu der
Zeile *IF (s1 = s2) OR (s3 = 1) THEN ...*

Bei komplexen BOOLEschen Ausdrücken sollte man übrigens nicht mit (eventuell
überflüssigen) Klammern sparen, um Fehlermeldungen beim Compilieren zu minimieren bzw. überhaupt sicher zu sein, daß der gewünschte BOOLEsche Ausdruck
"richtig", d.h. regelgerecht übersetzt wird. Eine sprachliche Klarstellung:
Während unser Wortpaar "wahr/falsch" logische Bewertungen ausdrückt, beschreibt das Wortpaar "richtig/falsch" regelgerechtes "Hantieren": So ist
die mathematische Formel

$$a \cdot (b + c) = a \cdot b + a \cdot c$$

für Zahlen unabhängig vom konkreten Inhalt richtig, sie gestattet regel-
gerechte Umformungen. Dagegen ist der Satz (die Aussage) "BOOLE war ein
Mathematiker." wahr (salopp leider oft als "richtig" bezeichnet).

Wer Spaß an logischen Ausdrücken und Spielereien hat, kann sich Wahrheits-
tafeln für weitere logische Verknüpfungen erstellen und ausdrucken lassen,
so etwa für die "Wenn ... dann" – Beziehung, die in der Logik <u>Implikation</u>
u ---> v heißt, gelesen "aus u folgt v". u und v sind logische Ausdrücke,
können also als BOOLEsche Variable abgelegt werden. Die Implikation ist
gleichwertig (man sagt: wertverlaufsgleich) mit

    (NOT u) OR v ,

was man per Tafel durch zusätzliches Einfügen einer Hilfsspalte für NOT u
und nachheriges OR-Kombinieren mit v leicht nachprüfen kann:

u	v	u ---> v	(log. Folge: Implikation)
true	true	true	
true	false	false	
false	true	true	
false	false	true.	

Beachten Sie zunächst die systematische Besetzung mit Wahrheitwerten auf
der linken Seite, die man bei der Prüfung von zusammengesetzten Aussagen
wie u ---> v mit zwei oder auch mehr Eingangswerten gerne standardisiert,
um sich Schreibarbeit (links) durch Weglassen zu sparen.

Gewöhnungsbedürftig sind anfangs die beiden letzten Zeilen, die mit den
folgenden Beispielen illustriert werden können:

    Wenn Pferde fliegen können, dann ist der Mars ein Planet.
    Wenn Pferde Vögel sind, dann sind Hunde auch Vögel.

Der letzte Satz ist in der Tat wahr, obwohl beide Teilaussagen falsch
sind. Für den ersten gilt dies erst recht. – Implikationen mit falschem
"Vorderglied" gelten in der Logik als wahr! Denken Sie beispielsweise un-

abhängig vom Lebensalter des Aussagenden über folgenden stets wahren Satz nach: Wenn mein Alter durch 6 teilbar ist, dann auch durch 2 oder 3.

Hier ist noch eine systematische Übersicht zu allen Operatoren in TURBO:

Operator	Rang	Verwendung
NOT	4	Logik oder Bitmanipulationen
* / DIV MOD	3	"Punktrechnung"
*	3	Mengen: Durchschnitt
SHL SHR ('shift')	3	Bitmanipulationen
+ -	2	"Strichrechnung"
+ -	2	Mengen: Vereinigung, Differenz
AND OR XOR	2	Logik oder Bitmanipulationen
= < > <= usf.	1	(relationale) Vergleiche
IN	1	Mengenzugehörigkeit

In Termen gelten folgende Regeln:

Ausdrücke in Klammern werden stets zuerst ausgewertet. – Steht ein Operand zwischen zwei Operatoren unterschiedlichen Rangs, so ist er an jenen mit höherem Rang gebunden. – Steht ein Operand jedoch zwischen gleichrangigen Operatoren, so ist er an den links von ihm stehenden gebunden.

Demnach ist $5 + 4 \cdot 2 = 5 + 8 = 13$, $9 \text{ DIV } 4 + 3 = 2 + 3 = 5$. Von links nach rechts ist $9 \text{ DIV } 4 \cdot 3 = 2 \cdot 3 = 6$, aber $9 \text{ DIV } (4 \cdot 3) = 0$.

Speziell TURBO verwendet die logischen Operatoren NOT, AND, OR und XOR auch für Bitmanipulationen, d.h. für bitweises logisches Vergleichen und Zusammenfassen:

```
NOT 1   ist -2              0001 ---> 1110
3 AND 1 ist  1        0011 AND 0001 ---> 0001
2 OR  1 ist  3        0010 OR  0001 ---> 0011
3 XOR 2 ist  1        0011 XOR 0010 ---> 0001
```

Die Operatoren SHL bzw. SHR verschieben bitweise nach links bzw. rechts:

```
2 SHL 1 liefert 4     0010 ---> 0100
8 SHR 2 liefert 2     1000 ---> 0010
```

Zu den Mengenoperatoren kommen wir in Kapitel 6.

Wir geben an dieser Stelle eine erste Einführung des Variablentyps *String*, der in Standard-Pascal nicht vorhanden, jedoch in TURBO implementiert ist. Ein String ist eine Zeichenkette vorgebbarer Länge n <= 255; fehlt die Angabe der Länge, so wird auf maximalen Wert eingestellt. Im Deklarationsteil findet man daher entweder die Typenvereinbarung z.B. *String[10]* mit eckigen Klammern oder nur *String* ohne nähere Angaben. Im folgenden Beispiel wird die maximal gewünschte Länge 10 eingangs deklariert. Gibt man ein längeres Wort ein, so wird der überschießende Rest ohne Fehlermeldung unterdrückt.

```
PROGRAM text;
VAR kette : STRING [10];
BEGIN
   readln (kette);
   writeln; writeln ('***', kette, '***')
END.
```

In Zeichenketten zählen auch "mittige" Blanks, wie man leicht ausprobieren
kann, etwa mit der Eingabe *aber = 5* für *kette*. Zur Bearbeitung von Strings
stehen verschiedene Funktionen und Prozeduren zur Verfügung, über die in
Kapitel 6 ausführlich gesprochen wird. Eine Vereinbarung *String[n]* mit
Setzen von n erst unter Laufzeit des Programms ist nicht möglich. Soll der
Quelltext in dieser Hinsicht flexibel bleiben, so verfährt man wie folgt:

```
PROGRAM ...;
CONST n = 20;
VAR wort : String[n];
...
```

und hat damit die Möglichkeit, n leicht auszuwechseln. Das ist später vor
allem dann interessant, wenn über selbst definierte Typenvereinbarungen im
Deklarationsteil der Wert n öfter vorkommt und damit nicht an jeder Stelle
neu geschrieben werden muß.

Zum Abschluß dieses Kapitels paßt so recht eine bekannte Denksportaufgabe,
das "Kokosnußproblem": Fünf Männer und ein Affe befinden sich auf einer Insel
und haben einen Vorrat von Kokosnüssen gesammelt, den sie am nächsten Tag
unter sich aufteilen wollen. – In der Nacht wacht einer der Männer auf, um
sich seinen Teil vorab zu sichern: Er teilt die Kokosnüsse in fünf gleich-
große Haufen auf, wobei eine Nuß übrig bleibt; diese Nuß erhält der Affe. Der
Mann versteckt seinen Anteil und legt die übrigen Nüsse wieder zusammen.
Dies geschieht in jener Nacht noch viermal, und zufälligerweise erhält der
Affe jedesmal eine Nuß. Am Morgen setzen sich die Männer schweigend zusammen
und teilen den verbliebenen Haufen in fünf gleiche Teile. Es bleibt keine
Nuß übrig und der mittlerweile verwöhnte Affe geht unter Protest leer aus.
Wieviele Nüsse waren ursprünglich gesammelt worden? – Hier ist die Lösung,
die Sie nach dem Durcharbeiten des folgenden Kapitels studieren können ...

```
PROGRAM kokosnuss;
VAR n, i, k, s : integer;
BEGIN
n := 6;
REPEAT
   k := n;
   FOR i := 1 TO 5 DO
       IF k MOD 5 = 1 THEN BEGIN
                           k := 4 * (k DIV 5); s := i
                           END;
   n := n + 5
UNTIL (s = 5) AND (k MOD 5 = 0)      (* AND (n > 3126) *);
write (n - 5)
END.                  (* kleinste Lösungen 3121 und 18746 *)
```

4 KONTROLLSTRUKTUREN

Alle bisherigen Beispiele haben gezeigt, daß man ohne Schleifen nicht aus-
kommt, von ganz primitiven Ein- und Ausgabesequenzen abgesehen. Denn eine
Problemlösung wird nur selten aus einer Abfolge von Anweisungen bestehen,
von denen jede nur einmal ausgeführt wird. Die Stärke von Programmen zeigt
sich in der Möglichkeit, je nach aktuellem Ausfall von Termen während eines
Programmlaufs (logische) Entscheidungen maschinell treffen zu lassen. Man
nennt solche Anweisungen <u>Steueranweisungen</u>, die entsprechenden Programm-
strukturen im Sinn der Überschrift <u>Kontrollstrukturen</u>; diese bewirken
<u>Verzweigungen</u> im Programm nach zwei Grundmustern:

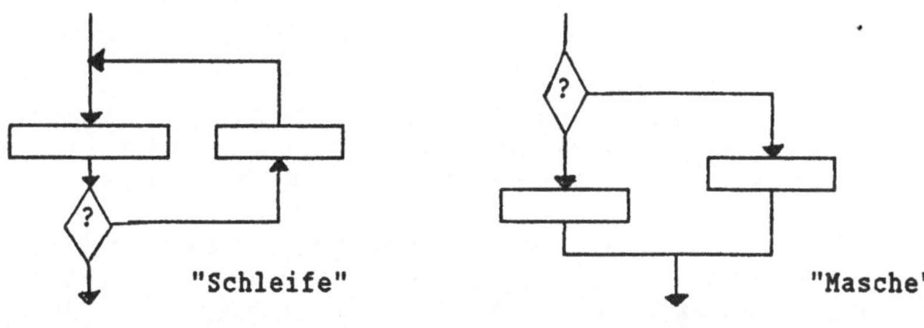

Schleifen werden durch <u>Wiederholungsanweisungen</u> bewirkt; Maschen hingegen
erzielt man mit <u>Sprunganweisungen</u>. Verschiedene Programmiersprachen unterscheiden sich wesentlich in der Ausgestaltung dieser Kontrollstrukturen.

Einige solche Anweisungen wie die sog. <u>FOR-DO-Schleife</u> haben wir bereits
eingesetzt:

```
FOR Laufvariable := Anfang TO Ende DO Anweisung;
```

Im einfachsten Fall ist die <u>Kontrollvariable</u> (Laufvariable) hier vom Typ
Integer, d.h. sie überstreicht einen Teilbereich der ganzen Zahlen; daher
muß sinnvollerweise *Anfang* <= *Ende* gelten. Ist *Anfang* > *Ende*, so wird die
Anweisung nicht ausgeführt, d.h. ohne irgendeine Fehlermeldung übergangen.

Im Falle des "Herunterzählens" mit *DOWNTO* ist es gerade umgekehrt:

```
FOR Laufvariable := Anfang DOWNTO Ende DO ... ;
```

Laufvariable werden mit üblichen Bezeichnern benannt; die Werte *Anfang* und
Ende können direkt mit ganzen Zahlen, aber auch mit Namen oder sogar mit
Ausdrücken markiert werden, sofern diese typgerechte Werte liefern:

```
a := 7; b := a + 5;      (* a, b wie x vom Typ Integer *)
FOR x := 1 TO 5 DO ...
FOR x := 1 TO a DO ...
FOR x := a TO a + b DO ...
FOR x := -1 TO 1 DO ...   (* drei Durchläufe ...*)
```

usw., wobei a und b initialisiert und vom Typ *Integer* sein müssen.

Die Schleifenanweisung enthält am Ende der Zeile wenigstens eine Anweisung,
zumeist aber einen mit *BEGIN* und *END* geklammerten größeren Block. In einem
solchen Block darf die Laufvariable zwar angesprochen, aber nie verändert
werden: Also ist das Programm

```
PROGRAM demo;
VAR i : integer;
BEGIN
FOR i := 1 TO 10 DO BEGIN
                    writeln (i : 3, sqr (i));
                    writeln ('Wurzel ', sqrt (i) : 5 : 2);
                    i := i + 5
                    END
END.
```

wegen der dritten Zeile im Block unzulässig, ohne daß dies der Compiler
reklamiert. Konstruktionen wie diese dürfen also <u>nicht</u> verwendet werden,
um z.B. aus einer Schleife früher als ursprünglich gedacht "auszusteigen".

FOR-DO-Schleifen sind sehr schnell; wenn immer möglich, sollte daher dieser
Verzweigungstypus gewählt werden. In der Grundform beträgt die Schrittweite
beim Typ *Integer* der Laufvariablen immer Eins, entsprechend dem Zählen;
eine Konstruktion mit STEP ... wie in BASIC ist nicht vorgesehen.

Will man ausdrücklich eine andere Schrittweite als Eins, so verwendet man
die folgenden Kontrollstrukturen, oder aber man konstruiert explizit:

```
PROGRAM wurzel_tab;
VAR   nummer : integer;
      x, delta : real;
BEGIN
   x := 0; delta := 0.01;
   FOR nummer := 1 TO 101 DO BEGIN
                             writeln (sqrt (x) : 6 : 2);
                             x := x + delta
                             END
END.
```

Dieses Programm liefert die Wurzeln der Zahlen von Null bis Eins, nicht
mehr! Die Laufvariable dient hier direkt als Zähler.

Unter den einfachen Datentypen ist auch der Typ *Char* als Laufvariable geeignet, d.h. ein Quelltext wie

```
PROGRAM zeichenfolge;
VAR z : char;
BEGIN
   FOR z := 'A' TO 'Z' DO writeln (z, ' hat als Code ', ord (z))
END.
```

ist korrekt und wird eine entsprechende Liste liefern. Hier wird eben nur
die "natürliche" Schrittweite über die ASCII-Codierung ausgenutzt. Das
Programm liefert zugleich ein Beispiel dafür, daß Schleifen auch ohne

Blöcke sinnvoll sein können, im einfachsten Fall als genau "einstellbare"
Zähler:

```
i := 1; FOR n := 1 TO 9999 DO i := i + 1;
```

Schleifen können "geschachtelt" werden, d.h. eine "äußere" Schleife kann auch
"innere" enthalten. Zwar ist die "Tiefe" (Anzahl der verschiedenen Ebenen)
an sich begrenzt, reicht aber für praktische Anwendungen stets aus:

```
PROGRAM multiplikationstabelle;
VAR zeile, spalte : integer;
BEGIN
   write (' mal ');
   FOR spalte := 1 TO 10 DO write (spalte : 5);
   writeln; writeln;
   FOR zeile := 1 TO 10 DO BEGIN
       write (zeile : 3, ' ');                    (* oder ('|'); *)
       FOR spalte := 1 TO 10 DO write (zeile * spalte : 5);
       writeln                          (* Zeilenvorschub *)
                            END
END.
```

Sie können dieses Programm so erweitern, daß nach der Kopfzeile der Tabelle
eine Unterstreichung "eingeschossen" und zudem die Vorspalte durch ein
Symbol abgetrennt wird, etwa | . Sie finden solche speziellen Zeichen mit
der Tastenfolge Alt-Ctrl (beide festhalten) und gleichzeitiger Eingabe der
Codenummer über den Ziffernblock rechts, hier Alt-Ctrl 179.

Insbesondere für Tabellen ist die DO-Schleife gut geeignet; es gibt aber
auch noch die sog. WHILE ... DO-Schleife. Hier wird schon _eingangs_ der
Schleife geprüft, ob die _Durchlaufbedingung_ überhaupt (oder immer noch)
erfüllt ist:

```
PROGRAM wertetabelle;
VAR x, delta : real;
BEGIN
   x := 0; delta := 0.05;
   WHILE x < 1.01 DO BEGIN
                     writeln (x : 4 : 2, x * x : 15 : 4);
                     x := x + delta
                     END
END.
```

Gegenüber einem Beispiel weiter vorne kann nun die Zählvariable entfallen.
Mit dem Schreibfehler $x > 1.01$ in unserer WHILE ... DO-Schleife werden die
Anweisungen (der Block) von allem Anfang an nicht bearbeitet, sondern einfach "überlaufen": Durch kleine Tippfehler kann man außerdem unabsichtlich
eine "ewige, tote" Schleife ('dead loop') erzeugen:

Die Initialisierungen von x und _delta_ (positiv), Eintrittsbedingung und
Veränderung von x in der Schleife: all das muß im Zusammenhang gesehen und
richtig aufeinander abgestimmt werden. Der Compiler bemerkt solche Fehler
nicht. Fatal wäre also z.B. die Zeile $x := x - delta;$ am Ende der Schleife,

denn damit fällt die Eingangsabfrage immer *true* aus; die Schleife findet
kein Ende ...

Bei dieser Gelegenheit sei wiederholt, daß vor dem ersten Probelauf eines
Programms der Quelltext immer abgespeichert werden sollte. Bleibt dann der
Rechner hängen, so ist nach dem Neustart wenigstens noch der Text vorhanden
und kann auf Fehler untersucht werden. Außerdem ist die Schreibarbeit nicht
verloren. Zur genaueren Kontrolle unter Laufzeit kann es ferner von großem
Nutzen sein, in Schleifen vorübergehend Ausgaben zum Bildschirm zu lenken,
die man wieder löscht, wenn schließlich alles zufriedenstellend abläuft.
So weiß man, was in der Schleife passiert ...

Man beachte die Abfrage *x < 1.01*, mit der offenbar alle gewünschten x-Werte
bis Eins einschließlich durchlaufen werden. Da x *Real* deklariert ist,
könnte die BOOLEsche Bedingung *x <= 1.00* unter Umständen den letzten Wert
nicht mehr erfassen, da der Vergleich reeller Zahlen auf Gleichheit zumeist *false* ausfällt. Bei Abfrage in der WHILE-Schleife mit Zahlen vom Typ
Integer tritt dieses Problem nicht auf. Weiterhin ist es natürlich auch
denkbar, daß die Durchlaufbedingung im engsten Sinne des Wortes logisch
formuliert wird:

Der folgende Programmausschnitt einer Schleife mit zwei Kontrollvariablen,
von denen die eine vom Typ *Boolean* ist ...

```
x := 1; b := true;
WHILE b AND (x < 100) DO BEGIN
                    x := x + 1;
                    writeln (x);
                    IF x > 2 THEN b := false
                    END;
```

... zeigt, daß die Schleife zwei Ausgaben liefert, also nach zwei Durchläufen abgebrochen wird. Auf diese Weise können Schleifen "frühzeitig"
korrekt verlassen werden, denn b könnte ja auf eine ganz andere Weise umgestellt werden. – Noch ein weiteres Beispiel:

```
PROGRAM zeichenliste;
VAR c : char;
BEGIN
   c := 'a';
   WHILE ord (c) < 123 DO BEGIN
                    writeln (ord (c) : 3, '...', c);
                    c := succ (c)
                    END
END.
```

Hier übernimmt eine Funktion die Aufgabe der Durchlaufkontrolle. Ganz zuletzt wird der Buchstabe z mit dem Code 122 ausgegeben. Auch wertmäßig
sich ändernde arithmetische Ausdrücke sind als Durchlaufbedingung möglich.

Als weitere Kontrollstruktur ist in Pascal die REPEAT ... UNTIL-Schleife
vorgesehen, mehr aus Bequemlichkeit, weniger aus Notwendigkeit: Im nachfolgenden Beispiel berechnen wir Quadratzahlen:

```
PROGRAM wertetabelle_2;
VAR x, delta : real;
BEGIN
   x := 0; delta := 0.05;
   REPEAT
      writeln (x : 4 : 2, sqr(x) : 15 : 4);
      x := x + delta
   UNTIL x > 1.01
END.
```

Auch hier ist stets eine Initialisierung erforderlich für jene Variable,
die in der Schleife schrittweise verändert wird und schließlich den Abbruch
auslöst, da ihr temporärer Wert nach *UNTIL* ... abgefragt wird: Im Unterschied zur WHILE-Schleife haben wir nunmehr eine <u>Abbruchbedingung</u>, keine
Eintrittsbedingung. Die REPEAT-Schleife wird also mindestens einmal durchlaufen! – Dies ist der wesentliche Unterschied zur ansonsten praktisch
gleichwertigen WHILE-Schleife.

Im Hinblick auf die korrekte Formulierung der Durchlaufbedingungen gelten
die eben gemachten Bemerkungen, d.h. die Vermeidung toter Schleifen liegt
ganz in der Verantwortung des Programmierers. Noch einmal die Warnung: Besonders gefährlich ist die Prüfung auf Gleichheit mit BOOLEschen Ausdrücken
bei reellen Zahlen (Seite 38, oben), aber auch schon bei Ganzzahlen:

```
PROGRAM ewig;
VAR n : integer;
BEGIN
   n := 0;
   REPEAT
      n := n + 3;
      write (n : 5)
   UNTIL n = 100
END.
```

Da augenscheinlich der Wert 100 nicht getroffen wird, hat dieses Programm
seinen Namen zu Recht. Es muß unbedingt *UNTIL n >= 100* heißen.

Da während der Schleifendurchläufe jedesmal eine Ausgabe erfolgt, kann das
Programm mit der Tastenkombination CTRL-C jedenfalls abgebrochen werden,
ohne Umlenkung auf die Konsole ansonsten in der TURBO Umgebung auch noch
mit den Tasten Ctrl-Pause. Ein compiliertes Programm ohne Ausgaben könnte
u.U. nur durch Booten des Rechners gestoppt werden! Noch eine Bemerkung:

In der REPEAT-Schleife ist eine Klammerung mit *BEGIN* und *END* entbehrlich,
da *REPEAT* und *UNTIL* diese Aufgabe für den Wiederholungsblock übernehmen.
Deswegen haben wir (wie vor *END*) auch <u>kein Semikolon vor UNTIL</u> gesetzt,
d.h. nach der letzten Anweisung dieses Blocks. – Falsch wäre es nicht, denn
eine Folge leerer Anweisungen ;;; akzeptiert der Compiler durchaus.

Hier ist noch einmal eine Gegenüberstellung der beiden Schleifentypen mit
Abbruch- bzw. Durchlaufbedingung in Form einer Art <u>Flußdiagramm</u>: Diese
<u>Rückwärtsverzweigungen</u> entsprechen dem eingangs des Kapitels (Seite 43)
gezeigten Diagramm links:

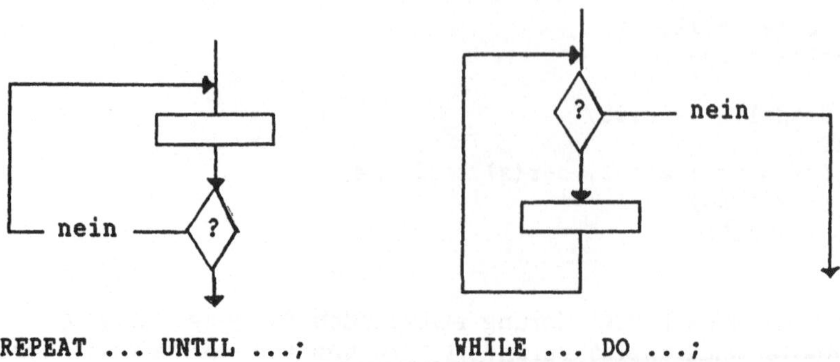

Eine <u>Vorwärtsverzweigung</u> hingegen wird durch eine <u>IF-Anweisung</u> bewirkt, die
wir ebenfalls schon verwendet haben. Deren allgemeinste Form ist

    IF Bedingung THEN Anweisung1 ELSE Anweisung2;

Auch hier gilt, daß die Anweisungen *Anweisung1* und *Anweisung2* bei Bedarf
durch Blöcke ersetzt werden können, die dann mit *BEGIN* und *END* zu klammern
sind. Zu beachten ist, daß <u>vor ELSE nie ein Strichpunkt</u> steht!

Wenn die BOOLEsche Bedingung zutrifft, also *true* ist, so wird *Anweisung1*
ausgeführt, sonst hingegen *Anweisung2*. Es liegt demnach die auf Seite 43
rechts skizzierte <u>Alternativentscheidung</u> vor. Zu ergänzen wäre (und so kam
dieser Fall bereits vor), daß der Teil *ELSE ...* auch entfallen darf, also
die häufig gebrauchte verkürzte Form

    IF Bedingung THEN ... ;

ebenfalls syntaxgerecht ist. Sie bedeutet: Wenn die Bedingung zutrifft, so
führe die nach *THEN* folgende Anweisung (oder mit *BEGIN ... END* einen ganzen
Block) aus, sonst nichts (d.h. fahre sequentiell im Programm fort). In der
Skizze von Seite 43 rechts liegt in diesem Fall auf einem der beiden Wege
vor deren "Wiedervereinigung" weiter unten kein Anweisungsblock mehr.

Bei allen Schleifentypen, lediglich die FOR-Schleife ausgenommen, spielen
die im vorigen Kapitel näher besprochenen BOOLEschen Ausdrücke eine ganz
wesentliche Rolle. Lesen Sie sich daher jenen Teil u.U. noch einmal durch;
die Lösung zum Kokosnußproblem kann jetzt nachvollzogen werden.

Wertzuweisungen aus BOOLEschen Ausdrücken auf BOOLEsche Variable wie

    wahr := a = b;   (vgl. Seite 37)
    wahr := NOT (a <= b);

sind nicht nur für *Integer*, sondern auch für *Char* vereinbarte a und b möglich: Im ersten Fall wird auf Gleichheit der Zeichen in a bzw. b gepüft;
im zweiten Fall ist wahr genau dann *true*, wenn auf a ein lexikographisch
späteres Zeichen liegt als auf b. Analog bei Stringvergleichen:

    'AASGEIER'< 'ADLER'

ist *true*, weil der ADLER im Lexikon später kommt. Das Wort 'Aber' hingegen
kommt erst hinter ADLER, denn b (aus 'Aber') hat einen größeren Code als
das D des ADLERs. Stringketten werden zeichenweise verglichen. Alles klar?

Häufige BOOLEsche Ausdrücke sind z.B. Intervallabfragen

```
WHILE (2 <= x) AND (x =< 7) DO ...
```

wobei sichergestellt werden muß, daß in der Schleife irgendwann auch eine
Einstellung von x außerhalb des Intervalls [2, 7] auftritt.

Hier nun ein anspruchsvolleres Listing, in dem Schleifen verschiedenen
Typs geschachtelt werden ...

```
PROGRAM primliste;
VAR anfang, ende, zahl, teiler : integer;
                          wurzel : real;
BEGIN
REPEAT
   write ('Listenanfang '); readln (anfang);
   write ('Ende         '); readln (ende)
UNTIL (anfang > 5) AND (ende > anfang);
IF NOT odd (anfang) THEN anfang := anfang + 1;
zahl := anfang;
WHILE zahl <= ende DO BEGIN
   wurzel := sqrt (zahl);
   teiler := 3;
   REPEAT
      IF zahl MOD teiler <> 0 THEN teiler := teiler + 2
                              ELSE teiler := zahl
   UNTIL teiler > wurzel;
   IF zahl MOD teiler <> 0 THEN write (zahl : 8);
   zahl := zahl + 2
                   END;
(* readln *)
END.
```

Es liefert eine Primzahlliste von *anfang* bis *ende*. Der Algorithmus beruht
auf der Prüfung von *zahl* durch die Teiler 3, 5, 7, ... bis zur Wurzel aus
zahl. Er findet daher die kleinen Primzahlen bis 5 nicht.

Da (außer 2) nur ungerade Zahlen als Primzahlen in Frage kommen, wird der
Anfangswert gegebenenfalls um Eins erhöht: Die BOOLEsche Funktion *odd*
prüft ganze Zahlen auf die Eigenschaft "ungerade": z.B. ist odd (3) *true*,
aber odd (4) *false*.

Ist eine Zahl nicht prim, so wird *teiler* so hoch gesetzt, daß die innere
REPEAT-Schleife wegen *ELSE* ... frühzeitig verlassen wird. Ansonsten wird
der nächste Teiler hergenommen und wegen *zahl MOD teiler <> 0* die zuletzt
geprüfte Zahl gegebenenfalls als Primzahl erkannt und ausgegeben: Eine
Zahl, die keine Teiler bis zu ihrer Wurzel hinauf hat, ist prim. Beachten
Sie wieder das an den Bildschirm angepaßte Ausgabeformat 8 der Primzahlen.
Das Programm ist noch nicht elegant, denn es werden allerhand überflüssige

Prüfungen durchgeführt: Ist z.B. 5 kein Teiler von *zahl*, dann 15 erst recht nicht, obwohl dies später auch noch überprüft wird.

Soll *anfang* kleiner als 6 möglich sein, so müßte man die ersten Primzahlen explizit ausgeben; instruktiv wäre der Einbau eines Zählers für die jeweils gefundenen Primzahlen. - Er wird zwingend, wenn dieses Programm auf den Drucker umgelenkt werden soll! *ende* muß natürlich im Ganzzahlenbereich bleiben, den man mit *Longint* noch deutlich vergrößern kann. Die Rechenzeiten für ein Intervall wie [100000 ... 101000] werden aber spürbar. Zum Suchen wirklich "großer" Primzahlen ist unser Programm also schlecht bzw. gar nicht mehr geeignet.

Die IF...THEN...ELSE-Anweisung dient vor allem dazu, in Programmen binäre <u>Entscheidungsbäume</u> als Struktur aufzubauen, d.h. Vorwärtsverzweigungen wie

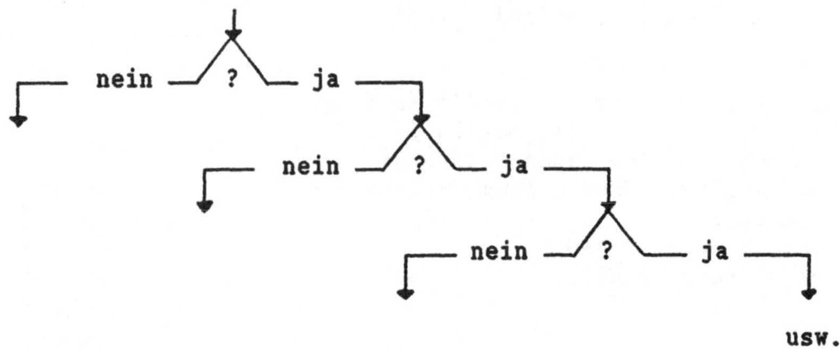

Zum Beispiel ...

```
PROGRAM baum;
VAR x : integer;
BEGIN
REPEAT
    readln (x)
UNTIL x < 1000;
IF x >= 0 THEN
        IF x > 9 THEN
                IF x > 99 THEN write ('drei Ziffern')
                         ELSE write ('zwei Ziffern')
                ELSE write ('eine Ziffer')
        ELSE write ('negativ')
END.
```

Eine Eingabe x wird genau einem von vier Intervallen zugewiesen. Langsam erkennt man, was "Programmstruktur" ist: Ersichtlich ist dieses Beispiel "gut strukturiert", zudem übersichtlich aufbereitet durch geschickte Texteinrückungen.

Wird im Baum die nein-Seite auf jeder Entscheidungsebene noch zusätzlich alternativ "aufgesplittet", so ergeben sich nach der dritten Entscheidung schon $2^3 = 8$ Möglichkeiten, daher die Bezeichnung "binär" für diese oft gebrauchte Struktur.

Ein Entscheidungsmuster dieses Typs kann in vielen Fällen weitaus bequemer mit einem sog. <u>Programmschalter</u> installiert werden, den Pascal ebenfalls bereithält, die <u>CASE -Anweisung</u>. Nimmt eine Variable (oder ein Ausdruck mit definierter Wertzuweisung) genau n verschiedene diskrete Werte an, mit denen man "schalten" möchte, so schreibt man

```
CASE Ausdruck OF
     Wert 1 : statement1;
     Wert 2 : statement2;
     ...
     Wert n : statementn  (* falls ELSE ..., kein Semikolon! *)
     ELSE statement_rest
END;
```

Dabei kann die "restliche" Zeile *ELSE ...* für alle Werte ohne Interesse auch ersatzlos entfallen.

Man beachte, daß der Anweisungsblock nach *CASE* durch ein *END* abzuschließen ist, dessen zugehöriges *BEGIN* schon mit *CASE ... OF* markiert ist.

Zugelassen für *Ausdruck* sind alle skalaren Datentypen, *Real* ausgenommen. In der Praxis kommen ganze Zahlen (*Integer*) oder Zeichen (*Char*) von der Tastatur als Werte vor: Sie heißen <u>CASE–Marken</u> oder engl. 'label'.

```
PROGRAM wochentag;
VAR tag : integer;
BEGIN
   readln (tag);
   CASE tag OF
   1 : writeln (tag, ' = Sonntag');
   ...
   7 : BEGIN
          writeln ('Samstag');
          writeln (' Morgen habe ich noch frei ...')
       END
   ELSE writeln ('Diese Nummer entspricht keinem Tag!')
   END
END.
```

Wird die *ELSE*-Zeile weggelassen, so erfolgt bei Eingabe von z.B. tag = 11 keine Reaktion, *CASE* wird komplett "überlaufen". Das Programm könnte dann allerdings unvollständig sein; eine Fehlermeldung tritt jedenfalls nicht auf. Hinter den einzelnen Marken können natürlich auch Blöcke folgen ...

Unter CASE ... sind Zusammenfassungen der Art

```
   ...
   1, 2 : write ('Sonntag oder Montag');
   ...
```

zugelassen, dürfen sich aber nicht "überschneiden"; die gesetzten Marken müssen paarweise <u>disjunkt</u> sein, d.h. als Mengen elementfremd.

Eine Steuervariable vom Typ *String* ist nicht möglich, denn dies ist kein einfacher skalarer Datentyp mehr, auch wenn Marken wie 'XYZ' sehr nützlich wären.

Für eine sog. <u>Menüsteuerung</u> in einem Programm ergibt sich mit dem CASE-Schalter beispielsweise folgender schematischer Aufbau:

```
PROGRAM sowieso;
USES crt;
VAR eingabe : char;  ...

(* Hier später die verschiedenen Prozeduren: Drucken ... *)

BEGIN (* ----------------------------------------------- *)

    (* diverse Vorbereitungen wie Datei laden oder dgl. *)

REPEAT                              (* sog. Hauptmenü *)

    clrscr;        (* 'clear screen' löscht den Bildschirm *)
    writeln ('Drucken ........... D');
    writeln ('Lesen ............. L');
    ...
    writeln ('Ende .............. E');
    write ('Ihre Wahl ........... ');
    readln (eingabe);   (* sicherheitshalber mit <RETURN> *)
                            (* also nicht mit readkey *)
    eingabe := upcase (eingabe);

    CASE eingabe OF
    'D' : drucker;       (* zu definierende eigene Prozedur *)

    'L' : BEGIN
          ...            (* Leseroutinen, u.U. weiteres Menü *)
          END;

    (* weitere Labels *)
    END

UNTIL eingabe = 'E';

                        (* abschließende Tätigkeiten *)
END. (* ----------------------------------------------- *)
```

Alle größeren Programme zeigen diese Struktur in Abwandlungen. – Beachten Sie, daß Marken vom Typ *Char* in ' ' zu setzen sind. Jede Anweisung nach einer Marke kann zum Block erweitert werden, denn in der Regel folgen jetzt aufwendige Programmteile. Eine im Menü nicht vorgesehene Eingabe bewirkt Durchlauf von *CASE* und Rückkehr in das Menü, was sehr erwünscht ist. Nur die Eingabe e/E führt endgültig aus dem Programm. Das gesamte Programm ist in eine REPEAT-Schleife eingebunden, sodaß eine Voreinstellung von *eingabe* wegfällt. Bei einer WHILE-Schleife müßte eine Zeile zuvor die

Kontrollvariable so gesetzt werden, daß beim Starten des Programms tatsächlich in das Menü "gelaufen" wird, z.B. eine Zeile wie *eingabe := 'X';* oder dgl.

Neu ist die Anweisung *clrscr;* aus der Unit crt: Sie bewirkt vollständiges Löschen des Bildschirms und Setzen des Cursors in die linke obere Ecke. In dieser Unit sind noch weitere Bildschirm-Manipulationen abgelegt, so

```
    gotoxy (spalte, zeile);
    clreol;                          (* d.h. Clear/Lösche bis End Of Line)
```

mit denen der Cursor an jede gewünschte Position des Bildschirms gelenkt werden kann, nämlich

    spalte 1 ... 80 und zeile 1 ... 25,
    (konkrete Werte oder Zuweisungen mit Typ *Integer*)

bzw. ab momentaner Cursorposition bis Zeilenende gelöscht wird. Daher ist

```
    VAR n : integer; wert : real;
    ...
    n := 10;
    REPEAT
      gotoxy (n, 5); clreol; write ('Eingabe '); readln (wert)
    UNTIL wert > 3;
    ...
```

eine Eingaberoutine, die solange an die angegebenen Position mit Löschen früherer Eingaben zurückkehrt, bis der Wert korrekt abgeliefert wird. Sofern in *gotoxy (spalte, zeile);* versehentlich zu große Werte außerhalb des "Bildschirmfensters" eingetragen werden, passiert nichts ...

Der Vollständigkeit halber sei angemerkt, daß Pascal auch eine Anweisung

```
    GOTO Sprungmarke;
```

vorsieht, dies mit Rücksicht auf frühere BASIC-Programmierer und z.B. Software, die vorhandene BASIC-Programme in Pascal-Quelltexte konvertiert. Die Verwendung von *GOTO ...* ist in Pascal stark eingeschränkt (man kann nämlich nur innerhalb eines Blockes "springen"), und zudem prinzipiell überflüssig, sodaß wir hier nicht weiter darauf eingehen. *GOTO ...* stört die Programmstruktur und fördert schlechten Programmierstil (der gerne als "Spaghetti-Code" apostrophiert wird). – Wer *GOTO ...* ganz unbedingt braucht, studiere die Ausführungen zur Semantik in [1].

Mit dem bisherigen Anweisungsvorrat sind wir durchaus schon in der Lage, recht anspruchsvolle Quelltexte zu erarbeiten. – Im nachfolgenden Kapitel schreiten wir daher weniger mit Spracherweiterungen fort, sondern bringen ein paar praktische Anwendungen und ergänzende theoretische Überlegungen.

In vielen Lehrbüchern finden Sie unter dem Gesichtspunkt einer strengen formalen Beschreibung von Pascal sog. <u>Syntaxdiagramme</u>. Mit solchen gerichteten Graphen (genau ein Ein-, ein Ausgang) werden die Aufbau- und

Strukturregeln formaler Sprachen beschrieben, meist mit Rückgriff auf Begriffe, die als elementar und daher bekannt vorausgesetzt werden. An den Knoten solcher Diagramme stehen entweder Symbole, die genau übernommen werden müssen oder aber Ausdrücke, die anderen Diagrammen entnommen werden können. – So findet sich in [1] schon ganz vorne:

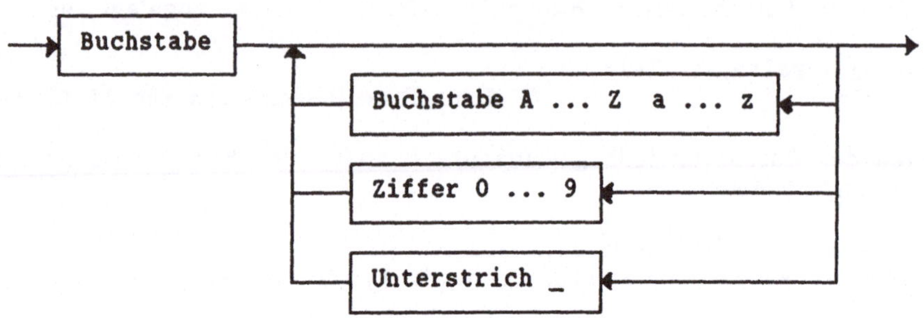

Syntaxdiagramm für zulässige Bezeichner

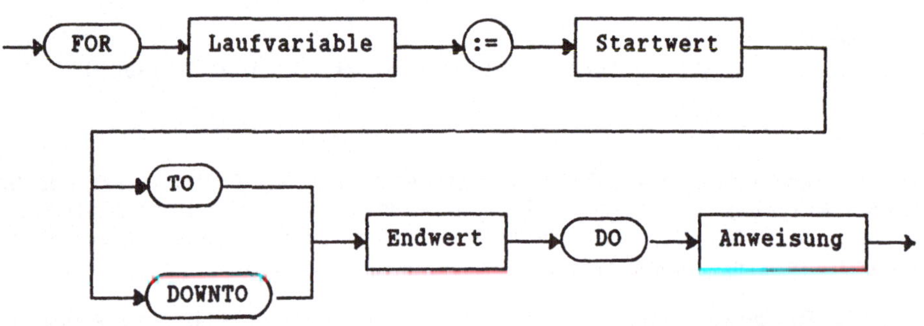

Syntaxdiagramm der FOR-Schleife

Die Laufvariable ist ein Bezeichner, Start- und Endwert können auch sog. Ausdrücke wie a + b, c · d sein, für die es wiederum Syntaxdiagramme gibt.

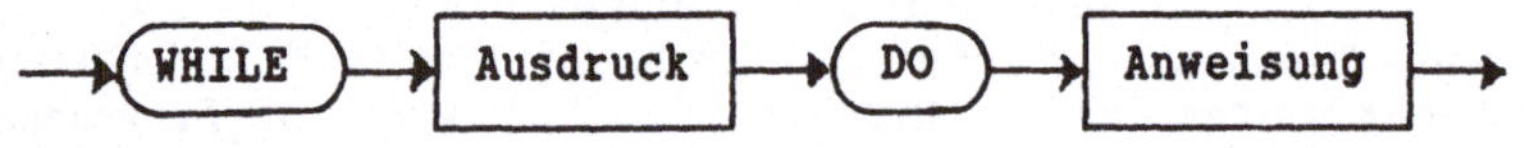

Syntaxdiagramm der WHILE-Schleife

Unter Ausdruck ist hier ein sog. BOOLEscher Ausdruck zu verstehen, so etwa u + v < 5 oder x = 3 und dgl. Analoges gilt für die folgende Syntax der REPEAT-Schleife:

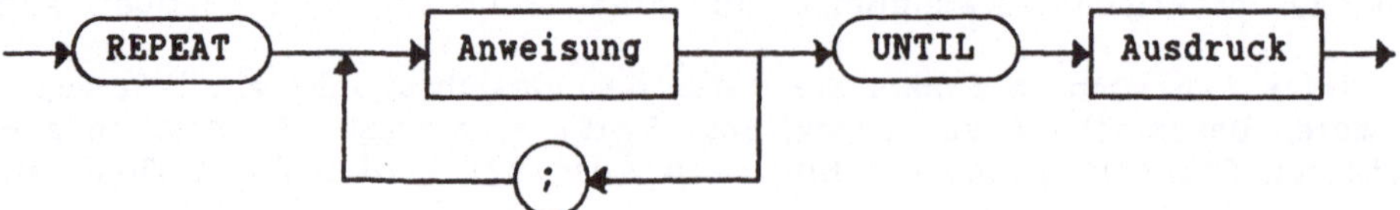

Hierbei kann eine Anweisung dem Typ der bisher genannten Anweisungen entsprechen (Schachtelung); meist ist es einfach ein Block wie etwa

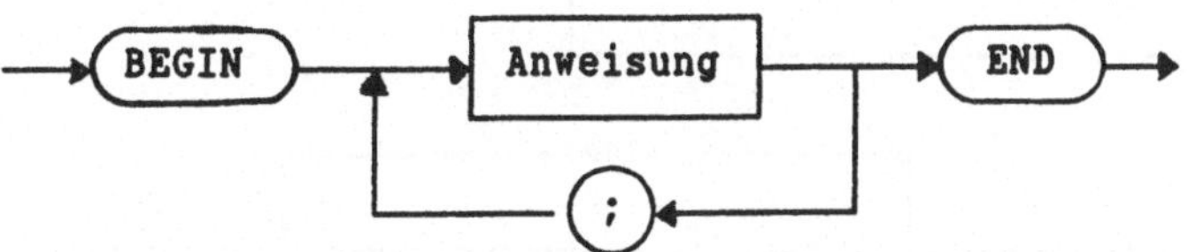

Syntaxdiagramm einer Verbundanweisung (Block)

also eine Folge "einfacher Anweisungen", zu denen auch Wertzuweisungen gehören, bei REPEAT ... UNTIL ohne Klammern BEGIN ... END, nicht jedoch bei
der While – Schleife oder bei

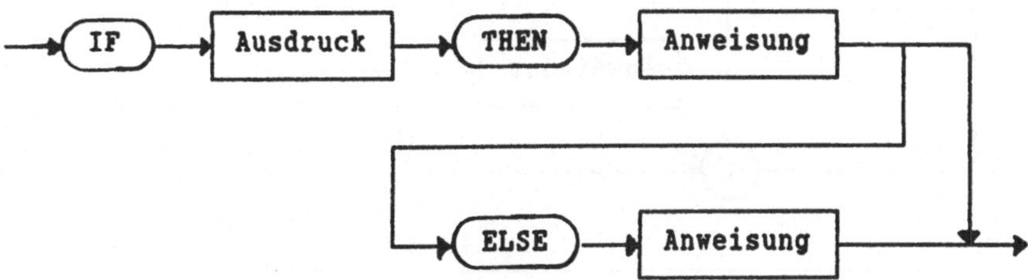

Syntaxdiagramm der IF-Anweisung

Einigermaßen kompliziert ist das auf der nächsten Seite gezeigte Diagramm
des Programmschalters. Ihm zufolge ist z.B. folgender Programmausschnitt
syntaktisch richtig (und damit zulässig):

```
VAR i : integer;
.....

CASE i - 5 OF

1     : writeln (...);
2, 3 : BEGIN
         ...
         ...
         END;
4..8 : ...;
10   : readln (...)

ELSE
       write (...);
       readln (...)
END;
```

Beachten Sie dabei die Marke 4..8 und weiter, daß der Block nach *ELSE*
nicht mit *BEGIN ... END* geklammert werden muß. Letzteres können Sie aus
dem folgenden Diagramm ganz unten ableiten ...

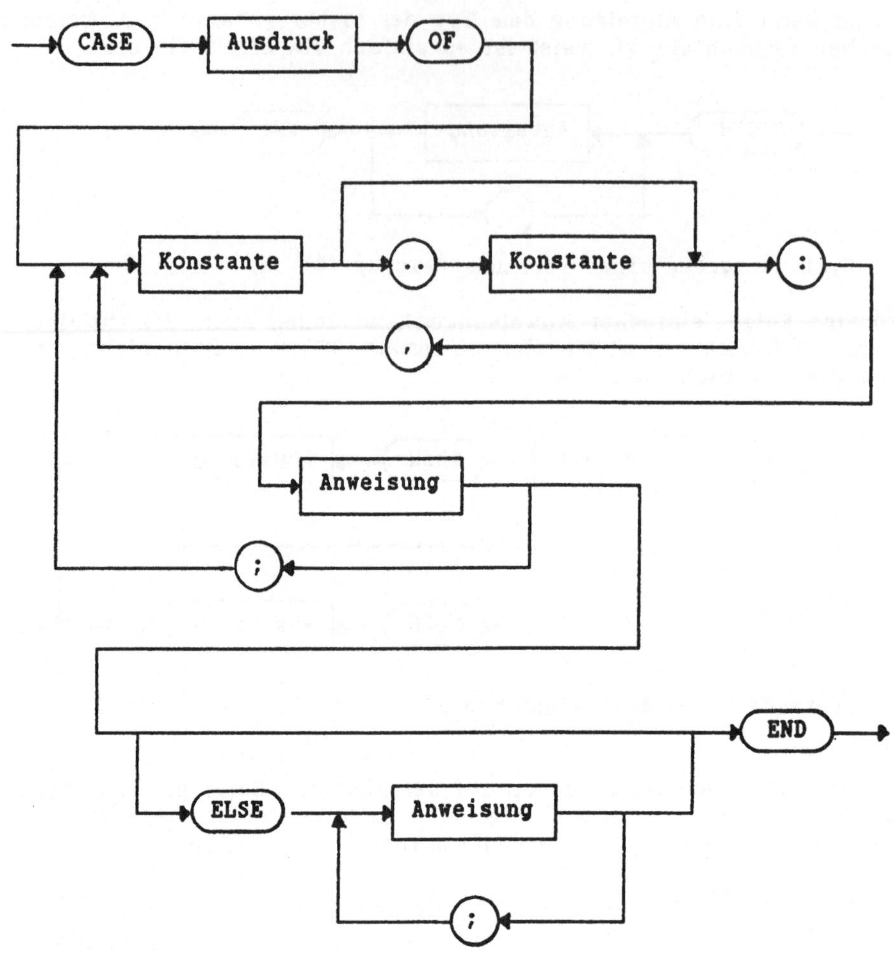

Syntaxdiagramm der CASE-Anweisung

Ein wahres Ungetüm aus dem Raritätenkabinett der Formalisten ...

5   PROGRAMMENTWICKLUNG

Zwar besteht (vor allem beim Programmieren in BASIC) stets die Neigung,
unmittelbar vor der Tastatur beim Tippen nachzudenken, aber eine solche
Arbeitsweise ist bei umfangreicheren Aufgaben weder problemgerecht noch
ökonomisch. Gehen Sie von Anfang an organisiert vor:

- <u>Problemanalyse</u>: Welche Informationen sind verfügbar, die später die
  Eingangsdaten des Algorithmus darstellen? Welche Ausgaben sind nötig?
  Gibt es Randbedingungen und Sonderfälle? Wurden ähnliche Aufgaben schon
  gelöst?

- <u>Algorithmisierung</u>: In welcher Reihenfolge sind welche Operationen durchzuführen? Welche Entscheidungen fallen an, welche Zwischeninformationen
  müssen gespeichert werden? Ist eine schematische Darstellung (später:
  Flußdiagramm, Struktogramm oder dgl.) notwendig oder zumindest nützlich?

- <u>Codierung des Quelltextes</u>: Jetzt erfolgt eine erste Formulierung in der
  gewählten Programmiersprache, also das Programmieren im eigentlichen Sinn
  des Wortes, u.U. zunächst nur eine symbolische Beschreibung.

- <u>Eingabephase</u>: Das entworfene Programm wird nun eingegeben, in unserem
  Fall 'on-line' von der Tastatur mit Kontrolle am Monitor. An Großrechnern
  wird häufig 'off-line' gearbeitet, z.B. werden zuerst Karten gelocht.

- <u>Testphase</u>: Mit einschlägigen Kommandos wird nun die Übersetzung in den
  Maschinencode erzeugt; danach erfolgt ein erster Testlauf des Objektcodes. U.U. sind Korrekturen und entsprechende Wiederholungen notwendig.

- <u>Dokumentation</u>: Zu jedem Programm empfiehlt sich für die spätere Benutzung
  und Wartung eine ausreichende Beschreibung (Hinweise auf Änderungsmöglich-
  keiten und dgl.). In einfachen Fällen sind entsprechende Kommentare im
  Quelltext (wird dieser weitergegeben?) ausreichend.

Bei kleinen Programmen mag der eine oder andere Schritt vielleicht unterbleiben oder sehr kurz ausfallen; aber im Prinzip ist die obige Abfolge
stets vorhanden. Das Schema zeigt, daß zum eigentlichen Programmieren nicht
unbedingt ein Rechner verfügbar sein muß: Die Schritte des Eingebens und
Testens können auch von Hilfspersonal (Typistin) erledigt werden, während
die beiden ersten Schritte bei umfangreichen kommerziellen Aufgaben häufig
von einem <u>Systemanalytiker</u> erledigt werden, einem Spezialisten mit Zu-
satzkenntnissen aus dem jeweils angesprochenen Umfeld (z.B. Buchhaltung)
der gestellten EDV-Aufgabe.

Am (eigenen) PC - bei uns etwa - fallen alle diese Tätigkeiten in einer
Person zusammen; hier ist die Zeit vielleicht kein besonderer ökonomischer
Faktor. Trotzdem: siehe oben!

Ein paar Bemerkungen zu Fehlern, später fallweise ausführlicher:

<u>Logische Fehler</u> sind solche, die zu einem grob falschen oder jedenfalls
unvollständigen Algorithmus führen und die vom Compiler bis auf Ausnahmen
nicht entdeckt werden. Weiterhin sind noch zwei Arten von Fehlern möglich:

Fast nicht vermeidbar bei längeren Quelltexten sind <u>Übersetzungsfehler</u>, d.h.
solche, die gegen die Syntax oder Semantik verstoßen. Solche Fehler werden
vom Compiler immer entdeckt und verhindern bis zu ihrer Beseitigung die
Erstellung des Objektcodes. Zu den häufigsten Übersetzungsfehlern gehören
demnach einfache Schreibfehler wie vergessene Kommata und Strichpunkte,
aber auch fehlende *BEGIN* und/oder *END* (d.h. unkorrekte Programmblöcke),
unvollständige Anweisungen und dgl.

In Pascal ist das letzte *END.* ohne Punkt bzw. <RETURN> ein sehr beliebter
Fehler von Anfängern, der vom Compiler oft seltsam umschrieben wird. Vergißt man in einem langen Listing irgendwo ein *BEGIN* oder *END*, so wird die
Fehlersuche zur Irrfahrt, denn syntaktisch richtige Plazierungen gibt es
in Hülle und Fülle, nur genau eine ist aber logisch richtig!

> <u>**Schreiben Sie daher zu jedem BEGIN sogleich das zugehörige END in die
> gleiche Spalte darunter mit einigen Leerzeilen dazwischen.**</u>

Läuft das Programm schon, so sind noch <u>Laufzeitfehler</u> möglich, auch solche,
die keineswegs jedesmal unter 'Runtime' auftreten: Laufzeitfehler werden
mit einer Nummer gemeldet, unter der in einer Liste zu Ende von [2] nach-
geschlagen werden kann. Öfter stellt sich DIVISION BY ZERO ein (wenn das
also möglich ist, hat das Programm entsprechende Vorsorge zu treffen), oder
eine ganze Zahl überschreitet den *Integer*-Bereich (was nicht zum Programmabbruch führt!), eine angesprochene Datei ist nicht vorhanden usw.

Ein Programm mit professionellem Anspruch muß alle diese Möglichkeiten vor-
sehen und abfangen, darf also nicht "abstürzen", was auch immer der arglose
Benutzer treibt. Betont werden muß, daß ein Programm ohne auftretende Laufzeitfehler noch nicht "richtig" sein muß: Der programmierte Algorithmus ist
vielleicht unvollständig oder falsch (aber eben syntaktisch "richtig" programmiert). Ob daher ein größeres Programm tatsächlich fehlerhaft ist, kann
u.U. unerkannt bleiben; ein Fehler ist bisher nicht aufgetreten und eine
stets nur endliche Anzahl von Testläufen ohne Probleme oder eine gewisse
Nutzungszeit sind noch lange kein Beweis ... Die Garantiezeiten sind daher
meist kurz, umfangreiche Ersatzansprüche ausgeschlossen. Eine Theorie (der
Fehlerfreiheit) ist bisher nur unvollständig entwickelt; Testläufe gelten
daher als ausreichend ...

Beispielhaft betrachten wir die folgende Aufgabe:

Der Rechner soll für die natürlichen Zahlen n = 1, 2, 3, ... die Fakultät
n! ausrechnen, das Produkt der Zahlen von 1 bis n. Wir wünschen uns eine
kleine Tabelle; ein Programm mit Zeilen wie *writeln(1*2*3);* und dgl. wäre
dem Problem nicht angemessen, denn es erfordert mindestens so viele Zeilen
Schreibarbeit, wie die Tabelle später Zeilen haben soll. Ein solches rein
sequentielles Programm wäre lächerlich, unseres PC unwürdig ...

Man erkennt bald, daß n! leicht auszurechnen ist, wenn (n-1)! schon bekannt
ist, nämlich durch "Nachmultiplizieren" mit n. Ein solches Vorgehen nennt
man "iterativ"; <u>Iteration</u>, d.h. schrittweise Annäherung an die Lösung,
wird die eigentliche Idee im Algorithmus. Offenbar ist dazu ein Startwert,
ein Rechenanfang vonnöten, die "Initialisierung" für 1! = 1. Nach einiger
Zeit findet man ein Programm, das etwa wie folgt aussehen kann:

```pascal
PROGRAM fakultaet;
USES crt;
VAR zaehler, fak, ende : integer;
BEGIN
   clrscr;
   write ('Wie weit soll die Tabelle gehen? '); readln(ende);
   fak := 1;
   FOR zaehler := 1 TO ende DO
       BEGIN
          fak := fak * zaehler;
          writeln (zaehler : 2, '! = ', fak)
       END
END.
```

In der Schleife wird die Variable *fak* angesprochen und verändert auf sich
selbst zugewiesen. Sie muß daher anfangs gesetzt (initialisiert) werden,
damit das Programm richtig abläuft. — Die wegen nachlässigen Programmierens
eventuell fehlende Zeile *fak := 1;* würde der Compiler nicht reklamieren,
aber das Programm wäre falsch! Denn in der Zeile *fak := fak * zaehler;*
wird dann unter Runtime beim ersten Mal der mehr oder weniger zufällige Inhalt von *fak* "hochmultipliziert", der vom Zustand des Speichers abhängt.

Testen Sie das Programm mit ein paar Läufen für Werte von *ende* unterhalb 8.
Und geben Sie dann einmal einen größeren Wert ein, etwa 15 oder 20. — Die
Ergebnisse sind nunmehr recht merkwürdig, und zwar wegen Überschreitung des
Integer-Bereichs, der von —32768 bis + 32767 geht. Wir wissen bereits:
Diese Grenzen werden durch Zweierpotenzen gezogen und vom Compiler nicht
entdeckt. 30! oder dergleichen kann man also mit dem obigen Programm nicht
ausrechnen, obwohl der Algorithmus auch für diese Fälle gilt. Wir reparieren
diese Schwäche durch Einführung des Tys *Longint* für die Variable *fak* und
können damit die kritische Obergrenze des Programms etwas hinausschieben.

Testen Sie das und gehen Sie dann versuchsweise auf den Typ *Real* über: Die
Ausgabeanweisung könnte jetzt

```pascal
writeln (zaehler : 2, '! = ', fak : 30 : 0)
```

heißen und liefert eine nicht mehr befriedigende Antwort, weil ganz offen-
bar die letzten Stellen nicht mehr stimmen (nämlich nur durch Nullen auf-
gefüllt werden): Die nötige Rechengenauigkeit fehlt und wird durch das
Runden nur verschleiert. Lassen Sie zum Vergleich die Formatierung in der
Ausgabeanweisung einmal weg! Die größte Fakultät, die auf diese Weise in
Näherung gerade noch berechnet werden kann, ist 33!

Geht die Schleife weiter, so erfolgt nun eine Fehlermeldung unter Runtime
wegen Speicherüberlaufs; reelle Zahlen jenseits von 10^{36} sind nicht mehr
darstellbar. Mit passender Software kann diese Begrenzung aber aufgehoben
werden, insbesondere sind dann auch praktisch beliebig große Ganzzahlen
bearbeitbar, wie wir im Kapitel über Felder sehen werden.

Ergänzend sei angemerkt, daß z.B. bei *Integer*-Rechnung der Wert von

```pascal
a := 100 * 2000 / 20;
```

falsch ermittelt wird, da beim Rechnen von "links nach rechts" das erste
Produkt den *Integer*-Bereich überschreitet. Dagegen liefert 100 / 20 * 2000
richtig 10000 als Ergebnis. Ist a jedoch reell deklariert, so tritt dieses
Problem nicht auf. Man sieht, daß selbst einfache Aufgaben Tücken haben
können: Oft hängt das richtige Ergebnis von der Reihenfolge an sich ver-
tauschbarer Schritte ab!

Zur anschaulichen Darstellung von Algorithmen bedient man sich mehrerer
verschiedener Methoden; besonders gebräuchlich sind <u>Flußdiagramme</u> und
<u>Struktogramme</u> (nach NASSI-SHNEIDERMAN).

Wir haben allgemeinverständliche Diagramme etwa im Sinne von Flußdiagrammen
(die gerne von BASIC-Programmierern gewählt werden) schon im vorigen Kapitel zur Erläuterung der Kontrollstrukturen eingesetzt.

Flußdiagramme verwenden einige leicht eingängige Symbole für Anfang und Ende
(Kreis oder Oval), für Ein- und Ausgabe (Parallelogramm), für Verzweigungen
(Raute), für Wertzuweisungen und allgemeine Operationen (Rechteck) sowie für
Schleifen. Die Symbole sind in einer Norm festgelegt, die wir hier nur er-
wähnen. Unser Fakultäten-Programm sieht damit so aus:

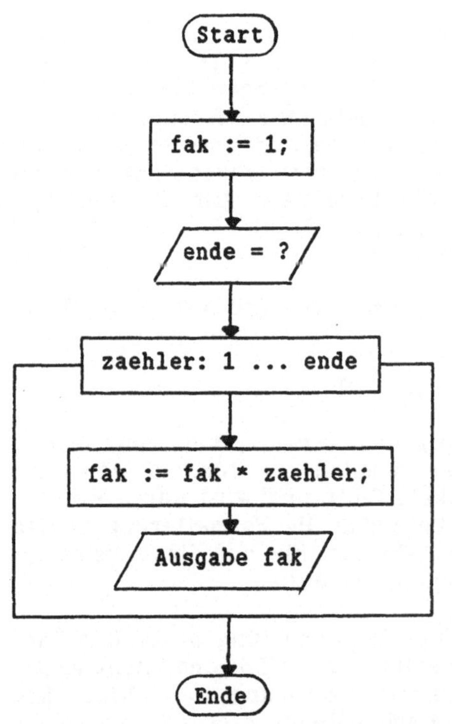

Es kann nützlich sein,
einen sog. Speicher-
belegungsplan aufzu-
schreiben:

zaehler	fak
1	1
2	2
3	6
4	24

und so weiter ...

Verzweigungen kommen im Beispiel nicht vor; sie führen sehr häufig zu Über-
schneidungen im Diagramm und machen damit den Algorithmus undurchsichtig.
Struktogramme (später) haben diese Schwäche nicht; sie entsprechen zudem
besser der Sprachstruktur von Pascal und sollten schon deswegen zur Dar-

stellung gewählt werden. Wir stellen ihre Beschreibung aber noch etwas
zurück, erst ein weiteres Beispiel:

Die sog. "Fellachenmultiplikation" (aus Ägypten) a * b = m für zwei natürliche Zahlen a und b verläuft nach folgendem alten Algorithmus:

       Gegeben seien a und b; setze zunächst m = 0:
       Wiederhole ... Ist a ungerade, so ersetze m durch m + b.
                   Ersetze a durch a DIV 2 und b durch 2 * b
       ... solange a <> 0. - Ergebnis: m.

Beschreiben Sie übungshalber diesen Algorithmus in einem Flußdiagramm. Und
hier ist das Pascal-Quellprogramm:

```
PROGRAM fellache;
USES crt;
VAR a, b, m : integer;
BEGIN
clrscr; m := 0;
write ('2 Faktoren ganzzahlig ... '); readln (a, b);
WHILE a <> 0 DO BEGIN
                IF odd (a) THEN m := m + b;
                a := a DIV 2; b := 2 * b
                END;
writeln ('Ergebnis ... ', m)
END.
```

Die "Anleitung" zu dieser Multiplikation ist in einer Art selbsterfundenem
Pseudocode formuliert: Man benutzt solche formalen Entwurfssprachen gerne,
möglichst "in der Nähe" einer Programmiersprache.

Beachten Sie im Programm die Prüfung, ob *a* ungerade ist. Da die beiden *a*
und *b* im Programm verändert werden, sind sie zu Ende nicht mehr mit ihren
Anfangswerten bekannt. Wie ist das Programm demnach zu ergänzen, damit die
erweiterte Ausgabezeile

       writeln (a, ' * ', b, ' = ', m)

einen Sinn bekommt? - Man muß von Anfang an zwei zusätzliche Variable zum
"Merken" bis Ende einführen und nach dem Einlesen *merk1 := a; merk2 := b;*
setzen oder (was geschickter ist) die Ausgabe auftrennen:

```
... write (a, ' * ', b, ' = ');    (* nach der Eingabe *)
... WHILE - Schleife ...
writeln (ergeb)
END.
```

Würde *a* im obigen Programm nicht ständig verkleinert (und damit schließlich
Null), so ergäbe sich eine sog. "tote Schleife", d.h. ein Algorithmus, der
nie mehr abbricht (und damit im genauen Wortsinn keiner ist). Vergißt man
also die Zeile *a := a DIV 2;* (was der Compiler nicht bemerkt), so wird das
Programm falsch. - Es kann aber auch durch unkorrekte Eingaben zu Anfang
eine tote Schleife erzeugt werden, nämlich z.B. durch negatives *a*.

Unser Fakultätenprogramm kann leicht so abgewandelt werden, daß wir damit nicht zu große Potenzen b^h berechnen können:

```
PROGRAM potenzberechnung;
USES crt;
VAR b, h, pro, i : integer;     (* oder Longint *)
BEGIN
  clrscr;
  write ('Basis ........ '); readln (b);
  write ('Hochzahl ..... '); readln (h);
  pro := 1;
  FOR i := 1 TO h DO pro := pro * b:
  writeln; writeln (b, '^', h, ' = ', pro)
END.
```

Auch hier können Sie experimentieren, z.B. mit dem Typ *Real*. Erinnern Sie sich gegebenenfalls auch daran, daß b^h in Pascal nicht als Standardfunktion vorhanden ist, sondern über exp (h * ln (b)) berechnet werden muß.

Hier ist ein Algorithmus, von dem bis heute erstaunlicherweise unbekannt ist, ob er für jedes natürliche a abbricht, der sog. "3-a-Algorithmus":

Starte mit einem positiven a;
Wiederhole, solange a von Eins verschieden ist:
    Ist a durch 2 teilbar, so ersetze dieses a durch a DIV 2,
        ansonsten aber durch 3 * a + 1.

Versuchen Sie zunächst selber, eine Lösung zu finden, also ein Programm (mit Schrittzähler) zu schreiben: So etwa könnte das Listing aussehen ...

```
PROGRAM drei_a_algorithmus;
VAR a , n : integer;
        w : boolean;
BEGIN
  n := 0; readln (a);
  REPEAT
    writeln (a); n := n + 1;
    IF a MOD 2 = 0 THEN a := a DIV 2
                   ELSE a := 3 * a + 1
  UNTIL a = 1;
writeln (n, ' Schritte ... ')
END.
```

Tatsächlich ist durch Nachdenken nicht zu klären, ob a = 1 jemals erreicht wird: Aber bei allen bisherigen Versuchen war das der Fall ...

Tabellen werden oft benötigt: Hier ist ein Programm, das die Abhängigkeit des barometrischen Luftdrucks p(h) in mm HG-Säule von der Seehöhe h [in m] ermittelt, wobei die Formel gilt

$$p(h) = p(0) * e^{-0.1251 * h} \qquad \text{(und zwar mit h in km !).}$$

Etwa so könnte diese sog. Reduktionstabelle aussehen:

```
h( in m !)       mm HG - Säule
-----------------------------------------------------------
   0          740.0   750.0   760.0   770.0   780.0
  10            ...   749.1   759.0   769.0    ...
  ..            ...
 100            ...
```

Sie zeigt für fünf verschiedene p (je nach Wetter!) auf Meereshöhe die
entsprechenden Werte in der Kolonne darunter für andere Höhen auf eine
Dezimale. Eine Lösung mit zwei FOR-DO-Schleifen:

```pascal
PROGRAM barometer1;
USES crt;
VAR   n, h, p0, s : integer;
                p : real;
BEGIN
clrscr; h := 0;
writeln (' h(m)     mm HG - Säule'); writeln;
FOR n := 1 TO 10 DO BEGIN
    p0 := 740;
    write (h : 5, '  ');
    FOR s := 1 TO 5 DO BEGIN
                    p := p0 * exp (-0.1251*h/1000);
                    write (p : 7 : 1); p0 := p0 + 10
                    END;
    writeln; h := h + 10
                END
END.
```

Ein zweites etwas kürzeres Listing mittels REPEAT-Schleifen finden Sie auf
der Diskette zu diesem Buch, neben weiteren Tabellenbeispielen.

Hier noch das Beispiel einer Menüführung (siehe S. 52): Nach <u>einmaliger</u>
Eingabe des Tageskurses in einem Vorprogramm soll die Umrechnung von DM in
US-Dollar oder umgekehrt wiederholt möglich sein.

```pascal
PROGRAM devisenschalter;
USES crt;
VAR     dm, g : real;
          wahl : char;
BEGIN
clrscr; write ('Dollarkurs: 1 US-Dollar = ... DM ? ');
readln (dm);
REPEAT
    clrscr;
    writeln ('        DM in Dollar ...   1');
    writeln ('  oder Dollar in DM ...   2');
    writeln ('  Programmende ........   E');
    writeln;
    write  ('   Wahl ....                ');
```

```
          wahl := upcase (readkey);
          CASE wahl OF
          '1' : BEGIN                           (* '1' ist hier ein Zeichen! *)
                   write ('  Eingabe DM ...      '); read (g);
                   write (' ... sind ', g/dm : 5 : 2, ' DOLLAR');
                   wahl := readkey                     (* siehe Text *)
                END;
          '2' : BEGIN
                   write ('  Eingabe Dollar ... '); read (g);
                   write (' ... sind ', g * dm : 5 : 2, ' DM');
                   wahl := readkey
                END
       END
    UNTIL wahl = 'E'                    (* daher bei Eingabe upcase ... *)
    END.
```

Die einzelnen Marken werden mit *wahl := readkey* abgeschlossen, damit die
Anzeige stehen bleibt! Dies könnte auch mit *readln* erreicht werden, aber
dann statt mit beliebiger Taste eben nur mit <RETURN>. In TURBO existiert
eine BOOLEsche Funktion *keypressed* (sie liefert *true*, wenn eine Taste
gedrückt worden ist, sonst *false*), mit der man diese Zeile so schreiben
könnte (Unit crt nicht vergessen!):

REPEAT UNTIL keypressed

d.h. "Warten, bis eine Taste gedrückt worden ist".

Schleifen werden wie gesagt gerne benutzt, um Iterationen abzuarbeiten,
d.h. Formelausdrücke, die wiederholt solange zum Einsatz kommen, bis eine
Abbruchbedingung erfüllt ist. Als weiteres Beispiel mag die sog. <u>NEWTON-
Iteration zur Berechnung der Wurzel</u> aus einer Zahl a $>$ 0 dienen, und zwar
nach der Formel

$$x(neu) = (x(alt) + a / x(alt)) / 2 .$$

Mehr mathematisch orientiert schreibt man dies so:

$$x_n = (x_{n-1} + a / x_{n-1}) / 2 \quad \text{für } n = 1, 2, 3, \dots$$

mit $x_0 = a$; man sagt "x_n konvergiere gegen die Wurzel aus a".

Der Startwert x_0 oder "erstes" x(alt) ist beliebig positiv, etwa gleich a.
Als Abbruchbedingung kann die Absolutdifferenz zweier aufeinanderfolgender
Werte x(neu) und x(alt) benutzt werden, d.h. die Differenz $|x_n - x_{n-1}|$,
die man z.B. kleiner als 0.001 fordert.

Da wir im folgenden Programm für x nur einen Speicherplatz ansetzen, muß
das "alte" x zur Prüfung der Abbruchbedingung via merk jeweils für einen
Schritt aufbewahrt werden. Der Algorithmus setzt positive a voraus; dies
erzwingen wir in einer passenden Vorschleife. Lassen Sie diese Schleife
versuchsweise weg und gehen Sie mit *readln (a);* und negativem a einmal
direkt in das Programm ...

```
PROGRAM newtoniteration;
USES crt;
VAR  a, x, merk : real;
          anzahl : integer;
BEGIN
   REPEAT
      clrscr;
      write ('Wurzel aus ... ');
      readln (a)
   UNTIL a > 0;
   x := a;
   anzahl := 0;
   REPEAT
      merk := x;
      anzahl := anzahl + 1;
      x := (x + a / x) / 2
   UNTIL abs (merk - x) < 0.001;
   writeln (' = ', x, ' in ', anzahl, ' Schritten.');
   REPEAT UNTIL keypressed
END.
```

In einem sog. <u>Struktogramm</u> stellt sich unser Programm so dar:

<table>
<tr><td colspan="2"></td></tr>
<tr><td></td><td>Eingabe von a</td></tr>
<tr><td colspan="2">bis a > 0</td></tr>
<tr><td></td><td>Berechnungen</td></tr>
<tr><td colspan="2">bis abs ... < 0.001</td></tr>
<tr><td colspan="2">Ergebnis: Ausgabe</td></tr>
</table>

Struktogramm zur obigen NEWTON – Iteration

Man erkennt jetzt gut den sequentiellen Aufbau des Programms aus drei Bausteinen, den Strukturblöcken für Eingabe, Rechnen und schließlich Ausgabe, wobei der letztere ein sog. sog. "Elementarblock" ist. Die ersten beiden sind dem Typ nach identisch, sog. "Iterationsblöcke": – Diese stehen als Notation für die beiden REPEAT ... UNTIL-Schleifen. (Die WHILE-Schleife wird ebenfalls mit einem solchen Block dargestellt.)

Die IF ... THEN ... ELSE-Verzweigung und der CASE-Schalter "selektieren"; die entsprechende Symbolik wird daher als "Selektionsblock" bezeichnet.

Das nachfolgende Struktogramm zeigt diese wichtigen Grundelemente der Darstellung für Reihung, Alternative und die beiden Schleifentypen sowie die CASE-Verzweigung am Beispiel des anschließend symbolisch aufgeschriebenen Programms.

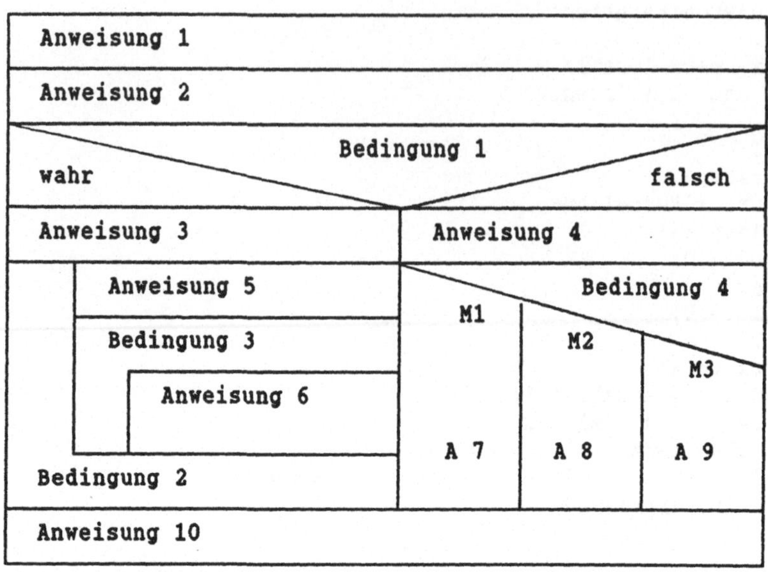


```pascal
PROGRAM strukturbeispiel;
(* Deklarationen *)
BEGIN
Anweisung 1;
Anweisung 2;
IF Bedingung 1 THEN BEGIN
                Anweisung 3;
                REPEAT
                   Anweisung 5;
                   WHILE Bedingung 3 DO Anweisung 6
                UNTIL Bedingung 2
                END
             ELSE BEGIN
                Anweisung 4;
                CASE Bedingung 4 OF
                M1 : Anweisung 7;
                M2 : Anweisung 8;
                M3 : Anweisung 9
                END             (* OF CASE *)
                END;            (* OF ELSE *)
Anweisung 10
END.
```

Strukturiertes Programmieren wird von Pascal sichtlich unterstützt, denn
Struktogramm- und Sprachelemente entsprechen sich. Hinzu kommt, daß die
sog. **schrittweise Verfeinerung** von Programmen einfach durch Ersetzen von
Bausteinen (Moduln) im Struktogramm durch detaillierter ausgeführte Blöcke
unterstützt wird. **Modulares und strukturiertes Programmieren** ergänzen sich
gegenseitig. Später zu beschreibende Unterprogrammtechniken sowie spezielle

Editoroptionen (Blöcke markieren, verschieben, auf die Peripherie kopieren und woanders wieder einlesen usw.) der TURBO Umgebung werden diesen Vorteil von Pascal genauer herausarbeiten.

Eine verkürzte IF-Anweisung ohne ELSE ... führt in Struktogrammen einfach zu einem leeren Block.

Nun wird auch klar, warum GOTO ... in Pascal so restriktiv gehandhabt wird und besser unterbleibt; diese Sprunganweisung würde unsere Struktogramme "sprengen", nämlich modulares Programmieren schlecht unterstützen. Zwar kann man mit Geschick auch in BASIC modular programmieren, aber fertige Programme beliebiger Herkunft nachträglich zu strukturieren, das ist fast unmöglich. In Pascal geht das immer, und folglich sind Pascal-Programme irgendwelcher (insbesondere eigener Herkunft) in jeder Ausbaustufe sehr übersichtlich und leicht wartbar ...

Sie können hierzu als gute Übung nachträglich das Struktogramm für das Primzahlprogramm von Seite 49 erstellen. Und in Zukunft sollten Sie hie und da zu diesem Hilfsmittel greifen und die Ideen "dahinter" ausnutzen:

So ist unser Programm devisenschalter von Seite 63 schon in viel kürzerer Form in einer ersten Ausbaustufe lauffähig, nämlich ...

```
PROGRAM devisenschalter;
VAR wahl : char;
BEGIN
writeln ('Dollarkurs abfragen ...') readln;
REPEAT
    writeln ('        DM in Dollar ...   1');
    writeln (' oder Dollar in DM ...   2');
    writeln (' Programmende ........   E');
    write  ('    Wahl ....              ');
    wahl := upcase (readkey);
    CASE wahl OF
    '1' : BEGIN
            writeln ('Hier später DM in Dollar umrechnen ...');
            wahl := readkey
          END;
    '2' : BEGIN
            writeln ('Hier Dollar in DM ... ');
            wahl := readkey
          END
    END
UNTIL wahl = 'E'
END.
```

... ohne daß Einzelheiten ausgeführt sind. Nunmehr wird schrittweise ausgebaut. Jedes Programm fängt ganz "klein" an und wird dann durch Eintragen weiterer Bausteine immer größer: Diese Methode hat den Vorteil, daß man sich mit nur einer Option (z.B. zuerst '1') solange beschäftigt, bis sie einwandfrei "läuft". Dann wendet man sich dem nächsten Punkt zu. Fehler sind damit (meistens) leicht zu lokalisieren: Sie können i.a. nur in jenem Modul sein, an dem man gerade arbeitet ...

Es ist an der Zeit, auf dem Bildschirm eine übersichtliche ASCII-Tabelle
auszugeben. Das Programm ist etwas aufwendig, aber nur aus elementaren Anweisungen aufgebaut:

```
PROGRAM ascii_code;
USES crt;
VAR i, k : integer;
        w : char;
BEGIN
clrscr; textbackground (white); clrscr; textcolor (black);
gotoxy (8, 2);
writeln ('       ASCII - Codes:'); writeln;
write ('      z+s ', chr (186));
FOR k := 1 TO 20 DO write (k : 3); writeln; write ('      ');
FOR k := 1 TO 5 DO write (chr (205));
write (chr(206)); FOR k := 1 TO 60 DO write ( chr(205)); writeln;
writeln ('          ', chr (186));
FOR i := 0 TO 12 DO
    BEGIN
    write ('      ', 20*i : 3, '  ', chr (186));
    FOR k := 1 TO 20 DO BEGIN
    IF NOT (20*i+k IN [7, 8, 10, 11, 13])
            THEN write (chr (20 * i + k) : 3)
            ELSE write ('   ')
                          END;
    writeln
    END;
writeln ('          ', chr (186)); write ('      ');
FOR k:= 1 TO 5 DO write (chr (205)); write (chr (206));
FOR k := 1 TO 60 DO write (chr (205)); writeln;
write ('      z+s ', chr (186));
FOR k := 1 TO 20 DO write (k : 3);
writeln; writeln;
write ('              Code (Zeichen) = z + s ');
w := readkey;
clrscr; textbackground (black); textcolor (white); clrscr
END.
```

Im Listing kommt eine praktische Mengenabfrage (Negation beachten!) vor,
mit der jene Zeichen für die Wiedergabe gesperrt sind, die den Bildaufbau
stören würden (Piepton, Zeilenvorschub u.a.). Senden Sie das Programm daher nicht zum Drucker, auch nicht als Hardcopy! Mengen werden im folgenden
Kapitel genau besprochen ...

Die Prozeduren *textbackground (farbe);* und *textcolor (farbe);* aus der Unit
crt verstehen sich von selbst; welche 16 Farben (blue, red, yellow, ...)
eingetragen werden können, finden Sie im Kapitel 17. Natürlich läuft das
Programm auch auf Monochrom-Bildschirm ...

Wir schließen dieses Kapitel mit einem Exkurs in die TURBO Sprachumgebung
ab, also mit einer Beschreibung unseres Werkzeugs: Im wesentlichen gibt
es, wie eingangs festgestellt, drei Arten von Fehlern: Compilerfehler,

Laufzeitfehler und logische Fehler. Die beiden letzten Fälle kann man u.a.
dadurch einkreisen, daß man z.B. in Schleifen *writeln*-Anweisungen einbaut
und fragliche Werte von Variablen in der Testphase des Programms ausgeben
läßt. Auf diese Weise läßt sich z.B. eine Division durch Null aufdecken
und damit das Programm an dieser Stelle dann durch eine zusätzliche Anweisung *IF var = 0 THEN ...* ergänzen und absturzsicher machen.

Diese und ähnliche Methoden (wie *readln* für Wartepunkte) der Fehlersuche
sind klassisch zu nennen; sie funktionieren im Prinzip immer und überall,
sind jedoch schreibaufwendig und damit mühselig.

Die TURBO Sprachumgebung stellt jedoch ein leistungsfähiges Werkzeug zur
Verfügung, den eingebauten <u>Debugger</u>. Das Wort ist zurückzuführen auf eine
vor langer Zeit in den USA schließlich erfolgreiche Fehlersuche in einem
Rechner, die letztlich auf eine Wanze ('bug') in einem Relais führte. Der
integrierte TURBO Debugger ist ein sog. Quelltextdebugger, er bewegt sich
auf der Sprachebene, in der wir unser Programm erstellen.

Zunächst läßt sich über das Run-Menü der Sprachumgebung in einfacher Weise
ein schrittweises Ausführen des Programms bewerkstelligen:

```
 ≡  File  Edit  Search  Run  Compile  Debug  Options  Window  Help
 [■]
                          ┌─────────────────────────────┐
                          │ Run              Ctrl-F9     │
                          │ Program reset    Ctrl-F2     │
                          │ Go to cursor         F4      │
                          │ Trace into           F7      │
                          │ Step over            F8      │
 PROGRAM summe (input,    │ Parameters...               │
 USES crt;                └─────────────────────────────┘
 VAR i, a, sum : integer;
 BEGIN
 clrscr;
 sum := 0;
 FOR i := 1 TO 6 DO BEGIN
     write ('Ganze Zahl eingeben ... '); readln (a);
     sum := sum + a;
                     END;
 writeln ('Summe = ', sum);
 readln
 END.
```

Abb.: Editor mit eingeblendetem Run-Menü

Wenn Sie die Option *Trace into* anwählen, so wird das Programm schrittweise
mit jeweiliger Anzeige der Position ausgeführt. Im Beispiel wandert daher
ein Balken langsam durch den Quelltext, bei Ein- und Ausgaben wechselt der
Editor in den DOS-Bildschirm. Die schrittweise Ausführung wird durch fortlaufendes Bedienen der Taste F7 vorangetrieben. Mit der Taste F10 kann man
dabei jederzeit in die Menüleiste wechseln, das Run-Menü öffnen und mit
Program reset wieder in den Editor (und damit fallweise an den Anfang
einer neuen Sitzung) zurückkehren.

Die Option *Step over* (F8) entspricht F7 mit der Verkürzung, daß fallweise vorkommende Prozeduren und Funktionen (Kapitel 11) nicht mehr schrittweise durchgegangen, sondern als eine einzige Anweisung behandelt werden. Wählen Sie *Go to cursor*, so wird das Programm nur bis zu jenem Punkt ausgeführt, an dem zuvor im Editor der Cursor gesetzt worden ist.

Der Debugger kann testhalber auch zur Ausgabe von Variableninhalten veranlaßt werden. Wir beschreiben hier den einfachsten Fall:

Setzen Sie im Editor den Cursor auf das Wort *sum* in der Schleife. – Dann wählen Sie (siehe Abb.) über die Menüleiste die Option *Debug* an und öffnen dort über den Zwischenschritt *Watches* das Fenster *Add watch....* Es zeigt bereits die Variable *sum* an, die Sie mit <RETURN> übernehmen. Danach (oder auch schon vorher) wählen Sie vom Hauptmenü aus in der Option *Window* das Fenster *Watch* an.

```
 ■  File  Edit  Search  Run  Compile  Debug  Options   Window   Help
┌─[■]══════════════════════ LOOPTEST.PAS ═════      ┌──────────────────────────┐
│                                                    │ Size/Move    Ctrl-F5     │
│ PROGRAM summe (input, output);                     │ Zoom             F5      │
│ USES crt;                                          │ Tile                     │
│ VAR i, a, sum : integer;                           │ Cascade                  │
│ BEGIN                                              │ Next             F6      │
│ clrscr;                                            │ Previous     Shift-F6    │
│ sum := 0;                                          │ Close         Alt-F3     │
│ FOR i := 1 TO 6 DO BEGIN                           ├──────────────────────────┤
│     write ('Ganze Zahl eingeben ... '); readln (a);│ Watch                    │
│     sum := sum + a;                                │ Register                 │
│                   END;                             │ Output                   │
│ writeln ('Summe = ', sum);                         │ Call stack    Ctrl-F3    │
│ readln                                             │ User screen   Alt-F5     │
│ END.                   Debug  Options  Window  Help├──────────────────────────┤
│                   ┌──────────────────────────┐     │ List...        Alt-0     │
│                   │ Evaluate/modify...  Ctrl-F4│   └──────────────────────────┘
│                   │ Watches                   │
│                   │                          8│
│                   │   ┌─────────────────────────┐
│                   └───│ Add watch...   Ctrl-F7  │
│                       │ Delete watch            │
│                       │ Edit watch...           │
│                       │ Remove all watches      │
│                       └─────────────────────────┘
```

Abb.: Untermenüs von Debug und Window

Nun erscheint am unteren Rand des Arbeitsblatts das Watch-Fenster mit dem Eintrag der zu beobachtenden Variablen, also im Beispiel *sum*. Wenn Sie jetzt das Programm mit *Trace into* starten, wird nach und nach der jeweils aktuelle Wert von *sum* im Fenster angezeigt, während Sie das Programm mit F7 schrittweise durchgehen.

Ein Ausstieg ist jederzeit über die Menüleiste (F10, *Program reset*) möglich; das Watch-Fenster können Sie dann mit der Option *Close* unter *Window* jederzeit wieder schließen. Die zu beobachtende Variable *sum* wird mit der

Option *Delete watch* (oder *Remove all watches* für alle Variablen einer
Liste) wieder aus der Beobachtungsliste genommen. Denn durch wiederholten
Aufruf von *Add Watch...* ist es jederzeit möglich, eine längere Liste von
Variablen einzugeben, die solchermaßen kontrolliert werden sollen. Im Bei-
spiel können Sie das noch mit dem Laufparameter i ausprobieren.

Über alle weiteren Möglichkeiten, insbesondere *Breakpoints*, informiert Sie
ausführlich das Manual [2] von BORLAND.

Es gibt Fehler, die eigentlich keine sind, aber gerade deswegen Irritation
auslösen können. Als Beispiel sei folgendes Listing wiedergegeben, das als
typische Routine einem größeren Programm entnommen worden ist und einwandfrei compiliert werden kann:

```
PROGRAM wirkung_fehlt;
USES crt;
VAR c : char;
BEGIN
clrscr;
REPEAT
   gotoxy (5,5); write ('Leertaste ...');
   delay (100)
UNTIL keypressed;
gotoxy (5,5); write ('Eingabe 1 ... 3');
c := readkey;                              (* <-------- *)
gotoxy (5,5);
CASE c OF
'1' : write ('Eingabe war 1 ... ');
'2' : write ('Eingabe war 2 ... ');
'3' : write ('Eingabe war 3 ... ')
END;
readln
END.
```

In der REPEAT-Schleife standen dabei diverse Benutzerhinweise, die nach
Tastendruck verschwinden sollten; dann erwartete der Programmierer über
die Zeile *c := readkey;* eine der drei Eingaben 1 ... 3 zum Schalten in
umfangreiche Unterprogramme, hier nur als Labels markiert. – Aber das Programm tat dies nicht: Es ist in unserem Fall am Ende ...

Der Grund ist einfach, aber für den Anfänger nicht naheliegend: Nach einer
Schleife *REPEAT ... UNTIL keypressed* ist der Bedienungsfinger wohl immer
noch auf einer Taste, und dies ist wohl selten eine der Ziffern 1 ... 3.
Da aber mit *readkey* sofort gelesen wird, wird der CASE-Schalter folglich
unabsichtlich mit einer Marke angesteuert, die nicht vorkommt. Vielleicht
schafft ein *delay (...)* vor *readkey* Abhilfe?

In Überleitung zum nächsten Kapitel (u.a. Mengen) vorweg ein Programm, mit
dem verschiedene Töne erzeugt werden können. – Aus der Unit crt verwenden
wir dazu die Prozedur *sound (x);* mit x vom Typ *Integer.* Sie erzeugt einen
Dauerton der Frequenz x "im Hintergrund" des Programms unter Laufzeit,

d.h. die nachfolgenden Anweisungen werden weiter bearbeitet; daher muß
spätestens mit Ende des Programms der Tongenerator mit *nosound* wieder
abgestellt werden. Weiter kommt noch die Prozedur *delay (millisekunden)*
zur gezielten Programmverzögerung·vor, ebenfalls aus der Unit crt.

Im Beispiel wird eine chromatische Tonleiter vorgeführt; diese hat nach
BACH von Oktave zu Oktave (also Frequenzen von *basis* bis *2 * basis*) zwölf
Halbtonschritte, die gleichabständig über die 12. Wurzel aus 2 eingestellt
werden müssen. Dies ist nur mit der Exponentialfunktion möglich.

```
PROGRAM tonleiter_chromatisch;
USES crt;
VAR  basis, ton : real;
              n : integer;
          leiter : SET OF 1..13;
BEGIN
clrscr;
write ('Grundfrequenz eingeben ... '); readln (basis);
leiter := [1, 3, 5, 6, 8, 10, 12, 13];
        (* [1...13] sind alle Tasten einer Oktave am Klavier, *)
        (* die schwarzen [2, 4, 7, 9, 11] werden ausgelassen. *)
writeln;
FOR n := 1 TO 13 DO
    If n IN leiter THEN BEGIN
        ton := basis * exp ((n - 1)/12 * ln(2) );
        writeln (ton : 7 : 1);
        sound (round (ton));
        delay (500)
                            END;
nosound;
delay (1000);
FOR n := round (2 * basis) DOWNTO round (basis) DO
    BEGIN                                        (* Sirene *)
    sound (n);
    delay (5)
    END;
nosound
END.
```

Objekte desselben ordinalen Typs können in Pascal zu einer Menge *SET* zusammengefaßt werden; das folgende Programm dient als Einführungsbeispiel:

```pascal
PROGRAM lotto;
USES crt;
VAR    spiel : SET OF 1..49;
       kugel : integer;
BEGIN (* --------------------------------------------- *)
clrscr;
spiel := [38, 17, 21, 30, 7, 23];
kugel := 0;
REPEAT
   kugel := kugel + 1
UNTIL (kugel IN spiel) OR (kugel > 49);
writeln ('Niedrigste gespielte Zahl ... ', kugel)
END.  (* --------------------------------------------- *)
```

Eine konkrete Menge wird danach durch Aufzählen der Objekte in Klammern
[..] definiert; diese Objekte müssen von ordinalem Datentyp sein, d.h. abzählbar und diskret; dies sind zunächst Ganzzahlen und Zeichen. Eine Menge
reeller Zahlen kann demnach unmittelbar (d.h. durch Aufzählen) nicht gebildet werden. (Möglich wäre dies aber durch eine Zuordnungsvorschrift
zwischen einer Menge wie oben und einem indizierten Feld reeller Zahlen.)
Außerdem darf eine Menge nicht mehr als 256 Objekte enthalten, deren Codes
bzw. Ordnungsnummern zwischen 0 und 255 liegen müssen. Dabei ist die
Reihenfolge der Aufzählung gleichgültig (siehe *spiel*), Doppelnennungen
werden ignoriert. Demnach ist

['A', 'B', 'D'] gleichwertig mit ['D', 'B', 'A', 'D']

und man könnte in einem Programm IF *zeichen IN ['A', 'B', 'C'] THEN* ..
direkt nachfragen, ohne daß eine solche Menge im Deklarationsteil vereinbart ist. Vgl. dazu das Listing Seite 68. Hingegen wäre eine Deklaration

VAR Menge zahlen : SET OF -10 .. 100;

nicht zulässig, da hier trotz weniger Elemente der vereinbarte Bereich
verlassen wird. Die Initialisierung einer Menge, d.h. das Einschreiben von
Erstelementen etwa mit Beginn eines Programms, erfolgt in der oben erkennbaren Weise, wobei *spiel := [];* der Sonderfall einer (zunächst) leeren
Menge wäre, die hernach durch irgendeinen Algorithmus "gefüllt" wird.

Für Mengen sind in Anlehnung an die Mathematik einige Operationen erklärt,
die der Compiler vor dem Hintergrund des ASCII − Code "versteht":

```
Summe + :        [1, 3] + [3, 5]    ergibt  [1, 3, 5],
Differenz - :    [1, 5] - [5, 6]    ergibt  [1],
Produkt * :      [1, 3] * [3, 5]    ergibt  [3].
```

Man spricht in der Mengenlehre auch von <u>Vereinigung</u>, relativem <u>Komplement</u>
und <u>Durchschnitt</u>; es ist dabei gleichgültig, in welcher Reihenfolge die

Elemente in den einzelnen Mengen angegeben werden. Jedes Element zählt nur einmal: Wir schreiben stets in natürlicher Reihenfolge und ohne Wiederholungen, um übersichtlich zu bleiben.

Die Summe von zwei (und auch mehr) Mengen besteht aus allen Elementen, die in wenigstens einer der aufgeführten Summanden vorkommen. Wegen der Regel zum wiederholten Anschreiben ist damit klar, daß eine Summe höchstens 256 Elemente haben kann.

Da die Summenbildung oder Vereinigung sich auf Mengen bezieht, wird ein einzelnes Element auf folgende Weise einer Menge hinzugefügt:

```
menge := menge + [10];
```

Ohne Klammern [ ] wäre das ein Syntaxfehler. Analoges gilt für das Entnehmen von Elementen, das nur zum Erfolg führt, wenn das Element noch vorhanden ist:

```
menge := [1, 2, 3]; menge := menge - [4];
```

ist also syntaktisch richtig, verändert aber den Inhalt von *menge* nicht, denn die Mengendifferenz enthält jene Elemente, die zwar in der linken (Minuend), aber nicht in der rechten Menge (Subtrahend) vorhanden sind. Das Produkt oder der Durchschnitt besteht aus genau jenen Elementen, die in beiden Mengen (Faktoren) gleichzeitig vorhanden sind. Analoges gilt für mehr als zwei Faktoren. Also können Differenzen und Produkte häufig leer [] werden. – Mit Mengen lassen sich sehr einfach Bereichstests durchführen:

```
PROGRAM bereichstest;
VAR    tag : integer;
BEGIN
REPEAT
   readln (tag)
UNTIL tag IN [1 .. 31]
END.
```

Da die Testmenge angeordnet ist, genügt die benutzte Beschreibung (ohne Deklaration!) vollständig; es ist nicht notwendig, mit

```
UNTIL n IN [1, 2, 3, 4, ..., 30, 31]
```

zu testen! Diskrete Aufzählung der Elemente ist nur erforderlich, wenn eine "lückenhafte" Teilmenge der nach Typenvereinbarung erkennbaren maximalen Menge gebraucht wird. Für den Sonderfall des Februar gilt [1..28] als Ausschnitt. Mit vier Mengen lassen sich also in Abhängigkeit von der Monatslänge (28, 29, 30, 31) leicht Datumsprüfungen durchführen.

Auch die Vergleichsoperatoren sind einsetzbar; Beispiele:

```
[1, 2]  =  [1, 3]        ...   false,
[1, 2] <> [1, 3]         ...   true,
[1, 2] <= [1, 2, 3]      ...   true,
[1, 2] >= [1, 4]         ...   false.
```

Der BOOLEsche Ausdruck der dritten Zeile ist wahr, weil die Menge [1, 2]
in der Menge [1, 2, 3] enthalten ist, dort <u>Teilmenge</u> ist. Im vierten Fall
jedoch ist die Obermengeneigenschaft solange nicht erfüllt, wie die linke
Menge nicht die Vier enthält.

Die beiden Mengen [3, 4, 7] und [7, 4, 3, 7] sind wie schon erwähnt gleich;
rechnerintern wird die erste Darstellung benutzt. Hier noch ein Beispiel
zur Demonstration bequemen Abfragens:

```
PROGRAM abfrage;
VAR quad : SET OF 1..100;
        x : integer;
BEGIN
quad := [];
FOR x := 1 TO 10 DO quad := quad + [x * x];
FOR x := 1 TO 50 DO
    IF (2 * x + 3) IN quad THEN writeln (2 * x + 3)
END.
```

Also sind auch arithmetische Ausdrücke in Mengenbeschreibungen zulässig.
Das Programm baut zuerst die Menge der Quadratzahlen von 1 bis 100 mit der
Mengenaddition auf und schaut dann nach, welche Quadrate auf einer Geraden
(y =) 2*x + 3 liegen; Lösungen sind 9, 25, 49 und 81, also die ungeraden
Quadrate.

Mit Mengen läßt sich ein äußerst elegantes Primzahlprogramm (wegen Bereichsbegrenzung zunächst leider nur bis 255) angeben; im Vergleich zu Seite 49
ist es wegen des Fehlens überflüssiger Divisionen extrem schnell:

```
PROGRAM primzahlen;
VAR  prim : SET OF 2..255;
     n, p : integer;
BEGIN (* ---------------------------------------------------- *)
prim := [2]; n := 3;                (* erste Prim- bzw. Testzahl *)
REPEAT
   p := 1;
   REPEAT
      REPEAT                        (* lesen des nächsten primen p *)
         p := p + 1
      UNTIL p IN prim;
      IF n MOD p = 0 THEN BEGIN
                         n := n + 2;       (* n nicht prim *)
                         p := 1        (* testen von vorne *)
                         END
   UNTIL p * p > n;                       (* dieses n ist prim *)
   prim := prim + [n]; n := n + 2
UNTIL n > 255;                            (* Menge ermittelt *)
p := 2;
REPEAT                                    (* Menge lesen *)
   IF p IN prim THEN write (p : 5);
   p := p + 1
UNTIL p > 256
END.  (* ---------------------------------------------------- *)
```

Beachten Sie insbesondere, wie der aktuelle Inhalt einer Menge abgefragt und ausgegeben wird: *writeln (prim);* oder dgl. kann man nicht schreiben.

Während das obige Programm die Primzahlmenge mit [2] beginnend aufbaut, wird in der Zahlentheorie mit sog. "Siebmethoden" eine gewünschte Menge durch schrittweises Herausstreichen überflüssiger Elemente aus einer anfangs komplett besetzten Menge entwickelt. Beachten Sie dazu die Mengenbeschreibung in Beispiel bereichstest von Seite 74, wonach [1..31] alle Elemente 1, 2, 3, ... 31 enthält.

Der alte ERATOSTHENES von KYRENE (ca. 276 bis 194 v.C.), der vormals für Aufregung sorgte, als es ihm in Nordägypten gelang, den Umfang der Erde recht genau aus der Tageslänge und der zeitlichen Verschiebung des Sonnenschattens in einem tiefen Brunnen zu bestimmen (und der demnach meinte, daß die Erde jedenfalls keine Scheibe war!), hatte noch keinen PC, aber eine sehr gute Idee zur Primzahlbestimmung, das

```pascal
PROGRAM eratosthenes_sieb;
USES crt;
VAR        p : 2..100;
     vielfach : integer;
         sieb : SET OF 2..100;

BEGIN (* ------------------------------------------------ *)
p := 2; sieb := [2..100];    (* Gefüllt mit 2 ... 100 ! *)
clrscr;
WHILE sieb <> [] DO BEGIN
                WHILE NOT (p IN sieb) DO p := p + 1;
                write (p : 5);
                vielfach := 0;
                WHILE vielfach < 100 DO BEGIN
                        vielfach := vielfach + p;
                        sieb := sieb - [vielfach]
                                        END
                END        ( * bis das Sieb leer ist *)
END.  (* ------------------------------------------------ *)
```

Anfangs enthält das Sieb alle Zahlen bis 100; die erste Primzahl 2 wird darin gefunden, ausgegeben und dann samt all ihren Vielfachen ausgesiebt: Die im Sieb jetzt noch vorhandene kleinste Zahl 3 ist die nächste Primzahl und so fort, eine tatsächlich sehr effektive Methode ...

Bei vielen praktischen Aufgabenstellungen werden Listen mit Daten gleichen Typs, Zwischenergebnissen und so weiter in einheitlicher Organisationsform benötigt. In der Mathematik realisiert man solches u.a. mit Vektoren und Matrizen, sog. indizierten Größen. In nahezu allen Programmiersprachen sind solche "zusammengesetzten" Datenstrukturen ebenfalls vorgesehen. Der entsprechende Datentyp ist jetzt nicht mehr einfach, sondern strukturiert. Man hat diesen Namen wegen der Vorstellung gewählt, daß z.B. eine Folge von Karteikarten (vgl. das Wortpaar Kartei/Datei) betrachtet wird, wobei jede einzelne Karte dieselbe Struktur hat, also nach einheitlichem Muster gegliedert ist. Im einfachsten Fall enthält eine solche Karte überhaupt nur ein einziges Datum als einfachen Datentyp.

Ein Feld (engl. 'ARRAY') ist in Pascal (und anderswo) ein solcher
Datentyp, der aus einer festen Anzahl gleichartiger Datensätze besteht.
Über den Index kann auf jeden Feldplatz direkt zugegriffen werden: Das
Grundsätzliche wird am folgenden Programm einsichtig:

```
PROGRAM logtafel;
VAR suche : integer;
    logar : ARRAY [1..100] OF real;
BEGIN
FOR suche := 1 TO 100 DO logar [suche] := ln (suche);
writeln ('Zahlen 1 ... 100; 0 = Ende ... ');
REPEAT
   readln (suche);
   IF suche > 0 THEN writeln (logar [suche] : 8 : 5)
UNTIL suche = 0
END.
```

Die Deklaration legt fest, daß 100 Feldplätze *logar[1] .. logar[100]* verfügbar sind, wobei auf jedem *logar[suche]* eine Zahl vom Typ *Real* abgelegt
werden kann. Der Feldname ist ein üblicher Bezeichner, mit der Endung -ar
von uns aber mnemotechnisch hervorgehoben. Die Bereichsabgrenzung erfolgt
durch zwei Ganzzahlen 1 .. 100, von denen die zweite natürlich größer als
die erste sein sollte. Der Index *suche* ist daher vom selben Typ *Integer*.
Das Feld könnte selbstverständlich ebenso bei 0 oder 10 beginnen, je nach
Bedarf. Es ist aber nicht möglich,

```
    VAR logar : ARRAY [1..n] OF real;
```

zu schreiben, und erst unter Laufzeit das n über z.B. *readln (n)*; passend
zu wählen. Die Feldgrößenvereinbarung ist <u>statisch</u>, um dem Compiler beim
Übersetzungslauf die Speicherorganisation zu erleichtern. - Komplizierter
sind sog. <u>dynamische Feldgrößenvereinbarungen</u>, die wir erst im Kapitel 19
behandeln werden. Ein vorläufiger Kompromiß bestünde darin, z.B. gemäß

```
    CONST a = 0; b = 100;
    VAR feld : ARRAY [a..b] OF char;
```

zu deklarieren und damit jedenfalls vom Quelltext her Veränderungen einfacher zu bewirken.

Die bisher wiedergegebenen Felder nennt man <u>eindimensional</u>, weil (wie bei
Vektoren) nur eine Indexmenge verwendet wird.

Das obige Programm bewirkt dem Sinn nach die Erstellung einer Seite einer
Logarithmentafel (seit es Taschenrechner gibt, sind sie aus der Mode gekommen) zum "Nachschlagen" der Werte von 1 bis 100. Mit der Eingabe Null
endet das Programm. Beachten Sie v.a. das Abfangen von Laufzeitfehlern:
Argumente <= 0 werden nicht mehr in den Logarithmus eingetragen und können
damit keinen Absturz des Programms bewirken. Eine Eingabe *suche > 100* ist
jedoch außerhalb des Feldbereichs möglich: Testen Sie die Reaktion des
Programms! Dieses könnte abgeändert z.B. dazu benutzt werden, häufig gebrauchte Funktionswerte einer umständlich und zeitraubend zu berechnenden
Funktion für ein gewisses Intervall vorab zur Verfügung zu stellen.

Weitere Beispiele korrekter Deklarationen wären etwa

```
primar : ARRAY [1..1000] OF integer;
tasten : ARRAY [0..255]  OF char;
wasnun : ARRAY [1..5] OF boolean;
```

und so weiter. Typgleiche Felder werden bequem zusammengefaßt:

```
VAR origar, kopiear : ARRAY [1..50] OF real;
```

Ist *origar* bereits belegt, so genügt zum Kopieren die Werzuweisung

```
kopiear := origar;
```

ohne explizit ausgeführte DO-Schleife von 1 bis 50 (die natürlich ebenfalls richtig wäre). – An sich sind mit dem Feld logar gleichwertig 100 einzeln deklarierte Speicherplätze s1, s2, ..., s100. Doch ist das zum einen ein enormer Schreibaufwand, zum anderen mangelt es dieser Darstellung am einheitlichen Zugriff über den Index, d.h. der per Programm gesteuerten Aufrufmöglichkeiten über den in der eckigen Klammer gesetzten Wert. Denn auch folgende Schreibweise ist syntaktisch durchaus richtig:

```
u := 5; v := 10; writeln (logar [u * v]);
```

sofern sichergestellt ist, daß u·v in den voreingestellten Bereich fällt. Andernfalls greift man ins "Leere", was nicht unbedingt mit Runtimefehlern quittiert wird. Ein Feld muß auch nicht vollständig genutzt werden; jedoch darf auf Feldplätze unter Laufzeit nur zugegriffen werden, wenn sie vorher initialisiert sind. – Denken Sie daran, daß mit Start des Programms auf jeden Fall irgendwelche Werte auf den Komponenten des Feldes liegen:

```
PROGRAM initfehlt;
VAR i : integer;
     a : ARRAY [1..10] OF integer;
BEGIN    FOR i := 1 TO 10 DO writeln (a [i])    END.
              (* TO 100  ... probieren! *)
```

ist compilierbar und liefert vom Rechnerzustand abhängige Ausgaben! – Hinsichtlich der Größe eines Feldes werden wir anfangs kaum an Grenzen stoßen:

```
PROGRAM rekapituliere;
USES crt;
VAR  i, num : integer;
      merkar : ARRAY [1..2000] OF char;
BEGIN
clrscr; num := 0;
REPEAT
   num := num + 1; merkar [num] := readkey
UNTIL (merkar [num] = '*') OR (num = 2000);
writeln;
writeln ('Bis * wurden folgende Tasten benutzt ... ');
FOR i := 1 TO num - 1 DO write (merkar [i])
END.
```

Feldgrößen von 2000 oder weit mehr sind für einfache Variablentypen (in der Ablage) kein Problem. Wird das Feld zu groß deklariert, so erkennt dies schon der Compiler: Ein Hängenbleiben des Programms unter Laufzeit wegen Speichermangels ist daher bei statischer Feldvereinbarung unmöglich.

Entsprechend allfälligen Bedürfnissen in der Mathematik können Felder auch <u>mehrdimensional</u> vereinbart werden:

```
VAR matrix : ARRAY [1..10, 2..20] OF real;
```

wäre ein zweidimensionales Feld mit 190 Speicherplätzen des Typs *Real*, die für Werte von 1 bis 10 bzw. 2 bis 20 für *zeile* und *spalte* einzeln z.B. wie folgt initialisiert werden könnten:

```
FOR zeile := 1 TO 10 DO
        FOR spalte := 2 TO 19 DO readln (matrix [zeile, spalte]);
```

Mit folgendem Listing berechnen wir <u>sehr große Fakultäten</u> exakt auf allen Stellen, umgehen also die Bereichsbegrenzung sogar des Typs *Longint*.

Es simuliert die Multiplikation von Hand (und zwar von rechts nach links) mit Zehnerübertrag und bearbeitet im Feld *zahl* mit Sicherheit nur *Integer-*Werte, die im zulässigen Bereich bleiben. Als größter Wert wird dabei eine Fakultät mit mindestens 100 Stellen bestimmt, denn das Programm endet erst dann, wenn der vorderste Feldplatz (sicher unter 32 767) besetzt wird.

```
    PROGRAM grosszahl;
     USES crt;
    CONST grenze = 100;
    VAR  i, k, s : integer;
            zahl : ARRAY [0 .. grenze] OF integer;


    BEGIN
    clrscr; writeln ('Fakultäten mit ', grenze, ' Stellen.');
            writeln ('---------------------------'); writeln;
    FOR i := 0 TO grenze DO zahl [i] := 0; zahl [grenze] := 1;
    i := 1;
    WHILE zahl [1] = 0 DO BEGIN
        write (i : 2, '! = ');
        FOR k := grenze DOWNTO 1 DO zahl[k] := zahl[k] * i;
        FOR k := grenze DOWNTO 2 DO                 (* Zehnerübertrag *)
        BEGIN
        zahl [k-1] := zahl [k-1] + zahl [k] DIV 10;
        zahl [k] := zahl [k] MOD 10
        END;
        k := 0;
        REPEAT                      (* Unterdrücken führender Nullen *)
           IF zahl [k] = 0 THEN s := k; k := k + 1
        UNTIL zahl [k] > 0;                          (* Dann Ausgabe *)
        FOR k := s + 1 TO grenze DO write (zahl [k]);
        i := i + 1; writeln
                        END
    END.
```

Bemerkenswert ist, daß die Berechnung jeder Fakultät dieselbe Zeit benötigt, also das Programm unabhängig von i gleichmäßig "taktet". Die Taktzeit hängt nur von *grenze* ab, das Sie weit größer setzen können.

Mit einfachen Änderungen kann man das Programm zur Berechnung sehr großer Potenzen natürlicher Zahlen wie etwa 2^64 aus der bekannten Schachbrettaufgabe benutzen. Dazu bauen Sie am einfach die WHILE-Schleife zu einer FOR-DO-Schleife (i := 1 ... 64) um und multiplizieren mit grenze = 64 in der einführenden k-Schleife statt mit i mit dem festen Wert 2 hoch. Alles andere kann bleiben ...

Der Algorithmus ist mit einiger Mühe auch ausbaubar zur Multiplikation sehr großer Ganzzahlen miteinander; man arbeitet dann am besten mit drei Feldern. Überlegen Sie sich das an einem konkreten Beispiel vorher genau.

Zweidimensionale Felder lassen sich zum Aufbau von Matrizen einsetzen, mit denen <u>lineare Gleichungssysteme</u> beschrieben und gelöst werden können. Als einfaches Beispiel sei ein System mit einer sog. Dreiecksmatrix gegeben:

$$x_1 + a * x_2 + a^2 * x_3 + \ldots + a^{n-1} * x_n = 1$$
$$x_2 + a * x_3 + \ldots + a^{n-2} * x_n = a$$
$$x_3 + \ldots + a^{n-3} * x_n = a^2$$
$$\cdots\cdots\cdots$$
$$x_n = a^{n-1}$$

Dieses hat für jedes n und a genau einen Lösungsvektor $(x_1, \ldots, x_n)$. Man findet diese Lösung rückwärtsgehend von der letzten Zeile ausgehend (dort steht ja x_n) in der Form

$$x_k = a^{k-1} - (a*x_{k+1} + \ldots + a^{n-k} * x_n)$$

für k = n-1, ..., 1 durch Einsetzen aller späteren x_i. Das folgende Programm baut nach Eingabe von n und a die Koeffizientenmatrix der linken Seite sowie den Spaltenvektor der rechten Seite auf und rechnet dann die Lösung aus, was Sie per Hand über ein kleines Beispiel nachprüfen können:

```
PROGRAM lineares_system;
USES crt;
VAR n, zeile, spalte : integer;
            a, s : real;
          matrix : ARRAY [1..10, 1..10] OF real;
          b, x : ARRAY [1..10] OF real;
BEGIN
clrscr;
write ('Größe der Matrix ... '); readln (n);
write ('Wert von a = ....... '); readln (a);
FOR zeile := 2 TO n DO
    FOR spalte := 1 TO zeile - 1 DO matrix [zeile, spalte] := 0;
FOR zeile := 1 TO n DO matrix [zeile, zeile] := 1;
FOR zeile := 1 TO n - 1 DO
    FOR spalte := zeile + 1 TO n DO
        matrix [zeile, spalte] := a * matrix [zeile, spalte - 1];
b[1] := 1;
```

```
FOR zeile := 2 TO n DO b [zeile] := a * b [zeile - 1];
                 (* Matrix und Spaltenvektor rechts sind aufgebaut *)
x [n] := b [n];                           (* Berechnung interativ *)
FOR zeile := n - 1 DOWNTO 1 DO
    BEGIN
    s := 0;
    FOR spalte := zeile + 1 TO n DO
    s := s + matrix [zeile, spalte] * x [spalte];
    x [zeile] := (b [zeile] - s) / matrix [zeile,zeile]
    END;
writeln;
FOR zeile := 1 TO n DO BEGIN               (* Formatierte Ausgabe *)
    FOR spalte := 1 TO n DO
        write (matrix [zeile, spalte] : 6 : 2);
    write (b [zeile] : 11 : 2);
    writeln;
                        END;
writeln; writeln ('Lösung ... x(1) bis x(', n, ')');
writeln;
FOR spalte := 1 TO n DO writeln (x [spalte] : 10 : 3)
END.
```

Im Blick auf die Formatierung bei der Ausgabe dürfen aber keine zu großen
n und a eingegeben werden. Programme zum Lösen allgemeinerer Fälle finden
Sie in der Literatur (GAUSS-Algorithmus).

Immer wieder kam bisher auch der <u>Datentyp *STRING*</u> vor, mit dem wir uns
jetzt genauer befassen wollen. Er steht – was schon aus der Deklaration
ersichtlich ist – am Übergang von den einfachen zu den strukturierten
Datentypen und ist eine Besonderheit von TURBO Pascal: In Standardpascal
muß eine solche Zeichenkette als Feld vom Typ *char* aufgebaut werden.

TURBO vereinfacht die Situation beträchtlich. Im folgenden Programm werden
zunächst Wörter in ein Feld eingelesen und erst dann alphabetisch sortiert:

Im Eingabeteil des Programms können Wörter eingegeben werden, wobei maximal
15 Zeichen berücksichtigt werden. Die Eingaben werden in *lexikon [i][1]*
daraufhin untersucht, ob die Zeichenkette *lexikon [i]* mit einem Punkt beginnt. Ist dies der Fall, steigt man aus der Eingabeschleife aus und bestimmt die Listenlänge *ende*. – Auf eine Variable vom Typ *STRING[nn]* kann
auf jede Zeichenposition nn zugegriffen werden, was hier bei einem Feldelement offenbar die beiden Angaben [index][1] erfordert. Erst nach dem
Listing erläutern wir die hier benutzte sehr langsame Sortierroutine; weit
bessere werden wir später untersuchen:


```
PROGRAM textsort;
USES crt;
CONST    max = 10;
VAR   i, ende : integer;
    austausch : STRING [15];          (* wie Lexikonelemente! *)
      lexikon : ARRAY [1..max] OF STRING [15];
            w : boolean;
```

```
BEGIN (* ------------------------------------------------------- *)
clrscr;
i := 0;
writeln ('Eingabe ... (Ende mit Punkt . )');
REPEAT
   i := i + 1;
   write ('Wort No. ', i : 3, '    ');
   readln (lexikon [i])
UNTIL lexikon [i][1] = '.') OR (i > max);
ende := i - 1;              (* Letzte Eingabe nur steuernd! *)
writeln; writeln (ende, ' Wörter sind eingegeben ...');

writeln ('Sortieren ... '); writeln;             (* Sortieren *)
w := false;
WHILE w = false DO BEGIN                          (* bubblesort *)
                w := true;
                FOR i := 1 TO ende - 1 DO BEGIN
                    IF lexikon[i] > lexikon[i+1]
                       THEN BEGIN
                            austausch := lexikon [i];
                            lexikon [i] := lexikon [i+1];
                            lexikon [i+1] := austausch;
                            w := false
                            END
                                              END
                END;
FOR i := 1 TO ende DO writeln (lexikon [i])       (* Ausgabe *)
END.
```

Das Sortieren beruht auf dem lexikographischen Vergleich je zweier aufeinanderfolgender Wörter im Feld *lexikon* über den ASCII-Code, und zwar positionsweise (vgl. dazu Seite 48 unten); stimmt deren Reihenfolge (noch)
nicht, so werden sie vertauscht. Dazu ist die Hilfsvariable *austausch* erforderlich. Gleichzeitig wird eine BOOLEsche Variable (man sagt 'flag')
umgestellt und damit ein weiterer Sortierlauf durch Wiederholen der WHILE-
Schleife erzwungen. Bleibt *w* nun auf *true*, so ist kein Vertauschen mehr
notwendig, die Ausgabe kann beginnen. Der letzte Felddurchlauf dient also
nur noch der Kontrolle. Die Zeichen <, > und so weiter sind nicht nur bei
Zahlen, sondern auch bei Buchstaben zum "Platzvergleich" einsetzbar, im
Sinne von "kommt davor bzw. dahinter". Mit dem Vergleich und eventuell
folgendem Austausch

```
IF lexikon [i] > lexikon [i+1] THEN ... ;
```

wird daher "steigend von A bis Z" sortiert, wie im Lexikon: So gilt etwa
AASGEIER < ADLER, obwohl das erste Wort länger ist. Wegen des ASCII-Codes
ist aber zu beachten, daß ADLER < Aasgeier gilt, denn a kommt erst nach D!
Alle Wörter müssen also <u>einheitlich geschrieben werden</u>. Außerdem gibt es,
wie Sie im Test finden, <u>Probleme mit Umlauten</u>: Müller kommt erst am Ende
einer M-Liste wegen des Codes von ü. Dies gilt für alle Umlaute und ß. Das
Problem ist nur sehr aufwendig lösbar, etwa durch Umschreiben in Mueller
mit Merken und Rücksetzen nach dem Sortierlauf.

Der Operator < würde fallend sortieren, was man aber bei der Ausgabe mit
DOWNTO ebenfalls erzielen könnte. <u>Sehr wichtig: Es muß < bzw. > heißen</u>, auf
keinen Fall <= bzw. >= : Sind nämlich zwei Wörter gleich, so ergäbe sich mit
diesem Fehler durch fortwährendes Vertauschen eine tote Schleife ...

Man kann beweisen, daß der gewählte Algorithmus auch endet; die Bezeichnung
<u>Bubblesort</u> ist in Anlehnung an das Geräusch von aufsteigenden Luftblasen in
Wasser gewählt, wo die größten zuerst aufsteigen. Verdeutlichen Sie sich das
Verfahren anhand einer kleinen Liste, die Sie von Hand sortieren. Ändert
man im Deklarationsteil den gewählten Typ *STRING* z.B. in *Real* oder *Integer*
ab, so erhält man analog ein Sortierprogramm für Zahlen. Um solche Änderungen
übersichtlicher zu halten, ist eine andere Schreibweise möglich:

```
PROGRAM sortieren;
CONST    max = 10;
TYPE     wort = STRING [15];
VAR  i, ende : integer;
     austausch : wort;
        lexikon : ARRAY [1..max] OF wort;
            w : boolean;  ...
```

Jetzt genügt es, den vereinbarten Typ *wort* zu ändern, auf *Real* etwa, um an
allen Stellen des Deklarationsteils stimmige Veränderungen zu erzielen. Das
Programm wird übersichtlicher. Diese sog. <u>Typendeklaration</u> (wie in *CONST*
mit dem Zeichen =) werden wir hie und da schon benutzen, aber erst später
im Kapitel 9 in anderem Zusammenhang umfassend erklären, einführen.

Unser Programm sortiert im mehr oder weniger vollständig benutzten Feld;
in der Praxis <u>sortiert man</u> – wenn möglich – bereits <u>bei der Eingabe</u>, um
bei größeren Feldern Zeit zu sparen, denn Sortierläufe sind zeitaufwendig:

```
PROGRAM sort_bei_eingabe;
CONST             max = 10;
VAR    i, k, v, ende : integer;
              lexikon : ARRAY [1 .. max] OF STRING;
              eingabe : STRING;
BEGIN
FOR i := 1 TO max DO lexikon [i] := '';
i := 0; ende := 0;               (* ende = 0 : Liste anfangs leer *)
REPEAT
    i := i + 1; readln (eingabe);
    IF eingabe [1] <> '.' THEN
       BEGIN
       k := 0;
       REPEAT k := k + 1                    (* Position suchen *)
            UNTIL (k > ende) OR (eingabe < lexikon [k]);
       ende := ende + 1;                    (* Liste verlängern *)
       FOR v := ende DOWNTO k + 1 DO lexikon [v] := lexikon [v-1];
       lexikon [k] := eingabe;
       END
UNTIL (eingabe [1] = '.') OR (i = max);
FOR i := 1 TO ende do writeln (lexikon [i])
END.
```

Das Programm akzeptiert wegen des Fehlens einer Längenangabe bei *String*
nun Zeichenketten bis zur Länge 255. Eine Eingabe wird durch Vergleich mit
der bereits sortierten Liste in dieser positioniert, d.h. es wird jener
Platz [k] in der Liste gesucht, auf den die Eingabe lexikographisch hin-
gehört. Nach Verlängerung der Liste um Eins wird mit einer DOWNTO-Schleife
(Verschieben nach hinten stets von hinten nach vorne!) dieser Platz freigemacht und mit der Eingabe besetzt. Also z.B. bei Eingabe von g:

```
In   a b c r s t x   Position vor r, daher ab r verschieben ...
     a b c . r s t x
```

und dann g auf Lücke setzen. Man beachte, daß dieser Algorithmus von Anfang an funktioniert, da alle Plätze anfangs geleert werden.

Kommen beim Eingeben gleiche Wörter vor, so stehen diese in beiden Programmversionen dann unmittelbar hintereinander; also sind in einem konkreten Fall vielleicht die Inhalte

```
lexikon[50] ... lexikon[54]
```

(fünfmal, d.h. vier Wiederholungen) gleich. Für eine Ausgaberoutine möchte
man dies unterdrücken bzw. überhaupt löschen. Vor der Ausgabe müßte man dann
zusätzlich folgende "Verschiebung in der Liste" einbauen:

```
...
i := 1;
REPEAT
   w := true;
   IF lexikon [i] = lexikon [i+1]
      THEN BEGIN                              (* Endliste vorziehen *)
           FOR k := i+1 TO ende - 1 DO
              lexikon [k] := lexikon [k+1];
           w := false;
           ende := ende - 1                   (* dann verkürzen *)
           END;
   IF w THEN i := i + 1
UNTIL i = ende;
...
```

Die Variable w ist fallweise ergänzend zu deklarieren. *lexikon* ist jetzt
verkürzt und wiederholungsfrei. Die nachfolgende Ausgabe könnte vor jedem
neuen Anfangsbuchstaben eine Leerzeile einschießen. Sie können dies über eine
Abfrage

```
IF lexikon [i][1] <> lexikon [i+ 1][1] THEN writeln;
```

durch Vergleich der Anfangsbuchstaben leicht programmieren. Damit wäre das
erweiterte Programm bereits gut als Liste für Stichwörter zu gebrauchen.

Eine Zeichenkette des Typs *STRING [n]* benötigt n+1 Byte Speicherplatz. Auf
dem ersten Byte wird dabei maschinenintern seine aktuelle Länge abgelegt,
die sich unter Laufzeit mit der Funktion *length (Zeichenkette)* abfragen
läßt. Außerdem kann jedes einzelne Zeichen eines Strings mit der schon be-

kannten Funktion *upcase* behandelt werden. Und schließlich kann man einen String mit der Prozedur *delete* um Eins verkürzen. Dann benutzen wir noch den Operator + zum Verketten von Strings. Und jetzt kommt unser Programm: Ein Palindrom ist ein Wort wie z.B. Otto, das sich vorwärts und rückwärts gleich liest. Zum Beispiel gilt das sogar für den kompletten Satz (ohne Blanks!):

```
    Ein Neger mit Gazelle zagt im Regen nie

    PROGRAM palindrom;
    USES crt;
    VAR wort, wortp : STRING [50];
              i, k : integer;
    BEGIN
    clrscr;
    write ('Wort oder Satz eingeben ... '); readln (wort);
    i := 1;
    REPEAT
       IF wort[i] = ' ' THEN BEGIN              (* blanks entfernen *)
          FOR k := i TO length (wort) - 1 DO wort [k] := wort [k+1];
          delete (wort, length (wort), 1);
          i := i - 1            (* alte Position erneut untersuchen! *)
                          END
                    ELSE BEGIN     (* oder Buchstaben verwandeln *)
          wort [i] := upcase (wort [i]);
          i := i + 1
                          END
    UNTIL i > length (wort);          (* die Länge verändert sich! *)
    wortp := '';
    FOR i := length (wort) DOWNTO 1 DO wortp := wortp + wort [i];
    IF wort = wortp THEN write (' ... ist ein Palindrom.')
                    ELSE write (' ... kein Palindrom.')
    END.
```

Das Programm funktioniert auch für den angebenen Satz, denn in der REPEAT-Schleife werden die Blanks herausgenommen (dabei Wortlänge kürzen!) und Kleinbuchstaben in Großbuchstaben verwandelt. Dann wird das korrigierte Wort rückwärts auf eine andere Variable kopiert und mit der "Quelle" verglichen ... Da sich die Wortlänge im allgemeinen verändert, wäre ein entsprechendes Programm mit einer FOR-DO-Schleife in i bis zur Wortlänge nicht möglich, da wir Laufparameter nicht verändern dürfen!

Für Strings sind eine Reihe von Prozeduren und Funktionen in TURBO implementiert, von denen wir einige eben benutzt haben. Zunächst kann man zwei Zeichenketten mit + verbinden, verketten. Ist also *wort1:= 'Henning';* und *wort2 := 'Mittelbach';*, so bewirkt

    name := wort1 + ' ' + wort2;

die Zuweisung von 'Henning Mittelbach' auf *name*, vorausgesetzt, daß *name* als String hinreichend Platz anbietet, hier also wenigstens 18 Zeichen. Es gibt auch eine CONCAT – Funktion. Verwendet haben wir ferner die Funktion zur Längenbestimmung eines Strings

```
    zeichenzahl := length (String);
```

mit einem ganzzahligen Wert auf *zeichenzahl* vom Typ *Integer*. Blanks werden bei der Längenbestimmung natürlich berücksichtigt. – Das Herauskopieren ist eine weitere Standardfunktion in TURBO mit der Syntax

```
    copy (String, Position, Anzahl)
```

mit zwei ganzzahligen (und positiven) Parametern *Position* bzw. *Anzahl*; sie kopiert aus der Zeichenkette *String* ab der Stelle *Position* genau *Anzahl* Zeichen auf eine andere Variable heraus, ohne *String* zu verändern. – Ist also z.B. *wort: = 'Anmeldung'*;, so liefert

```
    kopie := copy (wort, 3, 7);
```

in *kopie* die Zeichenfolge 'meldung'. – Natürlich kann man auch auf *wort* selbst kopieren und damit dessen Inhalt komprimieren. Dafür ist aber auch die Prozedur *delete* besser geeignet (s.u.). – Schließlich ist noch eine Funktion *pos* zur Positionsbestimmung mit der Syntax

```
    lagezahl := pos (Suchstring, Zielstring);
```

vorhanden. Ist *Zielstring: = 'TURBO'*; und *Suchkette = 'UR*;, so hat *lagezahl* dann den Wert 2. Kommt der Zielstring nicht vor, so lautet die Anwort Null.

Folgende Standardprozeduren sind zur komfortablen Stringbearbeitung in TURBO vorgesehen:

```
    delete (in welchem String, ab wo, wieviele Zeichen);
    insert (welche Zeichenkette, in welchem String, ab wo);

    str (Zahlenwert, als String schreiben);
    val (String, auf Variable Zahl, Prüfcode);
```

Die Notation der Parameter ist ungewöhnlich, aber eingängig zu merken. Zwei Beispiele zur ersten Gruppe: Ist *wort := 'turbosprachsystem'*;, so wandelt

```
    delete (wort, 1, 5);
```

den Inhalt von *wort* in 'sprachsystem' um. Mit *eintrag: = 'turbo'*; wird dann mittels

```
    insert (eintrag, wort, 13);
```

wort zu 'sprachsystemturbo'. *wort* und *eintrag* sind natürlich *String* deklariert. Statt der ganzen Zahlen können ebenso ohne weiteres arithmetische Ausdrücke verwendet werden, sofern diese (ganzzahlig) einen Sinn ergeben. Selbstverständlich sind fallweise überall konkrete Zeichenketten in Gänsefüßchen(!) einsetzbar, nicht nur Bezeichner. – Die angegebenen Prozeduren *str* und *val* dienen der Verwandlung von Zahlen (vom Typ *Integer* oder *Real*) in Zeichenketten oder umgekehrt:

Ist z.B. *eingabe: = 17;* (*Integer* deklariert), so hat *folge* (vom Typ
String) nach der Zeile

```
str (eingabe, folge);
```

als Inhalt die Zeichenkette (nicht Zahl!) 17. Umgekehrt kann ein String,
der als Zahl interpretierbar ist, in TURBO mit *val* auf eine Variable vom
Typ *Integer* oder *Real* kopiert werden. Für praxisbezogene Programme ist das
sehr wichtig, um bei nicht typengerechten Eingaben Programmabstürze zu
verhindern:

```
PROGRAM eingabepruefung;
USES crt;
VAR eingabe : STRING [10];
      kopie : real;
        code : integer;        (* Bezeichner natürlich beliebig! *)
BEGIN
REPEAT
   gotoxy (5,5); clreol; write ('Zahl ... '); readln (eingabe);
   val (eingabe, kopie, code)
UNTIL code = 0;
writeln; writeln (kopie); writeln (sqr(kopie))
END.
```

Dieses Programm verlangt solange die Wiederholung der Eingabe, bis jene
auf den gewünschten Typ *Real* umkopiert werden kann; dann nämlich erst wird
die <u>Kontrollvariable</u> *code* = 0. Wie schon früher erwähnt, wird eine im
Beispiel gegebenenfalls ganze Zahl (*Integer*) akzeptiert, aber eben anders
abgelegt. Wird *kopie* hingegen *Integer* vereinbart, so werden nur ganze
Zahlen bei der Eingabe akzeptiert.

Nach diesem Muster sind offenbar alle Zahleneingaben als Zeichenketten möglich; sie werden danach in den benötigten Typ umgewandelt. Eingabefehler
werden somit von der Software zurückgewiesen.

```
PROGRAM default_vorgabe;
USES crt;
VAR alt, neu, code : integer;
            anders : STRING [10];
BEGIN
alt := 20;
REPEAT                  (* Dies ist z.B. das Hauptmenü, vgl. S. 45 *)
   clrscr;
   REPEAT                       (* Eingabekontrolle statt readln *)
      neu := alt; code := 0;
      write  ('Vorgabe = ', alt, '; neu >> '); readln (neu);
      IF anders <> '' THEN val (anders, alt, code);
      IF code <> 0 THEN alt := neu
   UNTIL (code = 0) OR (anders = '') OR (anders = 'E');
   IF anders <> 'E' THEN writeln ('Quadrat ... ', alt * alt);
   delay (1000)
UNTIL anders = 'E'                          (* zum Programmende *)
END.
```

Das vorstehende Beispiel zeigt, wie man <u>voreingestellte Werte</u> ('defaults')
ab Programmanfang anbieten bzw. für einen weiteren Durchlauf merken kann.

Schließlich: Einzelpositionen aus einem *STRING [nn]* können auf Variable
vom Typ *Char* zugewiesen werden und umgekehrt, d.h *c := wort [5];*, die
Verkettung *wort := wort + c;* oder eine Änderung *wort [7] := c;* mit wort
vom Typ *STRING* und c vom Typ *Char* sind gültige Zuweisungen.

Und hier ist noch ein Programm, das im Zehnersystem geschriebene natürliche
Zahlen bis 127 = 2^8 − 1 (127 dual = 1111111) in Dualzahlen verwandelt:

```
    PROGRAM dualwandler;      (* vgl. Seite 14 am Beispiel der Zahl 11 *)
    CONST basis = 2;
    VAR  dezi, n, i : integer;
                  a : ARRAY [1..7] OF integer;
    BEGIN
       write ('Dezizahl < 128 ... '); readln (dezi);
       write (' dual = '); n := 0;
       REPEAT
         n := n + 1;
         a[n] := dezi MOD basis;                (* Rest bei Division *)
         dezi := dezi DIV basis
       UNTIL dezi = 0;
       FOR i := n DOWNTO 1 DO write (a[i])          (* rückwärts *)
    END.
```

Ergründen Sie den Algorithmus durch eine entsprechende "Handrechnung" anhand von Beispielen selber und versuchen Sie auch Eingaben > 127! Mit ver-
änderter Basis (< 10) gelingen analog Umrechnungen in andere Systeme. Für
ein entsprechendes Programm zur Hexa-Verwandlung müßte man für die Reste
10 ... 15 die Buchstaben A ... F einführen, etwa über einen CASE-Schalter.

Das Feld a wird wegen des Rückwärtsausschreibens der Reste notwendig; zum
Vergleich geben wir ein Listing an, das durch rekursiven Aufruf einer Prozedur (Kapitel 13) diese Aufgabe weit eleganter löst:

```
    PROGRAM wandler;
    USES crt;
    CONST b = 2;
    VAR zahl : integer;

    PROCEDURE teile (a : integer);
    BEGIN
    IF a DIV b <> 0 THEN teile (a DIV b); write (a MOD b)
    END;

    BEGIN
    clrscr;
    readln (zahl); teile (zahl);
    (* readln *)
    END.
```

7   DER ZUFALL IN PASCAL

Nicht nur in Pascal, eigentlich in jeder Sprachumgebung gibt es einen sog.
Zufallsgenerator, eine Funktion, die beim Aufruf "Zufallszahlen" erzeugt
und bereitstellt. Derartige Zahlen (oder daraus abgeleitete Zahlenwerte)
benötigt man z.B. für Testläufe von Programmen, zur Steuerung von Spielen,
für Zwecke der Simulation in Technik, Wirtschaft und Wissenschaft u.a.m.
Einige Beispiele werden später exemplarisch vorgeführt. TURBO bietet zwei
eng miteinander verwandte Funktionen an. Die erste ist ohne Argument:

        r := random;

weist der *Real* deklarierten Variablen r einen Wert im Intervall [0, 1) zu,
also eine nicht-negative reelle Zahl r mit $0 <= r < 1$.

        w := random (n);

hingegen liefert für die *Integer* deklarierte Variable w bei ganzzahligem
und positivem Argument n einen zufälligen Ganzzahlwert aus dem Intervall
[0, n-1], d.h. eine von n Zahlen 0, 1, 2, ..., n-1.

In beiden Fällen sind die erzeugten Zahlen nicht wirklich zufällig, vielmehr Pseudo-Zufallszahlen, die mit einem Algorithmus generiert werden. Bei
nicht allzu hohen Ansprüchen reicht das für die meisten Anwendungen aus.
Um eine Vorstellung über solche Algorithmen zu erhalten, betrachten wir:

```
PROGRAM reste_zyklus;
USES crt;
CONST     m = 1024; a = 29;
VAR       xz : integer;
BEGIN
   clrscr;
   xz := 1;              (* fester oder "zufälliger" Generatorstart *)
   REPEAT
      xz := (a * xz + 1) MOD m;
      writeln (xz : 5, xz/m : 15 : 8)
   UNTIL keypressed;
END.          (* Dieser Generator liefert alle Reste 0 ... 1023 *)
```

Man erkennt, daß fortlaufend Reste xz aus einer Ganzzahlenrechnung modulo
m ausgegeben werden. - Diese Rechnung wird durch einen Startwert für xz
(hier 1) "angestoßen". Nun ist leicht zu erkennen, daß - was auch immer
sich für xz ergeben sollte - jedenfalls nur Zahlen 0, 1, 2, ..., m - 1
möglich sind, denn dies sind alle denkbaren Reste modulo m. - Es muß also
nach spätestens m Schritten eine erste Wiederholung auftreten, und damit
wird die Folge der xz zyklisch! Wie lange dieser Zyklus tatsächlich wird,
das hängt von m und dazu passend gewähltem a ab. - Mit dem Quotienten
xz/m erhält man demnach Brüche aus dem Intervall [0 , 1), denn xz kann
zwar Null werden, aber nie m.

Die Ausgaben unseres Programmbeispiels ähneln dem TURBO-Generator durchaus; nur ist sein Zyklus weit länger und zudem der eingesetzte Algorithmus
etwas komplexer. Generell spricht man von linearen Kongruenzmethoden; nach

Angaben von TEXAS INSTRUMENTS wird bei Taschenrechnern u.a. die Formel

    xz := (a * xz + c) MOD m;

mit a = 24 298, c = 99 991 und m = 199 017 benutzt, wobei der Startwert
aus einem dem Benutzer unbekannten Speicherplatz entnommen wird.

Mit Algorithmen, das ist jetzt klar, können Zufallszahlen jedenfalls nicht
erzeugt werden. Sie werden für praktische Anwendungen nur ausreichend gut
simuliert. ("Echte" Zufallszahlen liefert z.B. die Beobachtung des radio-
aktiven Zerfalls, der nach heutigem Wissen nicht beeinflußt werden kann).

TURBO sieht vor, entweder bei jedem Start eines Programms mit Zufallszahlen an stets derselben Stelle in den Zyklus einzusteigen – das ist für
die Reproduzierbarkeit von Ergebnissen in der Testphase von Bedeutung –
oder aber mit der Prozedur

    randomize;

zu Anfang des Programms einen nicht wiederholbaren unbekannten Einstieg zu
gewährleisten. – Durch passende Einträge in random (n) bzw. arithmetische
Ausdrücke lassen sich praktisch alle Wünsche bequem erfüllen:

```
2 * random (6)         liefert      0  2  4  6  8  10
1 + random (49)                     1  2  3  ..... 49
2 * random (2) - 1                 -1 +1
2 * random (3) - 2                 -2  0 +2
1 + 0.004 * random (500)           500 Zufälle ε [1, 3)
```

So "würfelt" das folgende Programm 1200-mal und faßt die Ergebnisse in
sechs Zählern zusammen:

```
PROGRAM wuerfeltest;
VAR n, z : integer;
        w : ARRAY [1..6] OF integer;
BEGIN
randomize;                              (* auch mal weglassen! *)
FOR n := 1 TO 6 DO w [n] := 0;
FOR n := 1 TO 1200 DO BEGIN
                   z := random (6) + 1;
                   write (z : 2);
                   w [z] := w [z] + 1
                   END;
writeln; writeln;
FOR n := 1 TO 6 DO
    writeln (n, ' Augen: ', w[n], ' = ', w[n] / 12 :5:2, ' %')
END.
```

Die sechs möglichen Ausfälle w[n] sollten bei einer derart langen Sequenz in
etwa gleich oft vorkommen, jeweils so um 200 mal. Abweichungen in den w[n]
um bis zu 10 % sind nicht ungewöhnlich; eher wäre es "verdächtig", wenn
alle w[n] nahezu gleich wären! Man beachte die Schleife eingangs, mit der
alle Summenzähler vorab auf Null gesetzt werden. Lassen Sie diese Schleife

einmal weg und starten Sie das Programm mehrmals hintereinander! Beachten
Sie auch, daß die Variable z unverzichtbar ist:

```
w [random(6) + 1] := w [random(6) + 1] + 1;
```

ist zwar syntaktisch zulässig, aber logisch falsch, denn das ist wegen des
Weiterlaufens des Generators nicht ein- und derselbe Zählerindex!

Wie oft muß eigentlich gewürfelt werden, bis in einer solchen Sequenz jede
der Augenzahlen 1 ... 6 wenigstens einmal vorgekommen ist? - Mindestens
sechsmal natürlich, aber theoretisch unendlich oft! In der Wahrscheinlich-
keitsrechnung kann diese Frage präzise beantwortet werden. Wir simulieren
den Vorgang am Rechner durch 1000 derartige Versuche:

```
PROGRAM alle_augen_sollen_mindestens_einmal_kommen;
CONST weit = 6;
VAR summe, n, k, z, max, anzahl : integer;
                         w : ARRAY [0..weit] OF boolean;
BEGIN
summe := 0; max := 0;
randomize;
FOR n := 1 TO 1000 DO BEGIN
    FOR k := 1 TO weit DO w[k] := false;
    anzahl := 0;                  (* Wie lange dauert einzelne Kette? *)
    REPEAT
        w[0] := true;      (* Initialisierung der Prüfschleife (P) *)
        z := random (weit) + 1;
        IF NOT w[z] THEN w[z]:= true;
        summe := summe + 1;         (* zählt alle Würfe überhaupt *)
        FOR k := 1 TO weit DO w[0] := w[0] AND w[k];        (* (P) *)
        anzahl := anzahl + 1
    UNTIL w[0];          (* Jede Augenzahl wenigstens(!) einmal *)
    IF anzahl > max THEN max := anzahl              (* Maximum *)
                END;
writeln ('Mittlere Länge einer Kette: ', round (summe / 1000));
writeln ('Längste Kette war ... ', lang, ' Würfe bis ', weit);
readln
END.   (* Mittlere Länge ca. 15 Würfe, Maximum ca. bei 40 bis 70 *)
```

Die REPEAT-Schleife wird erst beendet, wenn alle w[1] ... w[6] *true* sind.
Dies erreichen wir trickreich durch Prüfen mit der AND-Verknüpfung in der
Schleife (P): Ist nur eines der w[i] *false*, so wird w[0] ebenfalls *false*!
Die Zeile *IF NOT w[z] THEN w[z] := true;* bedeutet: Kam die Augenzahl z
bisher noch nicht vor, so wird dies jetzt registriert.   - Sie können z.B.
weit auf 50 setzen: Was liefert das Programm dann sinngemäß?

Mit einem viel einfacheren Programm können Sie analog feststellen, wie oft
im Mittel gewürfelt werden muß, bis erstmals eine Sechs (oder gleichwertig
irgendeine andere Augenzahl) kommt. Das dauert natürlich bei weitem nicht
so lange und kann insbesondere schon beim ersten Mal passieren, aber im
Prinzip auch nie ..

Das folgende Programm erzeugt 300 dreistellige Zufallszahlen (also aus dem Bereich 100 ... 999) und reagiert jedesmal dann mit einem Tonsignal, wenn eine neue Zufallszahl größer ist als das Maximum der bisher erzeugten.

```pascal
PROGRAM zufallsmaximum;
USES crt;
VAR n, max, z, u : integer;
BEGIN
clrscr; u := 0; max := 99; randomize;
FOR n := 1 TO 300 DO
    BEGIN
    z := 100 + random (900);
    IF z > max THEN BEGIN
                    write (chr(7));
                    max := z; u := u + 1; delay (100)
                    END;
    write (z : 4); delay (50)
    END;
writeln;
writeln ('Maximum ............ ', max : 3);
writeln ('Überschreitungen ... ', u : 3)
END.
```

Das fortlaufende Werfen einer Münze (zwei Seiten) wird als <u>BERNOULLI</u>-Kette bezeichnet. In solchen Experimenten interessieren lange Sequenzen ohne Seitenwechsel. Ein Programm soll feststellen, wann dabei erstmals eine Abfolge von $n >= 6$ Würfen ohne Seitenwechsel stattfindet, d.h. also nach dem wievielten Mal eines Seitenwechsels überhaupt ... Wir nennen die eine Seite der Münze 0, die andere 1 und verdeutlichen uns an einem Beispiel mit $n = 4$ einen solchen Fall, der mit dem $z =$ neunten Versuch eingetreten sein mag:

1 / 0 0 0 / 1 1 / 0 0 / 1 1 / 0 0 0 / 1 / 0 0 / 1 1 1 1 ...

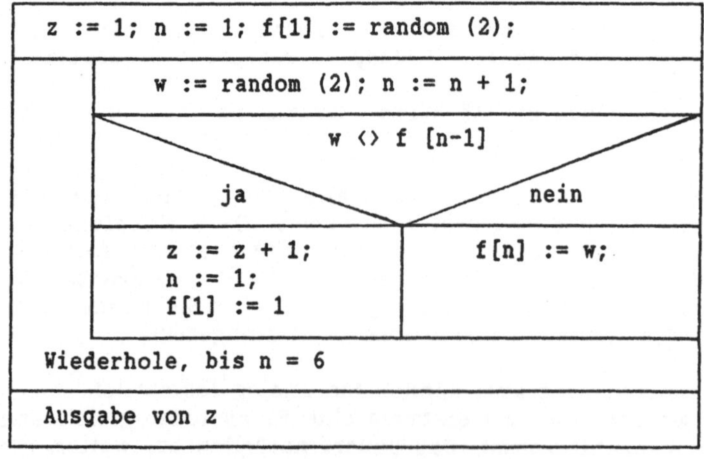

Abb.: Struktogramm zum folgenden Algorithmus

Im Struktogramm zum folgenden Listing bedeuten z die Seitenwechsel, fortlaufend gezählt, und n die Länge einer stabilen Sequenz, die bei jedem
Seitenwechsel auf n = 1 zurückgesetzt werden muß. - In f[n] werden die
Seiten 0 oder 1 zur Kontrolle eingetragen: Wird n = 6 erreicht, d.h.
sechsmal dieselbe Seite, so müssen die Inhalte aller f[i] gleich sein und
das Programm kommt zum Ende:

```
PROGRAM zufallsfolge;
USES crt;
VAR n, z, w, i : integer;
            f : ARRAY [1..10] OF integer;
BEGIN
randomize;
z := 1; f[1] := random (2); n := 1; write (f [1], '--');
REPEAT
    w := random (2); n := n + 1;
    IF w <> f [n-1] THEN BEGIN
                        z := z + 1;
                        write ('>>>');
                        n := 1;
                        f[1] := w
                        END
                        ELSE f [n] := w;
    FOR i := 1 TO n DO write (f [i]); write ('--')
UNTIL n >= 6;
writeln; writeln (z, ' Versuche');
readln
END.
```

Testen Sie dieses Programm auch mit random (4) oder einem größeren Wert
sowie längeren Ketten n.

Und nun eine ganz andere Aufgabe:

Auf einer größeren Party mit gut 40 Gästen tritt plötzlich ein Fremder auf
(der also keinen Gast kennt) und behauptet, er würde darauf 100 DM wetten,
daß unter den Partygästen wenigstens zwei seien, die ein gemeinsames Ge-
burtsdatum (Tag und Monat) besitzen.

Würden Sie die Wette wagen, d.h. bereit sein, die 100 DM zu zahlen, wenn
der Fremde recht behält oder glauben Sie eher, schnell an Geld zu kommen?
Gefühlsmäßig ist man geneigt, sofort auf die Wette einzugehen, aber das
Gefühl zur Wahrscheinlichkeit trügt, denn es ist ziemlich sicher, daß der
Fremde gewinnt! Es kommt in Sachen Mutmaßung oft darauf an, das adäquate
Modell zu finden. Und dies sieht etwa so aus: 365 leere Schachteln stehen
eng beieinander. Jemand wirft mit elegantem Schwung auf einmal 40 kleine
Kugeln über diese Schachteln; fallen dann in keine einzige Schachtel zwei
Kugeln? - Wohl kaum, oder?

Wir lösen die Frage wiederum durch eine Simulation, d.h. wir lassen auf
z.B. 100 Gruppen der obigen Größe zufällig Geburtstage verteilen und
schauen zu. Das Ergebnis zeigt, daß der Fremde diese Wette im Blick auf
seinen Geldbeutel leicht anbieten kann:

```pascal
PROGRAM geburtstagswette;
VAR   versuch, i, n, sum,
         nochmal, auswahl : integer;
                  tagar : ARRAY[1..365] OF integer;
BEGIN
write ('Gruppengröße ... '); readln (n);
randomize;
sum := 0;                    (* Zahl der Gruppen mit G-Übereinstimmung *)
FOR versuch := 1 TO 100 DO BEGIN
    FOR i := 1 TO 365 DO tagar[i] := 0;        (* das ist das Jahr *)
    nochmal := 0;
    REPEAT
        nochmal := nochmal + 1;
        auswahl := random (365) + 1;
        tagar[auswahl] := tagar[auswahl] + 1        (* Tag markiert *)
    UNTIL (tagar[auswahl] > 1) OR (nochmal = n);
IF tagar[auswahl] > 1 THEN sum := sum + 1
                            END;
writeln;
writeln ('Von 100 Wetten waren ', sum, ' erfolgreich.')
END.
```

In etwa 90 Fällen dürfte der Fremde recht gehabt haben; Sie sollten lieber
nicht wetten, denn bei nur einer Party heißt das im Klartext: Es ist sehr
(!) unwahrscheinlich, daß er verliert. (Mit Semestergruppen mache ich den
Versuch seit vielen Jahren, bisher _stets_ Übereinstimmungen!) – Nach der
Theorie gilt für die Gewinnwahrscheinlichkeit des Fremden in Abhängigkeit
von n

$$P(n) = 1 - \frac{365!}{(365-n)! \cdot 365^n}$$ d.h.

n	10	20	30	40	50
P	0.117	0.411	0.706	0.891	0.970

und demnach wird die Wette bereits ab n = 30 "kritisch". Ohne Formel-
kenntnis ist unser experimenteller Lösungsweg sehr angemessen ...

Hier zur Abwechslung ein einfaches Spiel: Zwei Personen A und B spielen
das sog. "Ruinspiel": Beide haben ein Anfangskapital von z.B. 20 DM, und
dann wird fortlaufend eine Münze geworfen. Fällt "Adler", so erhält A von
B eine Mark, ansonsten liefert A eine Mark von seinem Kapital an B ab. Das
Spiel ist zu Ende, wenn einer der beiden nichts mehr hat, also ruiniert
ist, daher der Name. Wie groß ist die Wahrscheinlichkeit, daß A gewinnt?

Für den Fall gleichen Anfangskapitals der beiden Spieler läßt sich leicht
beweisen, daß das Spiel "fair" ist, beide die gleichen Chancen haben. Für
alle anderen Fälle wird es rechnerisch schwierig, Wahrscheinlichkeiten zu
bestimmen. Sicher ist nur: Hat etwa A am Anfang weniger Geld, so verliert
er meistens recht schnell. Simulieren wir das:

Vorsicht mit dem folgenden Listing: Mit größeren (gleichen) Geldbeträgen
kann die Auswertung sehr lange dauern, setzen Sie daher _reihe_ nicht zu
groß an ...

```pascal
PROGRAM ruinspiel;
CONST reihe = 100;
VAR kapa, kapb, a, b, n, z, sum : integer;
BEGIN
randomize;
sum := 0;
write ('Anfangskapital von A '); readln (kapa);
write ('      und jenes von B '); readln (kapb);
FOR n := 1 TO reihe DO BEGIN
    a := kapa;
    b := kapb;
    REPEAT
       z := 2 * random (2) - 1;
       a := a + z;
       b := b - z
    UNTIL a * b = 0;
    IF b = 0 THEN sum := sum + 1
                          END;
writeln ('A hat ', sum, ' Spiele von ', reihe, ' gewonnen.');
readln
END.
```

Hier ist noch eine interessante Anwendung aus der Mathematik, nämlich die näherungsweise Bestimmung der Kreiszahl Pi:

```pascal
PROGRAM kreiszahl;
USES crt;
VAR   x, y : real;
      n, sum : integer;
BEGIN
clrscr; randomize;
sum := 0;
write ('Pi in Näherung ... ');
FOR n := 1 TO 1000 DO BEGIN
    x := random;
    y := random;
    IF x * x + y * y <= 1 THEN sum := sum + 1
                          END;
writeln (4 * sum / 1000 : 5 : 3)
END.
```

Es wird nachgeschaut, ob ein zufällig gesetzter Punkt (x, y) des Einheitsquadrats innerhalb des Einheitskreises zu liegen kommt, dessen Fläche ja bekanntlich pi = 3.14159... ist. Bei der Ausgabe wird der Faktor 4 hinzugefügt, weil wir nur einen Viertelkreis untersuchen.

Man nennt solche Methoden gerne MONTE-CARLO-Verfahren; das obige Programm ist genau besehen eigentlich ein Integrationsverfahren. Solche Verfahren sind sehr schnell und übersichtlich, freilich nicht besonders genau. Auch mit weit mehr als 1000 Schritten wird das Ergebnis (so um 3.14) nicht viel an Qualität gewinnen ...

Das folgende Programm benutzt wieder Mengen. Es verschlüsselt einen Klartext zu einem Geheimtext: Mit I = J lassen sich die 25 Buchstaben unseres Alphabets in einer Tafel (Feld) der Größe 5x5 ablegen. Diese Ablage machen wir zufallsgesteuert. Jedem Buchstaben sind so zwei Indizes *zeile* und *spalte* zugeordnet, mit denen er später verschlüsselt werden kann. Ein Klartext wird mit diesen Indizes codiert und als Geheimtext "abgesetzt".

```pascal
PROGRAM pullach;
USES crt;
VAR zeile, spalte : integer;
          zeichen : char;
            tafel : ARRAY[1..5,1..5] OF char;
                w : SET OF 'A'..'Z';
BEGIN
w := ['A'..'Z'] - ['J'];
clrscr; randomize;
writeln ('Erzeugte Zufallstafel ...'); writeln; write (' ');
FOR spalte := 1 TO 5 DO write (spalte : 4);
writeln; writeln;
FOR zeile := 1 TO 5 DO BEGIN
    write (zeile, '    ');
    FOR spalte := 1 TO 5 DO BEGIN
        REPEAT
            zeichen := chr(random(27) + 65)
        UNTIL zeichen IN w;
        tafel[zeile, spalte] := zeichen;
        w := w - [zeichen];
        write(zeichen, '    ')
                            END;
        writeln
                    END;
writeln; writeln;
write ('Texteingabe ... (Ende mit *) ... ');
REPEAT
  zeichen := upcase (readkey);
  IF zeichen = ' '
     THEN write (' x ')
     ELSE IF zeichen <> '*'
             THEN FOR zeile := 1 TO 5 DO
                     FOR spalte := 1 TO 5 DO
                         IF zeichen = tafel[zeile, spalte]
                             THEN write (zeile, spalte, ' ')
UNTIL zeichen = '*'
END.
```

Der erste Teil des Programms belegt die Tafel per Zufall, wobei der jeweils ausgewählte Buchstabe aus der Menge genommen wird. Dieser Vorgang ist beendet, wenn die Menge leer geworden ist. Die Bedingung [ ] tritt nicht explizit auf, sondern wird durch die Mengensubtraktion (d.h. Zeichen der Menge entnehmen, sofern noch in ihr enthalten) von selber erledigt.

Sieht man sich die fertige Codetafel an, so erkennt man folgendes: Je Zeile oder Spalte können die Buchstaben auf 5! = 125 verschiedene Weisen

angeordnet werden. – Es gibt also immerhin $125^2 = 15.625$ verschiedene
Codierungsmöglichkeiten.

Im zweiten Teil wird der Text verdeckt eingegeben. Ein Leerzeichen Blank
tritt für unsere Zwecke als Worttrennung (gedruckt ' x ') im Geheimtext
auf, das Malzeichen führt zum Programmende. Jeder Buchstabe wird durch zwei
Zahlen codiert, sodaß eine Ausgabe etwa so aussieht:

25 51 15 15 42 15 43 x 22 42 52 52 51 11 35 23 13 25

Für praktische Zwecke wird man die Blanks nicht erzeugen und auch das x
weglassen; der Empfänger weiß ja, daß je zwei Ziffern einen Buchstaben
codieren und wir hoffen, daß beim Senden nichts verloren geht ... Wäre
dies der Fall, so wird es problematisch. Es gibt aber Codes, bei denen
trotzdem noch eine Entschlüsselung möglich ist, also beim Decodieren der
Anfang eines neuen Zeichens immer gefunden werden kann. Am bekanntesten
ist der sog. SHANNON-FANO-Code für neun Zeichen

00   01   100   10110   11000   11010   11100   11101.

Unerheblich ist in unserem Beispiel, daß wir nur die Ziffern 1 ... 5 ver-
wenden: In jedem Falle fehlen bei unserer Methode 5 Ziffern aus alle zehn.
Man könnte das verbessern, etwa durch systematisches Verändern der Indizes
je nach Textlänge. Jedoch kann auch bei unbekannter Tafel der abgefangene
Text leicht entschlüsselt werden, freilich nur ab einer bestimmten Mindest-
länge und mit etlichem Aufwand. Man braucht dazu Anhaltspunkte, um welche
Sprache es sich ursprünglich gehandelt hat, und wie die Verteilung der
Buchstaben (e ist meist am häufigsten) in dieser Sprache aussieht. Ein
Programm leistet das etwa folgendermaßen:

Man belegt die Indizes der Tafel von oben nach unten bzw. von links nach
rechts mit 1 ... 5 und entschlüsselt versuchsweise, vermutlich ohne erkennbaren Erfolg. Nun wird die Zeilenbelegung in die nächste Permutation
überführt, also in 1 2 3 5 4 und erneut gelesen, dann weiter permutiert,
dies solange, bis die Ausgangsbelegung wieder erreicht ist. Das sind 125
Schritte. Nun wird die Spaltenbelegung das erste Mal permutiert, dann das
Verfahren für alle Zeilen wie eben wiederholt und so fort ... Irgendwann
stellt sich der Erfolg ein, ja, er zeichnet sich bei ständiger Ausgabe im
Text langsam ab, sodaß man dann die Arbeit des Rechners verlangsamen kann.
Am PC kommt die Lösung der obigen Verschlüsselung nach wenigen Minuten: Es
ist der Name des Autors.

Die angeblich bis auf GAJUS JULIUS CAESAR (–100 bis – 44) zurückgehende
Methode des sog. "Tauschalphabets" geht wie folgt vor: Unter das Ausgangs-
alphabet schreibt man, mit einem anderen Buchstaben beginnend, wiederum
das Alphabet:

A B C D E F G H I J K L M N ...
____

E F G H I J K L M N O P Q R ...   (delta = 4)

Aus ABEND wird jetzt EFIRH. Es gibt 26 Möglichkeiten der Codierung. Ein entsprechendes Programm (Code der Eingabe abfragen und verschieben)

    ausgabe := chr (65 + (ord(eingabe) - 65 + delta) MOD 26);

ist einfach. Schwieriger wird es, wenn man mit mehreren Alphabeten nach
folgendem Muster vertikal sequentiell arbeitet:

```
A B C D E F G H I J K L M N ...
________________________________
E F G H I J K L M N O P Q R ...
V X Y Z A B C D E F G H I J ...
A B C D E F G H I J K L M N...
. . . .
```

In diesem Fall wird FADEN zu JVDIJ und das Wort EVA links vorne vertikal
heißt Schlüsselwort des Codes. Dieser wird "fest", wenn das Schlüsselwort
lang ist. Auch das ist leicht zu programmieren und maschinell leicht zu
entschlüsseln.

Heutzutage würden Geheimdienstler über alle drei Codierungen nur lachen,
denn sie sind relativ einfach zu "knacken", und zwar auch ohne Rechner,
nur durch Einsatz von Intelligenz und etwas Wissen über Sprache und die
Häufigkeiten des Vorkommens einzelner Buchstaben.

Der Zufallsgenerator *random* ist "gleichverteilt", d.h. alle Zahlen des
Intervalls (0, 1) haben die gleiche Wahrscheinlichkeit, unter Laufzeit
ausgeworfen zu werden. In etlichen Anwendungsfällen benötigt man aber Zufallszahlen, die einer bestimmten Verteilung folgen. Zu Ende des Kapitels
18 findet sich ein Beispiel aus der Theorie der Warteschlangen, bei dem
das Auftreten gewisser Ereignisse exponentiellen Verteilungen folgt; diese
werden dort aus *random* abgeleitet.

Am häufigsten benötigt man in der Praxis jedoch normalverteilte Zufalls-
zahlen. Für den Fall der sog. standardisierten Normalverteilung mit dem
Mittelwert Null und der Streuung Eins gilt, daß Zufallszahlen aus dem
Bereich (− ∞, + ∞) dem Dichtegesetz

$$\text{phi } (x) := 1 / \sqrt{2 * \pi} * e^{-x*x/2}$$

folgen, wonach die Wahrscheinlichkeit des Auftretens bei Null am größten
ist und von dort aus nach beiden Seiten schnell abfällt. Integriert man
diese Funktion von − ∞ bis t, so ergibt sich die Wahrscheinlichkeit dafür,
daß x nicht größer ist als t. Mit t --> ∞ geht dieses Integral gegen Eins.
Daraus ergibt sich, daß einem gleichverteilten Zufallswert random aus dem
Intervall (0, 1) jenes t zuzuordnen ist, für das dieses Integral gerade
den Wert *random* bekommt: Diese t sind dann normalverteilt. Wegen der
Symmetrie der Dichte mit phi (0) = 0.5 ist es zweckmäßig, das Integral
stets ab t = 0 auszuwerten und random-Werte > 0.5 auf positive, den Rest
auf negative (einschließlich Null) Werte von t abzubilden. Die Auswertung
des Integrals kann nur näherungsweise erfolgen. Das folgende Programm
nimmt dazu die Schrittweite delta = 2*0.005, woraus sich normalverteilte
Zufallszahlen mit drei Dezimalen nach dem Komma ergeben:

Ist z = random > 0.5, so wird z um 0.5 vermindert (und bleibt positiv),
ansonsten wird z durch den symmetrischen Fall 0.5 > 0.5 − z > 0 ersetzt
und später das Vorzeichen umgekehrt. − Dann wird die obere Grenze des Integrals ab x = 0 solange schrittweise erhöht, bis dieser Zufallswert z
überschritten ist. − Die sich ergebende Grenze ist dann in guter Näherung
die zugehörige normalverteilte Zufallszahl ± x.

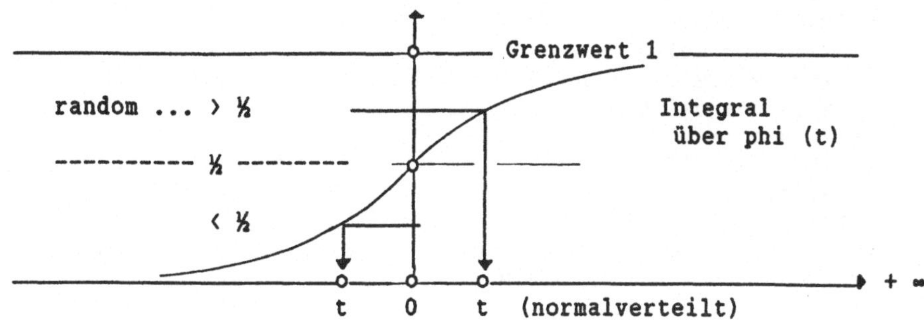

Abb.: Zuordnung des Intervalls (0, 1) vertikal gleichverteilt
auf (− ∞, + ∞) horizontal normalverteilt

Der Faktor a = $\sqrt{2 \cdot \pi}$ hat den genauen Wert 2.50662..., der im Programm
durch den etwas kleineren Wert 2.5 zu ersetzen ist, damit die näherungsweise Integration in den Fällen gelingt, wo z nahe bei Null oder Eins
liegt. Denn das Integral *sum* muß sicher > z werden.

Der Versuch wird 10.000 mal durchgeführt; die Ergebnisse in t = x werden
im Bereich −3.2 ... + 3.2 gezählt und schließlich grafisch dargestellt.
Nach der Theorie müssen in das Intervall x ± 0.005 ca. 40 von 10.000 Aus-
fällen zu liegen kommen. phi (0) ist ziemlich genau 0.4. Daher wird zum
Vergleich die Dichtefunktion maßstäblich über das entstehende Diagramm
gelegt, sodaß man die Güte der Verteilung beurteilen kann. Versuche er-
gaben den recht guten Mittelwert − 0.006 in x (theoretisch Null) und eine
ausreichende Anpassung an die theoretische Vergleichskurve.

Wir benutzen zur Darstellung einfache Grafik (Kapitel 17):

```
PROGRAM normalverteilung_simulation;
USES crt, graph;
CONST                   a = 2.5; delta = 0.005;
VAR     z , sum, x, mittel : real;
                    k, n : integer;
                    feld : ARRAY [-400..400] OF integer;
                    flag : boolean;
    graphdriver, graphmode : integer;

BEGIN (* ------------------------------------------------------ *)
randomize; clrscr;
mittel := 0;
FOR n := - 400 TO 400 DO feld [n] := 0;         (* Zum Auszählen *)
n := 1;
```

```
REPEAT
   z := random;
   IF z > 0.5 + delta/2 THEN flag := true ELSE flag := false;
   IF z > 0.5 + delta/2 THEN z := a * (z - 0.5)
                        ELSE z := a * (0.5 + delta/2 - z);
   (* write (z : 8 : 2); *)                       (* gleichverteilt *)
   sum := delta; x := - delta;
   REPEAT
      x := x + delta;
      sum := sum + 2 * delta * exp (-x*x/2);  (* mittig nähern! *)
      x := x + delta
   UNTIL sum >= z;
   IF NOT flag THEN x := - x;                 (* Vorzeichenumkehr *)
   (* write (x : 8 : 3); *)                     (* normalverteilt *)
   mittel := mittel + x; n := n + 1;
   k := round (100 * x); feld [k] := feld[k] + 1;    (* Klasse? *)
   IF n MOD 250 = 0 THEN BEGIN
                     clrscr;
                     writeln ('Blatt : ', n DIV 250 + 1);
                     writeln
                     END
UNTIL keypressed OR (n > 10000);
writeln; writeln (mittel/n : 5 : 3);     (* Mittelwert der x ≈ 0 *)
readln;
graphdriver := detect;
initgraph (graphdriver, graphmode, ' ');
setcolor (white);
FOR n := -320 TO 320 DO   (* Ausgabe -3.2 ... +3.2 mit δ = 0.01 *)
   line ( n + 320, 300, n + 320, 300 - 2 * feld[n]);
FOR n := - 320 TO 320 DO
   putpixel (n + 320,
            300 - round (2*40/0.4 * exp (-n/100*n/100)/2), 4);
readln                                (* Ausgabe mit Maßstabsfaktor 2 *)
END. (* ------------------------------------------------------------ *)
```

Auf der Diskette findet sich noch ein ganz einfaches Programm, mit dem aus vorhandenem Text Zufallsgedichte erstellt werden können. Ein Beispiel:

...

ausgelaugt dein blick eines tages
im auge agave und oleander
dein blick stammt vom meer
die pflanzen vom salze
sie wissen den atem ...

...

Der bisherige Anweisungsvorrat kann durch Prozeduren für <u>Bildschirmfenster</u>
zweckmäßig erweitert werden. Dazu ein ausführliches Demo-Programm:

```pascal
PROGRAM fenster;
USES crt;
VAR i, zeit : integer;
BEGIN
clrscr; zeit := 2000;
FOR i := 1 TO 1000 DO write (i);          (* am gesamten Bildschirm *)
window (10, 5, 40, 15);                   (* Fenster öffnen und löschen *)
clrscr; delay (zeit);
window (11, 6, 39, 14);             (* Fenster verkleinern, schreiben *)
FOR i := 1 TO 1000 DO write (i);
delay (zeit); window (1, 1, 80, 25); (* Wieder voller Bildschirm *)
FOR i := 1 TO 1000 DO write (i);
gotoxy (1, 9); delay (zeit);
FOR i := 1 TO 80 DO write ('-');
gotoxy (1, 9); delay (zeit);
FOR i := 1 TO 7 DO insline;          (* 5 Zeilen nach unten schieben *)
gotoxy (1, 14); delay (zeit);
FOR i := 1 TO 80 DO write ('-');
delay (zeit); window (1, 15, 80, 25); (* Unterer Teil Bildschirm *)
FOR i := 1 TO 1000 DO write (i);
delay (zeit); window (20, 1, 70, 21); (* ... rechts: löschen ... *)
clrscr; delay (zeit);
window (21, 2, 69, 20);                      (* und verkleinern *)
FOR i := 1 TO 1000 DO write (i);
gotoxy (1, 5); delay (zeit);
FOR i := 1 TO 49 DO write ('-');          (* Unteren Teil abtrennen *)
delay (zeit); window (21, 7, 69, 20);
FOR i := 1 TO 700 DO write (i);
gotoxy (1, 8); delay (zeit);
FOR i := 1 TO 49 DO write ('-');           (* Ausschnitt markieren *)
gotoxy (1, 11);
FOR i := 1 TO 49 DO write ('-');
delay (zeit);
FOR i := 1 TO 7 DO BEGIN                 (* Einige Zeilen löschen *)
                gotoxy (1, i); clreol
                END;
delay (zeit);
window (21, 7, 69, 17);                      (* Fenster verkleinern *)
gotoxy (1, 1);
FOR i := 1 TO 5 DO delline;          (* Markierter Teil aufwärts *)
delay (zeit);
window (35, 10, 55, 25);
clrscr; delay (zeit);
window (36, 11, 54, 25);
FOR i := 1 TO 400 DO write (chr(i));
window (1, 1, 80, 25);                 (* Zurück zum Standardfenster *)
readln
END.
```

TURBO stellt also in der Unit *crt* eine eigene Prozedur

    window (xl, yo, xr, yu);

zur Verfügung, wobei (xl, yo) die linke obere, (xr, yu) die rechte untere
Ecke des Fensters beschreiben, und zwar stets relativ zur linken oberen
Ecke (1, 1) des Bildschirms mit 25 Zeilen und 80 Zeichen pro Zeile; alle
Angaben sind ganzzahlige Koordinaten. Die Anweisung *window (...);* bleibt
ohne Wirkung, wenn nicht-ausführbare Zahlenangaben gemacht werden. Mit
window (1, 1, 80, 25); wird das anfangs voreingestellte <u>Standardfenster</u>
wieder erreicht. Alle gotoxy-Anweisungen gelten <u>relativ zur linken oberen
Ecke</u> des gerade eingestellten Fensters.

Außerdem löscht *clrscr;* nur im gesetzten Fenster und *clreol;* jeweils nur
bis zu dessen rechtem Rand. Auch die Prozeduren

    insline;
    delline;

zum Einfügen bzw. Löschen von Zeilen ab einer bestimmten Cursorposition
sind fensterbezogen, wie das Demo lehrt. Mit *insline;* wird eine Leerzeile
eingeschossen und der restliche Bildschirminhalt samt Positionszeile des
Cursors nach unten verschoben. Mit der Prozedur *delline;* wird der Inhalt
um eine Zeile nach oben gezogen und die Positionszeile überschrieben. (Sie
geht also verloren.) Im Demo haben wir vorher mit mehrmaligem *clreol;* gelöscht, um die Wirkung zu verdeutlichen.

Zu Ende dieses Kapitels geben wir an, wie ein Fensterinhalt zur späteren
Anzeige "gerettet" werden kann, ehe er überschrieben oder gelöscht wird.

Zwar haben wir noch keine Grafik, aber in einfachen Fällen kann man sich
mit "Textgrafik" behelfen. Das Programm auf der nächsten Seite simuliert
eine vom Zufall gesteuerte Irrfahrt auf den ganzzahligen Gitterpunkten der
Ebene (die zweidimensionale Verallgemeinerung des Ruinspiels sozusagen):
Von einem Punkt (x, y) ausgehend wird gefragt, wieviele Schritte nötig
sind, bis das gewünschte Ziel (xe, ye) in der Ebene erreicht wird (was
theoretisch wiederum unendlich lange dauern kann!). An den Rändern und in
den Ecken der (begrenzten) Ebene muß dabei u.U. mehrfach gewürfelt werden,
da die Bewegungsmöglichkeiten dort mehr oder weniger eingeschränkt sind.

Das erste Fenster im Programm dient einer "mittigen" Eingabe; das zweite
Fenster (9, 4, 70, 21) hat die Breite 70 − 9 + 1 = 62: Nachdem der Rahmen
gesetzt ist, kann man sich darin gerade im Relativbereich x = 1 ... 60
hin- und herbewegen. Die Höhe des Fensters beträgt 21 − 4 + 1 = 18, gibt
also Platz für den Rahmen und relative Bewegungsmöglichkeiten in y von
(zunächst) 1 ... 16. Aber die 16. Zeile für y ist durch die Eingabe abgeblockt: Denn bei der Höhe muß es 21 und nicht nur 20 heißen, damit beim
Anlegen des Rahmens das letzte Zeichen ⌐ rechts unten im Eck nicht rollt.

Später wird es möglich sein, unter Laufzeit den Cursor zu unterdrücken.
Das Programm benötigt je nach Eingaben schon mal 10.000 Schritte oder
mehr; damit man es vor dem Ende geordnet anhalten kann, ist die Zeile

```pascal
IF keypressed THEN halt;
```

eingefügt: Die Prozedur *halt;* beendet das Programm vorzeitig für den Fall,
daß die Taste Ctrl-C (unter DOS) ohne Wirkung bleibt.

```pascal
PROGRAM irrfahrt;
USES crt;
VAR  xe, ye, x, y, z, i, schritte : integer;
                            okay : boolean;
BEGIN (* ---------------------------------------------------------- *)
randomize; clrscr;
window (10, 10, 80, 25);
REPEAT                                            (* Eingabe *)
   clrscr;
   writeln ('Koordinaten müssen liegen im ...');
   writeln ('                  x-Bereich 1 ... 60');
   write   ('Beginn der Irrfahrt bei x = '); readln (x);
   write   ('                   Ziel bei     '); readln (xe);
   writeln ('                  y-Bereich 1 ... 15');
   write   ('Beginn der Irrfahrt bei y = '); readln (y);
   write   ('                   Ziel bei     '); readln (ye);
UNTIL (x IN [1..60]) AND (y IN [1 .. 15])
      AND (xe IN [1..60]) AND (ye IN [1 .. 15]);

clrscr;
window (9, 4, 71, 21);                            (* Rahmen *)
write (chr (201));
FOR i := 1 TO 61 DO write (chr (205));
write (chr (187));
FOR i := 1 TO 15 DO BEGIN
write (chr (186)); gotoxy (63, i + 1); write ( chr(186));
                  END;
write (chr (200));
FOR i := 1 TO 61 DO write (chr (205));
write (chr (188));
schritte := 0;
gotoxy (xe + 1, ye + 1); write ('*');
randomize;

REPEAT                                            (* Irrfahrt *)
   REPEAT
      gotoxy (x + 1, y + 1); write ('*'); (* +1 : linker Rahmen *)
      okay := true;
      z := 1 + random (4);                        (* Randprüfung *)
      IF (x = 60) AND (z = 1) THEN okay := false;
      IF (y = 15) AND (z = 2) THEN okay := false;
      IF (x = 1)  AND (z = 3) THEN okay := false;
      IF (y = 1)  AND (z = 4) THEN okay := false
   UNTIL okay;
                                                  (* Irrfahrt *)
   delay (20);
   gotoxy (x + 1, y + 1); write (' ');
```

```
      CASE z OF
            1 : x := x + 1;
            2 : y := y + 1;
            3 : x := x - 1;
            4 : y := y - 1
      END;
      schritte := schritte + 1;
      gotoxy (15, 18); clreol; write (schritte : 5);
      IF keypressed THEN halt
   UNTIL (x = xe) AND (y = ye);
   window (1, 1, 80, 25);                  (* Standardfenster anwählen *)
   delay (2000)
END.  (* ------------------------------------------------------------ *)
```

Im Hinblick auf das Programm textsort (Seite 81) kann man den Zufallsgenerator gut dazu verwenden, um zufällig Wörter in großer Anzahl zu erzeugen,
die dann sortiert werden können. Bei Wörtern aus z.B. je vier Buchstaben und
einem Trennungsblank dazwischen faßt eine Bildschirmzeile (80 : 5 =) 16
Wörter, sodaß die Ausgabe besonders einfach wird:

```
PROGRAM zufallstext;
CONST         laenge = 100;
TYPE          wort = STRING [4];
VAR           n, i : integer;
              lexikon : ARRAY [1..laenge] OF wort;
BEGIN
   randomize;
   FOR n := 1 TO laenge DO BEGIN
       lexikon [n] := '';
       FOR i := 1 TO 4 DO
           lexikon [n] := lexikon [n] + chr(65 + random(26))
                               END;
   writeln; FOR n := 1 TO laenge DO write (lexikon [n] : 5);
   writeln; writeln
END.
```

Unser Listing erzeugt in der inneren Schleife der Reihe nach 100 Wörter
durch Verketten zufällig ausgewählter Buchstaben: Das große Alphabet hat 26
Buchstaben, deren erster A mit Code 65 ist. Nach dem Aufbau von *lexikon*
werden diese Wörter angezeigt.

Der Editor von TURBO bietet eine einfache Möglichkeit, bereits vorhandene
Programmbausteine (Quelltexte) "von Hand" in andere einzubinden. Als Textverarbeitung verfügt er über diverse <u>Blockbefehle</u> zum Markieren, Verschieben, Löschen und Ein- und Auslesen von bzw. nach Diskette.

Nehmen wir an, daß Sie das Programm textsort von Seite 81 auf Diskette abgespeichert haben. Sie gehen jetzt im obigen Listing, das Sie im Editor
haben, an den Anfang der letzten Zeile und lassen sich an dieser Stelle
mit dem Kommando *Block read* (Übersicht auf der Seite gegenüber) das File
TEXTSORT.PAS (oder B:TEXTSORT.PAS bzw. vollständiger Pfad) in den Editor
als Zusatz (Einschub) einlesen.

<u>Blockbefehle im Editor:</u>

```
Blockanfang markieren ...................... ^K^B    ('Beginn')
Blockende markieren ........................ ^K^K
Verdecken/Anzeigen der Markierung .... ^K^H    ('Hide')
Markierten Block verschieben ......... ^K^V    ('Verschieben')
Markierten Block kopieren ............ ^K^C    ('Copy')
Markierten Block löschen ............. ^K^Y
Markierten Block von Disk einlesen ... ^K^R     ('Read')
Markierten Block auf Disk schreiben .. ^K^W    ('Write')
```

<u>Weitere Befehle im Editor von TURBO:</u>

```
Modus Overwrite/Insert an/aus ........ ^V
Autotabulator an/aus ................. ^Q^I

An den Anfang einer Zeile ............ ^Q^S
An das Ende einer Zeile .............. ^Q^D

An den oberen Rand einer Seite ....... ^Q^E
An den unteren Rand einer Seite ...... ^Q^X

Eine Seite nach oben rollen .......... ^R
Eine Seite nach unten rollen ......... ^C

Zum Anfang eines markierten Blocks ... ^Q^B
Zum Ende eines markierten Blocks ..... ^Q^K

An den Anfang des Listings ........... ^Q^R
An das Ende des Listings ............. ^Q^C

Zeichen/Wort suchen/finden ........... ^Q^F    (ab Cursorposition)
Zeichen/Wort suchen/ersetzen ......... ^Q^A

Zeile ab Cursor bis Ende löschen ..... ^Q^Y
Gesamte Zeile löschen ................ ^Y    (dann Finger weg!)

Zeile sichern ........................ ^Q^L
```

Hierbei bedeutet ^ die Taste Ctrl. Zum Auslösen unseres Befehls müssen Sie diese Taste festhalten und dann die Buchstaben K und R drücken. – Alle Blockbefehle beginnen übrigens mit K.

Zu den weiteren Befehlen später ein paar Anwerkungen; der Befehl ^Y kann aber sogleich benutzt werden; er ist mit etwas Vorsicht einzusetzen, da längeres Verbleiben auf den Tasten ^Y sehr schnell den Text von unten nach oben zieht und zeilenweile weglöscht!

Einige dieser Funktionen sind auch mit Funktionstasten realisiert (siehe Statuszeile im Editor); umgekehrt kann z.B. der Editor auch mit den Tasten ^K^D verlassen werden, das ist die Funktionstaste F10.

Nach dem Einkopieren erhalten Sie zunächst folgenden Text im Editor ...

```
    PROGRAM sorttext;                     (* neuer Name, bisher zufallstext *)
    CONST       laenge = 100;
    TYPE        wort = STRING [4];
    VAR         n, i : integer;
                lexikon : ARRAY [1..laenge] OF wort;
    BEGIN
       FOR n := 1 TO laenge DO BEGIN
           lexikon[n] := '';
           FOR i := 1 TO 4 DO
               lexikon[n] := lexikon[n] + chr(65 + random(26))
                               END;
       writeln;
       FOR n := 1 TO laenge DO write (lexikon[n] : 5);
       writeln; writeln
                           (* Hier beginnt der einkopierte Text *)
    PROGRAM textsort;                     (* löschen und neuer Namen oben *)
    USES crt;                                  nach oben übernehmen *)
    CONST       max = 10;                                             (-)
    VAR   i, ende : integer;               (* ende nach oben zu VAR *)
        austausch : STRING [15];       (* austausch : wort; zu VAR *)
          lexikon : ARRAY [1..max] OF STRING [15];                 (-)
                w : boolean;               (* w nach oben zu VAR *)
    BEGIN (* ----------------------------------------------- *)     (-)
    clrscr; i := 0;                                                  (-)
    writeln ('Eingabe ... (Ende mit Punkt . )');                     (-)
    REPEAT                                                           (-)
      i := i + 1;                                                   (-)
      write ('Wort No. ', i : 3, '     ');                          (-)
      readln (lexikon [i])                                          (-)
    UNTIL lexikon [i][1] = '.') OR (i > max);                       (-)
    ende := i - 1;              (* ersetzen durch  ende := laenge - 1; *)
    writeln; writeln (ende, ' Wörter sind eingegeben ...');          (-)

    writeln ('Sortieren ... '); writeln;          (* Sortieren *)
    w := false;
    WHILE w = false DO BEGIN
                    w := true;
                    FOR i := 1 TO ende - 1 DO BEGIN
                        IF lexikon [i] > lexikon [i+1]
                            THEN BEGIN
                                austausch := lexikon [i];
                                lexikon [i] := lexikon [i+1];
                                lexikon [i+1] := austausch;
                                w := false
                            END
                                    END
                  END;
    FOR i := 1 TO ende DO write (lexikon [i] : 5)        (*  ohne 'ln' *)
    END.
                    (* Hier endet der einkopierte Quelltext von S. 81 *)
    END.                                                            (-)
```

... natürlich ohne die hier eingefügten Anmerkungen! Nehmen Sie jetzt die angedeuteten Veränderungen vor: Alle mit (–) markierten Zeilen sind ersatzlos zu streichen; ansonsten verfahren Sie entsprechend den gegebenen Hinweisen am rechten Rand der einzelnen Zeilen.

Diese Methode der Erzeugung eines Programms aus vorhandenen Routinen ist zwar noch etwas umständlich, aber erspart doch schon viel Schreibarbeit; sie kann später mittels Compilerbefehlen zum Einbinden von (auf Diskette vorhandenen) Prozeduren allerdings perfektioniert werden. (Dazu mehr in Kapitel 12).

Mit dem ergänzten Programm zufallstext/textsort können Sie jetzt auf sehr einfache Weise durch Verändern von *laenge* Versuchsläufe mit unterschiedlich langen Listen durchführen. Dauert ein Sortierlauf für 100 Wörter vielleicht um die fünf Sekunden, dann für 200 Wörter schon viermal solange, also 20 Sekunden. (Sie können sich vor dem Beginn des Sortierens eine Zeitmarke mit Piepton einbauen und mit einer Uhr messen ... Später bauen wir uns eine systemgesteuerte Rechneruhr ein.)

Die Zeitdauer wächst – so scheint es – mit dem Quadrat der Listenlänge. Wir werden das später genauer untersuchen, auch theoretisch begründen und bessere Sortieralgorithmen angeben. Dieser quadratische Zusammenhang gilt im Prinzip für alle "einfachen" Sortieralgorithmen, auch wenn sie von Haus aus schneller sind als Bubblesort. Sehr lange Listen können daher grundsätzlich nicht mit diesem oder ähnlichen Verfahren sortiert werden. Gleichwohl kann man so "für den Hausgebrauch" kürzere Listen ganz gut bearbeiten; wahlweise besser ist aber stets die Lösung, schon beim Aufbau einer Liste die Eingaben nach und nach richtig zu plazieren, wie wir bereits gefunden haben.

Zur Übersicht von Seite 105: Der letztgenannte Befehl ^Q^L wirkt <u>nicht</u>, wenn die Zeile mit ^Y gelöscht worden ist! *Zeile sichern* bedeutet, den Ursprungszustand einer Zeile herstellen, solange man in einer Zeile nur mit den Pfeiltasten und der Taste *Backspace* Veränderungen durch Einsetzen und Überschreiben vorgenommen hat.

Der <u>Autotabulator</u> erleichtert das bündige Einrücken links beim Schreiben von Quelltexten. Ist er <u>an</u>, so bleibt ein einmal links gesetzter Rand auch nach <RETURN> erhalten, bis man mit Taste *Backspace* wieder weiter links beginnt.

Einen jeweiligen <u>Bildschirminhalt</u> kann man <u>retten</u>; dies geschieht durch Wegkopieren auf einen Puffer. Bei 25 Zeilen zu je 80 Zeichen enthält der Bildschirm insgesamt 2000 Zeichen; zu jedem Zeichen müssen aber noch die sog. Attribute (Hintergrund- und Vordergrundfarbe) gesichert werden, die je Position ein Byte belegen. Daher wird ein Puffer der Länge 4000 Byte erforderlich. Mit der Prozedur *move* wird der Speicherinhalt ab Bildschirmadresse in den Puffer verschoben und später wieder zurückgeholt. Anzugeben sind jeweils nur die Anfangsadressen von "Quelle" und Ziel" sowie die Anzahl der zu verschiebenden Byte. Die Anfangsadresse der Quelle ist durch Segmentbasisadresse und Offset charakterisiert (siehe dazu Kapitel 14).

```
PROGRAM bildschirm_mit_attribut_retten;
USES crt;
CONST video = $B800;
VAR  puffer : ARRAY [1..4000] OF byte;
            i : integer;
BEGIN
clrscr;
textbackground (black);
FOR i := 1 TO 700 DO BEGIN        (* Demo - Bildschirm *)
                        write (i);
                        textcolor (i MOD 16)
                        END;
move (mem [video:00], puffer, 4000);
delay (1000);
clrscr;
write (#7);
move (puffer, mem [video:00], 4000);
readln
END.
```

mem [Segment : Offset] ist eine vordeklarierte Variable zum direkten Zugriff auf den Arbeitsspeicher, lesend wie schreibend.

Hier noch eine Zusammenfassung aller Prozeduren und jener vier Funktionen,
die mit der Unit *crt* in TURBO 6.0 verfügbar werden. – Hintergrundinfor-
mationen dazu in Kapitel 12.

```
clreol;
clrscr;
delay (millisekunden);
delline; insline;
highvideo; lowvideo; normvideo;
sound (frequenz); nosound;
textbackground (farbnummer);
textcolor (farbnummer);
textmode (modus);
restorecrtmode;
window (xl, yo, xr, yu);
gotoxy (x, y);
x := wherex;
y := wherey;
keypressed : boolean;
zeichen := readkey;
```

Übersicht: Routinen der Unit crt

9 STRUKTUR MIT TYPE UND RECORD

Schon in früheren Kapiteln sind übersichtliche <u>Typenvereinbarungen</u> mit
TYPE benutzt worden. Solche Typenvereinbarungen sind nicht nur praktisch,
sie sind auch, wie wir im nächsten Kapitel sehen werden, in einigen Fällen
unabdingbar. – Der sog. Typendefinitionsteil liegt im Deklarationsteil
eines Programms immer vor der Variablenliste: Ein Ausschnitt wie

```
PROGRAM beispiel;
CONST      min = 1; max = 30;
TYPE    inhalt = integer;
         liste = ARRAY [min .. max] OF inhalt;
VAR       feld : liste;
       element : inhalt;
....
```

läßt erkennen, daß mit Veränderung des Typs *inhalt* eine ganze Reihe von
Konsequenzen im Deklarationsteil automatisch und schlüssig (in sich konsistent) ausgelöst werden.

Der eigentliche Wert liegt aber darin, daß mit TYPE eigene Datentypen definiert werden können, mit einem passenden Bezeichner samt Wertebereich,
den die spätere Variable dann annehmen darf. Man vergleiche dazu im obigen
Beispiel die Variable *feld*. Die nähere Typenangabe nach *TYPE name = ...*
kann also ein einfacher Datentyp sein (Grunddatentypen aus Kapitel 2) oder
aber ein strukturierter (STRING, ARRAY, SET, später noch RECORD, FILE),
und schließlich auch ein sog. Zeigertyp (Kapitel 19). Ein solchermaßen mit
TYPE festgelegter Datentyp gilt aus der Sicht des Compilers als einfach;
die jeweilige Variable kann daher später ohne weiteres z.B. an Prozeduren
übergeben werden (Kapitel 11). Damit wird es möglich, Konstruktionen wie

```
TYPE    name = STRING [20];
        liste = ARRAY [1 .. 20] OF name;
         feld = ARRAY [1 .. 10] OF liste;
VAR personar : feld; ...
```

einzusetzen, womit ein speziell strukturiertes Feld mit 200 Dateneinträgen
zur Verfügung steht. Seine Komponenten (Sätze) sind *personar [1][1]* bis
personar [10][20] und enthalten Strings für eine seltenere Organisationsform: Vielleicht gehören je zehn Personen einer bestimmten Klasse an ...

Möglich ist ferner ein sog. <u>Aufzählungstyp</u>, bei dem die späteren möglichen
Variablenwerte per Namen aufgezählt werden:

```
TYPE  rang = (gefreiter, leutnant, hauptmann, major, general);
VAR soldat : rang;
```

Eine solche Aufzählung impliziert eine Reihenfolge, die maschinenintern
mit der Nummer 0 beginnt und die Anwendung der Vergleichsoperatoren <, <=
usw. zuläßt. Entsprechende Wertzuweisungen *soldat := gefreiter;* sind
möglich, lediglich das direkte Einlesen bzw. Ausgeben mit *readln* bzw.
writeln ist ausgeschlossen. Folgendes kann demnach geschrieben werden:

```
    FOR soldat := leutnant TO major DO ...
```

und würde bei Fortsetzung mit *writeln (ord (soldat));* die Nummern 1 bis 3 ausgeben! Falsch wäre aber *writeln (soldat);* oder ähnliches. Eine solche Typenbeschreibung läßt sodann Unterbereichstypen mit Angaben wie

```
    TYPE offz = leutnant .. major;
         zahl = 10 .. 100;
       letter = 'm' .. 'x';
```

zu, wobei in den beiden letzten Fällen (vgl. dazu Seite 73 ff) direkt auf Ordinaltypen zugegriffen wird, deren Reihenfolge TURBO bekannt ist. Hier ist ein ausführlicheres Programmbeispiel samt Erläuterungen:

```
    PROGRAM palette;
    USES crt;
    TYPE    spektrum = (rot, gelb, orange, gruen, blau);
              zahl = 1..5;
    VAR       farbe : spektrum;
            wahl, i : zahl;
    BEGIN (* ----------------------------------------------------- *)
    clrscr;
    (*$R+*)
    (* REPEAT *)
    write ('Farbnummer 1 ... 5 eingeben ... ');
    readln (wahl);
    (* UNTIL wahl IN [1 .. 5]; *)
    FOR i := 1 TO 5 DO BEGIN
        CASE i OF
         1 : write ('rot');
         2 : write ('gelb');
         3 : write ('orange');
         4 : write ('grün');
         5 : write ('blau')
        END;
        IF i = wahl THEN write (' <<< Ihre Eingabe ');
        writeln
                      END;
    farbe := rot;        (* oder: farbe := spektrum (0); Farbsuche *)
    WHILE wahl - 1 > ord(farbe) DO farbe := succ (farbe);
    writeln;
    writeln ('Interne Zählung mit der Nummer ', ord(farbe));
    (* readln *)
    END. (* ----------------------------------------------------- *)
```

Für die Variable *farbe* sind die unter *TYPE spektrum ...* angegebenen Werte vereinbart, und zwar in der von uns festgelegten Anordnung (Reihenfolge) von links nach rechts. Die Variable *wahl* ist zwar *Integer*, aber nur aus dem Teilbereich 1 ... 5. An sich läßt deren Eingabe mit *readln (wahl);* zunächst jeden ganzzahligen Wert zu; mit dem vorgesetzten Compilerbefehl (*$R+*) wird aber unter Laufzeit eine Fehlermeldung RANGE CHECK ERROR ausgelöst, wenn *wahl* nicht im Bereich 1 ... 5 ist.

<u>Compilerbefehle</u> (auch Direktiven genannt) sind Anweisungen an den Compiler beim Übersetzungslauf, bestimmte <u>Voreinstellungen</u> der TURBO Umgebung zu verändern. Solche Befehle werden in Kommentarklammern gesetzt und nach (· ohne Blank mit dem Dollarzeichen $ eingeleitet. Die Voreinstellung ist in unserem Fall von Haus aus $R− mit der Maßgabe, daß keine Eingabeprüfung auf Bereichskonsistenz ausgeführt wird. Sie können den Einschub (·$R+·) einmal testhalber weglassen und zum Beispiel mit der Eingabe *wahl = 7* die Reaktion des Programms prüfen.

Der Befehl $R+ löst unter Laufzeit bei falscher Eingabe stets einen Programmabsturz aus und wird daher später durch die schon vorgesehene REPEAT-Schleife ersetzt. Nützlich ist er aber während der Programmentwicklung zum Testen, ob an irgendeiner Stelle des Programms eben inkonsistente Eingaben möglich sind, die dann abgesichert werden müssen.

Sie können ferner ausprobieren, daß die Bereichsüberprüfung mit $R+ auch schon beim Compilieren durchgeführt wird: Schreiben Sie z.B. im Beispiel die i-Schleife als *FOR i := 1 TO 6 DO ...*, so kommt eine Fehlermeldung OUT OF RANGE, wodurch klar wird, daß Sie nicht definierte Werte der Kontrollvariablen angesprochen haben. − Das muß im Quelltext ausgebessert werden, dann kann $R+ entfallen ... Diese Bereichsüberprüfung unter $R+ wird auch in allen anderen Fällen beim Compilieren ausgeführt, etwa mit

```
TYPE  feld = ARRAY [20 .. 100] OF STRING;
VAR   liste : ARRAY [10 .. 100] OF feld;
         i : integer;
         ...
FOR i := 10 TO 111 DO ...
readln (liste [5][20]);
```

und dergleichen, eine sehr nützliche Direktive also beim Entwickeln von Programmen. − Mit $R+ übrigens läuft der Code wesentlich langsamer.

Die insgesamt etwas aufwendige Programmkonstruktion mit CASE (die später mit einer Prozedur verbessert werden kann) ist wie gesagt darauf zurückzuführen, daß Ein- und Ausgaben des Typs *spektrum* mit *readln(farbe);* bzw. *writeln(farbe);* (wie bei *boolean*) nicht möglich sind. Wertzuweisungen, Schleifen usw. sind jedoch erlaubt, wie das Programm zeigt. Dabei geht der Laufparameter *farbe* durch das Spektrum (oder jeden kürzeren Ausschnitt) in der "natürlichen Reihenfolge" mit der "Schrittweite Eins" wie dies jeder Ordinaltyp tut: Vgl. dazu das Programm *zeichenfolge* auf S. 44 unten, das einen solchen Laufparameter vom Ordinaltyp aufweist.

Erklärt sind die Standardfunktionen *succ, pred* und *ord*, wobei der erste Bezeichner (hier 'rot') die Platzziffer 0 hat. *ord* konvertiert dabei den Wert der Variablen in einen *Integer*-Typ, d.h. *ord(farbe)* hat für die dritte Farbe aus *spektrum* den Wert 2. Umgekehrt kann man über

```
farbe := spektrum (2);
```

auf die Variable *farbe* den Wert *orange* zuweisen, d.h. der Name des Typs kann wie eine Funktion behandelt werden!

Übrigens: Für den Typ *Real* ist im Gegensatz zum Typ *Integer* eine Bereichs-
eingrenzung durch TYPE <u>nicht</u> möglich, da reelle Zahlen nicht diskret sind!

Bisher sind in Beispielen mit Feldern stets nur ganzzahlige Indizes als
Laufparameter vorgekommen; offenbar läßt sich nach den bisherigen Erkennt-
nissen dieses Kapitels auch ein Feld

```
VAR feld : ARRAY ['A' .. 'Z'] OF real;
        a : char;
```

deklarieren, sodaß eine Schleife wie *FOR a := 'B' TO 'X' DO feld[a] := ...*
durchaus möglich ist: Die Indizes der Feldplätze sind jetzt also Großbuchstaben, die Inhalte der Feldplätze natürlich reelle Zahlen. Ein bestimmter
Feldplatz ist z.B. *feld ['M']*, eine zunächst seltsam berührende Regelung
für Hausnummern, aber warum eigentlich nicht? Im praktischen Leben werden
Häuser auch oft so "beziffert": Block A, Block B usw.

Für Pascal und insb. TURBO gilt vor diesem Hintergrund die umgangssprachliche Feststellung, daß der Compiler syntaktisch "fast alles" akzeptiert
und unter Laufzeit erwartungsgemäß abarbeiten läßt, was nach reiflicher
Überlegung eindeutig interpretierbar und aus seinen Grundkenntnissen ab-
leitbar ist ... Er ist eben so gemacht.

Möglich ist daher mit den neuen Datentypen dieses Kapitels auch ein Programm nach folgendem Muster:

```
PROGRAM vertreter;
USES crt;
TYPE       tag = (mon, die, mit, don, fre, sam, son);
VAR arbeitstag : mon .. fre;
        woche : ARRAY [mon .. son] OF real;
sum, max, geld : real;
BEGIN  (* ------------------------------------------------- *)
clrscr; sum := 0; max := 0;
FOR arbeitstag := mon TO fre DO
    BEGIN
    write ('Tag Nr. ', ord(arbeitstag) + 1, ' : DM ');
    readln (geld);
    woche [arbeitstag] := geld;
    sum := sum + geld;
    IF geld >= max THEN max := geld;
    END;
writeln ('Gesamte Einnahmen in DM: ', sum   : 7 : 2);
writeln ('Tagesdurchschnitt        ', sum/5 : 7 : 2);
writeln ('Beste Tageseinnahme      ', max   : 7 : 2);
write    ('und zwar am ... ');
FOR arbeitstag := mon TO fre DO
    IF woche [arbeitstag] = max
        THEN write('Nr. ', ord(arbeitstag) + 1, '  ')
END.  (* ------------------------------------------------- *)
```

Die beiden Variablen *arbeitstag* und *woche* beziehen ihren Wertevorrat bzw.
die Indizierung aus einer Typenvereinbarung, wobei während der Entwicklung

des Programms die Direktive $R+ geschaltet werden könnte. – Die Wochentage
sind alle mit drei Buchstaben abgekürzt, das ist aber eher zufällig: Für
Donnerstag jedoch haben wir jedenfalls <u>nicht DO</u> gewählt, zur Sicherheit!
(Es verwirrt den Computer allerdings nicht ...)

Man beachte, daß das Feld *woche* Speicherplätze beschreibt, die mit Tagen in-
diziert als Inhalte reelle Zahlen aufweisen! Es liegt auf der Hand, daß
solche Programmiermöglichkeiten für die kommerzielle Datenverarbeitung von
größtem Nutzen sind und der Klarheit des Quelltextes sehr entgegenkommen.

Beachten Sie im Programm auch, wie das <u>Maximum</u> in einer Menge von Zahlen
gefunden wird: Man setzt *max* anfangs auf den kleinsten denkbaren Wert und
geht dann mit einer Schleife über die Zahlen hinweg, wobei durch Vergleich
das bisherige Maximum fallweise immer höher gesetzt wird. – Eine Minimum-
bestimmung erfolgt analog über eine anfangs größtmögliche Wertzuweisung.

Durch Rückgriff auf bereits bekannte, auch strukturierte Datentypen (vgl.
das Beispiel auf Seite 111) können also in weitem Umfang eigene Datentypen
definiert werden.

Neben Mengen (SET), Feldern (ARRAY) und dem nur in TURBO existierenden Typ
STRING (eng verwandt mit ARRAY) gibt es noch weitere vorab implementierte
strukturierte Datentypen, so den in Kapitel 10 einzuführenden Typ FILE und
schließlich den Typ <u>RECORD</u>, deutsch <u>Datenverbund</u> oder kurz "Verbund":

Mit diesem Datentyp können Daten verschiedensten Typs – die <u>Komponenten</u> des
Records – zu einem komplexen Datenpaket verbunden werden, das übersichtlich
und einheitlich bearbeitet werden kann. RECORDs werden im Deklarationsteil
von Programmen definiert. Hier als Beispiel eine Art Visitenkarte:

```
TYPE karte = RECORD
             titel : STRING [ 5];
              name : STRING [30];
             wohnt : STRING [20];
             postz : integer;
             ort   : STRING [15]
             END;
VAR          person : karte;
...
```

Man beachte die Klammerung in *RECORD ... END* ohne *BEGIN*. Eine Variable
person vom Typ *karte* wird im späteren Programm auf den einzelnen Komponenten des RECORDs mit z.B.

```
readln (person.titel);
readln (person.name);
readln (person.wohnt); usf.
```

oder entsprechenden Wertzuweisungen wie *person.titel := 'PROF'*; belegt.
Der Name des Records und dessen Komponenten sind also durch einen Punkt
(mit Syntaxbedeutung) zu trennen. Mit dem folgenden Programm können zehn
etwas erweiterte Visitenkarten eingegeben werden:

```
PROGRAM viskart;

TYPE kurzwort = STRING [ 5];
     langwort = STRING [15];
        karte = RECORD
                   titel : kurzwort;
                   vname : langwort;
                   fname : langwort;
                   wohnt : STRING[20]
                   postz : integer;
                   ort   : langwort
                   END;
VAR          i : integer;
        personar : ARRAY [1..10] OF karte;

BEGIN
FOR i := 1 TO 10 DO BEGIN
     write ('Titel ..... '); readln (personar[i].titel);
     write ('Vorname ... '); readln (personar[i].vname);
     write ('Fam.name .. '); readln (personar[i].fname);
     write ('Straße/Nr.  '); readln (personar[i].wohnt);
     write ('Postcode .. '); readln (personar[i].postz);
     write ('Wohnort ... '); readln (personar[i].ort)
                   END
END.
```

Die ständige Wiederholung des Recordbezeichners kann mit der <u>WITH-Anweisung</u>
vermieden werden: Im Hauptprogramm ergibt das kürzer

```
FOR i := 1 TO 10 DO
     WITH personar [i] DO BEGIN
          write ('Titel ..... '); readln (titel);
          ...
          write ('Wohnort ... '); readln (ort)
                   END
```

für die Eingabe (und analoges für die Ausgabe). Die WITH-Anweisung darf, wie
wir gleich sehen werden, bei Bedarf auch geschachtelt werden.

Soll das Feld *personar* sortiert werden, so muß jetzt die gewünschte Sortierkomponente angegeben werden; in einem Sortieralgorithmus wie Bubblesort
genügt also <u>nicht</u> die Abfrage

```
     IF personar [i+1] < personar [i] THEN ...
```

zum Umstellen der beiden Speicherplätze: Woher sollte der Compiler wissen,
wonach sortiert werden soll? – Es muß vollständig

```
     IF personar [i+1].fname < personar [i].fname THEN ...
```

heißen. Diese Regelung zeigt, daß das Feld nach jeder beliebigen Komponente
von *karte* (bzw. *personar*) sortiert werden kann, so etwa z.B.

```
IF personar [i+1].vname < personar [i].vname THEN ...
IF personar [i+1].postz < personar [i].postz THEN ...
```

für Sortierläufe nach Vornamen bzw. Postleitzahlen. Es ist damit in Datei-
verwaltungen einfach, über einen CASE-Schalter von einem Menü aus Sortierläufe nach jeder Komponente eines solchen RECORDs anzufordern. Entsprechend
den Anforderungen in der Praxis schachteln wir nun weit tiefer:

```
PROGRAM meldeamt;
USES crt;
TYPE      tag = 1..31;
        monat = 1..12;
         jahr = 1900..1992;

        datum = RECORD
                day   : tag;
                month : monat;
                year  : jahr
                END;

        person = RECORD
                vname : STRING [15];
                fname : STRING [20];
                gebor : datum
                END;

          ort = RECORD
                strasse : STRING [25];
                postz   : integer;
                stadt   : STRING [20]
                END;

     einwohner = RECORD
                wer : person;
                wo  : ort
                END;

VAR meldekartei : ARRAY [1..100] OF einwohner;
              i : integer;
```

<table>
<tr><td colspan="7" align="center">meldekartei [i]</td><td rowspan="3" align="center">usw.</td></tr>
<tr><td colspan="4" align="center">wer</td><td colspan="3" align="center">wo</td></tr>
<tr><td colspan="2"></td><td colspan="2" align="center">gebor</td><td colspan="3"></td></tr>
<tr><td>vname</td><td>fname</td><td>day</td><td>month</td><td>year</td><td>strasse</td><td>postz</td><td>ort</td><td>....</td></tr>
</table>

Abb.: Struktur der Meldekartei vom Typ Einwohner

Nach dem Schema kann z.B. auf das Geburtsjahr einer Person nur mit

    meldekartei [i].wer.gebor.year

direkt zugegriffen werden, d.h. abgekürzt mit einer passend geschachtelten
WITH-Anweisung: Für jede überschrittene Linie im Diagramm muß ein Punkt
gesetzt werden. Beachten Sie, daß kein Typenbezeicher der Variablenliste
(*wie datum, person, ort, einwohner* – alle links in der Deklaration) in
diesem Zugriff vorkommt, sondern nur die <u>unter</u> den RECORDs stehenden Bezeichner. Sind diese selbst Typenbezeichner (also *wer, wo, gebor, ...*), so
muß erneut "tiefer" gegriffen werden. Hier der Hauptteil des Programms:

```
        BEGIN  (* ------------------------------------------ *)
        FOR i := 1 TO 100 DO BEGIN
            clrscr; writeln;
            writeln (i, '. Eingabe ... '); writeln;

            WITH meldekartei [i] DO BEGIN

                WITH wer DO BEGIN
(* write ... *)     readln (vname);
                    readln (fname);

                    WITH gebor DO BEGIN
                            readln (day);
                            readln (month);
                            readln (year)
                                END
                    END;                   (* OF wer *)

                WITH wo  DO BEGIN
                    readln (strasse);
                    readln (postz);
                    readln (stadt)
                    END                    (* OF wo *)

                        END     (* OF meldekartei *)

                        END              (* i - Schleife *)
        END. (* ------------------------------------------ *)
```

Damit die den Deklarationen völlig entsprechende Struktur besser erkennbar
wird, haben wir einige Leerzeilen eingeschossen, die nach erfolgreichen
Testläufen entfernt werden können. Wir haben deswegen auch auf die im Menü
zu ergänzenden Klartexte *write (...);* verzichtet, die für eine sinnvolle
Benutzung nachzutragen wären. Durch das Schachteln von WITH-Anweisungen
bleiben uns aufwendigen Formulierungen wie die ganz oben stehende erspart
(sie wären aber <u>außerhalb</u> der Schleifen richtig).

Werden in diesem Programm jetzt noch Prüfungen für die Bereiche von Tag,
Monat und Jahr eingebaut, so ist die Sache perfekt. Mit dem weiter vorne
vorgeführten Compilerbefehl $R+ können bereichsfremde Wertzuweisungen im

Programm aber nur mit Programmabsturz geprüft werden, d.h. diese Direktive
ist nur für die Testphase eines Programms geeignet: Unter Laufzeit müssen
korrekte (wenigstens sinnvolle) Eingaben nach früherem Muster (Seite 87,
Mitte) abgesichert werden. – Wir zeigen das am Beispiel des Jahres in
unserem Programm: Anstelle von *readln (year);* ist folgender Block einzusetzen (und der Deklarationsteil zu erweitern):

```
VAR            eingabe : STRING [4];
        code, zeile, zahl : integer;


    zeile := 8;                          (* Zeile je nach Menüposition *)
    REPEAT
        write ('Eingabe Jahr ... ');
        gotoxy (20, zeile); clreol; readln (eingabe);
        val (eingabe, zahl, code)
    UNTIL (zahl > 1899) AND (zahl < 1992) AND (code = 0);
    year := zahl;
```

Da dies innerhalb einer WITH–Anweisung geschieht, wäre ganz zuletzt

```
    meldekartei [i].wer.gebor.year := zahl;
```

überflüssig (und falsch). – Es erscheint reichlich umständlich, bei jeder
der vier Zahleneingaben eine solche Schleife einzubauen. (Die Postleitzahl
übrigens wäre u.U. als String sinnvoll.) – Wir werden im Kapitel 11 aber
sehen, daß sich all das mit Prozeduren zusammenfassen läßt.

Es sei noch nachgetragen, daß – falls erforderlich – die Schachtelung mit
WITH auch tiefer angesetzt werden kann, also z.B. folgender Ausschnitt

```
    WITH meldekartei[i].wer.gebor DO readln (year);
```

syntaktisch richtig ist. Weiter können in WITH–Schleifen durchaus auch für
andere Variable Werte bearbeitet werden:

Nehmen wir an, im Programm sind eine Visitenkarte und noch anderes nach
folgendem Muster deklariert:

```
    TYPE        karte = RECORD
                        jemand : person;    (* Seite 115 *)
                        town   : ort
                        END;
    VAR         visit : karte;
            irgendwas : ...;
```

wobei die Visitenkarte jetzt auch den Untertyp *gebor* enthält, der aber im
Programm wohl nirgends vorkommt, weil auf Visitenkarten Geburtstage kaum
verzeichnet sind. Die Visitenkarte hat jedoch die interne Struktur der Abbildung von Seite 115 unten.

Dann ist der nachfolgend wiedergegebene Programmausschnitt völlig korrekt:
Das Programm weiß sehr wohl, daß bei den Wertzuweisungen in der Schleife

auf *meldekartei.wer.vname* usw. zu kopieren ist, obwohl die Bezeichner
vname, fname usw. sowohl links als auch rechts vorkommen:

```
    WITH meldekartei [i] WITH wer DO
            BEGIN
            readln (irgendwas);
            WITH visit.jemand DO BEGIN
                                   readln (vname);
                                   readln (fname);
                                   ...
                                 END;
            ... := irgendwas;
            vname := visit.jemand.vname;
            fname := visit.jemand.fname;
            ...
            END;
```

Schließlich zum Abschluß ein ziemlich komplizierter Fall, der als sog.
<u>varianter Record</u> bezeichnet wird; zur Verdeutlichung hat im folgenden
Beispielprogramm der benutzte Verbund keinen konstanten Teil:

```
    PROGRAM volumenberechnung;
    TYPE  corpus = (kugel, kubus, zylinder);
            body = RECORD
                    (* .......... gegebenfalls auch konstante Komponenten *)
                    CASE   was : corpus OF
                        kugel : (radius : real);
                        kubus : (kante : real);
                      zylinder : (durchmesser, hoehe : real)
                    END;

    VAR   x : body;
        wahl : char;
          v : real;

    BEGIN (* ------------------------------------------------------------ *)
    writeln ('Volumenbestimmung Kugel (1), Kubus (2) oder Zylinder (3)');
    write   ('Wahl 1, 2 oder 3 ');
    readln (wahl);
    CASE wahl OF
        '1' : BEGIN
            x.was := kugel; write ('Radius? '); readln (x.radius)
            END;
        '2' : BEGIN
            x.was := kubus; write ('Kante? '); readln (x.kante)
            END;
        '3' : BEGIN
            x.was := zylinder; write ('Durchmesser und Höhe ');
            readln (x.durchmesser, x.hoehe)
            END
    END;                                                    (* OF CASE *)
```

```
     write ('Volumen = ');
     WITH x DO CASE was OF               (* oder kurz   v := volumen (x); *)
             kugel :    v := 4/3 * pi * radius * radius * radius;
             kubus :    v := kante * kante * kante;
             zylinder : v := durchmesser * durchmesser / 4 * pi * hoehe
          END;
     writeln (v : 5 : 2)
     END. (* ------------------------------------------------------------- *)
```

Das Programm berechnet nach Wahl das Volumen dreier verschiedener Körper,
wobei die notwendigen Parameter fallbezogen erfragt werden.

Der sog. <u>Selektor</u> *was* im RECORD *body* wird je nach Eingabe auf einen der
drei Fälle verweisen, die in der Typenvereinbarung *corpus* als Konstante
festgelegt sind. Die jeweiligen Parameter der geometrischen Objekte sind
im RECORD selber durch eine Variablenliste festgelegt, hier alle mit dem
Typ *real*. Diese Typen könnten natürlich selber RECORDs sein ...

Man beachte, wie zunächst im Programm die Variable vom Typ *body* zugewiesen
wird, damit hernach der Selektor im RECORD einstellbar wird.

Den letzten CASE-Schalter im Programm können wir später (Kapitel 11) mit
einer Funktion wie folgt in den Deklarationsteil (nach den Variablen) des
Programms verlagern:

```
     FUNCTION volumen (p : body) : real;
     BEGIN
     WITH p DO CASE was OF
             kugel : volumen := 4/3 * pi * radius * radius * radius;
             kubus : ...  ;
             END
     END;
```

Zum Abschluß noch einige diffizile Muster gültiger Deklarationen:

```
     TYPE   majuskel = 'A' .. 'Z';
            buchstabe = ARRAY [majuskel] OF integer;
     VAR    letter : buchstabe;
            (liefert ... letter ['A'] usw. zum Textauszählen)

     TYPE   partei = (cdu, csu, spd, ... );
     VAR     sitze : ARRAY [partei] OF integer;
            (liefert ... sitze [cdu] usw. mit Ganzzahlinhalten)

     TYPE   vektor = ARRAY [1 ..3] OF real;
     CONST     a : vektor = (0.3, -1.1, 2.5);
```

In diesem Beispiel tritt der Fall auf, daß eine Konstante erst nach einer
Typenvereinbarung festgelegt werden kann ... Wir sagten schon früher, daß
in TURBO die Reihenfolge der Deklarationen nicht streng eingehalten werden
muß.

```
TYPE       bunt = (gelb, gold, schwarz, rot, blau, weiss);
         flagge = ARRAY [1..3] OF bunt;
CONST      csfsr : flagge = (rot, weiss, blau);

TYPE       point = ARRAY [1..2] OF integer;
         strecke = ARRAY [1..2] OF point;
CONST    linie : strecke = ((1,2), (5,6));
VAR verbindung : strecke;
         (mit verbindung[1][i] : x- und y-Koord. des ersten Punkts)

TYPE     person = RECORD
                    name  : STRING [20];
                    stand : (ld, vh, vw, gesch)
                    END;
VAR       leute : ARRAY [1..100] OF person;
           (... leute [i].name und leute [i].stand mit Festwerten)

TYPE      town = RECORD
                   plz      : 0 .. 9999;
                   vorwahl : integer;
CONST augsburg : town = (plz : 8900, vorwahl : 0821);
VAR       stadt : town;
          ( ... mit stadt.plz und stadt.vorwahl)
```

Man sieht, daß die Datenvielfalt im Alltag durch passende Deklarationen in
Pascal sicher und vor allem übersichtlich beherrscht werden kann ...

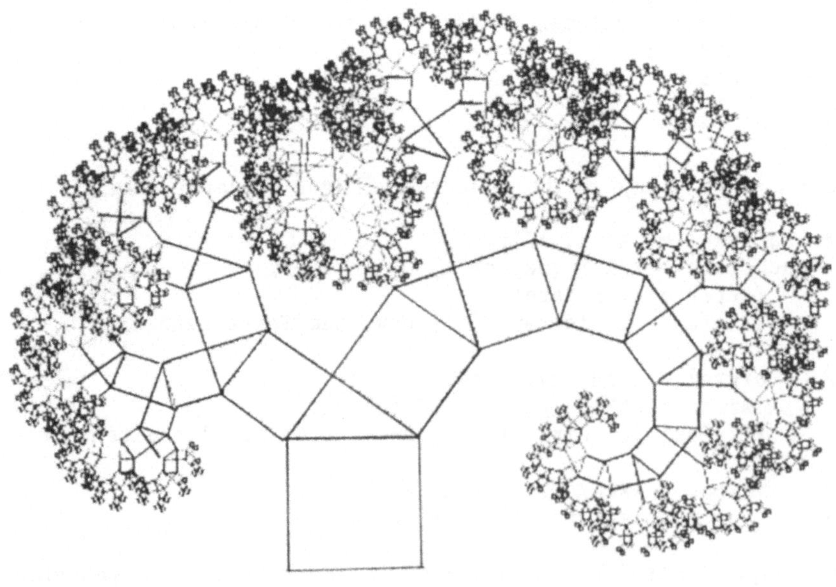

Abb.: Baum des Pythagoras (Programm S. 243)

Bisher verkehrten Programme mit ihrer Umgebung, d.h. mit uns an der Konsole oder mit dem Drucker, mit den Anweisungen *readln* bzw. *writeln*, u.U. mit der Kanalangabe *writeln (lst, ...)* im Falle einer Ausgabe auf dem Drucker. Wir laden aber auch Quelltexte oder Maschinenprogramme von einer Diskette oder speichern sie dorthin ab, erzeugen also <u>Textdateien</u> oder <u>Programmdateien</u>, in diesem Fall begrifflich eigentlich genauer als File (engl. "Bestandsliste") zu bezeichnen:

<u>Dateien</u> sind Datenstrukturen mit völlig gleichartigen Komponenten: Die Meldekartei ("Datei" ist als Kunstwort aus "Kartei" abgeleitet!) aus dem vorigen Kapitel, auf Diskette abgelegt, besteht aus einzelnen "Sätzen", von denen jeder die in der Abb. Seite 115 angegebene Struktur hat:

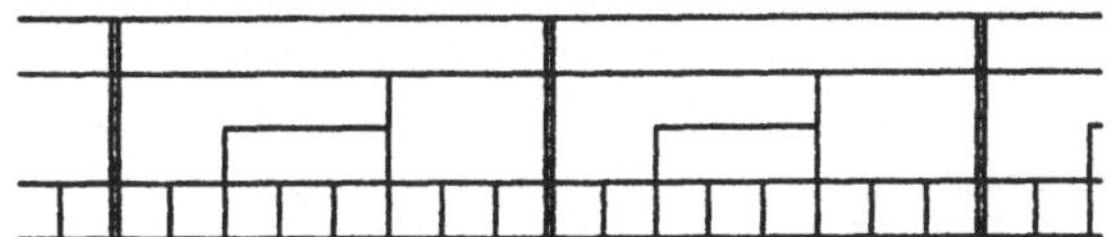

usw. bis End Of File

Abb.: zwei Sätze einer sequentiellen Datei

Die Anzahl der Sätze einer solchen Datei ist unter Laufzeit des Programms veränderlich: Dateien werden erzeugt, gelöscht, verlängert, verkürzt usw. In der Regel werden Dateien von vorne nach hinten durchlaufen, <u>sequentiell</u> entsprechend der Ablage, wobei ein <u>Dateizeiger</u> mittels eines sog. Index auf den jeweils in Arbeit befindlichen Datensatz zeigt. Der erste Satz hat dabei, wie wir noch sehen werden, die Nummer Null. – Zeitlich aufwendiger, gleichwohl aber möglich ist es, den Zeiger auf irgendeinen (existierenden) Satz zu richten und von dort aus mit der Arbeit zu beginnen: Man spricht dann von 'Random access', <u>wahlfreiem Zugriff</u>.

Neben Dateien, deren Sätze eine feste Struktur haben, gibt es noch sog. Textfiles, lediglich eine Folge von Zeichen, die bestenfalls mit <RETURN>s (dies ist selbst ein Zeichen) "gegliedert" sind, und schließlich ganz allgemein (typenlose) "Dateien", genauer Files: Dieser Dateityp wird z.B. eingesetzt, wenn es um das Kopieren von Files (unabhängig von deren u.U. vorhandener Struktur) geht.

TURBO behandelt Tastatur, Bildschirm, Drucker usw., die gesamte Peripherie also, als Files, von denen Zeichenfolgen abgeholt bzw. zu denen solche gesendet werden können. Die entsprechenden Datenleitungen (Kanäle) müssen im Programm deklariert, d.h. geöffnet und wieder geschlossen werden. Daher beginnt in Standard-Pascal jeder Programmkopf mit

```
PROGRAM beispiel (input, output);
...
```

Diese <u>Standardkanäle</u> (Eingabe von der Konsole, Ausgabe auf den Monitor) müssen in TURBO nicht erwähnt werden, da sie dem Minimalkomfort bei PCs entsprechen. Wir wissen, daß der Drucker z.B. *lst* heißt, das ist sein Filename unter TURBO. Unter DOS hingegen heißt der Drucker *prn*. Mit *writeln (lst, ...);* wird die Ausgabe "auf Wunsch umgelenkt". Dies geschieht zur Geschwindigkeitsanpassung über einen sog. <u>Druckerpuffer</u>, einen Zwischenspeicher im Drucker, aus dem die von der CPU abgeschickte Zeichenfolge nach und nach zum Druckerkopf geschickt wird.

Es gibt weiter einen <u>Tastaturpuffer</u>, dessen jeweiliger Inhalt von der CPU mit <RETURN> abgerufen wird, "geleert" wird.

Unser Programm meldekartei erzeugt Datensätze, die als Datei auf Diskette jeweils <u>satzweise abgespeichert</u> werden können. (Natürlich kann man auch Textfiles abspeichern, wie sie z.B. der TURBO Editor erzeugt; offenbar können Programme auch mit unstrukturierten Files umgehen.) – Auch dieser Datentransfer wird über einen Puffer organisiert, der vom Betriebssystem nach Aufforderung eingerichtet wird. Um das Wesentliche zu erkennen, generieren wir zunächst eine Datei, deren Sätze nur aus jeweils einer ganzen Zahl bestehen, also nicht weiter untergliedert sind:

```
PROGRAM schreibeintdatei;
VAR eingabe, nummer : integer;
            genfil : FILE OF integer;
BEGIN
   assign  (genfil, 'merken.dta');
   rewrite (genfil);
   FOR nummer := 1 TO 5 DO BEGIN
                write  ('Ganzzahl Nr. ', nummer : 2, ' ');
                readln (eingabe);
                write  (genfil, eingabe)
                        END;
   close (genfil)
END.
```

Im Arbeitsspeicher wird dazu ein File mit dem Bezeichner *genfil* angefordert, d.h. ein <u>Dateipuffer</u> eingerichtet, der als *FILE OF Integer* zu deklarieren ist, entsprechend der gewünschten Dateistruktur. Wir haben den Namen mit der Endung –fil zu unserer persönlichen Kennzeichnung versehen, etwa wie –ar bei Feldern. Die Prozedur *assign (...);* ordnet MERKEN.DTA diesem File als jenen Namen zu, den wir unter DOS in der Directory der Diskette später in der Form MERKEN   DTA sehen werden, den logischen Filenamen.

Bis zu 8 Zeichen sind zulässig, den Trennpunkt und das Suffix nicht mitgerechnet. Ohne Suffix würden wir später nur MERKEN lesen. Das ginge auch, aber es ist nützlich, *.DTA anzuhängen. TURBO tut dies für gewisse Files auch: *.PAS bzw. *.BAK. Man sollte besser keine Extensions verwenden, die das System u.U. einmal irrtümlich interpretieren kann.

In *assign* kann statt expliziter Nennung des logischen Namens natürlich auch ein String mit diesem Namen als Inhalt eingesetzt werden:

```
write ('Wie soll die Datei heißen?'); readln (name);
write ('Welches Laufwerk? '); readln (laufwerk);
name := laufwerk [1] + ':'+ copy (name, 1, 8)  + '.dta';
assign (genfile, name);
```

wobei *name* und *laufwerk* passend zu deklarieren sind: *name* mit 12 Zeichen,
laufwerk mit 2 oder mehr, da zusätzliche Pfadangaben \...\ möglich sind.

Mit *rewrite (...);* wird danach ein u.U. auf Diskette vorhandenes File des
Namens MERKEN.DTA angesprochen und inhaltlich gelöscht; ist ein solches
nicht vorhanden, so wird es "eröffnet" und der Datenzeiger auf Position 0
(Anfang der Datei) gesetzt. Nun ist das System bereit, neue Datensätze abzulegen. In der Schleife geben wir fünf solcher Sätze ein (hier Zahlen, da
nur eine einzige Komponente), die mit

    write (File-Bezeichner, Satzinhalt); (nicht *writeln!*)

jeweils zunächst in den Dateipuffer (d.h. eben das File im Arbeitsspeicher)
"geschoben" und dann von dort auf Diskette übertragen werden. Sind es mehr
als fünf (etwa um 30) Zahlen, so kann man beobachten, daß das Diskettenlaufwerk DOS-gesteuert plötzlich einmal anläuft. Im Beispiel geschieht dies
erst mit dem Verlassen der Schleife, da der Dateipuffer nicht voll war: In
diesem Fall wird die Datensicherung von der Prozedur *close (...);* übernommen. Fehlt diese Anweisung, so übernimmt letztlich das *END.* des Programms diese Aufgabe, da nur eine einzige Datei bearbeitet wurde.

Ohne *close (...);* ist das Programm allerdings fehlerhaft, ohne daß der Compiler dies bemerkt. Werden in einem Programm mehrere Dateien gleichzeitig
bearbeitet, so müssen sie unbedingt zum richtigen Zeitpunkt geschlossen
werden, wenn man nicht unvollständiges Abspeichern riskieren will.

Zum Einlesen der Datei MERKEN.DTA verwenden wir

```
PROGRAM liesintdatei;
VAR anzeige, nummer : integer;
            liesfil : FILE OF integer;
            kennung : STRING[12];   (* d.h. 12345678.TYP *)
                                    (* Mit Laufwerk L: ... STRING[14] *)
BEGIN
    write ('Welche Datei einlesen ... '); readln (kennung);
    assign (liesfil, kennung);      (* oder Direkteintrag *)
    reset  (liesfil);
    nummer := 0;
    WHILE NOT EOF (liesfil) DO BEGIN
                              read (liesfil, anzeige);
                              nummer := nummer + 1;
                              writeln (anzeige)
                              END;
    writeln (nummer, ' Ganzzahlen.');
    close (liesfil)
END.
```

Auch hier ist wieder ein File vom Typ *Integer* unter einem bestimmten Namen
zu spezifizieren. Mit *assign (...);* erfolgt die Zuordnung zum Namen der
Datei in der Directory, hier mit der Möglichkeit, auch jedes andere File
dieses Typs einlesen zu können, wenn dessen Name bekannt ist.

Die Prozedur *reset (...);* öffnet den Puffer im Arbeitsspeicher zum Einlesen
der Datei, ohne jene zu zerstören. Außerdem wird der Zeiger an den Anfang
der Datei gesetzt. *rewrite (...);* an dieser Stelle wäre ein grober Fehler
mit der Folge, daß die vorher generierte Datei verloren wäre! Nun wird die
WHILE-Schleife solange durchlaufen, bis *EOF* (End Of File) erreicht ist.
Wir müssen also die Länge der Datei (hier 5) nicht kennen, sondern lassen
zur Information den Zähler *nummer* mitzählen. Auch eine Schleife

```
FOR i := 1 TO n DO BEGIN
                read (liesfil, anzeige);
                writeln (anzeige
                END;
```

wäre möglich, aber n eben höchstens bis Fünf. Wir könnten zwar vorher mit
dem Lesen aufhören, dürfen aber zur Vermeidung eines Programmabsturzes
keiensfalls über das Dateiende hinauslesen! Wichtig ist weiter, daß immer
mit *read (..., ...);* einzulesen ist, <u>nicht</u> mit *readln;*!

Die Standardfunktion EOF hat im "Inneren" der Datei den Wert *false* ; der
Zeiger rückt bei jedem Lesevorgang um einen Satz weiter; erreicht er das
Ende, so wird EOF *true*. Der erste Satz hat die Position 0, d.h. bei einer
Datei mit n Sätzen steht der Zeiger zuletzt auf n − 1. Das ist beim Suchen
in einer Datei mit der Prozedur *seek* von Bedeutung, die wir später noch
besprechen.

Ein Hinweis bei mehreren Laufwerken: Ohne Laufwerksbezeichnung beim Filenamen ist stets das sog. aktive Laufwerk gemeint. Sind also unsere beiden
Programme dieses Kapitels als Workfile im Laufwerk B: erstellt und von
dort gestartet worden, so wird das File MERKEN.DTA dorthin auskopiert und
auch von dort her wieder eingelesen. Haben wir aber die Diskette mit dem
File MERKEN.DTA im Laufwerk A:, während wir das Programm zum Lesen in D.
bearbeiten und starten, so muß für kennung *a:merken.dta* eingegeben bzw.
eingetragen werden.

Sollten Sie sich vertippen oder absichtlich einen nicht vorhandenen Namen
angeben, so kommt eine Fehlermeldung mit Programmabbruch. Es wäre daher
nützlich, eine weitere Chance zur Eingabe zu haben. Wir konstruieren dazu
den folgenden Programmanfang:

```
BEGIN
REPEAT
   readln (kennung);
   assign (liesfil, kennung);
   (*$I-*)
   reset (liesfil);            (* Drive wird hier testweise gestartet! *)
   (*$I+*)
UNTIL ioresult = 0;
.. usw.
```

Die Standardfunktion *IORESULT* für <u>Ein- und Ausgabefehlerbehandlung</u> nimmt
erst den Wert Null an, wenn die vermeintliche Datei tatsächlich existiert.
Um sie wirksam einzusetzen, wird mit der Compilerdirektive $I− die auto-
matische Fehleruntersuchung (die ja u.U. mit unerwünschtem Programmabbruch

endet) abgeschaltet und nach dem Zugriff (*reset*) auf Diskette wieder auf
die Voreinstellung $I+ (Default) zurückgesetzt: Die notwendige Fehler-
behandlung führen wir also selber durch ...

Mit Hilfe von ioresult lassen sich beide Programme vereinigen:

```
BEGIN
readln (kennung);
assign (genfile, kennung);
(*$I-*)
reset (genfil);
(*SI+*)
IF ioresult = 0 THEN BEGIN
                        (* Datei einlesen *)
                        END
                ELSE BEGIN
                        rewrite (genfil);
                        (* Datei aufbauen *)
                        END;
close (genfil)
END.
```

Wir haben die beiden Blöcke nur angedeutet; sie können von weiter vorne
übernommen werden, wobei man auf den Puffer *liesfil* verzichten und die
beiden Variablen *eingabe/anzeige* zusammenfassen kann. Beachten Sie, daß
die Zuordnung *assign* nur einmal vorkommt.

Interessant wäre, vom Programm die Namen der auf Diskette existierenden
Files vom Typ *.DTA zu erhalten; dieses Problem werden wir in Kapitel 14
lösen.

Wir haben unsere Datei als FILE OF Integer aufgebaut. Um sie also einlesen
zu können, müssen wir den Typ kennen. – Gleichwohl ist es möglich, auch
Dateien fremden Typs (nicht ganz zufällig) einlesen zu können, sofern der
Typ nicht zu diffizil strukturiert ist. Um hier dem Betriebssystem bzw.
TURBO ein wenig hinter die Kulissen zu sehen, stellen wir uns vor, wir
hätten eine Datei ganzer Zahlen wie folgt aufgebaut:

```
PROGRAM zahlenspeichern;
TYPE   vektor = ARRAY [1..3] OF integer;
VAR     n, k : integer;
        liste : vektor;
        datei : FILE OF vektor;

BEGIN
assign (datei, 'ZAHLEN'); rewrite (datei);
k := 0;
REPEAT
   FOR n := 1 TO 3 DO readln (liste [n]);
   write (datei, liste); k := k + 1
UNTIL k = 10;
close (datei)
END.
```

Die von uns eingegebenen 30 Zahlen werden nun en bloc abgespeichert: Die Datei enthält 10 Sätze zu je drei Zahlen! - Liefe die n-Schleife nur bis z.B. n = 2, so würden gleichwohl die zufälligen Inhalte liste [3] jedesmal mit abgelegt, d.h. auf der Diskette entsteht stets ein File der gleichen Länge. Um die Struktur zu erhalten, müßten wir die Datei ZAHLEN mit einem Programm einlesen, das ebenfalls eine Variable vom Typ vektor verwendet. Aber: Da es sich um ganze Zahlen handelt, wäre auch das Programm liesintdatei von weiter vorne geeignet ... Allerdings ginge damit die vermutlich wissenswerte Struktur verloren, denn offenbar soll die Zusammenfassung zu Dreiergruppen für vektorielle Zwecke genutzt werden.

Nicht mehr ohne weiteres einlesbar ist daher eine Datei, die z.B. mit

```
VAR   datei : FILE OF einwohner;     (siehe Seite 92)
    buerger : einwohner;
...
assign (datei, 'MELDEAMT'); ...
```

erzeugt worden ist (und sehr komplexe Datensätze ablegt), wenn uns das Wissen über die Struktur (also der Typ des Satzes) abhanden gekommen ist.

Hier wird bei der Generierung ein Bürger komplett beschrieben (S. 115), und dann per *write (datei, buerger);* in einem "abgeschickt". Es ist nicht möglich, nur seinen Namen allein abzuspeichern, jedesmal muß der gesamte Datensatz besetzt bzw. komponentenweise verändert und dann in einem wieder abgelegt werden. An jenen Stellen, wo wir dabei keine Eingabe machen (nur <RETURN> vielleicht beim Geburtstag), bleibt Speicherplatz auf der Peripherie unbenutzt, vorläufig leer. Die Datei besteht eben aus Sätzen, wie sie die Abbildung auf Seite 115 zeigt.

Im Falle der Bürgerdatei ginge man bei Verlust der Struktur so vor: Man baut sich zum Einlesen ein *FILE OF char* (denn Zeichen sind auf jeden Fall in der Ablage), liest damit zeichenweise ein und versucht, aus einer fortlaufenden Anzeige ähnlich dieser die Struktur zu ergründen:

```
....Xaver.........Maier...............╫╟┐┬╥┤Schulweg 12.........
    ..┐┬Hausen..........Seppi..........Huber.........
```

Abb.: Leseversuch in einer unbekannten Datei, z.B. per TYPE oder mit dem folgenden Programm

Eingegebene Strings erkennt man als Klartext, die Punkte stehen für Blanks oder Reste überschriebener Daten; Integer-Typen (jedoch nicht 12 im String *buerger.wo.strasse*) sind nicht explizit erkennbar, sondern recht seltsame Zeichen, da byteweise interpretiert wird.

Von X(aver) bis S(eppi) läuft demnach ein Datensatz (und hat 101 Byte), wie man nachzählen kann. Vor Schulweg sind 6 Byte für drei Ganzzahlen zu vermuten, vor Hausen 2 Byte, also eine Ganzzahl, die Postleitzahl (?) und so weiter ... Der Rest zur Längenbestimmung der Strings ist Auszähl-, also Fleißarbeit: Dann hat man den RECORD zum ersten Leseversuch. Dies wäre das Hilfsprogramm:

```
PROGRAM file_ansehen;    (* oder auch DOS-Befehl TYPE MELDEAMT *)
VAR        c : char;
        datei : FILE OF char;
BEGIN
assign (datei, 'MELDEAMT');
reset  (datei);
REPEAT
   read (datei, c);
   write (c)
UNTIL EOF (datei);
close (datei)
END.
```

Um nun weitere Operationen auf Dateien einführen zu können, greifen wir
auf unser Programm textsort von Seite 81 zurück; laden Sie es in den
Editor und ändern Sie außer dem Namen noch *CONST laenge = 200;* ab. Hier
ist das Programm mit Wiedergabe einiger markanter Zeilen:

```
PROGRAM sort;
USES crt;
CONST laenge = 200;
                            (* >>>>> Variablenliste erweitern *)
...
...
writeln ('Sortieren ... '); writeln;
...
FOR i := 1 TO ende DO writeln (lexikon [i]);        (* ; anfügen *)
                            (* >>>>> Einschub zum Ablegen *)
END.
```

Wir wollen den sortierten Text auf Disk ablegen und ergänzen wie folgt:

Im Deklarationsteil schreiben wir zusätzlich

```
wortfil : FILE OF wort;
```

Zu Ende des Programms schieben wir folgenden Block ein:

```
assign (wortfil, 'SORTWORT.DTA');
rewrite (wortfil);
FOR i := 1 TO ende DO write (wortfil, lexikon [i]);
close (wortfil)
```

Das ist alles. Nach einem Programmlauf sollten sich nun 200 Wörter von der
Gestalt A... bis Z... sortiert auf Diskette als SORTWORT.DTA finden. Wenn
Sie das Programm ein weiteres Mal starten, so wird diese Datei natürlich
überschrieben.

Wollen Sie die Datei unsortiert ablegen, so wäre der Block im Programm vor
dem Sortieren einzuschieben. Sie können das mit *Block kopieren ^K^C* in
einem Programm auch so bewerkstelligen, daß die Datei zweimal abgelegt
wird, einmal unsortiert, danach sortiert. Dann müssen Sie nacheinander
zwei Dateien öffnen und wieder schließen:

```
assign   (wortfil, 'VIERWORT.DTA');
rewrite  (wortfil);
         (* hinausschreiben  wie oben *)
close    (wortfil);
         (* jetzt sortieren *)
assign   (wortfil, 'SORTWORT.DTA');
          (* weiter wie oben *)
```

Es sollte Ihnen keine Mühe machen, nunmehr ein kleines Programm zum Lesen
der beiden Dateien zu erstellen:

```
PROGRAM lies_woerter;
USES crt;
TYPE wort = STRING [4];
VAR  lies : wort;
     data : FILE OF wort;
BEGIN
clrscr;
assign (data, 'VIERWORT.DTA');         (* oder 'SORTWORT.DTA'*)
reset  (data);
REPEAT
   read (data, lies); write (lies, ' ')
UNTIL EOF (data);
close (data)
END.
```

Wir brauchen dazu *lexikon* nicht mehr. Dieses Lesen erfolgt unter Weiter-
setzen des Zeigers sequentiell, von Anfang an (*reset*). Nun kann man aber
auch unter Ausnutzung der Indizes der einzelnen Sätze irgendwo lesen:

Wir probieren das zunächst am Beispiel der unsortierten Datei VIERWORT.DTA
mit dem folgenden Programm aus:

```
PROGRAM wortsuche;
USES crt;
TYPE   wort = STRING[4];
VAR       l : integer;
     anzeige : wort;
       liste : FILE OF wort;
BEGIN
assign (liste, 'VIERWORT.DTA'); reset (liste);
writeln ('Die Datei besteht aus ', filesize (liste), ' Wörtern.');
REPEAT
   REPEAT
      clreol; write ('Nummer eingeben (Ende = 0) '); readln (n)
   UNTIL n <= l;
   IF n > 0 THEN BEGIN
                  seek (liste, n - 1); read (liste, anzeige);
                  writeln ('Wort Nr. ', n, ': ', anzeige)
                  END
UNTIL n <= 0;
close (liste)
END.
```

Mit der Standardfunktion *filesize(liste)* kann die tatsächliche Länge erfragt, mit der Prozedur *seek(liste, Position);* sodann der Datenzeiger positioniert werden. Ist die Datei leer (nach *rewrite* ist das der Fall, d.h. der Directoryeintrag existiert bereits, aber mit der dort angezeigten Länge 0 in Byte), so liefert *filesize* den Wert Null zurück. In einem solchen Fall geht der Versuch des Einlesens fehl, d.h. das Programm steigt aus, wenn wir nicht abfangen: Daher wäre auf Seite 125 zu erweitern:

```
IF (ioresult = 0) AND (filesize (...) > 0) THEN BEGIN ...
```

Das erste Wort der Datei hat den Index Null; also kann für n als größter Wert nur l-1 gefordert werden. Da als Länge der Datei aber z.B. 200 angezeigt wird und dies der Benutzer dann auch als die letzte Position eingibt, wird die Eingabe um 1 erniedrigt. Eine Eingabe Null oder kleiner beendet das Programm.

Setzt man den Dateizeiger mit *seek*, so kann auch ein einzelner Datensatz überschrieben oder an eine bestehende Datei neu angehängt werden. Dazu ein kleines Testprogramm:

```
PROGRAM datei_test;
USES crt;
VAR  i, n : integer;
     numb : FILE OF integer;

PROCEDURE lesen;
   BEGIN
   reset (numb);
   writeln ('*****');
   REPEAT
      read (numb, n);
      write (n, '  ')
   UNTIL eof (numb);
   writeln ('Dateigröße : ', filesize (numb));
   writeln
   END;

BEGIN (* ----------------------------------------------------- *)
clrscr;
assign  (numb, 'TEST.XXX'); rewrite (numb);
FOR i := 1 TO 5 DO write (numb, i);
lesen;
seek (numb, 2);                             (* also dritter Satz *)
writeln ('Position ', 1 + filepos (numb), ' verändern ...');
n := 66;
write (numb, n);          (* Danach rückt Zeiger um Eins weiter! *)
lesen;
writeln ('An Datei anhängen ... ');
seek (numb, filesize (numb));               (* Letzte Position *)
n := 99; write (numb, n);
lesen;
close (numb); (* readln *)
END. (* ----------------------------------------------------- *)
```

Wir haben aus Bequemlichkeit die einfachste Form einer Prozedur eingefügt,
wie sie im folgenden Kapitel beschrieben wird. Dies erspart uns, den unter
der Prozedur *lesen* geschriebenen Block mehrfach einsetzen zu müssen.
Beachten Sie in diesem Testprogramm, daß beim <u>Lesen von Anfang an</u> der
Dateizeiger stets zurückgesetzt werden muß. Sonst liest das Programm von
der aktuellen Position des Zeigers weiter. Diese wird mit der Standardfunktion *filepos* erfragt, wobei der Dateianfang die Nummer Null hat.

Am Anfang wird die Datei mit *rewrite* eröffnet; ist später der Zeiger positioniert, so wird einfach mit *write (numb, Position);* überschrieben bzw.
angehängt. Beachten Sie, daß zum Suchen bzw. Positionieren in den Prozeduren konkrete Zahlen oder Ausdrücke eingesetzt werden können, jedoch beim
Schreiben stets eine Variable genannt werden muß, d.h. korrekt ist z.B.

```
n := 55;
write (numb, n);
```

aber *write (numb, 55);* wäre falsch. – Das ist alles.

Wir kehren jetzt zu unserer sortierten Wortdatei SORTWORT.DTA zurück, in
der man mit dem Programm wortsuche ebenfalls lesen kann. Wir sind aber
nunmehr daran interessiert nachzusehen, ob ein bestimmtes Wort existiert.
Da die Datei auf der Diskette (eine wichtige Voraussetzung) sortiert ist,
kann das Verfahren der sog. <u>Binärsuche</u> angewendet werden:

Man gibt das gesuchte Wort an; mit fortgesetzter Intervallhalbierung
schaut man zunächst in der Mitte nach, ob jenes Wort vorhanden ist:

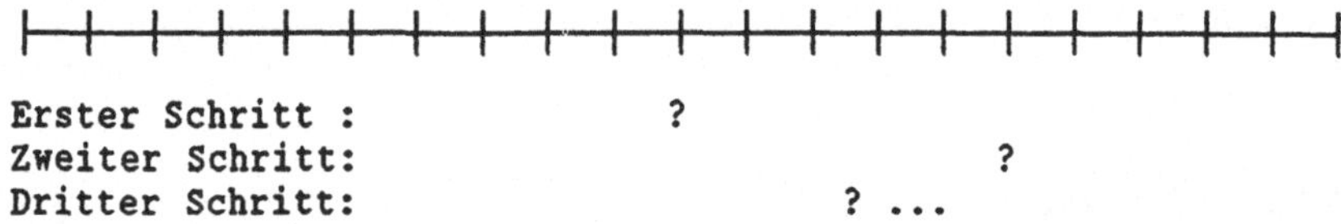

```
Erster Schritt :                ?
Zweiter Schritt:                     ?
Dritter Schritt:                   ? ...
```

Abb.: Fortgesetzte Intervallhalbierung, Binärsuche

Ist dies nicht der Fall, so ist wegen der lexikographischen Anordnung sofort klar, wo man weitersuchen muß. – Angenommen, das Wort kommt – wenn
überhaupt – erst später, dann schauen wir wiederum in der Mitte der restlichen Datei nach und so weiter ...

Nach wenigen Schritten ist das Wort entweder gefunden oder aber nicht vorhanden. – Die Anzahl der benötigten Schritte ist selbst bei sehr großen
Dateien relativ gering. Es gilt die Formel

maximale Anzahl der Schritte = int ($\log_2$ (Dateilänge)),

wonach bei 1000 Datensätzen höchstens um 10 (denn 2^{10} = 1024), bei einer
Million maximal um 20 Schritte erforderlich sind. Sie könnten sich also
eine wesentlich längere Datei als SORTWORT generieren und das Suchen mit
dem folgenden Programm erfolgreich testen. – Jedoch: Da unser Sortieralgorithmus Bubblesort sehr langsam ist, macht die Erstellung einer entsprechenden Datei noch Zeitprobleme, die wir später aber lösen werden.

```pascal
PROGRAM binaersuche;                     (* Demonstriert ein Suchverfahren *)
USES crt;                            (* in sortierten !!! Peripheriedateien *)

                          TYPE wort = STRING [4];
VAR lage, laenge, vorne, hinten : integer;
                          name, ein : wort;
                              liste : FILE OF wort;
                            antwort : char;
                       i,  schritte : integer;
BEGIN  (* --------------------------------------------------------------- *)
clrscr;
writeln ('Binärsuche im File SORTWORT ...');
writeln;
assign (liste, 'SORTWORT.DTA'); reset  (liste);
laenge := filesize (liste);
writeln ('Länge des Files ... ', laenge);
writeln;
writeln ('Dies sind ein paar Sätze des Files ... ');
FOR i := 1 TO 25 DO BEGIN
                    seek (liste, random (laenge));
                    read (liste, ein); write (ein, ' ')
                    END;
                              (* beachte: filepos(1. komp.) = 0 *)
REPEAT                  (* d.h. lage = 0...199 bei laenge = 200 *)
   writeln; schritte := 0;
   gotoxy (1, 11); clreol; writeln; clreol; writeln;
   gotoxy (1, 11); write ('Gesuchter String [4] ... '); readln
   (name);
   vorne := 0; hinten := laenge - 1;

   REPEAT
      schritte := schritte + 1;
      lage := round((vorne + hinten)/2);
      IF (lage > -1) AND (lage < laenge) THEN BEGIN
      seek (liste, lage); read (liste, ein)
                                                END;
      IF name > ein THEN vorne  := lage + 1;
      IF name < ein THEN hinten := lage - 1;

   UNTIL (vorne > hinten) OR (name = ein) ;

   IF ein = name THEN BEGIN
              write (' steht auf Position ', filepos(liste), '; ');
              writeln (schritte, ' Suchschritte.')
                      END
              ELSE writeln(' kommt nicht vor.');
   writeln;
   write('Leertaste oder - (für ENDE) ... ');
   antwort := readkey

UNTIL antwort = '-';
close (liste);
END. (* --------------------------------------------------------------- *)
```

Nachzutragen ist noch, daß auf der Peripherie existierende Dateien mit

```
erase  (datei);
rename (datei, 'NEUNAME');
```

gelöscht bzw. umbenannt werden können. Nun müssen in einem entsprechenden Programm solche Dateien mit *assign (datei, 'name');* angemeldet werden, und das erfordert eine Spezifikation des Typs der Datei im Deklarationsteil des Programms. Wenn wir aber nicht wissen, um welchen Typ von File es sich handelt? Für solche Fälle (sowie das Kopieren von Files, das wir gleich ansprechen) sind sog. typenlose Dateien vorhanden:

Ein Programm zum Umtaufen einer Datei ...XX.YYY sieht einfach so aus:

```
PROGRAM umbenennen;
VAR datei : FILE;
BEGIN
assign (datei, 'XXXXXX.YYY');
rename (datei, 'NEUNAME.ZZZ')
END.
```

Ein entsprechendes Programm zum Löschen hat ebenfalls nur sechs Zeilen. In beiden Fällen wird das Inhaltsverzeichnis der Diskette entsprechend korrigiert. Sofern von größeren Programmen aus gelöscht oder umbenannt werden soll, ist darauf zu achten, daß die jeweiligen Dateien vorher geschlossen werden. Übrigens: Nach *erase* ist noch nicht alles verloren (s. DOS).

Und hier wäre ein schneller Filekopierer:

```
PROGRAM filecopy;          (* Zum Übertrag nicht typisierter Dateien *)
(* Mit directory-Routinen zu allgemeinem Kopierprogramm ausbaubar *)
CONST        bufsize = 200;
             recsize = 128;

VAR     quelle, ziel : FILE;
        was, wohin   : STRING[14];
        buffer       : ARRAY [1..recsize, 1..bufsize] OF byte;
        wieviel      : integer;
        i, k         : integer;
BEGIN
write    ('Kopieren was?   '); readln (was);
assign   (quelle, was);
reset    (quelle);
write    ('          wohin? '); readln (wohin);
assign   (ziel, wohin);
rewrite  (ziel);
REPEAT
   blockread (quelle, buffer, bufsize, wieviel);
  (* Quelle, Datenpuffer für 200 128-Byte-Records, tats. Übertrag *)
   blockwrite (ziel, buffer, wieviel);
UNTIL wieviel = 0;
close (ziel); close (quelle)
END.
```

Die Prozeduren *blockread* und *blockwrite* sind schnelle <u>Transferprozeduren</u>,
die je 128 Byte lange Blöcke übertragen. Liest man hingegen eine Datei wie
auf Seite 127 (oben) als *FILE OF char* (langsam) zeichenweise ein und
schreibt sie wieder hinaus, so ist es möglich, während des "Aufenthalts im
Arbeitsspeicher" beliebige Datenmanipulationen (Zeichen austauschen, auslassen und andere Korrekturen) vorzunehmen, also die Kopie zu verändern.
Unser Filekopierer kopiert jedoch unabhängig vom Dateityp!

<u>Textdateien</u> sind Files im weiteren Sinne des Wortes. – Sie haben im Gegen-
satz zu unseren "echten" Dateien nur eine über <RETURN>s gegliedere Zei-
lenstruktur, markiert durch die EOF-Marke (End Of Line), zwei Zeichen des
ASCII-Codes für CR (Carriage Return) und weiter LF (Line Feed). Für sie
gibt es in TURBO den Standardbezeichner TEXT, also eine Deklaration gemäß

        VAR datei : TEXT;

Beim Handling von Textdateien ist lediglich darauf zu achten, daß stets
mit *writeln...* bzw. *readln...* geschrieben bzw. gelesen wird. Es ist nicht
möglich, einen Datenzeiger an beliebige Stellen der Datei zu setzen und
damit auf der Peripherie Änderungen vorzunehmen, es sei denn, man arbeitet
übergreifend mit einem FILE of Byte, das solche Dateien ebenfalls zu lesen
gestattet.

Unter Benutzung von *erase* könnten wir leicht ein Programm z.B. TEUFEL.EXE
schreiben, das dem arglosen Benutzer nach dem Start irgendetwas vorführt,
aber nebenbei in der Directory der Diskette liest und eine Datei, z.B, die
erste XXX.EXE – von sich selbst abgesehen – kurzerhand löscht, oder was
noch wirkungsvoller ist, erst mit Unsinn überschreibt und dann löscht.
Hernach könnte es sich selber unter dem Namen XXX.EXE dorthin schreiben
und den eigenen Namen TEUFEL.EXE entfernen. Mit einer späteren Directory-
Routine ist das kein Problem. – Haben wir damit ein <u>Virus</u> produziert?

Nein: TEUFEL.EXE oder später XXX.EXE ist ein in sich abgeschlossenes Programm, das zwar durchaus zerstörerisch wirken mag, sich aber nicht in
andere Programme "einschleichen" kann, denn fertige EXE-Files werden dadurch nicht verändert. Man kann TEUFEL.EXE entdecken und einfach löschen.

Für Viren (sowie "Würmer", "Trojanische Pferde" und weitere "bösartige"
Programme) ist charakteristisch, daß sie sich in fertige Programme einnisten und so beliebig weiterverbreitet werden können. Sog. <u>Virenscanner</u>,
Suchprogramme zum Aufspüren, testen daher in erster Linie die Header der
Codefiles, da dort solche Viren untergebracht werden müssen. Bei gewissen
Abweichungen vom üblichen Normalaussehen darf nämlich angenommen werden,
daß ein Virus "einsitzt". Dieser wird später bei bestimmten Aufrufen, von
der Rechneruhr oder auch auf andere Weise gesteuert, aktiv, zerstört, und
überträgt sich weiter auf den nächsten "Wirt". Ein Programm von dieser
Sorte ist aus Pascal heraus nicht ohne großen Aufwand erstellbar. Es erfordert außerdem tiefliegende Kenntnisse über den Aufbau von Maschinen-
programmen, weiter Systemkenntnisse samt Wissen über die Möglichkeiten,
von TURBO aus in das System einzudringen. Ein einfaches Beispiel werden
wir in Kapitel 14 genauer besprechen.

Computerviren, also sich selbst in dieser Weise reproduzierende unsicht-
bare Programme, gibt es seit Anfang der Achtzigerjahre. Samt Abarten und
Clones dürften es auf PCs weltweit derzeit an die 1000 verschiedene sein,
darunter auch etliche, die sich lediglich melden und ärgerlich sind, aber
sonst ohne Wirkung bleiben:

Ein OROPAX genannter spielt im Minutenabstand verschiedene Melodien, ein
anderer CASCADE läßt Buchstaben wie im Herbstwind über den Bildschirm
fallen. Wirklich gefährlich sind Programmviren (siehe oben) und System-
viren, d.h. solche, die sich im Betriebssystem einnisten und von dort aus
gezielt weiter vermehren. Im Sinne der *D*atenverarbeitung sind das echte
"D"-Waffen ...

Die beste <u>Vorkehrung gegen Viren</u> besteht darin, die "Außenkontakte" des
eigenen PC möglichst unter Aufsicht zu halten, keine zweifelhafte Software
einzuspielen (Raubkopien sind eine stete Gefahr, auch sog. Public-Domain-
Software) und – falls es doch passiert ist, den PC mit einer ansonsten
verwahrten Originaldiskette wieder zu booten. Dazu gehört ferner, fremde
Software nicht sofort auf die Festplatte zu übertragen, sondern den Test
auf Laufwerke zu beschränken und darauf zu achten, daß die Festplatte
nicht angesprochen wird. Denn diese neu einzurichten macht allemal viel
Arbeit. Unumgänglich ist es daher (auch aus anderen Gründen), von allen
wichtigen Programmen und Dateien in regelmäßigen Abständen Kopien zur
Sicherung herzustellen und zu verwahren ...

Abb.: Flächendarstellung mit Höhenlinien (Seite 260)

11 PROZEDUREN UND FUNKTIONEN

Zur Bequemlichkeit hatten wir hie und da schon einfache Prozeduren eingesetzt; jede anspruchsvolle Programmiersprache sieht die Möglichkeit vor,
einen Block von sich wiederholenden Anweisungen, eine bestimmte Routine,
unter einem neuen Namen zusammenzufassen und dann dieses <u>Unterprogramm</u>
einfach per Aufruf im <u>Hauptprogramm</u> ('main') abarbeiten zu lassen. In
BASIC gibt es einen Unterprogrammsprung GOSUB ... RETURN, allerdings mit
dem Nachteil, daß mangels Flexibilität der Bezeichner solche Moduln in
verschiedenen Programmen kaum einsetzbar sind: Es fehlt dort, was wir
"Softwareschnittstelle" zur Übergabe von Parametern nennen könnten.

In Pascal heißen solche Unterprogramme <u>Prozeduren</u> bzw. <u>Funktionen</u>. Es
handelt sich dabei um zusammengefaßte Anweisungsfolgen, die mit einem geeigneten Namen "aufgerufen" werden können. Häufig gebrauchte Routinen wie
die Prozedur *val;* oder die Standardfunktion *sin(x)* sind von Haus aus
implementiert. Schon an diesen Beispielen erkennt man einen wesentlichen
Unterschied: Während eine Funktion (wie in der Mathematik) einen Wert ab-
liefert, den sie zuvor aus einem oder mehreren Argumenten oder aus einer
Situation wie z.B. *keypressed* abgeleitet hat, ist eine Prozedur in ge-
wissem Sinn universeller, stellt Verknüpfungen her usw. – Die Trennung ist
dennoch unscharf, denn wir werden sehen, daß viele Aktionen wahlweise mit
Prozeduren wie auch Funktionen ausgelöst werden können. Rein äußerlich
jedenfalls erkennt man Funktionen daran, daß sie in Wertzuweisungen auf
der rechten Seite vorkommen können, während Prozeduren isoliert als Anweisungen auftreten ...

Wir wenden uns zuerst Prozeduren zu und betrachten den allereinfachsten
Fall in "Reinkultur": Ein Unterprogramm benötigt weder Daten des Hauptprogramms, noch gibt es Daten dorthin zurück. Es ist ein an sich völlig
eigenständiges Programm, das nur durch eine andere Kopfzeile kenntlich
gemacht wird:

```
PROGRAM gosubpro;
VAR ...
   PROCEDURE festlinie;
   CONST breite = 22;
   VAR        i : integer;
   BEGIN
     FOR i := 1 TO breite DO write ('+'); writeln;
     writeln ('Es folgt eine Tabelle:');
     FOR i := 1 TO breite DO write ('+');
     writeln
   END;                                        (* OF festlinie *)


BEGIN (* --------------------------------- Hauptprogramm *)
   (* Anweisungen zu Berechnungen mit VAR aus Hauptprogramm *)
   festlinie;
   (* Anweisungen zum Ausgeben einer Tabelle *)
   (* Weitere Berechnungen *)
   festlinie;
   ( * ... *)
END.  (* --------------------------------------------- *)
```

festlinie; wirkt also wie eine bisher unbekannte Anweisung; wir haben einfach den Sprachvorrat erweitert, einen neuen Standardbezeichner eingeführt und dem System bekanntgemacht. Unterprogramme werden im Deklarationsteil stets nach den Variablen aufgeführt:

```
PROGRAM name;
CONST ...
TYPE ...
VAR ...

PROCEDURE eins;
PROCEDURE zwei;
...
BEGIN   (* main *)
         ...
END.
```

Während die Wörter *CONST*, *TYPE* und *VAR* nur einmal vorkommen (in TURBO sind Wiederholungen und Abweichungen von obiger Reihenfolge aber zulässig, ja u.U. notwendig), muß jeder Prozedurkopf mit dem Wort *PROCEDURE* eingeführt werden. Im Beispiel ist *festlinie* durch Auskoppeln (mit Blockbefehlen) sofort als eigenständiges Programm lauffähig, wenn das Wort *PROCEDURE* durch *PROGRAM* ersetzt wird. Umgekehrt gilt dies für jedes Pascal-Programm beim (sinnvollen) Einbau als Prozedur in ein anderes Programm.

Daraus ergibt sich sogleich eine Frage: Was ist, wenn das Hauptprogramm im Beispiel auch mit einer Variablen i (*Integer*) arbeitet und in der Prozedur als letzte Zeile z.B. i := 7; eingefügt wird?

Wir müssen von jetzt an <u>globale</u> und <u>lokale</u> Bezeichner unterscheiden; dazu ein kleines Testprogramm zur Begriffsklärung:

```
PROGRAM testvar;
VAR a, i : integer;          (* <<<< globale Variable *)

PROCEDURE lokal;
   VAR c, i : integer;       (* <<<<  lokale Variable *)
   BEGIN
   i := 5;
   writeln (i);                        (* Ausgabe 5 *)
   a := 5 * i                          (* i lokal ! *)
   END;

BEGIN (* --------------------------------------- main *)
i := 3; a := 9; lokal;
writeln (i);                           (* Ausgabe  3 *)
writeln (a);                           (* Ausgabe 25 *)
writeln (c)                          (* Fehlermeldung *)
END. (* --------------------------------------- *)
```

Die Anweisung *writeln(c)* im Hauptprogramm ist nicht compilierbar, denn die Variable c ist lokal vereinbart und daher im Hauptprogramm nicht bekannt. Die Variable a jedoch ist global vereinbart, sie kann folglich im Unter-

programm angesprochen und mit lokalen Variablen dieses Unterprogramms wie
auch mit allen globalen Variablen beeinflußt werden.

Der Bezeichner i ist global wie lokal vereinbart; die jeweiligen Gültig-
keitsbereiche ('scope') entsprechen den Deklarationen, d.h. nach Abschluß
der Prozedur (dem Abarbeiten des "Rumpfes") ist das lokale i "vergessen":
Hinter i liegen im Haupt- bzw. Unterprogramm verschiedene Speicherplätze.
So könnte i im Hauptprogramm durchaus *Real*, in der Prozedur weiterhin
Integer vereinbart sein ... im obigen konkreten Beispiel allerdings nicht
umgekehrt! – Warum?

Diese Regelung der Bereichsabgrenzung im letzten Fall hat einen guten
Grund: Lauffähige, anderswo erfolgreich getestete Prozeduren sollen ohne
Probleme in ein beliebiges Programm eingebunden werden können, ohne daß
Variable "abgeglichen" werden müssen. Gäbe es diese Trennung der Gültig-
keitsbereiche nicht, entstünde ein heilloses Durcheinander. – Und eine
Zeile wie *a:= 5 * i;* in unserer Prozedur könnte bei einer solchen Ein-
bindung nicht auftreten, denn a ist lokal nicht erklärt, d.h. die Prozedur
wäre isoliert nicht lauffähig.

Dies alles lehrt: Mindestens am Anfang sollte man optisch gleichlautende
Bezeichner im Hauptprogramm und in den Prozeduren vermeiden.

Unser frühes Beispiel von S. 129 verwendet nur globale Bezeichner, ist
also eine echte "Abkürzung" für einen Anweisungsblock, sonst nichts, und
damit jetzt unmittelbar zu verstehen.

Nehmen wir an, unser Programm erzeugt und druckt unterschiedlich lange
Texte, die jeweils zu unterstreichen sind. In diesem Fall kann das Hauptprogramm die Textlänge bestimmen und an die Prozedur übergeben:

```
PROGRAM gosubpro2;
USES crt;
VAR wort : STRING [30];
        n : integer;

    PROCEDURE line (laenge : integer);
    VAR i : integer;
    BEGIN
       FOR i := 1 TO laenge DO write ('-');
       writeln
    END;

BEGIN (* ------------------------------------------- main *)
clrscr; writeln ('Beispieltext');
line (12);
write ('Wort ... '); readln (wort);
write ('           '); line (length (wort) );
n := 5; line (n)
END. (* --------------------------------------------- *)
```

Man spricht jetzt von einer Prozedur mit <u>Wertübergabe</u> 'call by value': Im
Kopf der Prozedur wird eine Liste der formalen Parameter samt jeweiligem

Typ angegeben: Diese Parameter werden beim Aufruf der Prozedur durch konkrete Werte oder aktuelle Parameter des Hauptprogramms besetzt. Die Wertübergaben müssen natürlich nach Datentyp stimmig sein.

Nach Übergabe des Parameters wird *line* abgearbeitet, dann ist der Wert 12 oder ein anderer "vergessen", bleibt ohne Wirkung auf das Hauptprogramm. Im Hauptprogramm ist *laenge* nicht deklariert, tritt aber auch im Deklarationsteil der Prozedur nicht auf: eine lokale "Scheinvariable". In der Prozedur sind Zeilen wie *laenge := 2 * laenge;* ohne weiteres möglich.

Mit drei, analog dann mehr Wertparametern, sieht ein Prozedurkopf vielleicht so aus:

```
    PROCEDURE kombiniere (a, b : real; z : char);
    VAR  u, v : char;
    ....
```

und Aufrufe im Hauptprogramm dann so:

```
    a := 5; z := 'X';
    kombiniere (2.3, a, 'A');
    kombiniere (a,   5, 'B'););
    kombiniere (1,   1,   z);
```

und so weiter, wobei die Variablen a bzw. z des Hauptprogramms zufällig dieselben Bezeichner haben wie zwei Wertparameter. Zu beachten ist, daß die aktuellen Parameter beim Aufruf in Anzahl, Typ und Reihenfolge mit der Liste der Prozedurvereinbarung übereinstimmen müssen: In unserem Fall ist also a im Hauptprogramm vom Typ *Real* und z *Char.* – Wie bisher gilt: Innerhalb der Prozedur ist a (da im Kopf vorkommend) lokal zu verstehen, wie b und z, trotz Namensgleichheit mit Bezeichnern im Hauptprogramm. Man sagt, die Prozedur erhalte auf a eine Kopie des a aus dem Hauptprogramm, und letzteres kann auch anders heißen. – Gegen eventuelle Verwirrung hilft anfangs die Übung, in der Parameterliste von Unterprogrammen keinerlei Bezeichner des Hauptprogramms zu verwenden.

Nützlich wäre für Sortierprogramme eine Prozedur, mit der die Inhalte von zwei Speicherplätzen vertauscht werden können; der Versuch

```
    PROGRAM austausch;
    VAR  u, v : integer;

    PROCEDURE tauschen (a, b : integer);
    BEGIN
    u := b;
    v := a
    END;

    BEGIN (* --------------------- main *)
    readln (u); readln (v);
    tauschen (u, v);
    writeln (u, ' ', v)
    END.  (* --------------------------- *)
```

liefert zwar das gewünschte Ergebnis, ist aber höchst unbefriedigend, denn die Verwendung der globalen Variablen u und v in der Prozedur hat zur Folge, daß *tauschen* nicht universell einsetzbar ist, für andere Variable völlig versagt. Für solche Fälle ist eine Prozedur mit <u>Referenzaufruf</u> oder 'call by reference' die geeignete Konstruktion:

```
PROCEDURE tauschen (VAR a, b : integer);
VAR merk : integer;
BEGIN
merk := a;
a := b;
b := merk
END;
```

In der Kopfzeile der Prozedur werden die <u>Referenzparameter</u> a und b nun mit dem Vorsatz *VAR* aufgeführt. Sie sind zwar im bisherigen Sinne ebenfalls lokal in der Prozedur, aber mit der Maßgabe, daß Veränderungen an ihnen <u>in der Prozedur</u> entsprechend auf die <u>Originalwerte</u> wirken: Beim Aufruf von *tauschen (u, v);* arbeitet die Prozedur tatsächlich auf u und v. In der Prozedur werden also die Inhalte dieser beiden Speicherplätze vertauscht; symbolisch wird das mit den Referenzen a und b vorgeführt.

Offenbar ist die Prozedur jetzt universell, d.h. für beliebige Argumente (des Aufruftyps) einsetzbar: *tauschen (x, y);* vertauscht x und y.

Während bei Wertparametern die Übergabe von konkreten Werten möglich ist, muß ein Referenzparameter immer mit Bezeichner angegeben werden: Die Prozedur muß "wissen", mit welchem <u>Speicherplatz</u> die gewünschte Operation durchzuführen ist. Im Beispiel wäre also *tauschen (2, 3);* falsch!

Eine einzige Prozedur kann 'call by value' wie auch 'call by reference' gleichzeitig ausführen. In einem solchen Fall sieht der Kopf z.B. so aus:

```
PROCEDURE name (VAR a, b, ... : Typ; u, v , ... : Typ);
```

mit der Vereinbarung, daß hier a und b Referenzparameter, u, v usw. hingegen, da ohne VAR, Wertparameter sind. Damit gleichwertig wäre auch

```
PROCEDURE name (VAR a : Typ; u : Typ; VAR b : Typ; ...);
```

allerdings mit der Maßgabe, daß beim Aufruf die zu übergebenden Parameter nach Anzahl, Typ und Reihenfolge jeweils stimmig sein müssen.

Als Parametertypen kamen bisher nur einfache Grundtypen vor; um beispielsweise Strings oder Felder an Prozeduren übergeben zu können, müssen diese im Hauptprogramm per TYPE deklariert werden.

Im folgenden Programm erscheint auf dem Bildschirm als Antwort 55, die Summe der Zahlen von 1 bis 10. – Warum? Nach Übergabe des Feldes an die Prozedur wird a, d.h. aber s (gleichgültig, was übergeben wurde), auf Null gesetzt und dann die Summe der ersten zehn Feldelemente auf s gebildet. Auf n kann im Hauptprogramm verzichtet werden, da n nur als Wertparameter dient, somit direkt als 10 übergeben werden könnte. Das Feld *kartei* bleibt unverändert.

```
PROGRAM summentest;

TYPE inhalt = integer;
        feld = ARRAY [1 .. 100] OF inhalt:

VAR         s : inhalt;
            n : integer;
       kartei : feld;
...
PROCEDURE summe (VAR a : inhalt; laenge : integer; liste : feld);
VAR i : integer;
BEGIN
a := 0;
FOR i := 1 TO laenge DO a := a + liste [i]
END;

BEGIN (* ----------------------------------------------- main *)
FOR n := 1 TO 100 DO kartei [n] := n;
s := 0;                               (* oder keinerlei Festlegung! *)
n := 10;
summe (s, n, kartei);
writeln (s)
END. (* ------------------------------------------------------ *)
```

inhalt und *feld* müssen per TYPE deklariert werden; das hat den Vorteil, die Prozedur sehr leicht auf reelle Felder ausdehnen zu können: Man vereinbart lediglich *TYPE inhalt = real;*

Nebenbei: Dies ist ein Beispiel, daß eine Prozedur als Funktion agiert: a ist als Funktionswert (Summenbildung aus ...) zu verstehen. Oder auch:

```
PROGRAM rechnen;
VAR  x, y, delta : real;

PROCEDURE parabel (VAR u : real;  v, w : real);
BEGIN
   u := v * sqr (u) + w
END;

BEGIN (* --------------------------------------- main *)
   x := 0; delta := 0.05;
   REPEAT
      y := x;
      parabel (y , 2, 1);
      writeln (x : 5 : 2, y : 15 : 2);
      x := x + delta
   UNTIL x > 1.01                  (* x > 1 probieren ! *)
END.
```

Die ist eine Wertetabelle für $2 \cdot x^2 + 1$ im Bereich x = 0 ... 1. Da u als

Referenzparameter benutzt wird und somit verändert zurückkommt (nämlich
als Wert der genannten Funktion), muß im Hauptprogramm der "alte" Wert
bewahrt werden, was durch die Benutzung von y statt x mit Umkopieren vor
dem Aufruf bewirkt wird.

Dieses etwas umständliche, aber immerhin mögliche Verfahren wird durch einen
eigenen Unterprogrammtyp FUNCTION besser abgedeckt:

```
PROGRAM wertetabelle;
VAR x, delta : real;

FUNCTION parabel (u : real) : real;
BEGIN
   parabel := 3.1 * u * u + 1
END;

BEGIN (* -------------------------------------------- main *)
   x := 1; delta := 0.05;
   REPEAT
      writeln (x : 5 : 2, parabel (x) : 10 : 2);
      x := x + delta
   UNTIL x > 2
END. (* -------------------------------------------------- *)
```

Im Funktionskopf taucht der Name der Funktion auf; im Funktionsrumpf muß
ihm ein Wert zugewiesen werden, der im Kopf nach Typ zu spezifizieren ist:
Die Funktion ist reell. Falls Übergabeparameter (hier u) vorgesehen sind,
werden diese in einer Liste mit Typenangabe aufgeführt.

Der Vorteil dieser Konstruktion liegt klar zutage: Eine in einem Programm
häufig vorkommende Funktion muß nur einmal explizit geschrieben werden und
ist außerdem sehr leicht auswechselbar.

Wie bei Prozeduren sind auch parameterfreie Funktionen denkbar, z.B. eine
"Schaltfunktion" *weiter* als "deutsche Übersetzung" von *keypressed*.

```
FUNCTION weiter : boolean;
BEGIN
IF keypressed THEN weiter := true
END;
```

Werden für Prozeduren oder Funktionen bereits belegte Standardnamen benutzt, so sind deren übliche Bedeutungen nicht mehr verfügbar; hier ein
seltsames Beispiel einer Neubelegung einer bekannten Prozedur, und zwar
als Funktion:

```
PROGRAM verwirrung;
USES crt;
VAR i : integer;
   FUNCTION clrscr : boolean;
   BEGIN
      clrscr := keypressed
   END;
```

```
BEGIN (* ------------------------------------------- *)
clrscr;                          (* <-- Fehlermeldung! *)
FOR i := 1 TO 100 DO BEGIN
              IF clrscr THEN halt;
              delay (100);
              writeln (i * i)
              END
END.
```

Dieses Programm ist zunächst nicht compilierbar, da der Aufruf in der
ersten Zeile für eine Funktion unzulässig ist und das "alte clsrc" verloren ist. Wenn Sie diese Zeile streichen, so können Sie das Programm
nunmehr anhalten ...

```
PROGRAM arithmittel;

TYPE feld = ARRAY[1..20] OF integer;
VAR     k : integer;  ergebnis : real;
        a : feld;

FUNCTION mittel (wieviel : integer; woraus : feld) : real;
VAR     i : integer;
        sum : real;
BEGIN
   sum := 0;
   FOR i := 1 TO wieviel DO sum := sum + woraus[i];
   mittel := sum / wieviel
END;

BEGIN (* ------------------------------ Hauptprogramm *)
randomize;
FOR k := 1 TO 10 DO a[k] := random (10);
FOR k := 1 TO 10 DO write (a[k] : 5); writeln;
ergebnis := 10 + mittel (5, a);
writeln ('10 + Mittel bis Pos. 5 ... ', ergebnis :5:2)
END.  (* ----------------------------------------------- *)
```

mittel kommt hier in einem einfachen arithmetischen Ausdruck vor und wird
dann auf *ergebnis* zugewiesen. Stünde diese Funktion in einer "Bibliothek"
(siehe nächstes Kapitel), so würde die Beschreibung etwa so lauten:

Die reelle Funktion *mittel (n, serie)* berechnet das arithmetische Mittel
aus n Zahlenwerten, die der Reihe nach einem Feld *serie* entnommen werden.
Dabei ist n *Integer* zu übergeben; *serie* wird im Hauptprogramm per TYPE als
ARRAY[1..ende] OF ... deklariert. Die Funktion kann mit einem zusätzlichen
Parameter so erweitert werden, daß sie auch das arithmetische Mittel von
... bis ... berechnen kann.

Wir sahen weiter oben, daß jede Funktion als Prozedur formuliert werden
kann; das Umgekehrte gilt nicht unmittelbar, weil eine Funktion stets nur
einen Wert zurückgibt. Jedoch können solche u.U. zusammengefaßt werden:

```pascal
PROGRAM vektorrechnung;
TYPE          vektor = ARRAY [1..3] OF real;
VAR   v1, v2, summe : vektor;
                 i : integer;

FUNCTION addition (i : integer; su1, su2 : vektor) : real;
BEGIN
addition := su1 [i] + su2 [i]
END;

BEGIN (* ----------------------------------------------------- *)
FOR i := 1 TO 3 DO readln (v1 [i], v2 [i]);
FOR i := 1 TO 3 DO summe [i] := addition (i, v1, v2);
FOR i := 1 TO 3 DO write (summe [i] : 4 : 2, ' '); readln
END. (* ----------------------------------------------------- *)
```

Prozeduren wie Funktionen können andere Unterprogramme aufrufen, sofern
diese im Listing <u>vorher</u> deklariert worden sind. Es ist schließlich sogar
möglich, daß ein "Selbstaufruf" erfolgt; wir werden solche Beispiele in
Kapitel 13 genauer untersuchen.

Mit einfacher Unterprogrammtechnik ist es möglich, ohne großen Aufwand
schon recht interessante Aufgaben übersichtlich und trotzdem kompakt zu
programmieren. Als schönes Beispiel folgt ein Spiel, das für Simulationen
in der Biologie entwickelt worden ist und als "game of life" bekannt geworden ist. Es zeigt zugleich, daß der Bildschirm mit "Textgrafik" gut
genutzt werden kann.

Auf die Plätze eines Feldes (im Beispiel mit der Größe 22 x 22) können
"Lebewesen" gesetzt werden: Der Feldplatz wird dann mit '#' markiert; alle
übrigen Plätze sind durch einen Punkt gekennzeichnet. Folgende Spielregeln
sind vereinbart:

Sind in der unmittelbaren Umgebung eines Lebewesens (#) weniger als zwei
oder mehr als drei Exemplare am Leben, so "stirbt" es. Die "unmittelbare
Umgebung", das sind i.a. acht Feldplätze, am Rand oder an den Ecken entsprechend weniger.

Auf einem noch freien Feld (Punkt) hingegen wird ein Lebewesen genau dann
geboren, wenn in der soeben definierten Umgebung genau drei Lebewesen (#)
existieren.

Ausgehend von einer zu setzenden Anfangspopulation simuliert das folgende
Programm die sich ergebende Generationenfolge. Setzen Sie für Testzwecke
zum Beispiel als erste Generation ein aus fünf Zeichen # bestehendes Kreuz
ein; dann erleben Sie äußerst anschaulich eine interessante Entwicklung.
Ein Viererblock im Quadrat ist von Anfang an stabil, des öfteren auch das
Endergebnis einer Population. – Größere kompakte Blöcke verlieren sich im
Zentrum, blasen sich auf und pulsieren ... Manche Populationen wandern
unverändert über das Feld.

Die Eingabesteuerung erfolgt über die <u>Pfeiltasten</u>. Eine Prozedur zeigt,
wie diese Funktionstasten abgefragt werden: Diese liefern wie die Tasten

F1...F10 und andere einen sog. erweiterten Tastaturcode: Der erste Aufruf
mit *readkey* gibt NUL zurück, der zweite den sog. Scancode. Über diesen
wird mit CASE geschaltet. Wenn Sie andere Funktionstasten in ein Programm
einbinden wollen: Das geht genauso: Sie finden eine vollständige Liste
dieser Codes im Referenzhandbuch [3] ganz hinten.

```pascal
PROGRAM game_of_life;
USES crt;
VAR     z, s, i, j,
        posx, posy, sum : integer;
                  taste : char;
            feldar, copi : ARRAY[0..23,0..23] OF char;
                      b : boolean;

PROCEDURE anzeige;
BEGIN
clrscr;
FOR z := 1 TO 22 DO BEGIN
    write ('  ');
    FOR s := 1 TO 22 DO write (feldar[z,s], '  ');
    writeln
                    END
END;

PROCEDURE eingabe;
BEGIN
posx := 3; posy := 1;
gotoxy (posx, posy);
REPEAT
   taste := readkey;
   CASE taste OF
   '#': BEGIN
        feldar[posy, posx DIV 3] := '#';          (* # setzen *)
        write ('#'); gotoxy (posx, posy)
        END;
   '.': BEGIN
        feldar[posy, posx DIV 3] := '.';          (* # löschen *)
        write ('.'); gotoxy (posx, posy)
        END
   END;
   IF keypressed THEN BEGIN               (* Abfrage Doppelcode *)
      taste := readkey;
      CASE ord(taste) OF
      72 : IF posy >  1 THEN posy := posy - 1;
      80 : IF posy < 22 THEN posy := posy + 1;
      75 : IF posx >  3 THEN posx := posx - 3;
      77 : IF posx < 66 THEN posx := posx + 3;
      END;
      gotoxy (posx, posy)
                    END
UNTIL taste = '0'
END;
```

```
PROCEDURE umgebungstest;
BEGIN
FOR i := z - 1 TO z + 1 DO
    FOR j := s - 1 TO s + 1 DO
        IF feldar [i, j] = '#' THEN sum := sum + 1
END;


BEGIN (* -------------------------------------------- main *)
FOR z := 0 TO 23 DO
    FOR s := 0 TO 23 DO feldar [z, s] := '.';
copi := feldar;
anzeige; writeln;
write   ('Cursor mit Pfeiltasten bewegen ... ');
writeln ('Eingaben # oder Punkt.  (Ende mit 0)');
eingabe; copi := feldar;
REPEAT                                  (* Das Spiel läuft ... *)
    write (chr(7));                     (* oder Generationen-Zähler *)
    b := false;
    FOR z := 1 TO 22 DO
        FOR s := 1TO 22 DO
        IF feldar [z, s] = '#'
            THEN BEGIN
                sum := -1; umgebungstest;
                IF (sum < 2) OR (sum > 3)
                    THEN BEGIN
                        copi [ z, s] := '.'; b := true
                        END
                END
            ELSE BEGIN
                sum := 0; umgebungstest;
                IF sum = 3
                    THEN BEGIN
                        copi [z, s] := '#'; b := true
                        END
                END;
    feldar := copi;
    IF b THEN anzeige
UNTIL NOT b OR keypressed;
gotoxy (1, 24); clreol;
IF NOT b THEN write ('Alles tot oder Population stabil ... ')
         ELSE write ('Abgebrochen ... ');
readln
END. (* -------------------------------------------- *)
```

Das Feld *feldar* muß vor jeder Bearbeitung auf *copi* umkopiert werden, damit
bei der Auswertung der Spielregeln eine Momentaufnahme der Population zur
Verfügung steht.

Auch die beiden folgenden Programmversionen zum sog. GALTON-Brett benutzen
Textgrafik, weiter den Zufallsgenerator. Die erste Version simuliert den
Durchlauf von Kugeln (*) durch das bekannte, schräggestelltes "Nagelbrett"
mit 10 Reihen. Will man hingegen die sich ansammelnden Kugeln in den i.a.
unten zu denkenden Fächern des Brettes sehen, so bietet sich eine aus

Platzgründen horizontale Version des Programms an, die zudem in der Anzahl
der Nagelreihen flexibel ist.

Die zweite Version wurde erst mit dem Festwert n = 11 konstruiert, dann
auf beliebige Anzahl erweitert; zu gegebenem n sind jeweils n − 1 Nagelreihen vorzusehen, daher n >= 2. Der obere Grenzwert für n resultiert aus
der Bildschirmgröße. Für größere n kommen Randläufe nur sehr selten vor,
entsprechend der extrem kleinen Wahrscheinlichkeit $1/2^{(n-1)}$.

Beispielsweise ist für den Wert n = 11 (d.h. 11 Entscheidungen je Lauf)
auf 1024 Kugeln nur je eine ganz oben bzw. ganz unten zu erwarten! Benannt
ist das Brett nach dem Engländer Sir FRANCIS GALTON (1822 − 1911), der
sich mit Fragen der Vererbungslehre, der Statistik u.a. befaßte. − Auch
führte er die Methode der Fingerabdrücke zur Personenidentifizierung ein.

```pascal
      PROGRAM galtonbrett_vertikal;
      USES crt;
      VAR   x, y, z, n : integer;

      PROCEDURE brett;
      VAR rechts, zeile, spalte : integer;
      BEGIN
      clrscr;
      rechts := 42;
      FOR zeile := 1 TO 10 DO BEGIN
          gotoxy (rechts - 2 * zeile, 2 * zeile);
          FOR spalte := 1 TO zeile DO write ('o   ');
                              END;
      gotoxy (27, 1); write ('GALTONsches      Brett')
      END;

      PROCEDURE zeichnen;
      BEGIN
      gotoxy (x, y); write ('*');
      gotoxy (x, y); delay (200); write (' ')
      END;

      BEGIN (* ------------------------------------------  main *)
      brett; randomize; n := 0;
      REPEAT
         x := 40; y := 1;
         zeichnen;
         REPEAT
            z := random (2);
            IF z = 0 THEN x := x - 2 ELSE x := x + 2;
            y := y + 1;
            zeichnen;
            y := y + 1;
            zeichnen
         UNTIL y > 20;
         n := n + 1
      UNTIL n = 10
      END. (* ------------------------------------------------ *)
```

```pascal
PROGRAM galtonbrett_horizontal;
USES crt;
VAR x, y, z, platz, n, sum : integer;
                   galtonar : ARRAY[0..23] OF integer;

PROCEDURE brett;
VAR zeile, spalte : integer;
BEGIN
clrscr;
FOR zeile := 1 TO 2*n DO BEGIN
    gotoxy (2 + 3 * abs (n - zeile), 1 + zeile);
    FOR spalte := 1 TO (n - abs (n - zeile)) DIV 2
        DO write ('o      ');
    writeln
                        END;
FOR zeile := 0 TO n   DO BEGIN
    gotoxy (3 * n - 1, 1 + 2* zeile);
    FOR spalte := 1 TO 82 - 3 * n DO write ('-')
                        END
END;                                    (* OF brett *)

PROCEDURE zeichnen;
BEGIN
gotoxy (x, y); write ('*');
gotoxy (x, y); delay (5); write (' ')
END;

PROCEDURE sammeln;
BEGIN
platz := (y + 1) DIV 2;
REPEAT
   zeichnen;
   x := x + 1
UNTIL x = galtonar[platz];
write ('*');
galtonar[platz] := galtonar[platz] - 1
END;

BEGIN (* --------------------- Hauptprogramm --------- *)
clrscr; randomize;
write ('Wieviele Fächer (2 ... 11) sind gewünscht? ... ');
readln (n);
sum := 0;
brett;
FOR z := 1 TO 23 DO galtonar[z] := 80;
REPEAT
   x := 1; y := n + 1; sum := sum + 1;
   zeichnen;
   REPEAT
      z := random (2);
      IF z = 0 THEN y := y - 1 ELSE y :=  y + 1;
      x := x + 1; zeichnen;
      x := x + 1; zeichnen;
```

```
      x := x + 1; zeichnen
   UNTIL x > 3 * n - 3;
     sammeln
 UNTIL galtonar[platz] = 3 * n - 2;
 gotoxy (1, 23);
 write (sum, ' Versuche.')
 END. (* -------------------------------------------------- *)
```

Wir hatten uns auf S. 13 ff mit Dualzahlen befaßt; das folgende Programm
simuliert einen 8-Bit-Rechner, der ganze Zahlen im Bereich -128 ... 127
addieren und subtrahieren kann. Das Programm zeigt die Anwendung von Prozeduren verschiedenster Typen. Das Feldelement reg 3[0] symbolisiert ein
8-Bit-Register unseres Miniprozessors; dort läuft der Additionsüberlauf
beim binären Addieren ins Leere.

```
PROGRAM acht_bit_rechner;
USES crt;
TYPE      reg = ARRAY [0 .. 8] OF integer;

VAR                      reg1, reg2, reg3 : reg;
       ein1, ein2, ein3, merk1, merk2, i : integer;
                                       c : char;
                                       v : boolean;

PROCEDURE w (feld : reg);                (* schreibt 8 bit heraus *)
BEGIN
FOR i := 1 TO 8 DO write (feld [i], chr(179))
END;

PROCEDURE ueberlauf (VAR feld : reg);  (* reduziert feld dual *)
BEGIN
FOR i := 8 DOWNTO 1 DO BEGIN
   feld [i-1] := feld [i-1] + feld [i] DIV 2;
   feld [i] := feld [i] MOD 2
                          END
END;

PROCEDURE komplement (VAR feld : reg);  (* bildet Zweierkomp. *)
BEGIN
FOR i := 1 TO 8 DO feld [i] := (feld [i] + 1) MOD 2;
feld [8] := feld [8] + 1;
ueberlauf (feld)
END;

PROCEDURE decode (feld : reg; VAR zahl : integer);
VAR p : integer;                       (* rechnet auf dezimal zutück *)
    v : boolean;
BEGIN
zahl := 0; p := 1; v := true;
IF feld [1] = 1 THEN BEGIN
                    komplement (feld); v := false
                    END;
```

```pascal
FOR i := 8 DOWNTO 1 DO BEGIN
                        zahl := zahl + p * feld [i]; p := 2 * p
                        END;
IF v = false THEN zahl := - zahl
END;

PROCEDURE dual (dezi : integer; VAR feld : reg);
VAR n : integer;
BEGIN
n := 9;
REPEAT
   n := n - 1; feld[n] := dezi MOD 2; dezi := dezi DIV 2
UNTIL n = 0
END;

BEGIN (* ------------------------------------------------------- *)
clrscr;
FOR i := 0 TO 8 DO reg1 [i] := random (2);      (* einschalten *)
FOR i := 0 TO 8 DO reg2 [i] := random (2);
FOR i := 0 TO 8 DO reg3 [i] := random (2);
gotoxy (10, 5); w(reg1); gotoxy (10,11); w(reg2);
gotoxy (10,17); w(reg3); gotoxy (10, 2);
write ('8-Bit-Speicher ...     Inhalt ...      bearbeitet in');
gotoxy (10, 3);
write ('Vorzeichen | 7 bit    Ganzzahl ...   [-128 ... +127]');
gotoxy (35, 8); write ('+');
gotoxy (35,14); write ('=');

REPEAT
   gotoxy (34, 5); clreol; read (ein1); merk1 := ein1;
   IF ein1 < 0 THEN BEGIN
                     dual (-ein1, reg1); komplement (reg1)
                     END
               ELSE dual (ein1, reg1);
   gotoxy (10, 5); w(reg1);
   gotoxy (50, 5); decode (reg1, ein1); write (ein1 : 4);
   gotoxy (34,11); clreol; read (ein2); merk2 := ein2;
   IF ein2 < 0 THEN BEGIN
                     dual (-ein2, reg2);
                     komplement (reg2)
                     END
               ELSE dual (ein2, reg2);
   gotoxy (10,11); w(reg2);
   gotoxy (50,11); decode (reg2, ein2); write (ein2 : 4);
   FOR i := 1 TO 8 DO reg3 [i] := reg1 [i] + reg2 [i];
   ueberlauf (reg3); gotoxy (10,17); w(reg3);
   decode (reg3, ein3); gotoxy (33,17); write (ein3 : 4);
   gotoxy (47, 17); write (' d.h. ', merk1 + merk2, '    ');
   gotoxy ( 1, 22); write ('Ende mit E, sonst Leertaste ... ');
   c := upcase (readkey)

UNTIL c = 'E'
END.
```

Gelegentlich tritt das Problem auf, in einem Programm unter Runtime für
eine bestimmte Aktion begrenzte Zeit zur Verfügung zu stellen, und, ist
bis dahin diese Aktion nicht erfolgt, anders zu verzweigen. Da die CPU
sequentiell und nicht parallel arbeitet, muß ein solcher Prozess unter
Benutzung der eingebauten Uhr simuliert werden: Solange *pause (Sekunden)*
nicht überschritten ist, kann eine Eingabe gemacht werden, danach ist es
zu spät ...

```
PROGRAM parallel;
USES crt;
VAR antwort : integer;

FUNCTION pause (zeit : integer) : boolean;
VAR t : integer;
BEGIN
t := 0;
REPEAT
   delay (100);
   t := t + 100
UNTIL (t > 1000 * zeit) OR keypressed;
IF keypressed THEN pause := false
              ELSE pause := true
END;

BEGIN (* --------------------------------------------------- *)
clrscr;
writeln ('Wieviel ist 12 * 16 ... ?');
IF pause (5) THEN writeln ('Zu spät ...')
             ELSE BEGIN
                  readln (antwort);
                  IF antwort = 192 THEN writeln ('okay')
                                    ELSE writeln ('falsch')
                  END;
readln
END. (* --------------------------------------------------- *)
```

Die Prozeduren *readln* und *writeln* können in Pascal mit einer <u>variablen
Anzahl von Parametern</u> aufgerufen werden; entsprechende Unterprogramme mit
Übergabeparametern haben wir aber nicht konstruiert. Gemäß der Syntax zum
Kopf einer Prozedur ist das offenbar so ohne weiteres nicht möglich. (Die
TURBO Umgebung ist nicht in Pascal programmiert, klar!).

Tritt ein solches Bedürfnis jedoch auf, so müßte man sich z.B. vorerst damit begnügen, die jeweilige Parameterfolge mit variabler Länge als String
zu übergeben und im Unterprogramm zuerst aufzugliedern ("parsen" in ein-
fachster Form), ehe eine Bearbeitung der Einzelposten beginnt. Dies etwa
wäre das Muster für eine solche Konstruktion:

```
PROGRAM prozedurdemo_mit_variabler_Parameteranzahl;
USES crt;
VAR param : string;
```

```
    PROCEDURE variant (wort : STRING);
    VAR       liste : ARRAY [1..10] OF STRING;
              vorne : STRING;
              i, wo : integer;
        zahl, code : integer;

        PROCEDURE trennen (wort : STRING);
        BEGIN
        i := 1;
        REPEAT
        wo := pos (',', wort);
        IF wo > 0 THEN vorne := copy (wort, 1, wo - 1)
                  ELSE vorne := wort;
        WHILE vorne [1] = ' ' DO delete (vorne, 1, 1);
        liste [i] := vorne;
        delete (wort, 1, wo);
        i := i + 1
        UNTIL wo = 0;
        wo := i;
        END;

    BEGIN                                (* Prozedur variant *)
    trennen (wort);
    FOR i := 1 TO wo DO write (liste [i], '   '); writeln;
    i := 0;
    REPEAT                    (* Demo Abarbeitung der Parameter *)
       i := i + 1;
       val (liste [i], zahl, code);
       IF code = 0 THEN writeln (zahl * zahl)
                   ELSE writeln (liste [i])
    UNTIL i > wo;
    END;

    BEGIN                                   (* Testprogramm *)
    clrscr;
    param := '2, abcdef,x, 27, dfg hhx, 3';
    variant (param);  (* readln *)
    END.
```

Dies ist – nebenbei – ein Fall, in dem das Unterprogramm eine eigene
Prozedur enthält.

Mit Blick auf Kapitel 9 lassen sich auch prozedurale Typen deklarieren,
eine besonders interessante Möglichkeit, Programme sehr flexibel zu gestalten. Hier ein Beispiel mit einer Funktion:

```
    PROGRAM riemann_integration;
    TYPE       funk = FUNCTION (x : real) : real;
    VAR     funktion : funk;
            schritte : integer;
            von, bis : real;
```

```
(*$F+*)                                    (* sog. FAR CALL, siehe [1] *)
FUNCTION test (x : real) : real;
BEGIN
test := x * sin (x)
END;
(*$F-*)

FUNCTION integral (f : funk; n : integer; links, rechts : real) :
real;
VAR summe, delta : real;
                i : integer;
BEGIN
summe := 0;
delta := (rechts - links)/n;
FOR i := 1 TO n - 1 DO summe := summe + abs ( f(links + i * delta) );
integral := (2 * summe + f(links) + f(rechts)) * delta * 0.5
END;

BEGIN                              (* -------------------- main *)
funktion := test;
von := 0; bis := 1;
schritte := 100;
write ('Integral über Testfunktion von  ', von : 5 : 2, ' bis ');
write (bis : 5 : 2, ' ist ');
writeln( integral (funktion, schritte, von, bis) : 5 : 3);
(* readln *)
END. (* ------------------------------------------------------------- *)
```

Als Testfunktion ist x ' sin (x) eingetragen. – Diese Funktion wird beim
Integrieren als Parameter übergeben, samt Angaben zu jenem Bereich, über
den integriert werden soll, nämlich von 0 bis 1 in 100 Schritten.

Mit der Compilerdirektive CALL FAR (Voreinstellung $F-) wird erreicht, daß
ein Unterprogrammaufruf auch möglich wird, wenn der entsprechende Teil des
Codes in einem anderen Speichersegment liegt: Dies ist hier der Fall. Läßt
man die Direktive weg, so erfolgt eine Fehlermeldung des Inhalts, daß der
Code für die Zuweisung *funktion := test;* des Hauptprogramms nicht gefunden
wird (ungültige Referenz, d.h. keine Übergabe der Parameter möglich). – Zu
Einzelheiten informiere man sich im TURBO Programmierhandbuch [1].

Auf Seite 88 finden Sie im Rückblick die Gegenüberstellung einer Aufgabe
mit und ohne Prozeduren im Lösungsalgorithmus; das zweite Listing enthält
eine Prozedur mit Selbstaufruf, was wir in Kapitel 13 ausführlich untersuchen werden: Sie können aber jetzt schon darüber nachdenken, warum die
zweite Lösung die Dualziffern in richtiger Reihenfolge (rückwärts) ausgibt, ohne daß eine Zwischenablage der vorwärts berechneten Werte nötig
wird ... Der Strichpunkt in der einzigen Anweisungszeile der dortigen
Prozedur *teile* spielt eine wichtige Rolle ...

Die elegante Konstruktion von Unterprogrammen mit völlig eigenständigen
Bausteinen kann dazu benutzt werden, oft benötigte Routinen so allgemein
zu formulieren, daß sie in jedem beliebigen Programm eingesetzt werden
können, somit nur ein einziges Mal erstellt (und getestet) werden müssen.
Man sammelt solche Moduln dann in einer <u>Programmbibliothek</u> auf Diskette.

Wir erläutern das Vorgehen an einem einfachen Beispiel. Nehmen wir an, es
sei eine Zahl daraufhin zu testen, ob sie prim ist. Wir schreiben:

```
(*****************************************************************)
(* PRIM.BIB                   Bibliotheksfunktion prim (zahl) *)
(*                      Übergabeparameter zahl ist ganzzahlig *)
(*                            Wert der Funktion:  boolean *)
(*****************************************************************)

FUNCTION prim (zahl : integer) : boolean;
VAR  d : integer; w : real;
     b : boolean;
BEGIN
w := sqrt (zahl);
IF zahl in [2, 3, 5] THEN b := true
                ELSE IF zahl MOD 2 = 0
                     THEN b := false
                          ELSE BEGIN
                               b := true; d := 1;
                               REPEAT
                                  d := d + 2;
                                  IF zahl MOD d = 0
                                     THEN b := false
                               UNTIL (d > w) OR (NOT b)
                               END;
     prim := b
END;


PROGRAM primpruefung;    (* Einladen eines INCLUDE-Files beim *)
USES crt;                                    (* Compilieren *)
VAR   n : integer;
      c : char;
(*$I PRIM.BIB*)  (* <--------auf Disk A: z.B. A:KP12PRIM.BIB *)
(* Wichtig :       ein Blank zwischen Direktive und File! *)
BEGIN  (* -------------------------------------------------- *)
n := 1;
WHILE n > 0 DO BEGIN
      clrscr;
      write ('Primprüfung der Zahl (0 = Ende) ... : ');
      read (n);
      IF prim (n) THEN writeln (' ist Primzahl.')
                ELSE writeln (' ist keine Primzahl.');
c := readkey
                END
END. (* -------------------------------------------------- *)
```

Das wiedergegebene Hauptprogramm bindet beim Compilieren das sog. *Include-File* mit dem Compilerbefehl $I PRIM.BIB von der Peripherie ein, ohne daß dieses File im Editor sichtbar wird; fallweise gibt man den vollständigen Pfad an. – Dieser kann auch im Hauptmenü *Options* unter *Directories* und weiter *Include Directories* ... angegeben werden.

Ein Programm kann mehrere Include-Files anfordern, jeweils genau an der Stelle, wo der Text logisch erforderlich wird: Es ist daher möglich (und eine häufige Anwendungsform), sehr lange Quelltexte in entsprechende Blöcke zu zerlegen, einzeln zu bearbeiten und nur beim Compilieren in den Arbeitsspeicher einzulesen. Sofern sich während eines Übersetzungslaufs ein Fehler in einem Include-File findet, lädt der Compiler dieses in den Vordergrund und gestattet die unmittelbare Verbesserung samt folgendem Neustart. Testen Sie den beschriebenen Vorgang, indem Sie *PRIM.BIB* direkt in den Editor laden, einen Fehler einbauen, wieder abspeichern und dann das Hauptprogramm laden und übersetzen lassen.

Ein etwas komplizierteres Beispiel von solchen sog. "Bibliotheksroutinen" demonstrieren wir mit einer Sortierübung:

```
(**************************************************************)
(* BUBB.BIB       Bibl.-Prozedur BUBBLESORT (wieviel, bereich) *)
(* 2 Übergabeparameter: wieviel  (Elemente : natürliche Zahl) *)
(*          bereich (feld = ARRAY OF Type im Hauptprogramm !) *)
(*          Austauschvariable  = Typ des Bereichselements *)
(**************************************************************)

PROCEDURE bubblesort (wieviel : integer; VAR bereich : feld);
VAR i, schritte : integer;
            merk : worttyp;
               b : boolean;
BEGIN
schritte := 0; b := false;
WHILE b = false DO BEGIN
   b := true;
   FOR i := 1 TO wieviel - 1 DO BEGIN
       IF bereich [i] > bereich [i+1] THEN BEGIN
           merk := bereich [i]; bereich [i] := bereich [i+1];
           bereich [i+1] := merk;
           schritte := schritte + 1; b := false
                                          END
                       END
           END;
writeln ('Anzahl der Schritte: ', schritte)
END;
```

Das schon bekannte Sortierverfahren wurde zunächst im folgenden Programm an der Einschubstelle getestet, dann als Block mit dem Namen BUBB.BIB auf eine Diskette hinauskopiert, im Programm gelöscht und durch die Direktive ersetzt. Wie die Sortierroutine letztlich funktioniert, ist gleichgültig; sie muß für den Einsatz lediglich hinreichend genau in ihrer Schnittstelle beschrieben sein. Dies kann in unserem Fall mit einem kurzen Text erledigt werden, den man dem Quelltext voranstellt.

```
PROGRAM vergleiche_sortieren;
USES crt;
CONST      c = 800;
TYPE worttyp = integer;              (* worttyp und feld zwingend *)
        feld = ARRAY [1..c] OF worttyp;
VAR     i, n : integer;
   zahl : feld;
(*$I BUBB.BIB*)                              (* Auf Disk KP12BUBB.BIB *)
BEGIN (* ---------------------------------------------------- *)
clrscr;
write ('Wieviele Zahlen sortieren? (n <= 800)  '); readln (n);
FOR i := 1 TO n DO zahl[i] := random (1000);
FOR i := 1 TO n DO write (zahl [i] : 4);
delay (2000); writeln (chr (7)); clrscr;
bubblesort (n, zahl);
writeln (chr(7));
FOR i := 1 TO n DO write (zahl [i] : 4)
END. (* ---------------------------------------------------- *)
```

Die folgende Prozedur kann anstelle von Bubblesort mit ('$I STEC.BIB')
eingebunden werden, für Zahlen wie für Wörter. Stecksort ist zwar etwas
schneller als Bubblesort, löst aber das Sortierproblem für große Felder
ebenfalls nicht. Stecksort beruht darauf, daß aus dem unsortierten Rest
der Liste das jeweils vorderste Element herausgenommen und in eine durch
Verschieben wachsende und sortierte neue Liste im Feld vorne entsprechend
seiner lexikographischen Anordnung eingetragen wird. Auch für dieses Verfahren gilt, daß der Zeitbedarf mit dem Quadrat der Listenlänge zunimmt.

```
(*********************************************************)
(* STEC.BIB       Bibl.-Prozedur STECKSORT (wieviel, bereich) *)
(*       Parameter wie bei Prozedur BUBBLESORT der Bibliothek *)
(*********************************************************)

PROCEDURE stecksort (wieviel : integer; VAR bereich : feld);
VAR i , k, v, schritte : integer;
                merk : worttyp;
                   b : boolean;
BEGIN
schritte := 0;
FOR i:= 1 TO wieviel - 1 DO BEGIN
    FOR k := 1 TO i DO BEGIN
        IF bereich [k] > bereich [i+1] THEN
            BEGIN
                schritte := schritte + 1;
                merk := bereich [i+1];
                FOR v := i+1 DOWNTO k+1 DO
                    bereich [v] := bereich [v-1];
                bereich [k] := merk
            END
                        END
                        END;
writeln ('Anzahl der Schritte: ', schritte)
END;
```

Sind Bibliotheken thematisch zusammengestellt, so wäre eine Beschreibung
der Prozeduren und Funkionen in einem Begleitbuch (Manual) sinnvoll.

Mit Blick auf ein Beispiel von Seite 142 geben wir noch eine Funktion zur
Berechnung von Mittelwerten an. Die Beschreibung hat wieder die Form, wie
sie in einer Bibliothek gegeben werden könnte.

```
(***********************************************************)
(* ARIT.BIB        Bibl.-Funktion mittel (wieviel, woraus) *)
(*                 arithmetisches Mittel                  *)
(*        wieviel : integer;                              *)
(*         woraus : TYPE feld als ARRAY des Leitprogramms *)
(*                       Wert von Mittel ist stets real *)
(***********************************************************)

FUNCTION mittel (anzahl : integer; platz : feld) : real;
VAR   i : integer;
     sum : real;
BEGIN
sum := 0;
FOR i := 1 TO anzahl DO sum := sum + platz[i];
mittel := sum/anzahl
END;
```

Zum Testen dient folgendes Programm:

```
PROGRAM leitprogramm_arit;
USES crt;
TYPE   feld = ARRAY[1..50] OF real;
VAR  n, num : integer;
      werte : feld;
(*$I ARIT.BIB*)                     (* Auf Disk KP12ARIT.BIB *)

BEGIN
clrscr;
writeln ('Arithmetisches Mittel aus n Zahlen ... ');
write ('Wieviele Eingaben ... '); readln (num);
writeln;
FOR n := 1 TO num DO BEGIN
                     write ('Wert Nr. ', n : 2, '   : ');
                     readln (werte [n])
                     END;
writeln; write ('Arithmetisches Mittel ... ');
writeln (mittel (num, werte) : 5 : 2)
END.
```

Für den bisher beschriebenen Bibliothekstyp ist charakteristisch, daß die
jeweils vorhandenen Routinen im Quelltext direkt zugänglich sind, demnach
u.U. auch verändert, abgeschrieben und direkt aufgenommen werden könnten.
Wir haben aber in vielen Programmen auch schon sog. Units verwendet, und
zwar bisher *crt* und *printer*.

Eine <u>Unit</u> ist eine bereits übersetzte Sammlung von Variablen, Prozeduren
und Funktionen. Die genannten Units, ferner *system*, *dos* und *overlay*, also
insgesamt fünf Pakete, sind Bestandteile der sog. <u>Laufzeitbibliothek</u> von
TURBO mit dem Namen TURBO.TPL. Diese Bibliothek wird beim Start der Entwicklungsumgebung automatisch geladen.

Benötigt man Routinen aus einer solchen Unit z.B. beim Drucken, so wird
diese im Programmkopf mit

```
PROGRAM name;
USES crt, printer;
...
```

aufgerufen mit der Wirkung, daß ansonsten unbekannte Anweisungen wie z.B.
writeln (lst, ...); (aus der Unit *printer*) beim Übersetzungslauf eingebunden werden können. – Generell gilt: Die Unit *system* enthält alle
Grundfunktionen von TURBO Pascal; sie wird im Gegensatz zu den übrigen
vier nicht deklariert.

Die Unit *crt* ist für die Kontrolle des Bildschirms zuständig, für Bild-
schirmfarben und Fenster, für die Cursorsteuerung, dann für die Tastatur
und schließlich den Lautsprecher; eine Übersicht finden Sie auf Seite 108.

Die Unit *dos* enthält Routinen und Datentypen, über die ein Pascal-Programm
Funktionen von MS.DOS aufrufen kann; eine Inhaltsübersicht finden Sie zu
Ende dieses Kapitels; im Kapitel 14 besprechen wir Anwendungen.

overlay regelt die sog. <u>Overlay-Verwaltung</u> von TURBO Pascal. Overlays sind
Teile eines Pascal-Programms, die zu verschiedenen Zeiten denselben Haupt-
speicherbereich benutzen. Diese Technik wird notwendig, wenn der Code sehr
großer Programme unter Laufzeit nicht mehr vollständig im Speicher gehalten werden kann und somit in Teilen "nachgeladen" werden muß.

Stets gilt, daß beim Compilieren der Maschinencode nur um genau jene Teile
erweitert wird, die tatsächlich erforderlich sind. Deklariert man also die
Unit *crt*, ohne daß z.B. *gotoxy* oder *crlscr* benötigt werden, so hat das auf
die Länge des erzeugten Codes keinen Einfluß.

Während die bisher genannten Units in TURBO.TPL zusammengefaßt sind, sind
einige seltener benutzte auf der Systemdisk von TURBO direkt erkennbar:

GRAPH.TPU ist die sog. Grafikbibliothek (siehe Kapitel 17); TURBO3.TPU
bzw. GRAPH3.TPU werden notwendig, wenn Programme in älteren Versionen von
TURBO erstellt, aber mit TURBO 6.0 übersetzt werden sollen.

Das Konzept von TURBO sieht vor, daß der Programmierer auch <u>eigene Units</u>
entwerfen, übersetzen und in Programme einbinden kann. Vor aller Theorie
hier ein aussagekräftiges Beispiel:

Eine Unit wird als Workfile vom Typ *.PAS wie üblich im Editor erstellt.
Beim Übersetzungslauf auf die Peripherie entsteht automatisch ein File des
Typs *.TPU, in unserem Fall zu ownthing.pas also die Unit ownthing.tpu,
ausgelöst durch das einleitende reservierte Wort UNIT.

```
UNIT ownthing;

INTERFACE
                        (* dies ist der sog. öffentliche Teil *)
USES crt;
VAR color : integer;
PROCEDURE logo (breite, tiefe : integer);
PROCEDURE geheim (VAR wort : string);

IMPLEMENTATION
                        (* nicht öffentlicher Teil *)
PROCEDURE logo;
BEGIN
clrscr;
window (40 - breite, 12 - tiefe, 40 + breite, 12 + tiefe);
textbackground (color)
END;

PROCEDURE geheim;
VAR c : char;
    i : integer;
BEGIN
wort := '';
FOR i := 1 TO 5 DO BEGIN
    c := upcase (readkey);
    wort := wort + c
                END;
END;
END.
```

Zwischen den beiden reservierten Wörtern *INTERFACE* und *IMPLEMENTATION*
wird der <u>öffentliche Teil der Unit</u> deklariert, die <u>Schnittstelle</u>: Das sind
Konstanten, Datentypen, Variablen sowie Prozeduren und Funktionen, die
später allgemein zugänglich sind, d.h. beim Einbinden der Unit in ein Programm von dort aus ohne weitere Deklaration benutzt werden können.

Im <u>Implementationsteil</u> werden die Blöcke für die Prozeduren und Funktionen
näher beschrieben, also der eigentliche Quellcode, wobei eine Wiederholung
der Parameterlisten aus den Köpfen nicht erforderlich ist. Analoges gilt
für eventuelle Funktionen, die in unserem Beispiel nicht vorkommen. In
diesem <u>nicht öffentlichen Teil</u> der Unit können zu Beginn (also vor den
Prozeduren) weitere Deklarationen von Konstanten usw. aufgeführt werden,
die dann im Implementationsteil ausschließlich lokalen Charakter haben.
Schließlich kann der Implementationsteil zuletzt noch einen eigenen Anwei-
sungsteil aufweisen, der durch *BEGIN* eingeleitet wird und mit dem *END.* der
Unit (ohne weiteres END) abschließt. Ist ein solcher Block vorhanden (etwa
zum Initialisieren von Speicherplätzen), so wird zuerst ausgeführt.

Beachten Sie den globalen Charakter der in der Unit deklarierten Variablen
color und die Bedeutung des Referenzparameters *w* vom Typ *String*, der aus
der Sicht des TURBO Compilers einfach ist; hätte man in der Unit *STRING[5]*
vereinbart, so hätte dort *wort* per *TYPE* im Interface deklariert werden
müssen, um in der Prozedur als Übergabeparameter dienen zu können!

Hier ist ein Testprogramm für die Unit:

```
PROGRAM test_unit;
USES ownthing, crt;
VAR k : integer;
    w : STRING;

BEGIN
clrscr;
textbackground (black);
FOR k := 1 TO 12 DO BEGIN
    color := k;
    logo (30 - k, k)
                        END;
gotoxy (1, 11);
FOR k := 1 TO 117 DO write ('*');
geheim (w);
IF w = 'ABCDE' THEN write (chr (7))
        ELSE halt;
gotoxy (1, 11);
FOR k := 1 TO 117 DO write ('+');
readln
END.
```

Beim Übersetzen des Testprogramms muß sichergestellt werden, daß die Unit
ownthing vom Compiler gefunden wird. Nehmen wir an, TURBO liegt auf der
Festplatte C: in einem Unterverzeichnis \TURBO, die Unit ownthing.tpu ist
auf Laufwerk A: abgelegt: Öffnen Sie im Hauptmenü das Untermenü *Options*
und stellen Sie unter *Unit Directories ... C:\TURBO; A:* ein bzw. ergänzen
Sie den dortigen Eintrag vom Installieren am Ende der u.U. langen Zeile
mit A: Sie bewirken damit, daß Systemunits (TURBO.TPL) weiterhin im eingetragenen Unterverzeichnis gesucht werden, unsere eigene Unit aber auf
Laufwerk A: wie gerade angenommen.

Je nach Einstellung der Zeile *EXE & TPU directory ...* erfolgt das Compilieren dann auf das gewünschte Laufwerk, sofern Sie im Untermenü *Compile*
bereits auf *Compile ... Disk* umgestellt haben. – Im Fenster *Directories*
findet sich (wie schon erwähnt) auch die Möglichkeit, für Include-Files
Laufwerke bzw. Unterverzeichnisse anzugeben, sofern dies nicht schon bei
der Direktive des Quelltextes im aufrufenden Hauptprogramm geschieht ...

Zur Erinnerung: Die einzelnen Zeilen des Directory-Fensters erreichen Sie
ausnahmsweise mit der TAB-Taste. – Ein Eintrag wird geschrieben und mit
<RETURN> übernommen bzw. ein bereits vorhandener mit ESC durch Verlassen
bestätigt.

Ein wichtiger Hinweis zuletzt: Units, die beim Compilieren eines Quelltextes eingebunden werden sollen, müssen mit derselben TURBO Version erstellt worden sein, mit der das Hauptprogramm compiliert werden soll.
Andernfalls ist die Quelle nicht übersetzbar ...

Beim Arbeiten an komplizierteren Programmen ist es unbequem, mehrere Files
(Include-Files, Units, weitere Quellen zur Information) immer wieder zu

160

laden und eventuell zu speichern, etwa um nur Details nachzusehen oder
kleinere Fehler auszubessern. Für diesen Fall sieht TURBO eine einfach zu
bedienende <u>Mehrfenstertechnik im Editor</u> vor:

```
 ≡ File  Edit  Search  Run  Compile  Debug  Options   Window  Help
┌─────────────────────── D:OWNTHING.PAS ───────┐ ┌─────────────────────────┐
│UNIT ownthing;                                 │ │ Size/Move    Ctrl-F5    │
│                                               │ │ Zoom              F5    │
│INTERFACE                                      │ │ Tile                    │
│                        (* dies ist der öffentliche│ Cascade                 │
│USES crt;                                      │ │ Next              F6    │
│VAR color : integer;                           │ │ Previous     Shift-F6   │
│PROCEDURE logo (breite, tiefe : integer);      │ │ Close        Alt-F3     │
│PROCEDURE geheim (VAR wort : string);          │ ├─────────────────────────┤
│                                               │ │ Watch                   │
│IMPLEMENTATION                                 │ │ Register                │
│        (* nicht öffentlicher Teil, auch weitere Va│ Output                  │
│PROCEDURE logo;                                │ │ Call stack   Ctrl-F3    │
│BEGIN       ─[■]───────────────────── TEST_UNI.│ │ User screen  Alt-F5     │
│clrscr;     │PROGRAM test_unit;                │ ├─────────────────────────┤
│window (40  │USES ownthing, crt;               │ │ List...        Alt-O    │
│textbackgr  │VAR k : integer;                  │ └─────────────────────────┘
│END;        │    w : STRING;                   │
│            │                                  │
│PROCEDURE   │BEGIN                             │
│VAR c : ch  │clrscr;                           │
│    i : in  │textbackground (black);           │
│            │FOR k := 1 TO 12 DO BEGIN         │
└────────────┴──────────────────────────────────┘
 F1 Help | Change the size or position of the active window
```

<u>Abb.</u>: Editor mit zwei Fenstern und geöffnetem Window-Menü

Hier wurde mit *Open* des File-Menüs zunächst der Quelltext von ownthing
eingeladen, dann in einem zweiten Ladevorgang das Hauptprogramm test_unit.
Mit den Optionen *Previous* bzw. *Next* des Window-Menüs können Sie nun
zwischen den beiden existierenden "Schreibtischen" hin- und herschalten
und vom Fenster des Hauptprogramms aus jederzeit einen Testlauf starten.

Die jeweils vorderste, also sichtbare Editorseite ist die aktuelle. Eine
endgültig nicht mehr benötigte Quelltextumgebung kann mit *Close* getilgt
werden. Mit *Size/Move* können Sie das jeweils sichtbare vorderste Fenster
in seiner Größe und Position verschieben; dies geschah in der Abbildung
mit dem Fenster des Hauptprogramms, dem zweiten also. – Im Untermenü *File*
schließlich finden Sie eine Option, mit der die Inhalte aller Fenster gespeichert werden können, während *Save* nur auf das aktuelle Fenster wirkt.
Save as ... dient dazu, das File des aktiven Fensters unter einem anderen
Namen zu speichern, als in der Kopfzeile angegeben ist.

Warum Units? Zum einen können damit sehr lange Quelltexte übersichtlich in
Einheiten gegliedert und einzeln bearbeitet werden. Ferner lassen sich in
Units Programmbibliotheken thematisch zusammenstellen und in compilierter
Form anbieten, ohne daß man Details kennen muß. Damit entfällt für diese

Routinen auch die Compilierzeit, denn in *.TPU liegt fertiger Maschinencode vor. Diese Tatsache nutzen die Systemunits von TURBO aus. Und nicht zuletzt bietet sich mit Units die Möglichkeit, gewisse Routinen nach ihrem internen Aufbau geheimzuhalten, also nur eine Anwendungsvorschrift mitzuliefern. Will man beispielsweise ein Copyright in einem Programm auch mit teilweise gelieferten Quelltexten verbindlich erzwingen, so schreibt man dies in eine Unit zusammen mit einigen Prozeduren, die im Programm unbedingt erforderlich sind und liefert diese Unit nur in compilierter Form mit dem Quelltext aus.

Noch einige technische Hinweise: Wird in einem Programm eine Variable deklariert, deren Bezeichner auch in einer eingebundenen Unit existiert, so ist diese Variable im Programm als lokal zu verstehen, ihre Bearbeitung erfolgt in Routinen der Unit wie dort definiert, im Hauptprogramm hingegen nach der dortigen Deklaration.

Units können andere Units aufrufen; durchaus möglich, aber komplizierter, ist der wechselseitige Aufruf. – Falls solche Situationen unverzichtbar werden, konsultiere man [2]. Ferner ist es möglich, häufig benutzte Units mit dem Hilfsfile TPUMOVER (d.h. 'TPU – mover') in die Systembibliothek TURBO.TPL einzubinden, sodaß sich eine jeweilige Angabe nach *USES* ... erübrigt. Details hierzu ebenfalls im genannten Manual. Da wir uns in diesem Buch mehr mit dem Grundsätzlichen beschäftigen und keine riesengroßen Programme bauen, mögen diese Hinweise genügen.

Ein paar Bemerkungen noch zu den Systemunits. Wir haben gesehen, daß Units Variablen deklarieren können, die dann global verfügbar sind. Solche "vordeklarierten" Bezeichner sind auch in Systemunits vorhanden. Dazu gehören in der Unit *crt* Bezeichner zur direkten Bildschirmsteuerung, so etwa die BOOLEsche Variable *Checkbreak*, die, sofern auf *False* eingestellt, einen Programmabbruch mit Ctrl-Break verhindert. – Auf einige dieser Bezeichner kommen wir in späteren Kapiteln dieses Buchs zurück; vollständige Übersichten finden Sie in Kapitel 12 von [1].

Im übernächsten Kapitel 14 werden wir uns mit einigen Möglichkeiten der Systemprogrammierung beschäftigen. Interessant ist daher eine Zusammenstellung jener Routinen aus TURBO, mit denen einschlägige Aktionen ausgelöst werden können. Einige sind schon in der Unit *system* implementiert, müssen also nicht mit der Unit *dos* aufgerufen werden:

```
getdir (Laufwerk, VAR String);
mdir   (String);
chdir  (String);
rmdir  (String);
move   (...);              (siehe Seite 108)
seg sowie ofs
dseg
maxavail
memavail
paramcount
paramstr
halt;                     Abb.: wichtige Systemzugriffe
exit;                         über die Unit system
```

Die ersten vier Prozeduren dienen der Directory-Verwaltung; das aktuelle
Laufwerk wird in *getdir* mit der Nummer 0 angesprochen, ansonsten bedeuten
1, 2, 3, ... der Reihe nach A:, B:, C: ... Die Namen der Prozeduren sind
bei gleicher Bedeutung DOS entlehnt.

Mit den Funktionen *ofs* und *seg* können Offset und Segment einer Adresse
nachgefragt werden; die beiden folgenden Funktionen der Übersichtsliste
geben Informationen zum freien Speicher (Heap), die wir im Kapitel 19 über
Zeiger brauchen können:

```
PROGRAM adresse;
VAR inhalt : STRING;
BEGIN
inhalt := 'Diese Zeile ...');
write    ('Die Datenliste VAR beginnt im Speicher bei ... ');
writeln (dseg, ':0000');
write    ('Die Variable inhalt beginnt an der Adresse ... ');
writeln (ofs (inhalt), ':',  seg (inhalt);
writeln ('Freier Arbeitsspeicher z.Z. ', memavail);
writeln ('Größter freier Abschnitt    ', maxavail, ' Byte');
END.
```

Viele Programme (und auch Routinen von DOS, wie z.B. das Kommando FORMAT)
können beim Start wahlweise mit oder ohne Parameter aufgerufen werden. Wie
wird das im Quelltext konstruiert?

TURBO enthält standardmäßig zwei Systemfunktionen *paramcount* und *paramstr*,
die beim Starten eines EXE-Files ab DOS das Kommando auf danach folgende
Parameter testen, fallweise vorhandene Parameter zählen, dann abklammern
und danach Verzweigungen (d.h. Optionen zur Wahl) zulassen.

Das nachfolgende Listing kann zwar aus dem Editor gestartet werden, aber
ohne eigentliche Kommandozeilen-Eingabe. Es reagiert daher in diesem Fall
stets mit der Antwort "Keinerlei interpetierbare Parameter übergeben ...".
Also muß dieses Programm zuerst auf Diskette compiliert und dann von der
DOS-Kommandozeile aus mit einer Eingabe wie z.B. *param 1 a* aufgerufen
werden, je nach Name des Codes.

```
PROGRAM parameteruebergabe_demo;
USES crt;
VAR        anzahl : word;
             pnum : integer;              (* Parameterzählung *)
                p : STRING [1];           (* Eingabeparameter *)
                i : integer;      (* Für Vorführung der Fälle *)

(* Der Aufruf des compilierten Programms parstart.exe unter  *)
(* DOS erfolgt mit parstart <p> <p> ...    z.B. parstart 1 a  *)
(* oder parstart z . Die Parameter können die Werte 1, 2, 3,  *)
(* a bzw. z haben.  - Die Reihenfolge der Aufrufe ist egal;   *)
(* kein, einer oder mehrere Parameter sind wahlweise möglich  *)
```

```
BEGIN (* -------------------------------------------------------- *)
pnum := paramcount;
clrscr;
          (* Standardfunktion zählt die angegebenen Parameter *)
          (* bei Programmstart jeweils mit Blank(s) abtrennen *)
          (* Die Erfassung geschieht mit Funktion paramstr( ) *)
writeln; writeln;
IF pnum = 0
   THEN write
        ('Keinerlei interpretierbare Parameter übergeben ...')
   ELSE BEGIN
        FOR anzahl := 1 TO pnum DO p := paramstr (anzahl);
        writeln;
        anzahl := 1;
        REPEAT                          (* einige Demo-Optionen *)
           p := paramstr (anzahl);
           IF p = '1' THEN FOR i := 1 TO 5 DO writeln (i);
           IF p = '2' THEN FOR i := 1 TO 5 DO writeln (i*i);
           IF p = '3' THEN FOR i := 1 TO 5 DO writeln (i*i*i);
           IF p = 'a' THEN FOR i := 65 TO 69
              DO writeln (chr(i));
           IF p = 'z' THEN FOR i := 90 DOWNTO 86
              DO writeln (chr(i));
           writeln; writeln;
           anzahl := anzahl + 1
        UNTIL anzahl > pnum
        END
END. (* -------------------------------------------------------- *)
```

Entsprechend den eingebauten Demo-Verzweigungen wird im konkreten Fall die
Parameterübergabe zur Optionensteuerung eingesetzt.

Wichtige Prozeduren und Funktionen aus der Unit *dos* sind u.a.:

```
findfirst
findnext
fsplit
getfattr
getdate bzw. gettime
getftime
intr
msdos
setfattr
setdate bzw. settime

diskfree
disksize
dosversion
fexpand
fsearch
```

Abb.: Routinen aus der Unit dos (Kapitel 14)

Zum folgenden Kapitel über Rekursion:

Im allgemeinen bereitet es große Schwierigkeiten, aus der rekursiven Definition einer Folge (a_n) eine explizite Formel für die a_n abzuleiten; für die sog. FIBONACCI – Zahlen (Seite 165 ff) ist eine explizite Formel jedoch bekannt:

$$a_n := \frac{1}{2^n \sqrt{5}} \left((1 + \sqrt{5})^n - (1 - \sqrt{5})^n \right), \quad n := 0, 1, 2, \ldots$$

Die folgende Abbildung zeigt für n = 0 ... 1000 eine grafische Darstellung der sog. Hofstätter-Folge a_n (Seite 167 ff). Für deren Größenordnung gilt annähernd $a_n \approx n/2$, aber man erkennt sehr gut das periodische Hin- und Herpendeln, z.B. ab $n \approx 760$ um Werte von 300 bis 600.

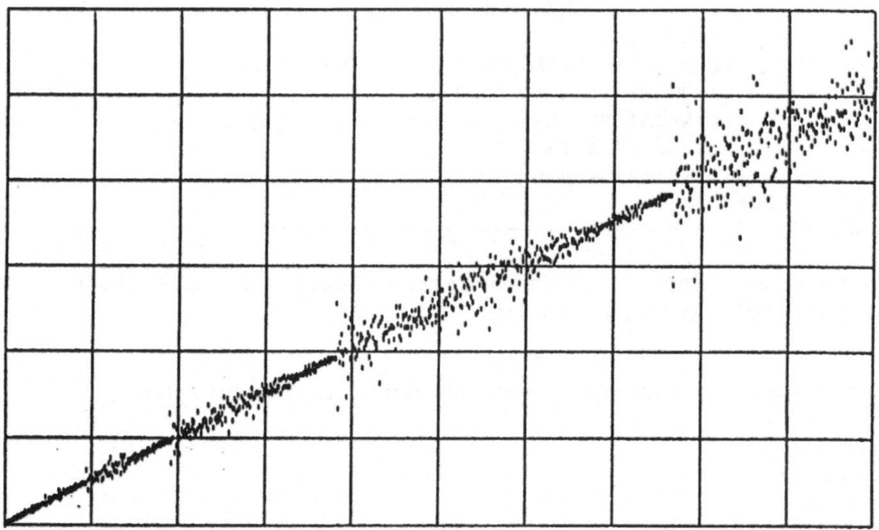

Abb.: Hofstätter-Folge im Koordinaten-Netz 1000 * 600

13 REKURSIONEN

Prozeduren und Funktionen nach Kapitel 11 können sich gegenseitig aufrufen, ja sogar <u>Selbstaufruf</u> durchführen. - Wir beginnen mit einem sehr
einfachen Beispiel; nach FIBONACCI (alias LEONARDO von PISA, um 1200) benannt ist die "rekursiv" definierte Folge

$$a_n := a_{n-1} + a_{n-2} \quad \text{mit} \quad a_1 = a_2 = 1.$$

Ein späteres a_n wird also auf die Summe der beiden unmittelbaren Vorgänger
zurückgeführt, was noch relativ einfach ist. Um a_n zu kennen, muß man demnach die beiden Vorgänger ermitteln, die wiederum auf ihre Vorgänger usw.
bis zum Anfang der Rekursion zurückgeführt werden. Diese beginnt mit zwei
Startwerten. (Sie hat übrigens etwas mit Generationenfolgen zu tun.) Hier
ist das zugehörige Programm, eine unmittelbare Umsetzung der mathematischen
Definition:

```
PROGRAM fibonacci1;
USES crt;
VAR i, num, aufruf : integer;

FUNCTION f (zahl : integer) : integer;
BEGIN
   aufruf := aufruf + 1;
   IF zahl > 2 THEN f := f (zahl-1) + f (zahl-2)
              ELSE IF zahl = 2 THEN f := 1
                                ELSE f := 1
      (* kurz: ELSE f := 1 *)
END;
BEGIN (* ------------------------------- Hauptprogramm *)
   clrscr;
   write ('Wie weit? ... '); readln (num);
   FOR i := 1 TO num DO BEGIN
                  aufruf := 0;
                  write   (i : 2, f (i) : 8);
                  writeln (' >> Aufrufe: ', aufruf : 5)
                  END                (* ;readln *)
END.  (* -------------------------------------------- *)
```

Die Programmierung von f ist sehr elegant, aber wegen der Rekursion recht
speicherplatz- und zeitintensiv und für größere *num* nicht mehr durchführbar,
wie man im Versuch bald merkt. Im sich selbst verwaltenden sog. <u>Stack</u>,
einem Speicherbereich des Rechners (mit der Meldung STACK OVERFLOW bei er-
schöpftem Platz), wird nämlich folgendes Schema z.B. für f(6) aufgebaut:

```
f(6) =                 f(5)                      + f(4)
     =            f(4)          + f(3)           + f(3)  + f(2)
     =      f(3)      +f(2) +f(2) +f(1)  + f(2)+f(1)     + 1
     = f(2)+ f(1)  + 1     + 1    + 1     + 1    + 1      + 1
     = 1     + 1    + 1    + 1    + 1     + 1    + 1      + 1
     = 8
```

Abb.: Rechenbaum im Stack für num = 6

Die vorstehende Tabelle muß organisiert werden; das Programm enthält zum
Verfolgen dieses Vorgangs eine globale Variable *aufruf*, die für jedes
f(num) angibt, wie oft dabei die Funktion f aufgerufen worden ist. Auch
im Programmcode haben wir eine echte Rekursion vor uns, also den Selbstaufruf eines Unterprogramms mit hoffentlich definierter Abbruchbedingung,
ein Rechnen von "oben" nach "unten". Es stellt sich die Frage, auf welche
Weise sehr große a_n dieser Folge in der Praxis ermittelt werden können: Im
vorliegenden Beispiel kennt man zwar noch eine explizite Formel für diese
a_n; ohne deren Kenntnis (siehe Seite 164) bietet es sich jedoch an, die
Vorgänger des letztlich gewünschten a_n in einer Liste von "unten" nach
"oben" abzulegen:

```
PROGRAM fibonacci2;
USES crt;
VAR i, num : integer;
        far : ARRAY [1..200] OF rea;            (* reell! *)
BEGIN (* ------------------------------------------------ *)
   clrscr; write ('Wie weit? ... '); readln (num);
   far [1] := 1; far [2] := 1;
   FOR i := 1 TO num DO BEGIN
        IF i < 3 THEN writeln (i : 4, far [i] : 25 : 0)
                ELSE BEGIN
                        far [i] := far [i-1] + far [i-2];
                        writeln (i : 4, far [i] : 25 : 0)
                END
                        END              (* ;readln *)
END. (* ---- Bei größerem num FLOATING POINT OVERFLOW *)
```

Diese zweite Programmversion "schaut bereits berechnete Werte so nach",
wie man von Hand die Liste erstellen würde; sie läuft zudem im "Gleich-
takt", ist also unvergleichlich schneller. Wir sind jetzt nicht rekursiv,
sondern iterativ vorgegangen, schrittweise von unten nach oben. Da das
Feld *far* in jedem Falle begrenzte Größe hat, sind auch hier die Möglichkeiten der Berechnung sehr beschränkt. Nun braucht man aber offenbar nur
die beiden unmittelbaren Vorgänger eines jeden a_n; daher ist dies die
geschickteste Lösung:

```
PROGRAM fibonacci3;
USES crt;
VAR i, num : integer; far : ARRAY [1..3] OF real;
BEGIN (* ------------------------------------------------ *)
clrscr; far [1] := 1; far [2] := 1; i := 1;
write ('Wie weit? ... '); readln (num);
REPEAT
   IF i < 3 THEN writeln (i : 4, far [i] : 30 : 0)
                ELSE BEGIN
                        far [3] := far [2] + far [1];
                        writeln (i : 4, far [3] : 30 : 0);
                        far [1] := far [2]; far [2] := far [3]
                        END;
   i := i + 1
UNTIL i > num
END. (* ------------------------------------------------ *)
```

Diese Lösung ist ebenfalls iterativ aufzufassen, auch wenn sich das Problem ursprünglich rekursiv darstellt. Während das erste Listing rekursiven Code erzeugt, ist das bei den beiden folgenden Lösungen nicht der Fall...

Exemplarisch liegen also drei ganz verschiedene Lösungsmöglichkeiten vor, von denen die erste zwar theoretisch die einfachste, aber in der Praxis aus Zeit- und Speicherplatzgründen nicht beliebig durchführbar ist. Auch die zweite Lösung ist wegen endlicher Feldgröße nicht universell genug. Unsere dritte Lösung hingegen mit "Verschiebungstechnik" ist Ansatzpunkt für äußerst raffinierte Techniken zum Beherrschen selbst sehr komplizierter Rekursionen.

Eine sehr interessante Folge ist die sog. HOFSTÄTTER-Folge, die ebenfalls rekursiv definiert ist; das sehr komplizierte Bildungsgesetz

$$h(n) := h(n - h(n-1)) + h (n - h(n-2)) \quad \text{mit } h(1) = h(2) = 1$$

wird im folgenden Listing direkt als Funktion deklariert:

```
PROGRAM hofstaetter_rekursiv;
USES crt;
VAR i, n : integer; s : real;

FUNCTION hof (k : integer) : integer;
BEGIN
s := s + 1;
IF k < 2
THEN hof := 1
ELSE hof := hof (k - hof(k-1) )  +  hof (k - hof (k-2) )
END;

BEGIN (* ------------------------------------------------- *)
clrscr; write ('Index n ... '); readln (n);
FOR i := 1 TO n DO BEGIN
                s := 0;                 (* Aufrufzähler *)
                writeln (i : 3, hof (i) : 6, s : 10 : 0)
                        END
END. (* ------------------------------------------------- *)
```

Starten Sie dieses rekursive Programm höchstens mit Werten von n um 20. Die Wartezeiten sind nämlich enorm und der Zähler s zeigt auch warum: Der Rückgriff auf alte (frühere) Werte der *h (i)* ist hier reichlich undurchsichtig, da er über die Indizes erfolgt, die ihrerseits erneut die Folgendefinition ausnutzen. Versuchen Sie einmal selbst, eine Liste der ersten Folgenwerte über die obige Definition von Hand anzulegen ...

Versuchen wir eine Lösung nach dem Muster des zweiten Programms, also eine Listenführung mit iterativem Berechnen von unten nach oben:

```
PROGRAM hofstaetter_statisch;
USES crt;
VAR  i, n : integer; hofar : ARRAY [1..2000] OF integer;
```

```
BEGIN (* ------------------------------------------------ *)
clrscr;
write ('Index n ... '); readln (n);
hofar[1] := 1; hofar[2] := 2;
writeln ('   1       1'); writeln ('   2       2');
FOR i := 3 TO n DO BEGIN
    hofar [i] := hofar [i - hofar[i-1]] + hofar [i - hofar[i-2]];
    writeln (i : 4, hofar [i] : 6)
                    END
END.  (* -------------------------- Abbildung Seite 164 *)
```

Zwar läuft dieses Programm jetzt durch einfaches "Nachschauen" äußerst
schnell ab, d.h. h (2000) oder auch etwas mehr kann ohne weiteres ermittelt werden, aber wie steht es mit erheblich größeren Indizes?

Da wir die jeweils benötigten Vorgänger zur Berechnung eines h (n) trotz
Liste nur indirekt über die Indizes kennen, bleibt uns nur der Weg, einen
möglichst langen, zusammenhängenden Abschnitt von Vorgängern abzulegen und
nach jedem Rechenschritt "dynamisch" um Eins zu verschieben, demnach ganz
vorne befindliche h (j) schrittweise zu "vergessen":

```
PROGRAM hofstaetter_dynamisch;            (* "Verschiebung" *)
USES crt;
CONST           c = 1000;             (* bzw. c = 2000; s.u. *)
VAR  i, r, n, v : integer;
            hofar : ARRAY [1..c] OF integer;
            aus : boolean;
BEGIN (* ---------------------------------------------------- *)
clrscr;
write ('Index n ... '); readln (n);
hofar [1] := 1; hofar [2] := 2;
FOR i := 3 TO c DO                    (* erstes "Füllen" *)
    hofar [i] :=
     hofar [i - hofar[i-1]] + hofar [i - hofar[i-2]];
FOR i := 1 TO c DO writeln (i : 6, hofar [i] : 6);
r := c + 1; v := 1;
REPEAT
   FOR i := 1 TO c - 1 DO hofar [i] := hofar [i+1];
   aus := false;
   IF (r - v - hofar [r-v-1] < 1)
      OR (r - v - hofar [r-v-2] < 1) THEN aus := true;
   hofar [c] :=
      hofar [r - v - hofar[r-v-1] ] +
         hofar [r - v - hofar[r-v-2] ];
   IF NOT aus THEN writeln (r : 6, hofar [c] : 6);
   r := r + 1; v := v + 1
UNTIL (r > n) OR (aus = true);
readln
END. (* ------------ h(1878) = 1012 bzw. h(3405) = 2012 *)
```

Die BOOLEsche Variable *aus* dient dabei der Feststellung, ob in der Liste
so weit zurückgegriffen werden muß, daß wir vor deren ständig wachsendem
Anfang zu liegen kommen. Sobald das zutrifft, ist das Programm zu Ende.

Offensichtlich ist, daß hier im Gegensatz zur FIBONACCI-Folge beliebig große h (n) prinzipiell nicht ermittelt werden können, es sei denn, wir kennen eine explizite Formel (Recherchen waren erfolglos). – Immerhin ist dieses dynamische Verfahren des Aufbaus und Verschiebens einer Liste in zweifacher Hinsicht (Tempo und Index) der direkten Rekursion (also Selbstaufruf der Prozedur: erstes Programm) weit überlegen.

Übungshalber wollen wir die Berechnung der Fakultät rekursiv durchführen, also ein Programm von Seite 59 in anderer Version aufschreiben, wobei die Abbruchbedingung nicht übersehen werden darf:

```
PROGRAM fakultaet_rekursiv;
USES crt;
VAR i , k, s : integer;

FUNCTION fak (n : real) : real;
BEGIN
s := s + 1;
IF n > 1 THEN fak := n * fak (n-1) ELSE fak := 1
END;


BEGIN (* ------------------------------------------------ *)
clrscr; write ('Fakultät bis ... '); readln (k);
FOR i := 1 TO k DO BEGIN
                s := 0;                   (* Aufrufzähler *)
                writeln (i : 4, fak (i) : 20 : 0, s : 4)
                    END
END. (* ------------------------------------------------ *)
```

Verlassen wir Funktionen und versuchen wir rekursive Prozeduren; ein Beispiel hatten wir bereits auf Seite 88. Hier nun ein anderes:

```
PROGRAM rekursive_prozedur;
USES crt;
VAR wort : STRING;
    oft : integer;

PROCEDURE loeschen (VAR wort : STRING);
VAR i : integer;
BEGIN
oft := oft + 1;
i := 0;
REPEAT
   i := i + 1
UNTIL (wort [i] = ' ') OR (i > length (wort));
IF i < length (wort) THEN BEGIN
                          delete (wort, i, 1);
                          loeschen (wort)
                          END
END;
BEGIN (* ------------------------------------------- *)
clrscr; oft := 0; readln (wort);
```

```
      loeschen (wort);
      writeln (wort); writeln (oft, ' Aufrufe.');
      (* readln *)
      END. (* ------------------------------------------------ *)
```

Das Programm nimmt aus einem String die Blanks heraus und komprimiert ihn;
für einen ordnungsgemäßen Abbruch der Rekursion sorgt die Standardfunktion
length; ein Zähler *oft* zeigt, daß einmal öfter aufgerufen wird, als der
String Blanks enthält.

Die folgende Aufgabe ist weit schwieriger; es geht um eine Liste aller jeweils n! Permutationen von n Elementen. Wir verwenden als Elemente die
Ziffern 1 ... 9 und erwarten, daß z.B. für n = 3 alle sechs Permutationen

$$123 \qquad 132 \qquad 213 \qquad 231 \qquad 312 \qquad 321$$

systematisch geordnet erscheinen. Man erhält sie wie folgt rekursiv: Kennt
man alle Permutationen zur Ordnung 2 (dies sind für zwei Elemente a und b
die Anordnungen a_b bzw. b_a), so können jene zur Ordnung 3 leicht dadurch
hergestellt werden, daß man jeweils eines der 3 Elemente voranstellt und
dann sämtliche Permutationen der übrigen anhängt. Das sieht für n = 3 so aus:

```
      1 ... 2 3      (d.h. 1 auswählen, 2 und 3 permutieren usw.)
      1 ... 3 2
      2 ... 1 3
      2 ... 3 1
      3 ... 1 2
      3 ... 2 1
```

Dies sind n = 3 Gruppen zu (n-1)! = 2! Permutationen, insgesamt n! = 3!
oder sechs Permutationen. Da dies für jedes n gilt, ist dies nebenbei die
Beweisidee für die Formel zur Anzahl n! bei beliebigem n.

Hier ist zunächst eine erste Lösung, alle Permutationen aus n Elementen
(hier also aus den Ziffern 1 bis n <= 9) systematisch und vollständig ausgelistet zu bestimmen:

```
      PROGRAM permutationslexikon;      (* lexikographisch geordnet *)
      USES crt;
      TYPE                  folge = SET OF 1..9;
      VAR                   liste : folge;
                              xar : ARRAY[1..9] OF integer;
          n, k, i, min, s, num, bis : integer;
                            taste : char;
      BEGIN (* ------------------------------------------------ *)
      clrscr; bis := 1;
      write ('Permutationen aus max. 9 Elementen ... '); readln (n);
      FOR i := 1 TO n DO BEGIN
                        xar[i] := i;            (* Generiert 123...n *)
                        bis := bis * i
                        END;
      writeln ('Es gibt ', n, '! = ', bis, ' Permutationen.');
```

```
writeln ('Per Tastendruck weiterschreiben bis Taste 0 ...');
writeln; num := 1;
REPEAT
  liste := [];
  write ('Nr. ', num : 5, '         ');
  FOR i := 1 TO n DO write (xar[i]); writeln;
  i := n;
  REPEAT
     liste := liste + [xar[i]];
     i := i - 1
  UNTIL xar[i] < xar[i+1];
  IF xar[i] + 1 IN liste THEN BEGIN
                             liste := liste + [xar[i]];
                             xar[i] := xar[i] + 1;
                             liste := liste - [xar[i]]
                             END
                        ELSE BEGIN
                             min := n;
                             FOR k := 1 TO n DO
    IF (k IN liste) AND (k < min) AND (k > xar[i]) THEN
                                             min := k;
                             liste := liste - [min];
                             liste := liste + [xar[i]];
                             xar[i] := min;
                             END;
  FOR k := i+1 TO n DO BEGIN
                    min := n;
                    FOR s := 1 TO n DO
                    IF (s IN liste) AND (s<min) THEN min := s;
                    liste := liste - [min];
                    xar[k] := min
                       END;
   taste := readkey; num := num + 1
UNTIL (taste = '0') OR (num > bis)
END. (* --------------------------------------------------- *)
```

Dieses Programm besitzt keinerlei Prozeduren und ist schon deswegen schwer
durchschaubar. Ein entsprechendes rekursives Programm (zunächst wie eben
zur Permutation von Ziffernfolgen) sieht weitaus eleganter und kürzer so
aus:

```
PROGRAM permutationen_rekursiv;
USES crt;
TYPE            liste = SET OF 1..9;
VAR          s, k, n : integer;
                vorgabe : liste;
                 a, b : ARRAY[1..9] OF integer;


PROCEDURE perm (zettel : liste);
VAR   i : integer;
     neu : liste;
```

```
    BEGIN
    k := k + 1;                                 (* k zählt bis Menge [] *)
    FOR i := 1 TO n DO
        BEGIN
        IF i IN zettel THEN
            BEGIN
            neu := zettel - [i];
            a[k] := i;                          (* abgetrennte i merken *)
            IF neu <> [] THEN perm (neu)
                        ELSE BEGIN              (* Ausgabe *)
                        FOR s := n+1-k TO n DO
                            b[s] := a[s-n+k];
                        FOR s := 1 TO n DO write (b[s]);
                        write (' ');
                        k := 1
                            END
            END                                 (* OF neu <> ... *)
          END                                   (* OF IF i IN ... *)
    END;


    BEGIN (* --------------------------- aufrufendes Hauptprogramm *)
    clrscr;
        write ('Permutationen zur Ordnung (n < 10) ... ');
        readln (n); vorgabe := [1..n]; k := 0;
        perm (vorgabe)
    END.   (* ----------------------------------------------------- *)
```

Den Sinn der komplizierten Ausgaberoutine erkennen Sie, wenn Sie den Rumpf
der Prozedur zunächst so schreiben:

```
    BEGIN                               (* Zähler k fehlt ... *)
    FOR i := 1 TO n DO BEGIN
        IF i IN zettel THEN BEGIN
            neu := zettel - [i];
            write (i);
            IF neu <> [] THEN perm (neu)
                        ELSE write (' ')
                            END
                        END
    END;
```

Die Variablen s und k sowie beide Felder kommen also nicht vor. Sie werden
feststellen, daß dann zwar prinzipiell richtig permutiert wird (so stimmt
insb. die Anzahl n! der Ausgaben), aber eine unterschiedliche Anzahl "vor-
derer Elemente" fehlt bei jeder Niederschrift. – Daher die Variable k, die
in einer Verzweigung zählt, wann das endgültige Ende je einer Permutation in
der Rekursion erreicht wird, und wieviele Elemente a[k] bis dahin hätten
ausgegeben werden können. – Das alte Feld ist b; diesem werden von rückwärts
eben diese Elemente aufgeschrieben, dann wird das teilweise überschriebene
Feld b komplett ausgegeben.

Das Programm sieht zunächst nur Permutationen bis zur Ordnung 9 vor, da die
"10" als zweiziffrige Zahl in einer fortlaufend ausgegebenen Ziffernfolge

nicht erkannt werden kann. Es läuft aber auch für weit größere n einwandfrei
erkennbar ab, wenn man z.B. Buchstaben permutiert.

Ändern Sie dazu im obigen Programm einige Zeilen:

```
TYPE liste = SET OF 'A'..'Z';
      a, b : ARRAY [1..26] OF char;
                                (* Auf Disk KP13PCHR.PAS *)
VAR i : char;                           (* in der Prozedur *)
FOR i := chr(65) TO chr(64 + n) DO BEGIN ...
(* Permutationen zur Ordnung n < 27 ... *)

vorgabe := ['A'..chr(64+n)];            (* im Hauptprogramm *)
```

Diese Programmversion mit Buchstaben statt Ziffern läuft ohne Probleme (und
recht schnell), wenn auch u.U. für größeres n sehr lange ...

Es folgt eine Programmierung des berühmten Damenproblems, das schon den
großen Mathematiker CARL FRIEDRICH GAUSS (1777 – 1855) beschäftigt hatte,
ohne daß er die vollständige Lösungsmenge hätte angeben können.

Die Aufgabe besteht darin, auf einem Schachbrett acht Damen derart zu verteilen, daß sie sich gegenseitig nicht schlagen können. – Insgesamt gibt es
92 Lösungen, die mit der Methode des sog. 'Backtracking' gefunden werden
können. Die nachfolgend benutzte Lösungsstrategie ist in dem sehr lesens-
werten Buch [25] von WIRTH näher erläutert. – Wir geben die Lösungen mit
"Textgrafik" aus.

```
PROGRAM damen_problem;
USES crt;
CONST             spalte = 8;
VAR               dame : ARRAY[1..spalte] OF integer;
   index, num, posx, posy : integer;
                     a : char;

FUNCTION bedroht (i : integer) : boolean;
VAR k : integer;
BEGIN
bedroht := false;
FOR k := 1 TO i - 1 DO
    IF (dame[i] = dame[k]) OR
       (abs(dame[i] - dame[k]) = i - k)
          THEN bedroht := true
END;

PROCEDURE ausgabels;                      (* als Liste *)
VAR           k : integer;
BEGIN
write ('Lösung Nr. ', num : 3, ' >>> ');
FOR k := 1 TO spalte DO write (dame[k] : 4);
writeln
END;
```

```pascal
PROCEDURE ausgabegf;                         (* als Textgrafik *)
VAR         z, s : integer;
            taste : char;
BEGIN
FOR z := 1 TO spalte DO BEGIN
    gotoxy (posx, posy);
    FOR s := 1 TO dame[z] - 1 DO write (' . ');
    write (' ', '#', ' ');
    FOR s := dame[z] + 1 TO spalte DO write (' . ');
    posy := posy + 1
                        END;
posx := posx + 28;
posy := posy - 8;
IF num MOD 3 = 0 THEN BEGIN
                        posx :=  1;
                        posy := 13
                        END;
IF num MOD 6 = 0 THEN BEGIN
        posx := 1;
        posy := 3;
        writeln; writeln;
        write (' Lösungen ', num-5, ' bis ', num);
        write ('              >> Nächstes Blatt ... ');
        taste := readkey;
        clrscr
                        END
END;


BEGIN (* ------------------------------- Hauptprogramm *)
clrscr;
num := 0;
posx := 1; posy := 3;
writeln ('Alle Lösungen des Damenproblems ... ');
write   ('Ausgabe als Liste (L) oder Bild (B) ... ');
a := upcase (readkey);
clrscr;
writeln;
index := 1; dame[index] := 0;
WHILE index > 0 DO
BEGIN
  REPEAT
     dame[index] := dame[index] + 1
  UNTIL (NOT bedroht(index)) OR (dame[index] > spalte);
  IF dame[index] <= spalte THEN IF index < spalte
     THEN BEGIN
            index := index + 1;
            dame[index] := 0
            END
     ELSE BEGIN
            num := num + 1;
            IF a = 'L' THEN ausgabels ELSE ausgabegf;
            index := index - 1
            END
```

```
                        ELSE index := index - 1
      END;
      writeln; writeln;
      writeln ('Insgesamt ', num, ' Lösungen.')
      END.  (* --------------------------------------------- *)
```

Weitere Beispiele rekursiven Programmierens folgen u.a. auch im Kapitel
über Grafik. - Wir behandeln jetzt noch den Fall gegenseitigen Aufrufs
von Prozeduren bzw. Funktionen.

Eine Prozedur Eins kann eine andere Prozedur Zwei nur aufrufen, wenn Zwei
vor Eins deklariert ist. Verlangt nun die Prozedur Zwei ihrerseits Eins,
so ist eine Deklaration der beiden Prozeduren in irgendeiner Reihenfolge
zunächst nicht mehr möglich. Wir wählen als Beispiel den 3-a-Algorithmus
von Seite 62 und formulieren mittels sog. <u>FORWARD-Deklaration</u> wie folgt:

```
      PROGRAM wechselseitiger_aufruf;
      VAR   a : integer;
            z : integer;                          (* Schrittzähler *)

      PROCEDURE addieren (VAR n : integer); FORWARD;

      PROCEDURE halbieren (VAR n : integer);
      BEGIN
      z := z + 1; write (n : 5);
      n := n DIV 2;
      IF n MOD 2 = 0 THEN halbieren (n)
                  ELSE addieren   (n)
      END;

      PROCEDURE addieren (VAR n : integer);
      BEGIN
      z := z + 1; write (n : 5);
      IF z < 500 THEN IF n > 1 THEN BEGIN
                                   n := 3 * n + 1;
                                   halbieren (n)
                                   END
                              ELSE exit (* Ausstieg bei Ende n = 1 *)
                  ELSE exit        (* Nothalt bei vielen Durchläufen *)
      END;

      BEGIN
      z := 0; readln (a); writeln;
      IF a MOD 2 = 0 THEN halbieren (a)
                  ELSE addieren   (a);
      writeln; writeln ('Ende ...');
      writeln (z, ' Schritte ... '); (* readln *)
      END.
```

Natürlich haben wir das seinerzeit viel einfacher gelöst; aber dieses
Listing ist ein instruktives Beispiel. Die Forward-Deklaration macht der
folgenden Prozedur *halbieren* die andere bekannt, obwohl jene erst später

deklariert wird: Für den Compiler genügt zur Syntaxprüfung in *halbieren*
zunächst nur der Name der anderen Prozedur samt Übergabeparametern.

Neu ist die Prozedur *exit*, mit der eine Prozedur abgebrochen oder beendet
werden kann, und zwar mit Rücksprung in das aufrufende Programm, ohne es
anzuhalten (nicht zu verwechseln mit der Prozedur *halt*).

Diese Aufgabe kann aber noch anders gelöst werden; erinnern wir uns daran,
daß Unterprogramme fast wie eigenständige Programme aufgebaut sind und
daher in ihrem Deklarationsteil wieder Prozeduren oder Funktionen enthalten dürfen. Mit diesem Gesichtspunkt ergibt sich eine völlig andere
Lösung für den seltsamen Divisionsalgorithmus, nämlich ...

```
PROGRAM aufruf_unterprozedur;
VAR a, z : integer;

PROCEDURE addieren (VAR n : integer);

    PROCEDURE halbieren (VAR n : integer);
    BEGIN
    IF n MOD 2 = 0 THEN BEGIN
                        n := n DIV 2; z := z + 1
                        END;
        addieren (n)
    END;

BEGIN                       (* PROZEDUR addieren *)
write (n : 5);
IF (n = 1) OR (z > 200) THEN exit;
IF odd (n) THEN BEGIN
                z := z + 1;
                n := 3 * n + 1; write (n : 5)
                END;
halbieren (a)
END;                        (* Ende halbieren *)

BEGIN (* ----------------------------------- *)
z := 0; readln (a); writeln;
addieren (a);
writeln; writeln ('Ende ...');
writeln (z, ' Schritte ... ');
readln
END. (* ----------------------------------- *)
```

Jetzt ist keine FORWARD-Deklaration mehr nötig; ist nämlich *halbieren* als
Unterprozedur von *addieren* (oder umgekehrt) erklärt, so hat der Compiler
keine Probleme beim Übersetzen ... Für beide Lösungsansätze gilt aber, daß
die Abbruchbedingung des rekursiv codierten Algorithmus sehr sorgfältig
bedacht werden muß.

Die zu den vorstehenden Prozedurbeispielen gegebenen Erklärungen gelten
sinngemäß auch für wechselseitigen Funktionsaufruf; (mindestens) eine der
Funktionen muß daher FORWARD erklärt werden.

Die neueren Versionen von TURBO Pascal verfügen über Prozeduren zum unmittelbaren Zugriff auf DOS; insbesondere der Umgang mit Interrupts gehört zu den nützlichsten und interessantesten Kapiteln der Systemprogrammierung auf einem PC. Wir geben daher eine erste Einführung soweit, daß der Leser später mit einschlägiger Literatur ohne Mühe tiefer eindringen kann.

Aus der Sicht des zentralen Prozessors CPU ist ein Interrupt (engl. Unterbrechung) ein externes Signal, das den Prozessor veranlaßt, die momentane Arbeit anzuhalten, die aktuellen Parameter aufzubewahren und irgendeine andere Prozedur abzuarbeiten, ehe er zur unterbrochenen Arbeit zurückkehrt und diese an der richtigen Stelle fortsetzt. – Die Speicherzellen der CPU, die sog. Register, werden im Gegensatz zum Arbeitsspeicher der Maschine nicht mit Adressen, sondern mit Namen angesprochen:

AH	AL	Allgemeine Register AX
BH	BL	BX
CH	CL	CX
DH	DL	DX
SP (Stackzeiger)	
BP	
SI	Basis- und Indexregister
DI	
CS (Codesegement)	
DS (Datensegment)	
ES (Extrasegement)	Segmentregister
SS (Stacksegment)	
IP	Befehlszeiger
11 ... 1	Flagregister

Abb.: Die 16-Bit-Register der Baureihen 8086/80286

In den Registern werden unter Laufzeit Informationen (Adressen, Daten und Maschinenbefehle) abgelegt und bearbeitet. Die Inhalte der Register sind wegen der Größe von 2 Byte als Zahlen nur im Bereich 0 ... 65535 ($FFFF) interpretierbar, sodaß weit größere Adressen des Arbeitsspeichers durch sog. Segmentierung verschlüsselt werden müssen (Seite 187).

Die allgemeinen Register AX ... DX können jedoch auch als 8-Bit-Register angesprochen werden: Dann bedeutet z.B. AH den "high"-Teil, AL den "low"-Teil (niedrigwertige, rechte Bits) des AX-Registers. Mit diesen Registern werden wir aus der Sicht von TURBO zunächst arbeiten.

Die Interrupts der Baureihe 8086/8088 und 80286 lassen sich nach 8 Gruppen A ... F gliedern. Sie alle sind in einschlägigen Handbüchern zu DOS näher beschrieben (Beispiele folgen sogleich), wobei Zahlenangaben stets hexadezimal gemeint sind:

```
A:  00 bis 04  CPU-Interrupts
B:  05         Hardcopy des Bildschirms  (siehe S. 188)
C:  08 bis 0F  PC-Hardware-Interrupts (08 Zeitgeber)
D:  10 bis 1F  BIOS-Funktionen
E:  20 bis 27  DOS-Interrupts, insb. 21H, Funktionsaufruf
F:  28 bis 5F  reserviert für Erweiterungen etc.
```

In der Sprachumgebung TURBO ist die Interrupt-Programmierung ab Version 4.0 problemlos möglich, da die notwendigen Schnittstellen als Standardprozeduren vorhanden sind:

```
intr (Interrupt, Argument);
```

aktiviert einen Interrupt und gibt einen Ergebniswert zurück.

```
msdos (Argument); gleichwertig mit intr ($21, Argument);
```

dient zum direkten Aufruf sog. DOS-Funktionen. Um auf die Register der CPU bequem zugreifen zu können, ist ferner eine Variable *registers* als RECORD mit den Komponenten des CPU-Registers in der Unit *dos* vordeklariert.

Am Beispiel des Lesens der Systemzeit (d.h. der DOS-Funktion $2C oder 2CH, das nachgestellte H bedeutet hier hexadezimal) sei eine erste Anwendung illustriert. In MS.DOS-Handbüchern findet man zu dieser DOS-Funktion sinngemäß etwa folgende Erklärung:

<u>Get Time (Funktion 2CH)</u>

Mit dieser Funktion kann man die Systemzeit lesen.
Es gelten folgende Übergabeparameter:

```
CALL: INT 21
  AH: 2CH
------------------
RETURN
  CH: Stunden    (0 - 23)    Werte dezimal!
  CL: Minuten    (0 - 59)
  DH: Sekunden   (0 - 59)
  DL: 1/100 Sek. (0 - 99)
------------------
```

Die Funktion gibt die aktuelle Zeit über das Register zurück; das Registerpaar CX:DX enthält die Zeit in Stunden ...

Wie geht man mit diesen Hinweisen um?

CH:CL bedeutet wie gesagt den Hight/Low-Teil des Registers CX; beide Teile sind getrennt ansprechbar. Zunächst ist die Funktion $2C auf das Register AH zu schreiben und INT 21 zu übergeben. Nach RETURN finden wir die Einstellungen lesbar auf den Registern CX und DX; das folgende Listing läßt erkennen, wie die Beschreibung umgesetzt wird:

```
PROGRAM PC_zeitlesen;
USES dos, crt;
VAR  reg : registers;       (* standardmäßig unter TURBO 4.0 ff *)


BEGIN
clrscr;
reg.ax := $2C00;         (* d.h. zusammen AH := $2C; AL := $00; *)
intr ($21, reg);                 (* oder direkt msdos (reg); *)
WITH reg DO BEGIN
     writeln ('Uhrzeit ...');
     writeln ('Stunden     ', ch);
     writeln ('Minuten     ', cl);
     writeln ('Sekunden    ', dh)
          END
END.
```

Über das Register AX wird also die DOS-Funktion eingestellt; dann erfolgt der Aufruf wahlweise über *intr ($21, reg);* oder *msdos (reg).* – Danach stehen die aktuellen Werte zur Systemzeit in CX und DX zur Abfrage bereit.

Eine laufende Uhr erhält man somit auf folgende Weise:

```
PROGRAM lauf_uhr;
USES dos, crt;
VAR  reg : registers;

BEGIN
clrscr;
reg.ax := $2C00;
REPEAT
    intr ($21, reg);
    gotoxy (10, 10); write ('           ');
    gotoxy (10, 10);
    WITH reg DO write (ch, ':', cl, ':', dh)
UNTIL keypressed
END.
```

Beide Programme sind nur Demo-Beispiele für den Einsatz von Interrupts, denn Systemzeit wie Datum können in TURBO 6.0 mit Prozeduren direkt erfragt werden (Übersicht Seite 163). Dies gilt auch für das Setzen von Zeit und Datum.

Der Übung halber wollen wir die Systemzeit trotzdem über einen Interrupt einstellen: Man findet dazu analog zum Beispiel GET TIME etwa folgende Beschreibung:

<u>Set Time (Funktion 2DH)</u>

Mit dieser Funktion kann man die Systemzeit einstellen,
sofern eine Uhr auf dem XT/AT vorhanden ist.

```
CALL: INT 21
  AH: 2DH
  ------------------
   CH: Stunden
   CL: Minuten
   DH: Sekunden
   DL: Hundertstel   (jeweils im zulässigen Bereich)
  ------------------
RETURN:
   AL: 00  Zeit gültig
       FF  Zeit ungültig
```

Die in den Registern übergebene Zeit wird gesetzt; sind die Werte nicht
zulässig, so enthält AL anschließend den Wert FF. Die am PC laufende Zeit
wurde dann nicht verändert. Ist AL = 00, so erfolgte korrekte Übernahme.

Das nachfolgende Programm setzt hier zuerst Register über Eingaben des Benutzers, ehe deren Inhalte an die CPU übergeben werden.

```
PROGRAM PC_zeitsetzen;
USES dos, crt;
VAR reg : registers;

BEGIN
clrscr;
WITH reg DO BEGIN
      write ('Stunden      '); readln (ch);
      write ('Minuten      '); readln (cl);
      write ('Sekunden     '); readln (dh);
      write ('Hundertstel '); readln (dl)
            END;
reg.ax := $2D00;              (* Funktion 2DH einstellen *)
msdos (reg);                     (* Werte übergeben ... *)
IF reg.al = 0 THEN writeln ('Zeit korrekt übernommen ...')
             ELSE writeln ('Falsche Werte angegeben ...')
END.
```

Statt *msdos (reg);* könnte wieder *intr ($21, reg);* geschrieben werden.

Wie man an diesen ersten Beispielen sieht, ist alles eigentlich ganz einfach. Leider hat jedoch der Anfänger oft Probleme mit der Beschreibung der
Interrupts und DOS-Funktionen in den profimäßig geschriebenen Handbüchern,
und außerdem fehlen passende Programmbeispiele ...

Das folgende Listing enthält einige weitere Anwendungen, so insbesondere
die Abfrage nach freiem Speicherplatz auf Laufwerken und nach dem Datum:

```pascal
PROGRAM msdos_demo_aus_turbo_pascal;
USES crt, dos;
VAR register : registers;
    laufwerk : char;
          kb : integer;
       dummy : integer;

FUNCTION kb_frei (laufwerk : char) : integer;
VAR  xh : real;
BEGIN
WITH register DO BEGIN
    ax := $3600;     (* Dos - Funktion 36H, mit 2 Nullen auffüllen *)
    dx := ord (laufwerk) - 64; (* Laufwerkskennung im dl-Register *)
    msdos(register);    (* Generell: msdos aktiviert Interrupt 21H *)
    (* Aufruf daher auch per intr ($21, register); möglich ....   *)
    xh := ax * bx;          (* In ax, bx, cx stehen nach Aufruf ... *)
    xh := xh * cx; (* Sektoren pro Block, freie Blöcke, Byte/Sek. *)
    xh := xh / 1024; kb_frei := round (xh)
              END
END;


BEGIN    (* ------------------------------------------------------- *)
clrscr;
write ('Laufwerk A,B,C,D ... ? '); readln (laufwerk);
laufwerk := upcase (laufwerk);
kb := kb_frei (laufwerk); writeln;
writeln('Am Laufwerk sind ', kb, ' KB frei.');
writeln;                                        (* weitere Demos *)
register.ax := $2A00;                   (* Datum: Funktion 2AH *)
msdos (register);
WITH register DO BEGIN
    writeln ('Heutiges Datum ... ');
    writeln ('Wochentag ', al);          (* al : 0 = Sonntag usw. *)
    writeln ('Jahr       ', cx);                  (* cx : Jahr *)
    writeln ('Monat      ', dh);   (* dh : Monat, 1 = Januar usw. *)
    writeln ('dessen Tag ', dl) (* dl : wievielter Tag des Monats *)
              END;
writeln;
intr ($12, register);        (* Speichergröße, vorher keine Setzung *)
writeln ('Aktuelle Speichergröße unter DOS ', register.ax, ' KB.');
writeln;
register.ah := $88;
intr ($15, register);                         (* CALL INT 15 *)
writeln ('Extended Memory ', register.ax, ' KB.');
writeln;
register.ah := $30;              (* Funktion 30H, GET DOS-Version *)
intr ($21, register);
writeln ('Dos-Version ', register.al, '.', register.ah);
writeln ('Seriennummer ', register.bh);
(* readln *)
END.
```

So etwa sieht ein Programmlauf (ohne Leerzeilen) aus:

```
Laufwerk A, B, C, D ... ? a
Am Laufwerk sind 635 KB frei.
Heutiges Datum ...
Wochentag  4
Jahr       1992
Monat      1
dessen Tag 3
Aktuelle Speichergröße unter DOS 640 KB.
Extended Memory 384 KB.
DOS-Version 3.20
Seriennummer 0
```

Durch Direktzugriffe auf das System können von TURBO aus die unterschied-
lichsten Manipulationen ausgeführt werden: Man kann den Cursor verändern
(und damit auch unsichtbar machen); man kann einen elektronischen Schreibschutz anlegen, Directory-Einträge verstecken und schließlich auch eine
Routine für das Anzeigen der Directory programmieren, also das nützliche
DOS-Kommando DIR unter TURBO einbauen, etwa als Unterprogramm.

Einige dieser Wünsche können mit Prozeduren direkt erfüllt werden, wie die
Liste auf Seite 163 zur Unit *dos* zeigt; genauere Beschreibungen finden Sie
in [3]. Die folgenden Programmbeispiele sind jedoch nicht direkt als Prozeduren verfügbar, müssen also so oder ähnlich explizit codiert werden.

Zunächst ein Listing, wie der <u>Cursor unsichtbar</u> bzw. wieder sichtbar wird;
auch ein Verändern ist möglich:

```
PROGRAM cursordemo;
USES crt, dos;
VAR i : integer;

PROCEDURE cursor (Anfangszeile, Endzeile : byte);
VAR      register : registers;
BEGIN
WITH register DO BEGIN
                ch := Anfangszeile; cl := Endzeile;
                ah := 1
                END
intr ($10, register)
END;

 PROCEDURE hidecursor;                          (* monochrom 0, 0 *)
BEGIN cursor (11, 12) END;

PROCEDURE showcursor;                           (* monochrom 11, 12 *)
BEGIN cursor ( 6,  7) END;

PROCEDURE meincursor;                           (* anderer Cursor *)
BEGIN cursor ( 4,  7) END;

BEGIN (* ------------------------------------------------ Demo *)
clrscr; gotoxy (10, 5);
write('Dies ist ein Beispiel für den normalen Cursor');
```

```
      FOR i := 1 TO 100 DO BEGIN
                        delay (20); gotoxy (10, 10); write (i : 3)
                        END;
      delay (2000); gotoxy (10, 7);
      write ('... Die gleiche Schleife mit Hidecursor');
      hidecursor;
      gotoxy (10, 10); writeln('    ');
      FOR i := 1 TO 100 DO BEGIN
                        delay (20); gotoxy (10, 10); write (i : 3)
                        END;
      delay (2000);
      meincursor; delay (5000);
      showcursor
      END. (* -------------------------------------------------------- *)
```

Für Zwecke des Aus- und Einschaltens (Übergabe 0 / 1) allein lassen sich
die drei Prozeduren des vorstehenden Listings kurz zusammenfassen, wobei
im Hauptprogramm *USES dos;* deklariert sein muß:

```
      PROCEDURE cursor_schalten (n : integer);
      VAR reg : registers;
      BEGIN
      IF n = 0 THEN BEGIN  reg.ch := 11; reg.cl := 12  END
              ELSE BEGIN  reg.ch :=  6; reg.cl := 7   END;
      reg.ah := 1; intr ($10, reg)
      END;
```

Nunmehr geben wir eine <u>Bibliotheksroutine</u> für die Directory einer Diskette
unter Benutzung zweier Prozeduren von TURBO 6.0 aus der Liste von Seite
163 an; für ältere Versionen von TURBO finden Sie im nachfolgenden Kapitel
eine brauchbare Lösung.

Bemerkenswert ist, daß diese Routine im Gegensatz zum Kommando DIR von DOS
auch verdeckte Files anzeigt. Dies ist im nachfolgenden Testprogramm insofern von Bedeutung, als dessen Wirkung nicht mit dem Programm selbst überprüft werden kann, sondern nur auf DOS-Ebene. – Als <u>Suchweg</u> ist irgendein
Pfad anzugeben, allermindestens aber das Laufwerk samt Wildcards:

```
      A:*.*
```

```
(* DISK.BIB ********************* PROZEDUR diskinhalt/directory *)
(* Die Variable weg : STRING; (Suchweg) u.U. global deklarieren! *)
(* Nichtdeklarierte Variable sind bereits in dos [1] deklariert! *)
(* !Diese Unit wird im main, nicht in der Bibliothek aufgerufen! *)
(* ************************************************************** *)


PROCEDURE diskinhalt;
VAR    srec : searchrec;
     nothing : boolean;
    punktpos : integer;
     suffix : STRING [3];
        weg : STRING;
```

184

```
BEGIN (* ------------------------------------------------------- *)
nothing := true;
write ('Suchweg eingeben ... '); readln (weg);   (* z.B.  B:*.*  *)
IF weg <> '' THEN BEGIN
   findfirst (weg, anyfile, srec);
   WHILE doserror = 0 DO BEGIN
         WITH srec DO BEGIN
               punktpos := pos ('.', name);
               IF punktpos <> 0 THEN BEGIN
                  suffix :=
                  copy (name, punktpos + 1, length (name) - punktpos);
                  delete (name, punktpos, 1 + length (name) - punktpos)
                                 END
                           ELSE suffix := '';
               IF suffix = 'PAS' THEN BEGIN             (* <--- *)
               write (name : 8);
               write ('.', suffix : 3);
               IF (attr AND directory) <> 0
                  THEN write ('  <DIR>|')
                  ELSE write (' ', size : 6, '|')
                                 END;            (* ******** *)
                      END;
         findnext (srec);
         nothing := false
                        END;
   IF nothing THEN write ('Keine Einträge')
                  END;
writeln
END; (* ------------------------------------------------------- *)
```

In der vorliegenden Fassung werden nur Files mit der Extension PAS angezeigt; Sie können das an der mit (* <--- *) markierten Stelle beliebig so
verändern: *IF suffix = 'PAS' OR 'BAK' ...*, oder die beiden markierten
Zeilen überhaupt weglassen; dann werden auch Unterverzeichnisse <DIR> angezeigt. – Weiterhin wäre es möglich, die Files nicht nur am Bildschirm
anzuzeigen, sondern in ein ARRAY einzulesen und damit für spätere Zugriffe
bereitzuhalten, beispielsweise, um Files per Cursor anwählen zu können.
Eine solche Lösung finden Sie ebenfalls im folgenden Kapitel.

Hier ist nun das Testprogramm; entsprechende Aktionen können Sie übrigens
auch mit der Prozedur *setfaddr* (siehe Seite 163) ausführen.

```
PROGRAM hiddenfile;
    (* Macht Einträge von Files in der Directory (un)sichtbar *)
USES dos, crt;

TYPE stringtyp = string [40];        (* oder bei Bedarf länger *)
          regtyp = registers;
VAR      datei : stringtyp;
           wahl : char;
       register : registers;


(*$I DISK.BIB *)
```

```pascal
PROCEDURE hideshow (name : stringtyp);
BEGIN
name := name + chr(0);
WITH register DO BEGIN
                ds := seg (name); dx := ofs (name) + 1;
                ax := $4301;
                IF wahl = 'V' THEN cx := 02;
                IF wahl = 'A' THEN cx := 0
                END;
msdos (register)
END;
BEGIN (* ------------------------------------------------------ *)
clrscr; textbackground (white); clrscr; textcolor (black);
writeln; writeln (' Programm FILE : HIDE/SHOW ... ');
writeln; diskinhalt; writeln;
write (' Verstecken (V) oder Aufdecken (A) ... ');
readln (wahl);
wahl := upcase (wahl);
write (' Wie heißt das File (name.typ) ....... ');
readln (datei); hideshow (datei);
writeln (' Aktion durchgeführt ... ');
wahl := readkey
END. (* ------------------------------------------------------ *)
```

Bei der Eingabe des zu bearbeitenden Files kann natürlich ein Suchweg mit angegeben werden; möchte man diesen nicht wiederholen (da bereits bei der Directory abgefragt), so wäre die Variable *weg* global zu deklarieren und dem Dateinamen *datei* im Hauptprogramm durch Verkettung voranzustellen.

Mit Benutzung derselben Routine DISK.BIB läßt sich ein Listing angeben, mit dem der elektronische Schreibschutz bei Disketten aktiviert werden kann:

```pascal
PROGRAM lockfile;
(* Elektronischer Schreibschutz für beliebige Files *)
(* Alle Einträge in der Directory bleiben sichtbar. *)
USES dos, crt;
TYPE stringtyp = string [14];
VAR       wahl : char;
          name : STRING [14];
      register : registers;
PROCEDURE lock_or_not (name : stringtyp);
BEGIN
name := name + chr(0);
WITH register DO BEGIN
    ds := seg (name);
    dx := ofs (name) + 1;
    ax := $4301;
    IF wahl = 'S' THEN cx := 01;
    IF wahl = 'E' THEN cx := 0
                END;
msdos (register)
END;
```

```pascal
(*$I DISK.BIB *)
BEGIN    (* -------------------------------------------------------- *)
clrscr; textbackground (white); clrscr; textcolor (black);
writeln;
writeln (' Elektronischer Schreibschutz ... ');
writeln;
diskinhalt;
write   (' Wollen Sie (S)ichern oder (E)ntsichern? ... ');
readln (wahl); wahl := upcase (wahl);
write   (' Welches File (name.typ) ? .................. ');
readln (name);
writeln;
lock_or_not (name);
CASE wahl of
'S' : writeln (' ', name, ' : Schreibschutz installiert ... ');
'E' : writeln (' ', name, ' : Schreibschutz entfernt ...')
END;
wahl := readkey
END. (* ------------------------------------------------------- *)
```

Die Aufgabe, einen kompletten Bildschirm für späteres Vorzeigen zu retten,
haben wir bereits auf Seite 108 elegant gelöst. Sollten jedoch nur kleine
Ausschnitte interessant sein, so könnte man dem folgenden Listing genau
jene Adressen entnehmen, auf denen ganz bestimmte Zeichen des Bildschirms
zu finden sind:

```pascal
PROGRAM screencopy;
USES crt;

CONST       video = $B800;          (* für Colorkarte, sonst $B000 *)
VAR i, x, y, ofs : integer;
            a : ARRAY [1..2000] OF char;
        inhalt : FILE OF char;
            z : char;
BEGIN (* -------------------------------------------------------- *)
clrscr;
writeln ('Bildschirm beschreiben ...');
delay (3000);
FOR i := 1 TO 20 DO write ('TESTABCDEFGHIJKLMNOPQRSTUVWXYZ');
writeln;
FOR i := 1 TO 30 DO write ('0123456789');
writeln; writeln; delay (2000);
writeln ('Jetzt gehts via Schirmspeicher auf die Disk ...');
assign (inhalt, 'A:MONITEST.SCR');
rewrite (inhalt);
i := 1;
FOR y := 1 TO 25 DO       (* Bildschirmspeicher direkt auslesen *)
    FOR x := 1 TO 80 DO BEGIN
                        ofs := 160 * (y - 1) + 2 * (x - 1);
                        a[i] := chr (mem [video : ofs]);
                        write (inhalt, a[i]);
                        i := i + 1
                        END;
```

```
clrscr;
writeln ('Bildschirm direkt aus Speicher zurück ... ');
delay (3000);
clrscr;
FOR i := 1 TO 1999 DO write (a[i]);
delay (3000);
clrscr;
writeln ('Bildschirm von Disk holen ...');
delay (3000);
clrscr;
reset (inhalt);
FOR i := 1 TO 1999 DO BEGIN
                      read (inhalt, z); write (z);
                      END;
close (inhalt);
z := readkey
END. (* ----------------------------------------------------------- *)
```

Im Listing erkennt man eine geschachtelte Schleife, die über 25 Zeilen zu
je 80 Positionen läuft und offenbar den Bildschirminhalt zeichenweise auf
das von uns definierte Feld *a* kopiert. Zum Verständnis noch folgendes zur
Adressierung im Speicher:

Die vordefinierte Variable *mem [Segment : Offset]* ist ein ARRAY OF Byte
und gestattet den direkten Zugriff auf einzelne Speicheradressen des
Rechners; in unserem Fall schauen wir nach, was dort geschrieben steht.

Um eine Speicherstelle im Hauptspeicher der Maschine zu finden, verlangt
der Prozessor deren Adresse. Wäre diese nur ein 16-Bit-Wort (vgl. Abb.
Seite 177), so könnte man lediglich die Adressen 0 ... FFFF (d.h. 65535)
verwalten, d.h. nur 64 KB. Damit Adressenverwaltung bis zu einem Megabyte
(64 KB * 16 = 1024 KB) möglich wird, führt man eine Einteilung in maximal
64 KB lange Blöcke ein, die sog. <u>Segmentierung</u> des Speichers. (Offen ist
die Frage, warum DOS trotzdem nur bis 640 KB adressiert, wohl wegen der
seinerzeit kleineren Maschinen?)

Eine <u>Absolutadresse</u> wird durch den Beginn eines solchen Segments samt der
Relativadresse ab dieser Position ('Offset') definiert. Jedes Segment hat
eine Basisadresse; als <u>Segmentbasisadresse</u> kann jede Speicherstelle im
Raum der 1024 KB dienen, die durch 16 teilbar ist. Als 20-Bit-Wort muß das
dann eine Adresse sein, deren vier unterste Bit auf Null stehen. Demnach
gibt es 64 K verschiedene solche Adressen; jeweils ab einer solchen Basisadresse beginnend kann man innerhalb des folgenden Blocks (Segments) mit
den gewohnten 16-Bit-Wörtern als <u>Offset</u> adressieren. Die vollständige
Adresse wird dann wie folgt gebildet:

Auf einem der vier Segmentregister (meist CS) wird die Segmentbasisadresse
berechnet; sein Inhalt wird um vier Bit nach links verschoben. Dann wird
die Offset-Adresse aus dem Befehlszeiger IP hinzuaddiert, also die Relativadresse ab Basissegment. Das liefert zusammen die 20 Bit zum direkten
Zugriff auf den Speicherplatz.

Hier ist ein Beispiel mit Hexazahlen: Um vier Bit nach links verschieben heißt, dezimal mit 16, hexadezimal mit 10 multiplizieren:

```
1492          (Segmentbasisadresse)

1492          (Segment * 10, d.h. vier Bit nach links)
0100          (Offset aus IP dazu)
-----
14A20         (physikalische Adresse, dezimal 84 512)
```

In unserem Fall hat das Segment die Basisadresse $B800; dort beginnt die Ablage (also "Kopie") des Bildschirms im Speicher. Die im Listing erkennbare Formel berechnet für die einzelnen Positionen (x, y) des Bildschirms die Offsets der Speicherplätze. Mit *a[i] := chr (mem [Segment : Offset]);* wird das dort befindliche Byte herausgeholt und als Zeichen interpretiert auf *a[i]* abgelegt. Sie können testhalber umgekehrt auch direkt auf den Bildschirm schreiben, indem Sie den Arbeitsspeicher manipulieren:

```
PROGRAM screen;
USES crt;
CONST video = $B800;

BEGIN
clrscr;
delay (2000);
mem [video : 00] := 65;
readln
END.
```

Wir weisen der ersten Relativadresse des "Monitorsegments" den Wert 65 zu, d.h. den Code von A. Das Programm schreibt an der Position (1, 1) des Bildschirms tatsächlich ein A ... (Die Unit *crt* ist nur wegen *clrscr* deklariert.)

Manchmal benötigt man aus einem laufenden Programm heraus die PrtScr-Taste als <u>Hardcopy</u>; diese Funktion gibt es in TURBO nicht direkt; wir sprechen dazu einen Interrupt (siehe Liste Seite 178 oben) an:

```
PROCEDURE hardcopy;
USES dos;
VAR reg : registers;
BEGIN
intr ($05, reg)
END;
```

Die Variable *reg* ist nur deklariert, weil wir der Syntax wegen einen Eintrag brauchen, ohne daß *reg* irgendwie gesetzt wird.

Wir schließen noch eine <u>Paßwortroutine</u> an, die bei falschem Codewort den Rechner anhält. Sie können damit Programme vor unerlaubtem Zugriff wirksam schützen.

```pascal
PROGRAM passwortschutz;
USES dos;

(* Wird dieses Programm im AUTOEXEC.BAT eingebunden, so kann der *)
(* Rechner ohne Paßwort nur per Boot via Drive gestartet werden. *)
(* Routine gegebenenfalls in zu schützende Programme einbinden!! *)

PROCEDURE passwort;
TYPE  registertyp = registers;
VAR      register : registertyp;
      pass1, pass2 : String[8];

PROCEDURE lese;                         (* liest Passwort verdeckt ein *)
BEGIN
WITH register DO BEGIN
    pass2 := '';
    ah := $07;
    REPEAT
      msdos (register);
      IF al <> 13 THEN pass2 := pass2 + chr(al)
    UNTIL al = 13
                END
END;


BEGIN
pass1 := 'einszwei';            (* Dies ist z.B. das exakte Paßwort *)
write('CODE (mit <Return>  ');
lese;
writeln;
IF pass2 = pass1
   THEN write ('OK')
   ELSE BEGIN
        write('CODE wiederholen  ');
        lese;
        writeln;
        IF pass2 = pass1
           THEN write ('Zugang erlaubt ...')
           ELSE BEGIN
                writeln ('Systemzugang nicht erlaubt ...');
                write    ('Der Rechner kann nicht weiter ');
                writeln ('gebootet werden.');
                writeln ('Schalten Sie das System ab!');
                write(#7);
                WITH register DO BEGIN
                     intr($19, register)
                                END
                END
        END
END;                                    (* Ende Prozedur passwort *)

BEGIN (* --------------------------------- Aufruf der Prozedur *)
passwort
END.
```

Zu den äußerst schwierigen Kapiteln der Systemprogrammierung gehört das
Erstellen speicherresidenter Programme; zwar liefert TURBO hierfür eine
Prozedur *keep*, aber deren Anwendung ist nicht ohne Tücken.

Residente Programme sind solche, die unter Laufzeit irgendeines anderen
Programms im Hintergrund "lauern" und durch Betätigen eines sog. <u>Hot key</u>
über einen Interrupt aktiv werden. Für solche Programme muß vorab genügend
Speicher reserviert werden. Als Beispiel für ein solches sog. TSR-Programm
liefern wir auf Diskette eine ASCII-Tabelle in Farbe mit.

Auf Seite 133 haben wir kurz das Thema Viren angesprochen: Jene, die derartige Programme produzieren, haben kein Interesse an Publizität ihrer
Tricks: Diejenigen, die solches aufdecken, reden ebenfalls nicht gerne
über ihre Methoden. Denn daraus könnte man ebenfalls Rückschlüsse ziehen,
wie Viren programmiert werden ... Es ist durchaus möglich, dies auch von
Pascal aus zu tun. Der folgende Ansatz weist jedenfalls in die Richtung:

Wir schreiben heimlich eine Information in den Code eines compilierten
Prgramms, auch ohne Maschinenkenntnisse. – Folgendes muß man wissen: Der
Code wird auf der Diskette in Sektoren abgelegt, und es ist reiner Zufall,
wenn alle Sektoren voll besetzt sind. Gleichwohl weiß DOS genau, wo der
letzte benutzte Sektor sitzt, und der hat wie gesagt fast immer etliche
Bytes nach dem Ende des eigentlichen Programms frei. Das nächste Programm
beginnt nie in einem teilweise benutzten Sektor, sondern stets danach.
Diese Bytes können daher risikolos verändert, als "Deckung" für allerhand
manipulierbare Informationen benutzt werden. DOS merkt das nicht, d.h. der
Code bleibt lauffähig. Betrachten Sie folgendes Listing:

<u>WARNUNG : Vorerst nicht als EXE-File starten, weder</u>
<u>ab Disk, noch aus der TURBO Umgebung mit RUN!</u>

```
PROGRAM virus;
VAR    c : byte;
     i, a : integer;
        f : FILE OF byte;
BEGIN             (* --- Vorprogramm Filemanipulation *)
assign (f, 'VIRUS.EXE');
reset  (f);
a := 6;                   (* Eintrag zunächst beliebig *)
i := filesize (f) - a;
seek (f, i);
read (f, c);
seek (f, i);
IF c = 0 THEN halt
         ELSE BEGIN
              c := c - 1;
              write (f, c)
              END;
close (f);
(* ------- eigentliches Programm: Schleife als Demo *)
FOR i := 1 TO 100 DO write (i * i : 8);
readln
END.       (* ------------------------------------------ *)
```

Nachdem Sie Ihr eigentliches Programm (das ist hier nur die Demoschleife)
am Ende eingetragen haben, compilieren Sie das gesamte File auf Diskette.
<u>Starten Sie es keinesfalls: Es könnte sofort abstürzen und vielleicht
Schaden anrichten, also nur compilieren!</u> Unser Beispiel hat, wie Sie dann
auf DOS-Ebene mit DIR der Directory entnehmen können, genau 3232 Byte.

Nunmehr schauen Sie sich den Code dieses <u>nicht zu startenden Programms</u> mit
dem folgenden Hilfsprogramm an. Erinnern Sie sich: Wir können prinzipiell
jedes File als FILE OF Byte sichtbar machen, auch wenn dies keinerlei Ein-
sicht in den Maschinencode liefert. Die brauchen wir auch nicht, denn uns
interessiert nur das Ende des Codes:

```
PROGRAM exelies_hilfsfile;
VAR c : byte;
    i : integer;
    f : FILE OF byte;
BEGIN
assign (f, 'VIRUS.EXE');
reset  (f);
i := filesize (f);
writeln (i);
readln;
REPEAT
   read (f, c);
   write (c)
UNTIL EOF (f);
(*  i := 3226;              Zunächst Text lesen!
seek (f, i);
c := 5;
write (f, c);              ... Diesen Teil einklammern *)
close (f);
readln
END.
```

Zuerst kommt eine Meldung über die Länge, eben 3232 Byte, dann folgt eine
"wilde" Liste von Zahlen 0 ... 9, der in Byte (kleine Zahlen) "übersetzte"
Code, sodann ein Ende aus allerhand Nullen bis ....0000002000. Hier ist
für DOS der letzte beschriebene Sektor zu Ende, aber der eigentliche Code
schon vorher. – Dieser Nullen-Bereich kann beliebig verändert werden! Er
gehört aber organisatorisch zu den 3232 Byte, die unter DOS im Inhaltsverzeichnis registriert sind und verwaltet werden.

Es kann sein, daß bei einem anderen "Programmanhang" dieses Nullenfeld
fast fehlt, also sehr klein ist. Kein Problem: Ergänzen Sie Ihr Programm
von der vorigen Seite mit einigen *writeln;* oder ähnlich unbedeutenden
Anweisungen, damit ein weiterer Sektor angeschrieben, aber nicht vollständig benutzt wird. Und compilieren Sie *virus* erneut für den Test mit
exelies. In unserem Fall hat sich das o.g. Nullenfeld ergeben und wir
entscheiden uns, der Übersichtlichkeit halber (und aus Gründen eigener
Sicherheit) nur auf der sechsten Stelle von hinten den Code

von ....0000002000 in 0000502000

zu ändern. Dies leistet *exelies* in einem weiteren Durchlauf, aber jetzt mit offenem Ende, d.h. ohne die beiden Kommentarklammern. <u>Vorher</u> müssen wir *virus.exe* der Manipulation anpassen, denn es darf nachher nicht mehr verändert, auch nicht mehr compiliert werden.

Wir setzen im Quelltext von virus *a := 6;*, was auf Seite 190 schon eingetragen ist: Für die bisherigen Überlegungen konnte und mußte dort nur irgendeine Zahl stehen, weil wir eine Codelänge brauchen, die nach der Manipulation am Code auf keinen Fall mehr verändert werden darf!

Also compilieren wir jetzt <u>exakt mit a := 6</u> noch einmal, um dem Programm die Information mitzugeben, wo es später (auf der Position i nämlich, also dem sechsten Byte von hinten) lesen und den gefunden Wert unter Laufzeit um Eins zurücksetzen, d.h. seinen eigenen Code verändern soll!

Nachdem also *virus.exe* in der endgültigen Form compiliert ist, unterwerfen wir es noch einmal unserem vollständigen *exelies*, d.h. jetzt schreibend. Nun sind wir fertig: Sie können von DOS aus *virus* starten. Es hat weiterhin die Länge 3232 Byte, aber verändert sich bei jedem Lauf im Code an einer unwichtigen Stelle, d.h. es läuft nunmehr genau fünfmal, dann nie mehr! – Denn so ist die Abfrage auf c konstruiert; eine Selbstzerstörung mit *erase* könnte angeschlossen werden ...

Das von uns im eigenen Programmcode programmierte harmlose "Virus" wird beim Kopieren ebenfalls mitgenommen, d.h. Kopien unbenützter Files können vermehrt werden, aber bei jeder Benutzung verändert sich *virus* sofort in Richtung auf seinen "frühen" Tod. – Dem Code ist nichts anzumerken, da sich seine Länge bei Benutzung nicht ändert, ein wichtiges Kriterium aller Viren. Wird das Programm umgetauft, so stürzt es wegen *reset (f)* bei jedem Start ab. – Damit haben wir immerhin ein Pascalprogramm, das sich seinen Code selbst verändert, eine Art selbstzerstörerisches Virus.

Mit einem sehr komprimierten und isolierten Maschinenfile im freien Sektor, von dem DOS nichts weiß, aber mit "Verbiegen von Zeigern" im vorderen Code, einer Hin- und Rückverzweigung, kann auf diese Weise ein recht gefährliches Programm entstehen: Denn die gewünschten Aktionen (wie Zugriffe auf die Directory des Datenträgers und dgl.) kann man einfach im Quelltext unterbringen und mit compilieren.

Wir wollen hier keine weiteren Andeutungen machen: Es ist für Eingeweihte aber kein Problem, den Eintrag im freien Sektor woanders hin zu übertragen und so zum tödlichen "Selbstläufer" auszubauen. – Soviel über Viren; mehr Informationen scheinen nicht ratsam ...

Mit den bisherigen Kenntnissen (also noch ohne Grafik und Zeigervariable) in Pascal lassen sich die wichtigsten praktischen Anwendungen durchaus programmieren. Beispielhaft wiedergegeben ist das vollständige Listing für ein <u>Dateiprogramm</u>, das nach eigenen Vorstellungen und Bedürfnissen verändert und ausgebaut werden kann. Zwei ergänzende Files auf Diskette komplettieren das Programm zu einem umfangreichen Paket; zu Ende des Kapitels finden Sie dazu weitere Informationen.

Das Programm erlaubt die Neueingabe von Adressensätzen, deren Suchen samt Korrektur sowie Löschen, das Ausdrucken einzelner oder aller Adressen auf genormte Aufkleber bzw. fortlaufend in Listen, und schließlich das Suchen nach verschiedenen nützlichen Kriterien:

Da in der einzelnen Adresse auch Zusatzinformationen wie z.B. der Geburtstag abgelegt sind, ist z.B. eine entsprechende Suchroutine eingebaut, mit der Jubilare abgefragt werden können; diese Adressen sind dann für weitere Aktionen (wie einen Brief) verfügbar.

Ferner gibt es eine Option, mit der in der Menge der Adressen Untergruppen nach sog. "Kennungen" gebildet werden können. – Es ist damit möglich, aus der gesamten Datei beliebige Adressenkombinationen herauszuziehen und auszudrucken. Im folgenden Text wird das noch genauer erläutert.

Wir unterbrechen das fortlaufende Listing immer wieder mit eingeschobenen Textkommentaren, die nicht zum Quelltext gehören. Diese Kommentare stehen für Programmierhinweise wie Benutzerinformationen.

In der Typenvereinbarung für *satzrec* wird der Aufbau eines Satzes aus insgesamt elf Komponenten sichtbar, von der Anrede (mit Umsetzung beim Druck der Adressen) bis hin zu Informationen für den Benutzer. Die Sätze liegen unter Laufzeit in einem Feld *feldar* der maximalen Größe CONST c = 200. Je nach Rechnerausbau kann bzw. muß dieser Wert vor dem Compilieren fallweise verkleinert werden.

Die ersten drei Prozeduren dienen der Erstellung eines oftmals benötigten Rahmens für Eingabeboxen, der Programmeröffnung mit einem Logo, ferner der Sicherung gegen unerlaubte Benutzung des Programms: Sie können in *geheim* ein eigenes Codewort eintragen.

Die nachfolgende Directory-Verwaltung (die auch unter älteren Versionen von TURBO verwendet werden kann) ist gegenüber jener von Seite 183 um ein vertikales Fenster mit Cursorbedienung (siehe Seite 144) erweitert; damit lassen sich die vorhandenen Files anwählen, aber auch neue (vom Typ *.ADR) generieren. Mit den notwendigen globalen Variablen kann man diese Routine auch in anderen Programmen entsprechend einsetzen. Damit in diesem Fenster kein Rollen auftritt, ist die Maximalzahl der vom Programm zu verwaltenden Files auf 20 (Variable *pasinhalt*) beschränkt. – Aus Gründen der Vereinfachung wird angenommen, daß Programm und zugehörige Files stets auf demselben Laufwerk (und Unterverzeichnis) liegen.

```pascal
PROGRAM adressenverwaltung;

USES crt, dos, printer;

          CONST c = 200;                              (* Maximalzahl Sätze *)
     TYPE kurztyp = STRING [15];
          langtyp = STRING [25];
            str64 = STRING [64];                       (* für directory *)
            str10 = STRING [10];

          satzrec = RECORD
                    sex   : char;                       (* m oder w *)
                    titel : str10;
                    vname : kurztyp;
                    fname : langtyp;
                    wohnt : langtyp;                   (* Straße und Nr. *)
                    postz : STRING [4];
                    stadt : langtyp;
                    phone : STRING [20];
                    gebtg : str10;
                    macht : kurztyp;                    (* Kennungen *)
                    info  : STRING [40]      (* für den Benutzer *)
                    END;

VAR  i,k,s,r, fini : integer;          (* diverse Zähler und Indizes *)
              name : STRING [8];                        (* für File *)
           neuname : STRING [12];
              eing : kurztyp;                           (* für suchen *)
      wahl, c1, c2 : char;                              (* Antworten *)
                 w : boolean;                        (* abspeichern? *)
            feldar : ARRAY [0..c] OF satzrec;        (* Adressenfeld *)
          listefil : FILE OF satzrec;
         pasinhalt : ARRAY [1..20] OF STRING [12];     (* Typ *.ADR *)
              pend : integer;

(* ------------------------------------------------------------------- *)

PROCEDURE box (x, y, b, t : integer);
VAR k, i : integer;
BEGIN
gotoxy (x, y); write (chr(201));                             (* Rahmen *)
FOR k := 1 TO b - 2 DO write (chr(205)); write (chr(187));
FOR k := 1 TO t - 2 DO BEGIN
                  gotoxy (x, y + k); write (chr(186));
                  gotoxy (x + b - 1, y + k); write (chr(186))
                    END;
gotoxy (x, y + t- 1); write (chr(200));
FOR k := 1 TO b - 2 DO write (chr(205)); write (chr(188));
FOR k := 1 TO t - 2 DO BEGIN                             (* löschen *)
                  gotoxy (x + 1, y + k);
                  FOR i := 1 TO b - 2 DO write (' ')
                  END
END;
```

```pascal
PROCEDURE titel;                (* Titel nach eigenen Vorstellungen ... *)
BEGIN
box (8, 4, 66, 16);
gotoxy (14, 6); write ('      AAAAAAAA     DDDDDDD      RRRRRRRR ');
gotoxy (14, 7); write ('      A      A     D      DD     R      R');
gotoxy (14, 8); write ('      A      A     D      D      R      R');
gotoxy (14, 9); write ('      AAAAAAAA     D      D      RRRRRRR ');
gotoxy (14,10); write ('      A      A     D      D      R  RR   ');
gotoxy (14,11); write ('      A      A     D      D      R    RR ');
gotoxy (14,12); write ('      AAA    AAA   DDDDDDDD      RRR    RR');
gotoxy (14,14); write ('              Adressenverwaltung');
gotoxy (14,15); write ('        ......................................');
gotoxy (10,17); write (' C: MITTELBACH Vers. 11/91      TEUBNER VERLAG S');
write ('TUTTGART 1992'); gotoxy (14,18);
write ('Derzeit können ', c, ' Datensätze / Datei gehalten werden.');
gotoxy (13,22);
write ('Zum Starten irgendeine beliebige Taste drücken >>> ');
gotoxy (1,2); textcolor (red);
writeln ('   ###############################');
writeln ('   # Files mischen mit MIXFILE #');
writeln ('   # Seriendruck   mit LOOKADR # ');
writeln ('   ############################# ');
gotoxy (64,22); c1 := readkey
END;



PROCEDURE geheim;        (* abgeklammert, Startprozedur mit Schlüssel *)
CONST   g = 'HMA';                      (* hier Test-Codewort HMA *)
VAR  m, w : integer;
     code : STRING [3];
        a : char;
BEGIN
box (3, 3, 49, 5);
m := 0;
REPEAT
   gotoxy (5, 5); write (chr (7)); m := m + 1;
   write ('Richtiges Schlüsselwort (max. dreimal) ');
   code := ''; w := 0;
   REPEAT
     a := upcase (readkey); code := code + a;
     w := w + 1
   UNTIL w = 3                      (* Bei längerem Code w hochsetzen *)
UNTIL (m = 3) OR (code = g);
gotoxy (45, 5); write ('     ');
IF code <> g THEN BEGIN
                  clrscr;
                  writeln; writeln;
                  write ('Falsches Codewort: ');
                  write ('Benutzung nicht erlaubt ... ');
                  HALT                    (* Ausstieg und Ende *)
                  END
END;
(* ------------------------------------------------------------------ *)
```

```pascal
PROCEDURE directory;
VAR             i : integer;
    CPU_register : registers;
               w : char;

FUNCTION first_eintrag (VAR FCB; VAR DMA) : byte;
BEGIN
WITH CPU_register DO BEGIN
   ax := $1A00; ds := seg (DMA); dx := ofs (DMA);
   msdos (CPU_register);
   ax := $1100; ds := seg (FCB); dx := ofs (FCB);
   msdos (CPU_register); first_eintrag := lo (ax)
                    END
END;


FUNCTION next_eintrag : byte;
BEGIN   CPU_register.ax := $1200;  msdos (CPU_register);
        next_eintrag := lo (CPU_register.ax)
END;


PROCEDURE list_dir; (* --------- Directory Durchlesen und Kopieren *)
VAR        FCB : string [39];
    DMA_puffer : ARRAY [0..127] OF char;
       eintrag : byte;
       inhalt  : STRING [12];

BEGIN
pend := 0;
fillchar (FCB, 40, 0); FCB := '???????????'; FCB[0] := #0;
eintrag := first_eintrag (FCB, DMA_puffer);
WHILE eintrag <> 255 DO
  BEGIN
  inhalt := copy(DMA_puffer, eintrag * 32 + 2, 8)
            + '.' + copy (DMA_puffer, eintrag * 32 + 10, 3);
  IF copy (inhalt, 10, 3) = 'ADR'              (* Selektion nach Ext. *)
     THEN BEGIN
          pend := pend + 1; pasinhalt [pend] := inhalt
          END;
  eintrag := next_eintrag
  END
END;


BEGIN (* ---------------- Anzeige im Fenster mit Anwahl per Cursor *)
pend := 0; list_dir;
box (61,3,17,pend + 4); window (62,4,76,25); textcolor (red);
FOR i := 1 TO pend DO write (' ', pasinhalt[i], ' ');
write ('  ????????.ADR ');
write ('  PROGRAMMENDE ');
i := 1;
REPEAT
   gotoxy (1, i); write (chr(254)); gotoxy (1,i);
   w := readkey;
   IF (ord (w) = 0) AND keypressed              (* Pfeiltasten *)
```

```pascal
      THEN BEGIN
      write (' '); w := readkey;
      IF (ord (w) = 80) AND (i < pend + 2) THEN i := i + 1;
      IF (ord (w) = 72) AND (i > 1) THEN i := i - 1
         END
UNTIL ord (w) = 13;

IF i <= pend THEN neuname := pasinhalt [i];
IF i = pend + 2 THEN wahl := 'X';
IF i = pend + 1 THEN BEGIN                              (* neues File *)
   REPEAT
      gotoxy (3, i); write ('            '); gotoxy (3, i); readln (name)
   UNTIL length (name) = 8;
   neuname := name + '.ADR';
                     END;
assign (listefil, neuname);
fini := 0;
(*$I-*) reset (listefil); (*$I+*)
IF (ioresult = 0) THEN                          (* ex. File einlesen *)
        BEGIN
   WHILE NOT eof (listefil) DO BEGIN
      fini := fini + 1; read (listefil, feldar[fini])
                                END;
   close (listefil)
        END;
window (1, 1, 80, 25); textcolor (black)
END; (* ----------------------------------------------------------- *)

PROCEDURE ablage;                    (* Abspeichern des aktuellen Files *)
   BEGIN
   writeln; textcolor (red);
   writeln; writeln (' Bitte etwas  w a r t e n ... !');
   assign (listefil, neuname); rewrite (listefil);
   FOR i := 1 TO fini DO write (listefil, feldar[i]);
   close (listefil); w := false
   END;

PROCEDURE adresse (k : integer);                 (* Adresse auf Drucker *)
BEGIN
textcolor (4);
WITH feldar[k] DO BEGIN
    IF sex = 'M' THEN write (lst, '     Herrn ');
    IF sex = 'W' THEN write (lst, '     Frau ');
    writeln (lst, titel);
    writeln (lst, '      ', vname, ' ', fname);
    writeln (lst);
    writeln (lst, '      ', wohnt);
    writeln (lst);
    writeln (lst, '      ', postz:4, '  ', stadt);
    writeln (lst); writeln (lst); writeln (lst)
                END;
textcolor (1)
END;
```

```pascal
PROCEDURE sort;                  (* Einsortieren bei Eingabe nach f.name, *)
   BEGIN                         (* bei gleichem f.name nach v.name ! *)
   w := true; fini := fini + 1; k := fini;
   WHILE feldar[0].fname < feldar[k-1].fname DO BEGIN
                 feldar[k] := feldar[k-1]; k := k - 1
                                               END;
   WHILE (feldar[0].fname = feldar[k-1].fname) AND
         (feldar[0].vname < feldar[k-1].vname) DO BEGIN
                 feldar[k] := feldar[k-1];
                 k := k - 1
                                            END;
   feldar[k] := feldar[0];
                                        (* Prüfung auf Namensgleichheit *)
   IF k > 1 THEN IF feldar [k].fname = feldar [k-1].fname
      THEN IF feldar [k].vname = feldar [k-1].vname
         THEN BEGIN
         box (45, 5, 30, 10);
         gotoxy (47, 6); write ('Namensgleichheit mit ... ');
         gotoxy (47, 8); write (feldar [k-1].vname);
         gotoxy (47, 9); write (feldar[k-1].fname);
         gotoxy (47,10); write (feldar [k-1].wohnt);
         gotoxy (47,11);
            write (feldar [k-1].postz, ' ', feldar[k-1].stadt);
         gotoxy (47,13); write (' Satz eventuell streichen! ');
         c1 := readkey
         END;
   END;


PROCEDURE streichen;                              (* Satz entfernen *)
   BEGIN
   w := true; FOR r := s TO fini - 1 DO feldar[r] := feldar[r+1];
   fini := fini - 1
   END;


PROCEDURE maske;                                  (* Eingabemaske *)
   BEGIN
   clrscr; textbackground (white); clrscr; textcolor (red);
   gotoxy (1, 3); clreol;
   gotoxy (2, 4); write ('FILE: '); write (neuname : 12);
   gotoxy (1, 6); clreol; textcolor (black);
   writeln (' Anrede (m/w) .....      .'); clreol;
   writeln (' Titel ...........      ...........................'); clreol;
   writeln (' Vorname ..........      ................'); clreol;
   writeln (' Familienname .....      .........................'); clreol;
   writeln (' Straße   Nr. .....      .........................'); clreol;
   writeln (' PLZ  <R>  Ort ....      ....    .......................');
   clreol;
   writeln (' Telefon V/Nr. ....      .....................'); clreol;
   writeln (' Geburtstag .......      Tg.Mt.Jahr'); clreol;
   writeln (' Kennung(en) ......      ................'); clreol;
   write   (' freier Text ......      ');
   writeln ('.......................................'); clreol
   END;
```

```
PROCEDURE zeile1;                                       (* Menüzeile *)
BEGIN
gotoxy (1, 20); textcolor (black);
write (' D)rucken Adresse     Satz L)öschen oder K)orrigieren     W');
write ('eiter (Leertaste) ');  gotoxy (1, 21); clreol;
gotoxy (1, 22); clreol; gotoxy (79, 20)
END;

PROCEDURE zeile2;                                       (* Menüzeile *)
BEGIN
gotoxy (1, 21); textcolor (black);
write (' Z)urückblättern       A)bbrechen Suche  '); clreol;
gotoxy (1, 22); clreol
END;
```

Bei Neueingaben und anderen Gelegenheiten wie Anzeige, Ändern und dgl.
wird der Satz *feldar[0]* benutzt. Fallweise wird dann auf jenen Index
umkopiert, der beim Einsortieren als Position ermittelt wird bzw. bei
Änderungen im schon bestehenden Satz überschrieben werden muß.

```
PROCEDURE eingabe (x, y : integer);
   BEGIN
   WITH feldar[0] DO BEGIN
      gotoxy (x, y);     readln (titel);
      gotoxy (x, y+1);   readln (vname);
      gotoxy (x, y+2);   readln (fname);
      gotoxy (x, y+3);   readln (wohnt);
      gotoxy (x, y+4);   readln (postz);
      gotoxy (x+8,y+4);  readln (stadt);
      gotoxy (x, y+5);   readln (phone);
      gotoxy (x, y+6);   readln (gebtg);
      gotoxy (x, y+7);   readln (macht);
      gotoxy (x, y+8);   readln (info)
                   END;
   sort
   END;

PROCEDURE anzeige (i, x, y : integer);
   BEGIN
   feldar[0] := feldar[i];
   WITH feldar[0] DO BEGIN
      gotoxy (x, y-2); write ('Adresse Nr. ', i : 3);
      gotoxy (x, y); clreol;
      textcolor (4);
      IF sex = 'M' THEN write ('Herrn');
      IF sex = 'W' THEN write ('Frau');
      gotoxy (x, y+1);   write (titel);
      gotoxy (x, y+2);   write (vname);
      gotoxy (x, y+3);   write (fname);
      gotoxy (x, y+4);   write (wohnt);
      gotoxy (x, y+5);   write (postz : 4, '   '); write (stadt);
```

```
        gotoxy (x, y+6);   writeln (phone);
        gotoxy (x, y+7);   writeln (gebtg);
        gotoxy (x, y+8);   writeln (macht);
        gotoxy (x, y+9);   writeln (info);
        clreol; textcolor (1)
                        END
END;
```

In der folgenden Prozedur können Sie eigene "Kennungen" eintragen. Dies
sind aus Großbuchstaben bestehende Markierungen von Datensätzen. Solchermaßen mit Zeichenfolgen von Großbuchstaben markierte Sätze innerhalb einer
Datei sind gezielt aufrufbar: Interessieren Sie sich demnach für Adressen
des Typs F und des Typs B, so können Sie durch Anwählen der Kennung FB
oder BF statt F und nachher B einzeln (oder umgekehrt) verhindern, daß
eine Adresse mit beiden Kennungen zweimal in der Liste auftritt.

Sofern Sie also die Adressen nicht von vornherein je nach Zweck in ganz
verschiedenen Files speichern, ist mit dieser Option eine nachträgliche
Gruppenbildung nach beliebigen Gesichtspunkten möglich. Die spätere Prozedur *zusatzsuche* leistet diese Auswahl.

```
PROCEDURE hinweis;                       (* Einträge nach pers. Bedürfnissen *)
BEGIN
gotoxy (1, 20); textcolor (red);
write    (' Kennung(en) : F_reunde    B_ehörden / Ämter    Z_Zeitung/');
write    ('Presse'); clreol; writeln;
write    (' auch komb.    V_Verlage  G_Geschäfte allg.    H_(Hoch-)');
write    ('schulen                X_Sonstige              ... ');
write    ('und eigene Symbole')
END;
```

Die nächste Prozedur dient dem teilweisen Überschreiben (also Korrigieren)
bestehender Datensätze; die Bewegung auf einem Datensatz erfolgt mit den
Pfeiltasten. Das Verlassen ist an jeder Stelle mit <RETURN> möglich. Zu
beachten ist aber, daß z.B. bei einer Korrektur der Straße im Falle eines
neuen kürzeren Namens der alte Rest mit Blanks überschrieben werden muß,
ehe man die Option verläßt.

```
PROCEDURE alt;                                      (* Datensatz ändern *)
VAR    c : char;
       x, y : integer;

BEGIN
hinweis; streichen;
gotoxy (41, 2); write ('Korrektur: Mit Pfeiltasten bewegen ...');
gotoxy (41, 3); write ('Ausstieg an jeder Stelle mit  <Return>');
textcolor (black);
x := 24; y := 7;

REPEAT
   gotoxy (x, y); c := readkey;
```

```
   IF keypressed THEN
      BEGIN
      c := readkey;
      CASE ord (c) OF
      80 : IF y < 15 THEN y := y + 1;
      72 : IF y >  7 THEN y := y - 1;
      77 : x := x + 1;
      75 : IF x > 24 THEN x := x - 1
      END
      END
      ELSE IF NOT (ord (c) IN [8, 13])
      THEN WITH feldar[0] DO BEGIN
      write (c);
        CASE y OF
        7  : IF x - 23 > length (titel) THEN titel := titel + c
             ELSE titel [x-23] := c;
        8  : IF x - 23 > length (vname) THEN vname := vname + c
             ELSE vname [x-23] := c;
        9  : If x - 23 > length (fname) THEN fname := fname + c
             ELSE fname [x-23] := c;
        10 : IF x - 23 > length (wohnt) THEN wohnt := wohnt + c
             ELSE wohnt [x-23] := c;
        11 : BEGIN
             IF x < 28 THEN IF x - 23 > length (postz) THEN
                             postz := postz + c ELSE postz [x-23] := c;
             IF x > 30 THEN IF x - 30 > length (stadt) THEN
                             stadt := stadt + c ELSE stadt[x - 30] := c
             END;
        12 : IF x - 23 > length (phone) THEN phone := phone + c
             ELSE phone [x-23] := c;
        13 : IF x - 23 > length (gebtg) THEN gebtg := gebtg + c
             ELSE gebtg [x-23] := c;
        14 : IF x - 23 > length (macht) THEN macht := macht + c
             ELSE macht [x-23] := c;
        15 : IF x - 23 > length (info)  THEN  info := info + c
             ELSE info  [x-23] := c
        END;
        x := x + 1
                              END
UNTIL ord (c) = 13;
sort
END;
```

Die folgende Prozedur *neu* trägt neue Datensätze ein und setzt die Variable
fini um Eins weiter, das ist die aktuelle Länge der Datei.

```
PROCEDURE neu;                           (* Neueingabe eines Satzes *)
VAR n : integer;
   BEGIN
   REPEAT
   IF fini = c THEN BEGIN
             gotoxy (12, 5);
```

```pascal
                write ('   Kein Platz mehr frei ...   ');
                write ('          Weiter ...   ');
                wahl := readkey;
                feldar[0].sex := '-'
                    END
                ELSE BEGIN
                    maske; hinweis; feldar [0].sex := '-';
                    gotoxy (20,4);
                    write    ('   Adresse Nr. ', fini + 1 : 3);
                    gotoxy (35,6);
                    write    ('<< Eingabeende mit - ');
                    gotoxy (24, 6); textcolor (4);
                    feldar[0].sex := readkey;
                    gotoxy (24,6);  write (feldar[0].sex);
                    IF feldar[0].sex <> ''
                        THEN feldar[0].sex := upcase(feldar[0].sex);
                    IF feldar[0].sex <> '-' THEN eingabe (24,7);
                    textcolor (1)
                    END
        UNTIL feldar[0].sex  = '-'
        END;


PROCEDURE suche;                (* sucht nach Eingabe des Familiennamens *)
    BEGIN           (* mit Verzweigung zu Löschen, Drucken, Korrigieren *)
    s := 1;
    REPEAT
        feldar[0].fname := eing;
        IF copy(feldar[0].fname,1,4) = copy(feldar[s].fname,1,4)
            THEN
            REPEAT
            maske; anzeige (s, 24, 6);
            zeile1;
            c1 := readkey; c1 := upcase (c1);
            IF c1 = 'L' THEN BEGIN
                            gotoxy (50, 21);
                            write ('Wirklich (L) ... ? ');
                            c1 := readkey; c1 := upcase (c1)
                            END;
            IF c1 = 'L' THEN streichen;
            IF c1 = 'D' THEN adresse (s);
            IF c1 = 'K' THEN alt
            UNTIL (c1 = 'L') OR (c1 = ' ');
            s := s + 1
        UNTIL s > fini
    END;
```

Die nachfolgenen Prozeduren regeln verschiedene Ausgaben, wobei später das
Druckermenü weitere Verzweigungen zuläßt.

Das Programm läuft auch ohne angeschlossenen Drucker, doch ist dann darauf
zu achten, daß keine Optionen gewählt werden, die auf den Drucker lenken.
Daher ist fallweise statt *readkey* ausdrücklich *readln* programmiert, um
falsche Steuereingaben noch revidieren zu können.

```pascal
PROCEDURE liste (k : integer);                        (* Seriell auf Drucker *)
BEGIN
WITH feldar[k] DO BEGIN
    writeln (lst, titel, ' ', vname, ' ', fname);
    write   (lst, wohnt, '      ', postz : 4, ' ', stadt);
    writeln (lst, '             Tel.Nr.  ', phone);
    writeln (lst, 'Geburtstag : ', gebtg);
    write   (lst, ' Zusätze: ', macht);
    writeln (lst, '         ', info);
    writeln (lst)
              END;
END;


PROCEDURE drucker;
BEGIN
box (30, 11, 41, 9);                                  (* Druckermenü *)
gotoxy (32, 12); write ('Drucker einschalten ... und ON-LINE !');
gotoxy (34, 14); write ('gesamte Datenliste .......... L');
gotoxy (34, 15); write ('oder nur Adressen (alle) ..... A');
gotoxy (34, 16); write ('oder zurück zum Hauptmenü .... Z');
gotoxy (34, 18); write ('Wahl ........................ ');
c1 := readkey; c1 := upcase (c1);
IF (c1 = 'L') OR (c1 = 'A') THEN BEGIN
                            box (33, 18, 35, 4);
   IF c1 = 'A' THEN BEGIN
             gotoxy (35, 19);
             write (' Adressenaufkleber einlegen ... ');
             gotoxy (35, 20);
             write (' Dann weiter (Leertaste) ...... ');
             c1 := readkey;
             FOR i := 1 TO fini DO adresse (i)
                END;

   IF c1 = 'L' THEN BEGIN
             gotoxy (35, 19);
             write (' Papier einlegen ..........   ');
             gotoxy (35, 20);
             write (' Dann weiter (Leertaste) ...   ');
             c1 := readkey;
             clrscr; writeln ('Es wird gedruckt ... ');
             writeln (lst, 'File - Liste: "', neuname, '"');
             writeln (lst);
             FOR i := 1 TO fini DO liste (i);
             writeln (lst);
             writeln (lst, fini : 3, ' Datensätze.')
                END;
   writeln (lst);
   writeln (lst)
                            END
END;
```

```
PROCEDURE zeigen;                                       (* gesamtes File *)
VAR b : char;
   BEGIN box (26, 7, 49, 8); gotoxy (28, 8);
   write ('auf Bildschirm ................. Leertaste');
   gotoxy (28, 9);
   write ('oder auf Drucker (Listen / Adressen) ..... P');
   gotoxy (28,11);
   write ('Wahl ....................................... ');
   c1:= upcase (readkey);
   IF c1 = 'P'
      THEN drucker
      ELSE BEGIN
           gotoxy (28, 13); s := 0;
           write ('Ab welchem Buchstaben? ');
           b := upcase (readkey); clrscr;
           IF b <> ' '
              THEN REPEAT
                     s := s + 1
                   UNTIL (copy (feldar[s].fname, 1, 1) >= b) OR (s = fini)
              ELSE s := 1;
           s := s - 1;
           REPEAT
              s := s + 1;
              REPEAT
                 maske; anzeige (s, 24, 6);
                 zeile1; zeile2;
                 c1 := upcase (readkey);
                 IF c1 = 'D' THEN adresse (s);
                 IF c1 = 'L' THEN BEGIN
                    gotoxy (50, 21);
                    write ('Wirklich (L) ... ? '); c1 := readkey;
                    c1 := upcase (c1)
                            END;
                 IF c1 = 'L' THEN BEGIN
                                   streichen;
                                   s := s - 1
                                   END;
                 IF c1 = 'K' THEN alt
              UNTIL (c1 = ' ') OR (c1 = 'A') OR (c1 = 'Z') OR (c1 = 'L');
              IF (c1 = 'Z') AND (s > 1) THEN s := s - 2
           UNTIL (s = fini) OR (c1 = 'A')
                    END
      END;
```

Die beiden folgenden Prozeduren ermöglichen die Suche nach Datensätzen mit
bestimmten Kennungen bzw. Geburtsdaten, sodaß entsprechende Listen bzw.
Adressen ausgegeben werden können. Vorgesehen ist auch ein Druckertest zur
Prüfung, ob die Adressenaufkleber richtig eingelegt sind. Die Adressen
werden von Haus aus ziemlich weit links angedruckt. – Sofern das Probleme
gibt, müssen Sie bei der Druckereinstellung (in der Prozedur *einstellen*,
Seite 207) den Rand vergrößern.

```pascal
PROCEDURE zusatzsuche;
VAR  test : STRING [15];
        wo : char;
         n : integer;
         w : boolean;
BEGIN
box (26, 11, 51, 6);
FOR n := 1 TO 4 DO BEGIN
    gotoxy (27, n + 11);
    write ('                                     ')
                    END;
gotoxy (28, 12); write ('Kennbuchstabe(n) eingeben ............... ');
readln (test);
gotoxy (28, 13); write ('Zugehörige Adressen auf Drucker (J/N) ... ');
wo := upcase (readkey);
IF wo = 'J' THEN BEGIN
    box (35, 15, 34, 4);
    gotoxy (37, 16); write ('DRUCKER einschalten - ON LINE!');
    gotoxy (37, 17); write ('Dann Leertaste ... '); c2 := readkey;
                    END;
clrscr;
writeln;
FOR i := 1 TO fini DO BEGIN
    w := false;
    FOR n := 1 TO length (test) DO
        IF pos(copy (test, n, 1), feldar[i].macht) > 0 THEN w := true;
        IF w THEN WITH feldar[i] DO BEGIN
            write   (fname, ' ', vname);
            FOR n := 1 TO 45 - length(fname) - length(vname)
                DO write (' ');
            writeln (macht)
                                    END;
        IF w AND (wo = 'J') THEN adresse (i)
                    END;
writeln;
wo := readkey
END;


PROCEDURE datumsuche;
VAR  was, wo : char;
        ein : STRING[7];
        d, n : integer;

  PROCEDURE schreiben;
  VAR k : integer;
  BEGIN
  WITH feldar[i] DO BEGIN
        write (' ', fname,  ' ', vname);
        FOR k := 1 TO 45 - length (vname) - length (fname) DO
            write (' '); writeln (gebtg)
                    END;
  n := n + 1; IF n MOD 20 = 0 THEN readln
  END;
```

```
BEGIN
box (26, 12, 50, 9); n := 0;
gotoxy (28, 14); write ('Suchen eines Satzes nach Monat ... M, ');
gotoxy (28, 15); write ('       Jahr ... J oder beidem  ... B  >>>  ');
was := readkey; was := upcase (was); gotoxy (28, 16);
IF was = 'M' THEN write ('Monat  01 02 ... 12 ?   ');
IF was = 'J' THEN write ('Jahr  1870 ... 1991 ?   ');
IF was = 'B' THEN write ('Monat.Jahr  xx.xxxx ?   ');
gotoxy (28, 17);  write ('Vollständige Angabe ... ');
readln (ein); gotoxy (28, 18);
write ('Zugehörige Adressen auf Drucker ... (J/N) ');
wo := upcase (readkey);
IF wo = 'J' THEN BEGIN
   box (28, 17, 35, 4);
   gotoxy (30, 18); write ('DRUCKER einschalten - ON LINE! ');
   gotoxy (30, 19); write ('Dann Leertaste ... ');
   c2 := readkey;
   clrscr; write ('Es wird gedruckt ... ');
                 END;
clrscr;
FOR i := 1 TO fini DO BEGIN
   IF was = 'M' THEN IF copy (feldar[i].gebtg, 4, 2) = ein
                     THEN BEGIN
                          schreiben;
                          IF wo = 'J' THEN adresse (i)
                          END;
   IF was = 'J' THEN IF copy (feldar[i].gebtg, 7, 4) = ein
                     THEN BEGIN
                          schreiben;
                          IF wo = 'J' THEN adresse (i)
                          END;
   IF was = 'B' THEN IF copy (feldar[i].gebtg, 4, 7) = ein
                     THEN BEGIN
                          schreiben;
                          IF wo = 'J' THEN adresse (i)
                          END;
                     END;
writeln; was := readkey
END;


PROCEDURE test;            (* druckt zwei positionierte Testadressen *)
VAR k : integer;
BEGIN
FOR k := 1 TO 2 DO BEGIN
writeln (lst, '     Herrn');
writeln (lst, '     Hans Beispiel');
writeln (lst);
writeln (lst, '     Zeilenweg 2');
writeln (lst);
writeln (lst, '     1234  Beispielstadt');
writeln (lst); writeln (lst); writeln (lst)
                END
END;
```

Die folgende Prozedur dient der Einstellung einiger Druckerparameter am
Beispiel des NEC P6/7. Sie gelten auch für die meisten anderen Fabrikate.

Die einmal an den Drucker gesendeten Signale *sg1, ...* gelten solange, wie
dieser nicht abgeschaltet wird. Sie werden als *Char*-Folgen per Anweisung
write (lst, ...); zum Drucker geschickt: Beispielsweise ist die Schriftart
COURIER mit ESC 53 verschlüsselt, die Schriftart *Kursiv* mit ESC 52.

```
PROCEDURE einstellen;
VAR    t, v, a, q : char;
              d, p : integer;
   sg1, sg2, sg3 : STRING [30];

BEGIN
box (26, 8, 53, 9); p := 1;                        (* p : linker Rand *)
gotoxy (28, 8);
write (' Voreinstellung: C)OURIER cpi 10 L)etter Quality ');
gotoxy (54, 16); write (' DRUCKER ON - LINE !!! ');
gotoxy (30, 10); write ('Voreinstellungen (J/N)............... ');
v := upcase (readkey);
IF v = 'N' THEN BEGIN
gotoxy (30, 10);
write ('Schriftart C)OURIER oder K)ursiv ....  '); readln (a);
gotoxy (30, 11);
write ('Zeichendichte in cpi 10 / 12 / 15 ... '); readln (d);
gotoxy (30, 12);
write ('L)etter Quality oder D)raft ........  '); readln (q);
gotoxy (30, 13);
write ('Linken Rand auf Position ...........  '); readln (p)
               END;
a := upcase (a); q := upcase (q);
IF a = 'K' THEN sg1 := chr(27) + chr(52)
           ELSE sg1 := chr(27) + chr(53);
IF d = 15  THEN sg2 := chr(27) + chr(103)
           ELSE IF d = 12 THEN sg2 := chr(27) + chr(77)
                          ELSE sg2 := chr(27) + chr(80);
IF q = 'D' THEN sg3 := chr(27) + chr(120) + chr(0)
           ELSE sg3 := chr(27) + chr(120) + chr(1);
write (lst, sg1); write (lst, sg2); write (lst, sg3);
                           * Normalpapier: Seitenlänge 12 Zoll *)
           (* write (lst, chr(27) + chr(67) + chr(0) + chr(12)) *)
write (lst, chr(27) + chr(108) + chr(p));               (* Rand *)
REPEAT
gotoxy (30, 15); write ('Druckertest (J/N) ................... ');
t := upcase (readkey);
IF t = 'J' THEN test
UNTIL t = 'N';

END;

(* --------------------------------- Ende des Deklarationsteils *)
```

Das nachfolgende Hauptprogramm ist wie üblich sehr kurz ...

```
BEGIN (* ------------------------------------------- Hauptprogramm *)

clrscr; textbackground (white); clrscr; textcolor (black);
titel;
(* geheim;                                 Eintrag falls gewünscht *)

REPEAT
   wahl := 'U'; directory; IF wahl = 'X' THEN exit;
   w := false;

   IF neuname <> '' THEN
      REPEAT                                           (* Menü Anfang *)
      clrscr; textbackground (white); clrscr; textcolor (black);
      gotoxy (45, 3); (* lowvideo; *)
      write   ('File ... '); (* normvideo; *)
      writeln (neuname, ' / Sätze: ', fini);
      writeln;
      writeln (' Neueingabe eines Satzes (Neu) ........ N '); writeln;
      writeln (' Satz suchen/löschen/korrigieren ...... S '); writeln;
      writeln (' Sätze sortiert ausdrucken (Print) .... P '); writeln;
      writeln (' Sätze suchen via Kennung(en) ......... K '); writeln;
      writeln (' Sätze suchen via Datum ............... D '); writeln;
      writeln (' Schriftart am Drucker einstellen ..... E '); writeln;
      writeln (' File verlassen (Quit) ................ Q '); writeln;
      writeln (' Programmende ......................... X '); writeln;
      write (' Gewünschte Option ................... ');
      wahl := upcase (readkey);
      CASE wahl OF
      'N':  neu;                                 (* Text eingeben *)
      'S':  if fini > 0 THEN BEGIN               (* Text suchen *)
                  gotoxy (27, 7);
                  write ('                          ');
                  box (26, 6, 35, 3);
                  gotoxy (30, 7); write ('Name ... ');
                  readln (eing);
                  clrscr; suche
                     END;
      'P':  if fini > 0 THEN zeigen;             (* Text vorzeigen *)
      'K':  if fini > 0 THEN zusatzsuche;
      'D':  if fini > 0 THEN datumsuche;
      'E':  einstellen
      END                                        (* OF CASE *)
      UNTIL (wahl = 'Q') OR (wahl = 'X');
   IF w = true THEN ablage
UNTIL (name = '') OR (wahl = 'X');
clrscr;
writeln ('Das wars ... Neuaufruf mit adressen <RETURN> ... ');
END. (* ----------------------------------------------------------- *)
```

Das vorstehende Programm erzeugt bei Bedarf mehrere Adressfiles, jeweils
vom Typ *.ADR. Nun kann u.U. das Problem auftauchen, aus all diesen Files
ein einziges durch "Mischen" der bestehenden Dateien zu erzeugen, eine

sehr große Datei also, die insgesamt nicht mehr im Rechner gehalten werden
kann, mit der man aber alle Adressen auslisten oder durch Binärsuche eine
gewisse Adresse auf der Peripherie suchen könnte.

Auf Diskette finden Sie daher zwei weitere Programme im Quelltext:

Mit Mixfile können Sie aus beliebig vielen Dateien des Typs *.ADR eine alphabetisch sortierte Großdatei *.MIX erzeugen. Nach Anwahl der gewünschten
Dateien werden jeweils deren erste (vorderste) Sätze verglichen. Dann wird
der lexikographisch früheste in die neue Datei *.MIX geschrieben:

Mehrere Dateien des Typs *.ADR ...

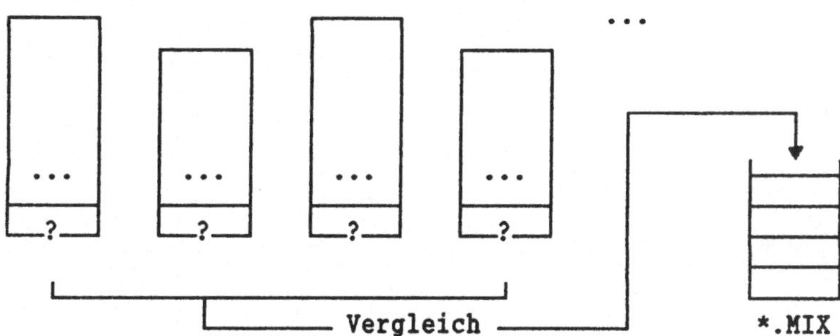

Abb.: Mischen von Dateien

Das Programm endet, wenn alle angewählten Dateien leer sind. – Ein drittes
Programm schließlich gestattet das Suchen irgendeines Satzes ab Peripherie
in Files des Typs *.ADR oder *.MIX, einschließlich des Ausdruckens solcher
Sätze als Adressen. Die Quelltexte verwenden weitgehend Routinen aus dem
ersten Programm und sind, falls notwendig, mit Kommentaren versehen.

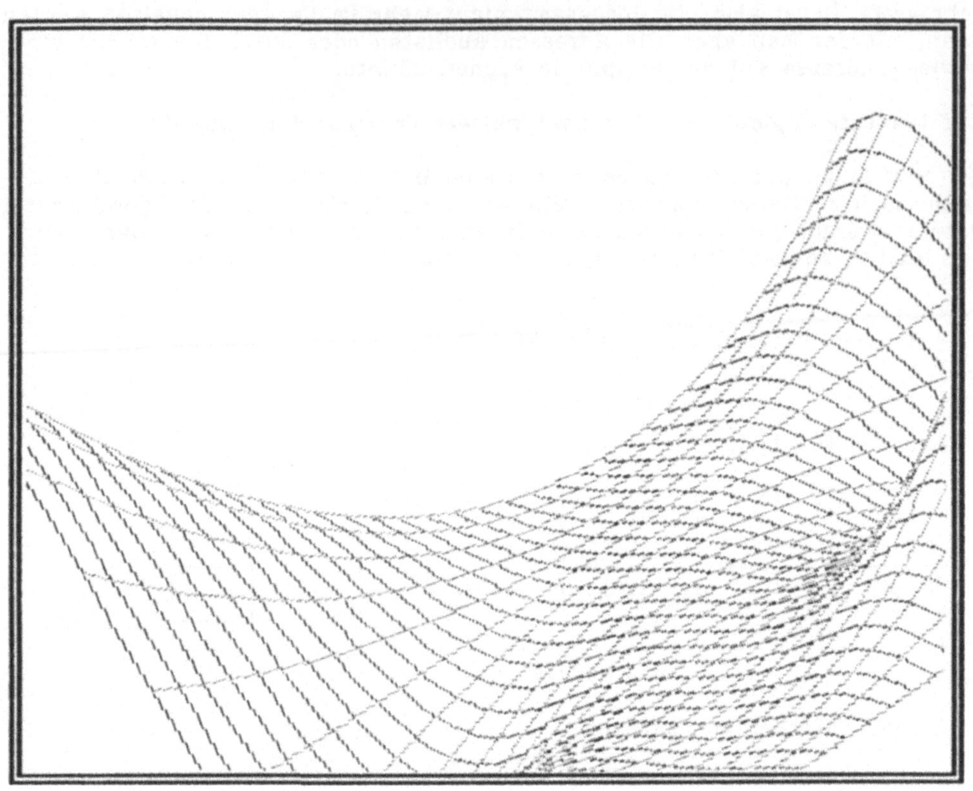

JANUAR 1993

MO	DI	MI	DO	FR	SA	SO
				1	2	3
4	5	6	7	8	9	10
11	12	13	14	15	16	17
18	19	20	21	22	23	24
25	26	27	28	29	30	31

Abb.: Kalenderblatt zum Programm von Seite 215

16 NÜTZLICHE PROGRAMME

In diesem Kapitel geben wir ein paar praktische Listings an: Da man häufig
von Programmen aus den <u>Drucker einstellen</u> möchte, beginnen wir mit einer
entsprechenden Routine:

```
(**************************************************************)
(* LPRT.BIB   Diese Prozedur kann in jedem Programm eingebunden *)
(* werden, da sie keine Übergabeparameter benötigt. - U.U. sind *)
(* einige Druckersignale gemäß jeweiligem Manual anzupassen ... *)
(**************************************************************)

PROCEDURE initlp;      (* Druckereinstellungen für NEC P6 bzw. P7 *)
LABEL 100;
VAR        ant : string [2];
   i, k, code : integer;                           (* Init Drucker *)
        instar : ARRAY [1..15] OF integer;
         fixar : ARRAY [1..15] OF STRING [6];
BEGIN
FOR i := 1 TO 13 DO instar[i] := 0;          (* Initialisierung *)
instar [1] := 1; instar [3] := 1; instar [5] := 1; instar [7] := 1;
instar[10] := 1; instar[14] := 5; instar[15] := 30;

clrscr; writeln;
write    (' INITIALISIERUNG DES NEC P6 / P7');
writeln;
write    ('  ================================');
writeln ('              DRUCKER ON-LINE!');
writeln (' Copyright: H. Mittelbach   1992'); writeln;
writeln (' Schrifttyp COURIER ................. (1) ');
writeln ('        oder KURSIV.................... (2) ');
writeln (' Schriftart NORMAL ................... (3) ');
writeln ('        oder PROPORTIONAL.............. (4) ');
writeln (' Schreibgeschwindigkeit LQ ........... (5) ');
writeln ('               oder DRAFT......... (6) ');
writeln (' Zeichendichte 10 cpi ................ (7) ');
writeln ('        oder 12 cpi ................ (8) ');
writeln ('        oder 15 cpi................. (9) ');
writeln (' Zeichengröße NORMAL ................. (10) ');
writeln ('        oder BREIT................... (11) ');
writeln ('        oder HOCH................... (12) ');
writeln ('        oder beides zusammen ....... (13) ');
writeln (' Linker Rand bei .................... (14) ');
writeln (' Zeilenabstand in n/180 Zoll ........ (15) ');
REPEAT
100:                           (* Sprungmarke : Label für GOTO *)
FOR i := 1 TO 15 DO BEGIN
              gotoxy(52, i+5);
              IF instar[i] = 1 THEN write (' * ')
                      ELSE write (' ');
              IF i = 14 THEN write (instar[14], ' ');
              IF i = 15 THEN write (instar[15], ' ');
              END;
```

```
writeln; writeln;
write    (' Uebernahme (0), sonst (1) bis (15) ... >>> '); clreol;
readln (ant);
val (ant, k, code);
IF code <> 0 THEN GOTO 100;
CASE k OF
1, 2:     BEGIN
          FOR i := 1 TO 2 DO instar[i] := 0; instar[k] := 1
          END;
3, 4:     BEGIN
          FOR i := 3 TO 4 DO instar[i] := 0; instar[k] := 1
          END;
5, 6:     BEGIN
          FOR i := 5 TO 6 DO instar[i] := 0; instar[k] := 1
          END;
7,8,9:    BEGIN
          FOR i := 7 TO 9 DO instar[i] := 0; instar[k] := 1
          END;
10..13:   BEGIN
          FOR i := 10 TO 13 DO instar [i] := 0; instar[k] := 1;
          END;
14:       BEGIN
          gotoxy (52, 19); clreol; readln (instar[14])
          END;
15 :      BEGIN
          gotoxy (52,20); clreol; readln (instar[15])
          END
   END                                          (* OF CASE *)
UNTIL k = 0;
                                 (* Setzungen laut Druckerhandbuch *)

fixar[1]  := chr(53);                           (* Kursiv aus *)
fixar[2]  := chr(52);                           (* Kursiv ein *)
fixar[3]  := chr(112) + chr(0);                 (* Prop. aus *)
fixar[4]  := chr(112) + chr(1);                 (* Prop. ein *)
fixar[5]  := chr(120) + chr(1);                 (* Letter Qu. *)
fixar[6]  := chr(120) + chr(0);                    (* Draft *)
fixar[7]  := chr(80);                             (* 10 cpi *)
fixar[8]  := chr(77);                             (* 12 cpi *)
fixar[9]  := chr(103);                            (* 15 cpi *)
FOR i := 1 TO 9 DO fixar[i] := chr(27) + fixar[i];    (* ESC + *)
fixar[10] :=                           (* Breit und Hoch aus *)
    chr(28) + chr(69) + chr(0) + chr(28) + chr(86) + chr(0);
fixar[11] := chr(28) + chr(69) + chr(1);          (* Breit ein *)
fixar[12] := chr(28) + chr(86) + chr(1);           (* Hoch ein *)
fixar[13] := fixar[11] + fixar[12];              (* beides ein *)
(* ---------------------------------- Signale an den Drucker *)

FOR i := 1 TO 9 DO
    IF instar[i] = 1 THEN write (1st, fixar[i]);
write (1st, fixar [10]);                    (* Breit/hoch/beides aus *)
FOR i := 10 TO 13 DO                             (* und neu setzen *)
    IF instar[i] = 1 THEN write(1st, fixar[i]);
```

```
write (lst, chr(27) + chr(108) + chr(instar[14]));        (* Rand *)
write (lst, chr(27) + chr(51) + chr(instar[15]));
write (lst, chr(27) + chr(67) + chr(0) + chr(12));
  (* Abstand der Zeilen, Seitenlänge (Norm: 30/180 inch, 12 Zoll *)
END;
(* ------------------------------------------------------------- *)
```

Demohalber ist einmal eine Sprungmarke GOTO eingebaut ... Ehe Sie im Programm Parameter ändern, sollten Sie erst Ihren Drucker testen. – Wenn es nicht klappt, müssen Sie dessen Manual konsultieren.

Wir können mit diesem Include-File weiter eine <u>Minitextverarbeitung</u> zum direkten Schreiben am Drucker erstellen; hier ist das Listing:

```
PROGRAM text_schreiben;
(* Demo: Drucker NEC P6 / P7 im Direktmodus als Schreibmaschine *)
USES crt, printer;

VAR          zeile : STRING [90];
    l, z, n, i, k : integer;
                w : char;

PROCEDURE box (x, y, b, t : integer);
VAR k : integer;
BEGIN
gotoxy (x, y); write (chr(201));
FOR k := 1 TO b - 2 DO write (chr(205)); write (chr(187));
FOR k := 1 TO t - 2 DO BEGIN
                 gotoxy (x, y + k); write (chr(186));
                 gotoxy (x + b - 1, y + k); write (chr(186))
                     END;
gotoxy (x, y + t- 1); write (chr(200));
FOR k := 1 TO b - 2 DO write (chr(205)); write (chr(188))
END;

(*$I LPRT.BIB *)   (* entsprechend Ihrem Drive:Namen einstellen! *)

BEGIN (* --------------------------------------- Hauptprogramm *)
clrscr; textbackground (white); clrscr; textcolor (black);

REPEAT
window (1,1,80,25);
clrscr; writeln;
writeln (' Direkt - Druckerprogramm    NEC P6/7 (Epson-Standard)');
writeln (' Voreinstellungen des Druckers nur bei Neustart, sonst');
write   ('                  u.U. Drucker einstellen (j/n) ... ');
w := upcase (readkey);
IF w = 'J' THEN initlp;
clrscr;
box (1, 1, 80, 24);
gotoxy (5, 1); write (' Texteingabe: Zeilenende mit <RETURN>,');
              write (' Textende mit \ an Zeilenanfang ');
gotoxy (5,24); write (' Neue Seite mit # an Zeilenanfang: ');
```

```
            write (' Numerierung stellt automatisch um ');
gotoxy (2, 2);  write ('     ');
FOR i := 0 TO 6 DO write (i, '          ');
writeln;
window (2, 3, 80, 24);
gotoxy (1, 1);
FOR i := 1 TO 21 DO BEGIN
    FOR k := 1 TO 15 DO write ('    ', chr(176));
    writeln
                  END;
gotoxy (1,1);
z := 1;                                     (* Zeilenzähler *)
REPEAT
   If z > 65 THEN write (chr(7));           (* Bell für # *)
   write (z : 3, '  ');
   readln (zeile);
   IF (zeile [1] <> '\') AND (zeile [1] <> '#')
      THEN BEGIN
           writeln (lst, zeile); z := z + 1
           END;
   IF zeile [1] = '#' THEN BEGIN
           FOR n := 1 TO 35 DO write (' ');
           writeln ('*****'); writeln;
           z := 1;
           write (lst, chr (12))        (* Neue Seite Printer *)
                        END
UNTIL zeile [1] = '\';
window (1, 1, 80, 25);
clrscr; writeln; write (' Programmende (j/n) ... ');
w := upcase (readkey);

UNTIL w = 'J';
clrscr;
writeln (' Programmende ... ')
END. (* ---------------------------------------------------- *)
```

Das Programm erklärt sich nach dem Starten selber; Sie können damit auch
Texte mit verschiedenen Schriftarten untereinander gemischt anfertigen,
aber nur für jeweils vollständige Zeilen. Denn wenn Sie das Signal \ für
Textende geben, können Sie wieder das Druckermenü anwählen ...

Das folgende Programm druckt eines <u>Jahreskalendarium</u>; es benutzt ebenfalls
die Routine LPRT.BIB: Auf 12 Blättern wird ein Rahmen (ca. 1/2 DIN A4) gesetzt, unter dem sich der jeweilige Monatskalender befindet; davor gibt es
ein Titelblatt, das Sie mit Ihrem Namen oder anderen erweiternden Texten
zusätzlich ausschmücken können; ein Muster finden Sie auf Seite 210.

Nach jedem Blatt hält der Drucker an, bis Sie die Leertaste drücken; die
Pause dient zum Transport des Papiers mit der Feed-Funktion per Hand, ohne
daß der Drucker ausgeschaltet wird! Der Grund: die Kalendarien sind unterschiedlich lang; es wäre ziemlich aufwendig gewesen, einen Zeilenzähler
einzubauen, der dies berücksichtigt und per *writeln (lst, chr (12))*; das

Endlospapier richtig transportiert. Da es nur 12+1 Blätter sind, ist das
keine Einbuße an Komfort. Mit Endlospapier könnten Sie in einem zweiten
Durchlauf Grafiken oder dgl. in die Rahmen eindrucken. Folgende Drucker-
einstellungen erwiesen sich im Test als vorteilhaft: Normalschrift COURIER
mit 12 cpi (d.h. 'char per inch'), linker Rand auf 8, Großschrift, kein
Proportional! Für Testzwecke können Sie das Titelblatt übergehen und erst
beim Januar beginnen.

```
PROGRAM kalenderdruck;
USES printer, crt;
                              (* druckt Kalender für beliebige Jahre *)
VAR   jahr, mon, t, z, k, merk : integer;
                        taste : char;              (* Seite weiter *)
                        worte : ARRAY[1..5] OF STRING [20];
(*$I B:LPRT.BIB *)

PROCEDURE box (x, y, b, t : integer);
VAR i, k : integer;
BEGIN
write (lst, chr(201));
FOR k := 1 TO b - 2 DO write (lst, chr(205)); write (lst, chr(187));
writeln (lst);
FOR k := 1 TO t - 2 DO BEGIN
                    write (lst, chr(186));
                    FOR i := 1 TO b-2 DO write (lst, ' ');
                    writeln (lst, chr(186))
                        END;
write (lst, chr(200));
FOR k := 1 TO b - 2 DO write (lst, chr(205)); writeln (lst, chr(188))
END;

PROCEDURE monat (m : integer);
BEGIN
write (lst, '      ');
CASE m OF
1  : write (lst, 'JANUAR ');
2  : write (lst, 'FEBRUAR ');
3  : write (lst, 'MÄRZ ');
4  : write (lst, 'APRIL ');
5  : write (lst, 'MAI ');
6  : write (lst, 'JUNI ');
7  : write (lst, 'JULI ');
8  : write (lst, 'AUGUST ');
9  : write (lst, 'SEPTEMBER ');
10 : write (lst, 'OKTOBER ');
11 : write (lst, 'NOVEMBER ');
12 : write (lst, 'DEZEMBER ')
END;
IF m in [1, 3, 5, 7, 8, 10, 12] THEN z := 31 ELSE z := 30;
IF (m = 2) THEN IF (jahr MOD 4 = 0) THEN z := 29
                                ELSE z := 28
END;
```

```
BEGIN (* ---------------------------------------------------- *)
initlp; clrscr;
write  ('Jahr 19.. eingeben, z.B. 92 ... ');
readln (jahr);
write  ('Wochentag des 1. Jan. eingeben (Montag = 1 usw.)  ');
readln (merk);
FOR k := 1 TO 40 DO writeln (lst);                (* Titelblatt *)
writeln (lst, '           PERSÖNLICHER');
writeln (lst, '           JAHRESKALENDER');
writeln (lst);
writeln (lst, '                    19', jahr);
writeln (lst);                           (* Ende Titelblatt *)
taste := readkey;


FOR mon := 1 TO 12 DO BEGIN (* ------------------------------ *)
    FOR k := 1 TO 6 DO writeln (lst);
    box (1, 1, 39, 18);                    (* Rahmendruck *)
    FOR k := 1 TO 3 DO writeln (lst);

    monat (mon); writeln (lst, '19', jahr);
    write  (lst, '    ');
    FOR k := 1 TO 32 DO write (lst, '-'); writeln (lst);
    write  (lst, '    ');
    writeln (lst, 'MO   DI   MI   DO   FR   SA   SO');
    write  (lst, '    ');
    FOR k := 1 TO 32 DO write (lst, '-'); writeln (lst);
    write  (lst, '    ');
    FOR k := 1 TO merk -1 DO write (lst, '     ');
    FOR k := 1 TO z DO BEGIN
                   IF k < 10 THEN write (lst, ' ');
                   write (lst, k, '   ');
                   IF (k + merk - 1) MOD 7 = 0
                       THEN BEGIN
                            writeln (lst);
                            write (lst, '    ');
                            END
                   END;
    merk := (z + merk - 1) MOD 7;
    IF merk <> 0 THEN BEGIN
                   writeln (lst);
                   write (lst, '    ');
                   END;
    FOR k := 1 TO 32 DO write (lst, '-');
    writeln (lst);
    merk := merk + 1;       (* Papier von Hand auf neue Seite *)
    taste := readkey
                   END (* -------------------------------- *)
END. (* ---------------------------------------------------- *)
```

Als dritte Anwendung für LPRT.BIB noch ein komfortables <u>Listerprogramm</u>:
Sie können damit alle Textfiles, insbesondere Ihre Pascal-Quellen, von
Diskette auf den Bildschirm auslisten (besser als per Type, da nach jeder
Seite angehalten wird), auf eine andere Diskette kopieren und schließlich

auf den Drucker senden: Dies geht mit oder ohne Zeilennummern, und vor allem auch ausschnittweise. Dazu sehen Sie sich das Listing erst am Bildschirm an und merken sich die Zeilennummern für Anfang und Ende des Auszugs; diese Zeilennummern geben Sie dann vor dem Drucken an. Das Drucken erfolgt wahlweise mit oder ohne Papiervorschub nach jeder Seite, Endlospapier vorausgesetzt.

Natürlich kann der Quelltext im Blick auf das Drucken erweitert werden, so File-Namen auf jeder Seite wiederholen, Autor und Copyright vermerken und dergleichen mehr. Für umfangreiche Disketten müßten Sie übrigens das Feld *dirinhalt* noch vergrößern, zum anderen bei der Anzeige der Files auch das Rollen unterbinden.

```
PROGRAM filehandling;
USES crt, dos, printer;

VAR                             line : STRING [150];
                altname, neuname : STRING [14];
                  altfil, neufil : text;
   anzahl, zeile, n, k, i, von, bis : integer;
        wohin, num, w, seite, aus : char;
                       dirinhalt : ARRAY [1..72] OF STRING [12];

(*$I LPRT.BIB *)

PROCEDURE dirlist;                               (* Kurzfassung *)
VAR    weg : STRING; srec : searchrec; nothing : boolean;
BEGIN (* ---------------------------------------------------- *)
anzahl := 0; nothing := true;
(* write ('Suchweg eingeben ... '); readln (weg); *) weg := '*.*';
IF weg <> '' THEN BEGIN
   findfirst (weg, anyfile, srec);
   WHILE doserror = 0 DO BEGIN
         WITH srec DO BEGIN
               anzahl := anzahl + 1; dirinhalt [anzahl] := name;
                     END;
         findnext (srec); nothing := false
                     END;
   IF nothing THEN write ('Keine Einträge')
                     END;
END; (* ---------------------------------------------------- *)

PROCEDURE filesuche;
VAR okay : boolean;
BEGIN
REPEAT
   write ('Name <L:NAME.TYP> des zu kopierenden Files ... ');
   readln (altname);
   assign (altfil, altname); (*$I-*) reset (altfil); (*$I+*)
   okay := ioresult = 0;
   IF (NOT okay) THEN writeln ('File existiert nicht ... ')
UNTIL okay
END;
```

```pascal
PROCEDURE kopie;
BEGIN
clrscr; writeln ('File ... '); writeln;
REPEAT
  readln (altfil, line);
  IF wohin = 'P' THEN IF num = 'J'
                       THEN writeln (lst, n : 4, '| ',line)
                       ELSE writeln (lst, line);
  writeln (n : 4, '| ', line);
  IF (n MOD 20 = 0) AND (wohin = 'B') THEN w := readkey;
  IF wohin = 'D' THEN writeln (neufil, line);
  IF (wohin = 'P') AND (seite = 'J')
     THEN IF n MOD 58 = 0 THEN
     BEGIN                                    (* 58 Zeilen / Seite *)
     write (lst, chr(12));
     writeln (lst);
     writeln (lst, '       ', altname);
     writeln (lst)
     END;
     n := n + 1
UNTIL EOF (altfil) OR (n > bis);
close (altfil);
writeln; write (n-1 : 3, ' Programmzeilen.  ');
IF wohin = 'B' THEN w := readkey;
END;


PROCEDURE drucker;
VAR vor : integer;
BEGIN
filesuche; n:= 1;
writeln;
write ('Zeilennummern gewünscht  (J/N) ...       ');
readln (num); num := upcase (num);
write ('Seitenvorschub gewünscht (J/N) ...       ');
readln (seite); seite := upcase (seite);
write ('Listing-Auszug gewünscht (J/N) ...       ');
readln (aus); aus := upcase (aus);
IF aus = 'J' THEN BEGIN
   write ('   von ... '); readln (von);
   write ('   bis ... '); readln (bis);
   writeln (chr(7));
   FOR vor := 1 TO von - 1 DO readln (altfil, line);
   n := von;
   writeln (chr(7))
                 END
             ELSE bis := 32000;
write  (lst, chr(27), chr(67), chr(72));
writeln (lst);
writeln (lst, '       ', altname); writeln (lst);
kopie
END;
```

```
PROCEDURE diskette;
BEGIN
filesuche;
writeln;
write ('Name <L:NAME.TYP> der Kopie ...              ');
readln (neuname);
assign (neufil, neuname); rewrite (neufil);
kopie;
close (neufil)
END;


BEGIN  (* ---------------------------------------- Hauptprogramm *)
clrscr; textbackground (black); textcolor (white); dirlist;
writeln ('>>>  Dieses Programm kopiert Textfiles  *.TYP,');
writeln ('die im TURBO - Editor erstellt worden sind ... ');
writeln;
REPEAT
IF anzahl > 0
   THEN BEGIN
          writeln ('Files auf Laufwerk : '); writeln;
          FOR k := 1 TO anzahl DO write (dirinhalt [k] : 16);
          END;
writeln; writeln;
writeln ('----------------------------------------------------');
writeln ('Inhalt der Diskette .....................     I');
writeln ('Drucker: Schriften einstellen ...........     S');
writeln ('Kopie von Diskette auf ... Printer ......     P');
writeln ('                           Bildschirm ...     B');
writeln ('                           Diskette .....     D');
write   ('Programmende ............................     E');
write   ('          Wahl >>> '); readln (wohin);
wohin  := upcase (wohin); writeln;
num := 'N'; n := 1; bis := 32000;
CASE wohin OF
'I' : dirlist;
'S' : BEGIN  initlp; clrscr   END;
'P' : drucker;
'D' : diskette;
'B' : BEGIN   filesuche; kopie; clrscr   END
END
UNTIL wohin = 'E'
END. (* ------------------------------------------------------ *)
```

Beachten Sie in der Prozedur filesuche, daß die Funktion *ioresult* zweimal
benötigt wird (für eine Meldung und für fallweises Wiederholen) und daher
auf eine BOOLEsche Variable *okay* umkopiert werden muß: Nach einer Abfrage
ist nämlich die Funktion wieder auf *false* zurückgestellt und man könnte
die Schleife daher nicht mehr verlassen!

Häufig benötigt man <u>Stichwortverzeichnisse</u> und dergleichen. Mit dem nachfolgenden, etwas erweiterten Listing wurde die Inhaltsübersicht zu diesem
Buch erstellt.

```pascal
PROGRAM inhaltsverzeichnis;
USES crt;
(* erstellt, sortiert, speichert, ändert und druckt Verzeichnisse *)

          CONST c = 500;
      TYPE worttyp = STRING [30]; zahltyp = STRING [7];

          satzrec = RECORD
                      eins: worttyp;        (* beliebig modifizierbar *)
                      zwei: zahltyp;
                      look: SET OF 1..30            (* für Umlaute! *)
                      END;

VAR   i,k,s,r, fini : integer;          (* diverse Zähler und Indizes *)
            inhaltar : ARRAY[0..c] OF satzrec;
            antwort : char;
                 c1 : STRING [1];
               name : STRING [8];
           listefil : FILE OF satzrec;
            ausgabe : text;                  (* via Druck oder Schirm *)
                 wo : integer;                    (* für Umlautsuche *)
               leer : boolean;

PROCEDURE lesen;
   BEGIN
   writeln; write ('Name des Files ... '); readln (name);
   writeln; writeln ('Bitte etwas  w a r t e n ...!');
   assign (listefil, name);
   (*$I-*) reset (listefil); (*$I+*)
   IF (ioresult = 0) THEN BEGIN
   fini := 0;
   WHILE NOT eof(listefil) DO BEGIN
                        fini := fini + 1;
                        read (listefil, inhaltar [fini])
                        END;
   close (listefil)

                        END
                   ELSE BEGIN
                        fini := 0; writeln;
                        writeln ('Neues File ...');
                        writeln ('Leertaste ...');
                        antwort := readkey;
                        END

   END;

PROCEDURE ablage;
   BEGIN
   writeln;
   writeln; writeln ('Bitte etwas  w a r t e n ...!');
   assign  (listefil, name); rewrite (listefil);
   FOR i := 1 TO fini DO write (listefil, inhaltar [i]);
   close (listefil)
   END;
```

```pascal
PROCEDURE sort;
   BEGIN                                    (* durch sofortiges Einsortieren *)
   fini := fini + 1; k := fini;
   WHILE inhaltar [0].eins < inhaltar [k-1].eins DO BEGIN
         inhaltar [k] := inhaltar [k-1]; k := k - 1
                                                     END;
   inhaltar [k] := inhaltar [0]
   END;

PROCEDURE neu;
   VAR x , y : integer;
   BEGIN c1 := '+';
   WHILE c1 <>  '-' DO BEGIN
     IF fini = c THEN BEGIN
                  writeln; writeln ('Kein Platz mehr frei ...');
                  writeln ('Eventuell Programm beenden ...?');
                  write ('Weiter ...'); antwort := readkey;
                  c1 := '-'
                        END
                  ELSE BEGIN
                  clrscr;
                  x := wherex; y := wherey;
                  WITH inhaltar [0] DO BEGIN
                  look := [];
                  write    ('Text Nr. ', fini+1:4);
                  write    ('|1    5    0    5    0    5    0|');
                  writeln  ('                              ===');
                  write    ('                   '); readln (eins);
                  c1 := copy (eins, 1, 1);
                  IF c1 <> '-' THEN BEGIN
                     gotoxy (60, y + 1);
                     write ('Seite ? .. '); readln (zwei);

                     REPEAT
                        gotoxy (1, 3); clreol;
                        write ('Umlaute auf Position (0) ... ');
                        readln (wo);
                        IF wo > 0 THEN look := look + [wo]
                     UNTIL wo = 0;
                     sort
                                    END
                              END                 (* OF WITH *)
                        END                        (* OF ELSE *)
                        END                        (* OF WHILE *)
   END;


PROCEDURE suche;
   BEGIN  clrscr;
   write ('Gesuchter Text ... '); readln (inhaltar[0].eins);
   s := 1;
   FOR s := 1 TO fini DO BEGIN
       IF copy (inhaltar[0].eins,1,5) = copy(inhaltar[s].eins,1,5)
```

```pascal
            THEN BEGIN
            writeln; writeln;
            writeln (inhaltar[s].eins, '     ', inhaltar[s].zwei);
            writeln;
            writeln ('         Löschen/Ändern .......... L');
            writeln ('         Weiter ............ <RETURN>');
            write  ('         Wahl .................... ');
            antwort := upcase (readkey);
            IF antwort = 'L' THEN BEGIN
               FOR r := s TO fini - 1 DO inhaltar[r] := inhaltar[r+1];
               fini := fini - 1; neu
                              END
         END                                           (* OF THEN *)
                     END                               (* OF FOR s *)
      END;


PROCEDURE zeigen;
   VAR z, k, s : integer;
   BEGIN clrscr;                                  (* Zwischenmenü *)
   writeln ('Ausgabe am Drucker ....... P'); writeln;
   writeln ('oder Bildschirm ... <RETURN>'); writeln;
   lowvideo; writeln;
   writeln ('Gegebenenfalls Drucker einschalten!');
   normvideo; writeln;
   write ('Wahl .................... '); readln (antwort);
   antwort := upcase (antwort); clrscr;
   IF antwort = 'P' THEN assign (ausgabe, 'prn:')
                    ELSE assign (ausgabe, 'con:');
   rewrite (ausgabe);
   z := 0;
   FOR i := 1 TO fini DO BEGIN
      leer := false;
      IF copy (inhaltar[i].eins, 1, 1)
         <> copy (inhaltar[i+1].eins, 1, 1) THEN leer := true;
      inhaltar[0] := inhaltar[i];
      s := 0;
      IF inhaltar[0].look <> [] THEN
         FOR k := 1 TO 30 DO BEGIN

         IF k IN inhaltar[0].look THEN BEGIN
            CASE inhaltar[0].eins[k-s] OF
            'a' : inhaltar[0].eins[k-s] := 'ä';
            'A' : inhaltar[0].eins[k-1] := 'Ä';
            'o' : inhaltar[0].eins[k-s] := 'ö';
            'O' : inhaltar[0].eins[k-1] := 'Ö';
            'u' : inhaltar[0].eins[k-s] := 'ü';
            'U' : inhaltar[0].eins[k-s] := 'Ü'
            END;
            delete (inhaltar[0].eins, k+1-s, 1);
            s := s + 1
                                END      (* OF IF k ... *)
                 END;                          (* OF i *)
      write (ausgabe, inhaltar[0].eins, ' ');
```

```
        FOR k := 1 TO 35 -
            (length(inhaltar[0].eins) + length(inhaltar[0].zwei))
               DO write(ausgabe, '.');
        writeln (ausgabe, ' ', inhaltar[0].zwei);
        IF (antwort <> 'P') AND (i MOD 15 = 0)
           THEN antwort := readkey;
        IF leer THEN writeln (ausgabe)
                     END;

    IF (antwort <> 'P') THEN BEGIN
       writeln; write ('Weiter ? ... '); antwort := readkey
                          END;
    close (ausgabe)
    END;

BEGIN (* ------------------------------------- Hauptprogramm --- *)
name := '';
clrscr; lesen;
REPEAT
   clrscr;
   writeln ('Neueingabe von Text (NEW) ........... N'); writeln;
   writeln ('Im Text suchen/ändern ............... X'); writeln;
   writeln ('Text sortiert ausdrucken (PRINT) .... P'); writeln;
   writeln ('Programmende ........................ E'); writeln;
   write   ('Gewünschte Option ................... ');
   readln (antwort);
   antwort := upcase(antwort);
   CASE antwort OF
   'N': neu;                              (* Text eingeben *)
   'X': suche;                       (* Text suchen, löschen *)
   'P': zeigen;                         (* Datei vorzeigen *)
   END
UNTIL antwort = 'E';
ablage          (* erfolgt in dieser Version stets bei Programmende *)
                     (* eventuell eigens im Menü anfordern *)
END.
```

Das Programm fragt nach dem Namen der Datei; diese Datei wird mit Ende des
Programms stets hinausgeschrieben, auch wenn keine Änderung erfolgte. Zwei
Dinge sind an dem sonst einfachen Programm beachtenswert:

Um wahlweise auf den Drucker oder den Bildschirm zu gehen, wird ein File
mit dem Namen *ausgabe* definiert, das entweder zur Konsole con: oder zum
Drucker prn: gelenkt wird; das sind die Namen unter DOS. Damit erübrigt
sich in der Prozedur *zeigen* ein zweifaches Schreiben der *writeln*-Anwei-
sungen.

In derselben Prozedur ist ein <u>Umlautkorrektur</u> eingebaut, die auf die Eingabe Bezug nimmt: Damit richtig sortiert wird, sind alle Wörter mit Großbuchstaben am Anfang und ue statt ü usw. einzugeben. Nach der Abfrage zur
Seite wird dann in einem Positionszeiger (Ausstieg: Eingabe 0) vermerkt,
ob Doppellaute wie ue usw. später als ü geschrieben werden sollen:

Das Wort 'Überlauf' wird als 'Ueberlauf' eingegeben, dann aber mitgeteilt, daß auf Position 1 später die Umlautkorrektur greifen soll. Zur Ausgabe in der Liste wird das Wort leserlich umgeschrieben. – Bei mehreren Umlauten geht dies analog: 'Märchen, müdes' hat die Eingabe 'Maerchen, muedes' mit 2 12 0 als Zeigern. Auf die Umschreibung von β haben wir verzichtet; unter CASE wäre nur die weitere Zeile *'s' : inhaltar [0].eins[k-s] := 'β'*; hinzuzufügen; das nachfolgende 's' wird automatisch des Wortes "verwiesen".

Die Optionen Suchen/Ändern sind zusammengefaßt und führen fallweise nur zum Löschen; wir gehen davon aus, daß Korrekturen nach einem Probeausdruck erfolgen und daher falsche Angaben am besten ganz neu geschrieben werden. Gleichwohl ließe sich eine Option Ändern leicht ergänzen. Vor jedem neuen Anfangsbuchstaben im Verzeichnis wird eine Leerzeile eingeschossen.

Gelegentlich möchte man ein fertiges Programm zum Testen weitergeben, aber verhindern, daß es beliebig lange benutzt wird oder als Kopie ein Eigenleben beginnt. Mit der folgenden Idee können Sie das verhindern:

Das Programm liest eine vorgegebene Zahl von einem externen Hilfsfile ein und erniedrigt diese schreibend anschließend um Eins. Beim nächsten Start geschieht dasselbe ... Ist die Zahl Null geworden, so hält das Programm nach Start an ... Wir richten daher die externe Datei XYZ.TXT <u>verdeckt und verschlüsselt</u> ein und geben unserem Programm einen Algorithmus mit, der dieses XYZ.TXT in so gezielter Weise manipuliert, daß auch eine zufällige Entdeckung nichts hilft und jedes Verändern oder gar Fehlen von XYZ.TXT keinen Programmstart zuläßt:

Mit einem Hilfsprogramm erzeugen wir zunächst eine offene Datei UVW.TXT und legen uns auf ein bestimmtes Zeichen fest, im Beispiel ist das der Buchstabe p. Dieser Buchstabe sollte das erste Mal möglichst weit hinten auftauchen, wir erklären gleich den Grund. Ansonsten wiederholt man den Vorgang einige Male oder wählt einen anderen Buchstaben:

```pascal
PROGRAM codierungsfile;
USES crt;
VAR    c : char;
       n : integer;
  zufall : FILE OF char;
BEGIN
randomize;
assign (zufall, 'UVW.TXT');

(* Die folgenden Zeilen nur für ein eigenes File öffnen ... *)
(*  !!! Keinesfalls das Beispiel auf Disk überschreiben !!! *)

(* clrscr; writeln ('Zufallsfile XYZ.TXT generieren ...');
rewrite (zufall);
FOR n := 1 TO 200 DO BEGIN
    c := chr (31 + random (220));
    write (c);
    write (zufall, c)
             END;                              ....    *)
```

```
   reset (zufall);
   writeln; writeln; writeln ('Test auf Zeichen p : Platz ... ');
   n := 0;
   REPEAT
      n := n + 1;
      read (zufall, c);
      IF c = chr (112) THEN write (c, ':', n, '  ')
                   (* chr (112) ist willkürlich der Buchstabe p *)
   UNTIL EOF (zufall);
   close (zufall);
   readln
   END.
```

Dieses Programm lief als Generierungsfile für die Codierung mehrere Male,
bis der Buchstabe p (analog kann man ein anderes Zeichen wählen) erschien,
und zwar als 161. Zeichen (die interne Zählung über den Zeiger beginnt bei
Null, wie erinnerlich!).

MOD 11 läßt die Zahl 161 den Rest 7. – So oft wird unser Programm später
gestartet werden können ... Soll es öfter oder weniger oft gehen, suchen
Sie eine andere Primzahl, wobei zu beachten ist, daß 7*11 noch deutlich
unter 161 liegt ... Denn unser Programm wird eine Kopie von UVW.TXT (gut
aufheben!) mit dem Namen XYZ.TXT wie folgt manipulieren: Es ermittelt die
Position von p (161) und bestimmt dann als neue Position für p eine um 12
weiter links: Die Differenz ist um Eins größer als die von uns gewählte
Primzahl 11. Hernach wird das Codefile XYZ.TXT neu geschrieben: Zunächst
148 Zeichen per Zufall, jedoch kein p (!), dann als 149. Zeichen ein p,
der Rest ganz beliebig. Beim nächsten Lesen wird p als 149. Zeichen gefunden, der Rest von 149 MOD 11 ist aber 6 ... usw. Also wandert p immer
weiter nach vorne, bis es auf eine Position gerät, wo der Rest MOD 11 Null
wird. – Das Programm kann nicht mehr gestartet werden.

Hier ist das Testprogramm zum File XYZ.TXT auf der Diskette; wir haben
eine Kopie UVW.TXT von XYZ.TXT mitgeliefert, mit der das sich verändernde
XYZ.TXT regeneriert werden kann. Sie dürfen also UVW.TXT nicht verlieren.
Auch wenn jemand das Verfahren im Prinzip durchschaut: Er kennt weder das
Zeichen noch die Primzahl, und Vergleiche des sich ändernden XYZ.TXT geben
keinen Aufschluß über diese beiden Schlüssel ...

```
   PROGRAM laufreduktion_geheim;      (* Testprogramm, sonst Prozedur *)
   USES dos;
   TYPE stringtyp = string [20];
   VAR datei : string [20];
   VAR i , k : integer;
           c : char;
      zufall : FILE OF char;
     flaggen : registers;


   PROCEDURE hidefile (name : stringtyp);
   BEGIN
   name := name + chr(0);
   WITH flaggen DO BEGIN
        ds := seg (name); dx := ofs (name) + 1;
```

```
            ax := $4301; cx := 02; msdos (flaggen)
                     END
END;


PROCEDURE showfile (name : stringtyp);
BEGIN
name := name + chr(0);
WITH flaggen DO BEGIN
        ds := seg (name); dx := ofs (name) + 1;
        ax := $4301; cx := 0; msdos (flaggen)
                     END
END;


BEGIN (* ----------------------------------- Unser Testprogramm *)
assign (zufall, 'XYZ.TXT');             (* Name des Schlüsselfiles, *)
showfile ('XYZ.TXT');          (* das mit codierung erzeugt wurde *)
(*$I-*) reset (zufall); (*$I+*)
IF IORESULT = 0 THEN BEGIN
   i := 0;
   REPEAT i := i + 1; read (zufall, c)  UNTIL c = 'p';
   k := i MOD 11;
   IF k > 0 THEN BEGIN
      writeln ('Noch ', k-1, ' Läufe möglich ...');
      i := i - 12; rewrite (zufall); k := 0;      (* 12 = 11 + 1 *)
      REPEAT
         c := chr (31 + random (220));     (* kein 'p' schreiben! *)
         IF c <> 'p' THEN BEGIN
                        k := k + 1; write (zufall, c)
                        END
      UNTIL k = i - 1;
      c := 'p'; write (zufall, c); k := k + 1;  (* 'p' einsetzen *)
      REPEAT
         c := chr (31 + random (220)); write (zufall, c); k := k + 1
      UNTIL k = 200;                              (* Rest beliebig *)
      close (zufall); hidefile ('XYZ.TXT')
                  END                                 (* if k > 0 *)
            ELSE BEGIN erase (zufall); halt END       (* k = 0 *)
                     END                       (* OF IORESULT = 0 *)
                 ELSE writeln ('Kein Start mehr möglich ');

             (* Hier könnte das eigentliche Programm beginnen ... *)
   END. (* ----------------------------------------------------- *)
```

Nach dem ersten Durchlauf ist das File XYZ.TXT 'verdeckt'; unser Programm läuft dann noch sechsmal. Zieht man von der Diskette eine Kopie mit DISK-COPY, so wird das verdeckte File ebenfalls kopiert und die Codierung folglich mitgenommen. Ohne dieses läuft das Programm überhaupt nicht. Eine Kopie mit COPY ist von vornherein nicht lauffähig. Dieses rechtzeitige und vollständige Kopieren des Programmträgers ist gleichzeitig die Schwachstelle. – Eine ganz anderer Lösungsansatz wird ab Seite 190 beschrieben.

Als Grafikkarte im Rechner setzen wir für alle Listings dieses Buches die
EGA-Karte voraus. EGA ('Enhanced Graphics Adapter') schaltet meistens alle
niedrig-auflösenden CGA-Modi ('Color Graphics Adapter', 320*200 Punkte in
vier Farben mit mehreren Paletten, oder eine Farbe in höherer Auflösung),
vor allem aber jenen Farbmodus EGAhi (640*350), den wir stellvertretend
für gängige Standards unten näher beschreiben. - Wer eine Hercules-Karte
hat, kann die nachfolgenden Programme verwenden, muß aber zum bildschirm-
füllenden Zeichnen die Koordinaten der Verwaltung von 720*348 Punkten anpassen. Mit VGA-Karte nützen die Programme den Bildschirm ebenfalls nicht
voll aus. - Generell ist der Aufruf des Grafikmodus in TURBO für übliche
Karten einfach und weitgehend automatisiert:

Alle Programme mit Grafik benötigen die Unit *graph*, ferner den zur Karte
passenden Grafiktreiber *.BGI ('Binary Graphics Interface'), in unserem
Fall EGAVGA.BGI. Stellen Sie daher in der Compiler-Option *Options* die notwendigen Unterverzeichnisse ein. Bei compilierten Programmen ab Diskette
muß der entsprechende Treiber von dort verfügbar sein; die Unit ist jedoch
nicht mehr erforderlich, denn es wurde bereits compiliert!. Mit folgendem
Listing sollten Sie einen recht farbigen Bildschirm bekommen:

```
PROGRAM colortest;
USES graph, crt;
VAR graphmode, graphdriver : integer;
                     n, k : integer;
BEGIN
graphmode := detect;
writeln ('Modus :   ', graphmode);           (* testhalber *)
writeln ('Treiber : ', graphdriver);
delay (2000);
initgraph (graphmode, graphdriver, ' ');
FOR n := 1 TO 17 DO BEGIN
    setcolor (n);
    FOR k := 1 TO 17 DO line (1, 19*n + k, 600, 19*n + k)
                    END;
setcolor (white); line (15, 315, 585, 315);
readln;                                       (* Haltepunkt! *)
closegraph
END.
```

Die vordeklarierte Funktion *detect* fragt den verfügbaren Modus ab; mit der
Prozedur *initgraph (...);* geht der Rechner dann automatisch in den Grafikmodus. Mit einer EGA-Karte meldet das Programm am Anfang die Nummern 0 und
1, d.h. Modus *detect* samt Treiber EGAHi zur EGA-Karte: 640*350 Bildpunkte,
hochauflösend in 16 Farben. Sie werden horizontale Farbbalken sehen, wobei
unten am Bildschirm (als Test zur horizontalen Auflösung mit 640 Pixels)
in einem schwarzen Balken eine weiße Linie auftritt, die nicht ganz links
beginnt und knapp vor dem rechten Rand aufhört.

Die Prozedur *initgraph* hat drei Parameter, wobei der letzte im Beispiel
mit einem Blank auf "Automatik" eingestellt ist: Dort könnte man ansonsten
jenes Unterverzeichnis explizit nennen, wo der Treiber zu finden ist.

Die Anweisung *line (x1, y1, x2, y2);* zieht eine Linie, analog gibt es noch
putpixel (x, y, color); zum Zeichnen eines Punkts. Alle Koordinaten müssen
ganzzahlig (*Integer*) sein. Der Ursprung (0, 0) ist links oben: Die x-Achse
zeigt nach rechts, aber die y-Achse nach unten! Die Koordinaten in x gehen
von 0 bis 639, die in y von 0 bis 349. – Außerhalb dieses "Fensters" wird
zwar nicht gezeichnet, aber das Programm arbeitet weiter. Mit der Prozedur
closegraph; kehrt man zu Ende wieder in den Textmodus zurück.

Mit *setcolor (...);* können die Farben angewählt werden, entweder durch Angabe einer Nummer MOD 16 oder explizit durch Namensnennung:

Farbe	Wert	TURBO-Name
schwarz	0	black
blau	1	blue
grün	2	green
türkis (kobalt)	3	cyan
rot	4	red
fuchsinrot	5	magenta
braun	6	brown
hellgrau	7	lightgray
dunkelgrau	8	darkgray
hellblau	9	lightblue
hellgrün	10	lightgreen
helltürkis	11	lightcyan
hellrot	12	lightred
hellfuchsin	13	lightmagenta
gelb	14	yellow
weiß	15	white
schwarz	16	und so weiter MOD 16.

Wenn die Farben am Bildschirm schlecht getrennt sind, müssen Sie heller
einstellen; insbesondere die Farbe 7 kommt oft schlecht zur Geltung.

Für das spätere Speichern von Bildern auf Diskette und Wiedereinlesen ist
ein Grundverständnis der Farbkarte notwendig: Auf der EGA-Karte wird das
Bild in vier sog. Maps (Speicherabschnitte) abgelegt. – Eine solche Map
stellt einen Farbauszug aus dem kompletten Bild dar; diese Auszüge werden
additiv gemischt:

```
Map (0) blau         |  0   1   1   1   0  |
Map (1) grün        |  0   1   1   1   0  |
Map (2) rot        |  0   1   1   0   1  |
Map (3) Intensität  | 0   1   0   0   0 |
```

**Abb.: Additive Farbsteuerung über die Maps der EGA-Karte;
Farbbits beispielhaft für fünf Punkte**

Entsprechend der Abbildung der vorigen Seite lesen sich einzelne Farben jeweils von unten nach oben über die gesetzten Bits als ...

```
schwarz  :   0 0 0 0
weiß :       1 1 1 1   (intensiv)
grau:        0 1 1 1
kobalt:      0 0 1 1
dunkelrot:   0 1 0 0
```

Nun hat z.B. dunkelrot die duale Verschlüsselung 0100, dezimal also 4, und reinweiß ist 1111, dezimal 15. 4 bzw. 15 sind gerade die Nummern der Liste darüber; das ist das ganz Geheimnis! Mit einem halben Byte sind offenbar 16 Farben an einem Punkt darstellbar; allerdings wird ein Bildpunkt erst über vier Maps festgelegt, d.h. je Byte einer Map wird der Farbauszug für 16 aufeinanderfolgende Punkte definiert.

```
PROGRAM egamanipulation;     (* EGA : 16 Farben, 640 x 350 Pixels *)
USES crt, graph;
TYPE                    name = STRING [12];
VAR                     ch : char;
        graphmode, graphdriver : integer;
                    egabase : byte absolute $A000:00;
                    puffer : ARRAY [0..28016] OF byte;
                    i, k : integer;

PROCEDURE readplane (nr : integer);            (* Auswahl der Maps *)
BEGIN
    port [$03CE] := 4; port [$03CF] := nr AND 3
END;

PROCEDURE savebild (datei : name);
VAR  saved : integer;
     block : FILE;
      i, n : integer;
BEGIN
assign (block, datei); rewrite (block);
FOR i := 0 TO 3 DO BEGIN
    readplane (i);
    move (egabase, puffer [0], 28000);            (* Map (i) holen *)
    blockwrite (block, puffer [0], 219, saved);
                END;
close (block)
END;
BEGIN (* ------------------------------------------------------------ *)
clrscr;
graphdriver := detect;
initgraph (graphmode, graphdriver, ' ');
randomize;              (* Es folgt ein Eintrag zur Bilderzeugung *)
FOR k := 1 TO 10 DO BEGIN
    setcolor (k);
    FOR i := 1 TO 50 DO
        line (i, random (k * i), 600 - i, 300 - random (k * i));
                END;              (* Ende Bildgenerierung *)
```

```
savebild ('LINEARTS.EGA');
ch := readkey;
closegraph
END. (* ------------------------------------------------------------ *)
```

Das Programm erzeugt demonstrationshalber ein einfaches Bild per Zufall
und speichert es danach ab. Beachten Sie, daß auf der Peripherie für unser
Bildformat *.EGA ("*.IBM") 112 KB Speicher verlangt werden:

Liest man alle 640 * 350 = 224.000 Bildpunkte aus, so benötigt man für je
zwei Punkte ein Byte, mithin also insgesamt rund 112 KB. Für diesen Fall
des sog. IBM-Formats besteht das Bildfile nämlich aus den vier Maps, der
Reihe nach abgespeichert. Um die eigentliche Bildverwaltung kümmert sich
die EGA-Karte, die zumeist zwei Bilder samt einigen BIOS-Routinen umfaßt
und somit wenigstens 256 KB Speicher aufweist. Das Monitorbild entsteht
durch Verschieben der Maps aus der Grafikkarte in den Arbeitsspeicher,
beginnend bei der Adresse $A000. Je Map sind 1751*16 = 28.016 Byte erfor-
derlich, das ist die Summe aller Segmente (mit jeweils 16 Offsetadressen)
von $A000 bis einschl. $A6D6 (6D6 ist dezimal 1750, die Adresse $A000 ist
noch zuzurechnen). Ein solches Feld zum Verschieben der Maps kann man
direkt als *ARRAY OF byte* organisieren, wie im Programm ersichtlich.

Am Rande: Zum Auswechseln von Farben in fertigen Bildern müßten also vier
Maps nebeneinander verglichen und dann punktweise neu gesetzt werden; ein
dafür geeignetes Programm mit ziemlich komplizierten Bit-Routinen über
alle Maps gibt es auf der Diskette zu diesem Buch. Farbige Bilder können
damit z.B. für Druckzwecke (zweifarbig: schwarz/weiß) verbessert werden.

Zum Laden eines abgespeicherten Bildes im *.EGA-Format kann das folgende
Listing verwendet werden, das wir oben zu einer Prozedur verkürzt hätten
einbinden können, aber wegen seiner Nützlichkeit besser als eigenständiges
Programm vorstellen:

```
PROGRAM loadbild_ega_format;
USES crt, dos, graph;

VAR graphmode, graphdriver : integer;
                   puffer : ARRAY [0..28032] OF byte;
              i, saved : integer;
             blockdatei : File;
                egabase : byte absolute $A000:00;
                    was : STRING [14];

PROCEDURE colormap (nr : byte);    (* Ansprechen der Map (nr) *)
BEGIN            (* vor dem Hineinschieben eines Farbauszugs *)
port [$03C4] := $02; port [$03C5] := nr
END;

BEGIN  (* ------------------------------------------------------------ *)
clrscr; write ('Welche Grafik anzeigen? '); readln (was);
graphdriver := detect;
initgraph (graphdriver, graphmode, ' ');
assign (blockdatei, was); reset (blockdatei);
```

```
FOR  i := 0 TO 3 DO BEGIN
     colormap (1 shl i);
     blockread (blockdatei, puffer [0], 219, saved);
     move (puffer [0], egabase, 28000);
     (* delay (1000)   zur Beobachtung *)
                     END;
close (blockdatei);

(* Zu den folgenden Zeilen siehe Text auf S. 233 ganz unten ...
moveto (334);
setcolor (0);
FOR i := 1 TO 80 DO outtext ('');
moveto (0,342); FOR i := 1 TO 80 DO outtext ('');        ... *)


readln; closegraph
END. (* ------------------------------------------------------ *)
```

Beim Laden des Bildes können Sie den stufenweisen Aufbau über die drei
Farbauszüge und die Intensitätsmap gut beobachten. Zwar müssen Sie ein
Bild stets vollständig einlesen, könnten aber einen einzelnen Farbauszug
z.B. mit *IF i = 0 THEN move (...);* alleine vorzeigen und die anderen
unterdrücken. Der Videospeicher beginnt bei Adresse:Offset \$A000:00. Dort
wird das Bild beim Abspeichern in vier "Schüben" abgeholt und über den
Puffer auf die Peripherie kopiert. Beim Laden ist der Vorgang umgekehrt.

Die Routinen sind für <u>Hercules-Karten</u> nicht brauchbar; notwendige Hinweise
finden Sie in der einschlägigen Literatur [13], allgemeines zur Unit *graph*
vor allem in [1].

Die Routine zur Erzeugung unseres Demobildes können Sie natürlich auch als
Programm weiter ausbauen und für sich alleine laufen lassen. – Wir bringen
hier ein anderes Beispiel, das Sie als Oszillographenbild vielleicht noch
aus dem Physikunterricht kennen, die Überlagerung zweier sog. harmonischer
Schwingungen zu LISSAJOUS-Figuren:

```
PROGRAM lissajous;                       (* Abbildung Seite 354 *)
USES crt, graph;      (* zeichnet Überlagerung harm. Schwingungen *)

CONST x0 = 320;                          (* Mitte Bildschirm *)
      y0 = 170;
VAR       a, b, t, f, phi, fak : real;
                      n, x, y : integer;
        graphmode, graphdriver : integer;
                        color : integer;
BEGIN (* ----------------------------------------------------- *)
clrscr;
b := 80;
write('Frequenzverhältnis > 0       '); readln (f);
write('Phase 0 ... 1                '); readln (phi);
write('Amplitudenverhältnis < 3.5 '); readln (fak);
                        (* z.B. f := 2.2; phi := 0.7; fak := 3; *)
a := fak * b;
```

```
      graphdriver := detect;
      writeln (graphdriver);
      initgraph (graphmode, graphdriver, ' ');
      setcolor (4);
      line (0,      0, 639,    0); line (639,   0, 639, 349);
      line (639, 349,   0, 349); line ( 0, 349,   0 ,  0);
      color := green;
      t := 0;
      REPEAT
         x := round (a * sin (t));
         y := round(b * cos (f * t + phi * pi));
         putpixel (x0 + x, y0 + y, color);
         t := t + 0.005
      UNTIL keypressed;
      readln;
      closegraph
      END. (* ------------------------------------------------------- *)
```

Der Anweisungsvorrat der <u>Grafikbibliothek GRAPH.TPU</u> ist äußerst umfangreich. Das folgende Listing benützt davon einige Routinen als Beispiele;
Sie finden eine komplette Übersicht in [1], die Details in [3]:

Man kann Fenster setzen (mit Absolutkoordinaten relativ zum linken oberen
Eck des Bildschirms), den ganzen Bildschirm (mit *cleardevice;*) oder nur in
momentan gesetzten Fenstern löschen, mit vorgefertigten Prozeduren Kreise,
Ellipsen, Balkenmuster oder dgl. einzeichnen, die momentanen Koordinaten
des Grafikcursors relativ zum gesetzten Fenster abfragen, bildzeilenweise
Texte ausgeben und dergleichem mehr. Das folgende Programm führt einiges
vor, beginnend auf der aktiven Seite 0, der ersten Bildseite:

```
      PROGRAM demo_grafik;
      USES graph, crt;
      VAR graphdriver, graphmode : integer;
                      i, x, y : integer;
      BEGIN (* ------------------------------------------------------- *)
      graphdriver := detect;
      initgraph (graphdriver, graphmode, ' ');
      setcolor (15);
      FOR i := 1 TO 50 DO line ( 0, 7*i, 639, 7*i);  (* Vollformat *)
      setviewport (100, 100, 200, 200, true);
      clearviewport;                                 (* Fenster löschen *)
      setcolor (4);
      circle (50, 50, 40);                    (* Mittelpunkt, Radius *)
      setviewport (400, 150, 500, 250, true);
      clearviewport;
      x := getx; y := gety;
      moveto (x + 5, y + 5);
      outtext ('Bildseite 1');
      setactivepage (1);                      (* Seite 1 aktivieren *)
      setviewport (0, 0, 639, 349, true);     (* Volles Fenster! *)
      setcolor (4);                      (* und im Hintergrund zeichnen *)
      FOR i := 1 TO 60 DO line (10 * i, 0, 10 * i, 349);
```

```
setviewport (300, 150, 400, 170, true);
clearviewport;
moveto (10, 5); setcolor (15);
outtext ('Bildseite 2');
delay (2000);
setvisualpage (1);            (* jetzt vorzeigen, d.h. wechseln *)
FOR i := 1 TO 10 DO BEGIN
    setvisualpage (0);
    delay (1000 - 100 * i);
    setvisualpage (1);
    delay (1000 - 100 * i)
                    END;
readln; closegraph
END. (* -------------------------------------------------------- *)
```

Während die erste Seite (0) sichtbar bleibt, wird auf die zweite Bildseite
(page 1) umgeschaltet und im Hintergrund erst gezeichnet, ehe diese Seite
vorgezeigt wird. Zu beachten ist, daß hier vorher wieder auf volles Format
zurückgestellt werden muß, da ansonsten das kleine Bildfenster aus Seite 0
rechts stehen bleibt. (Man kann ebenso auf diese Seite 1 ein fertiges Bild
laden, ohne es zunächst zu sehen.) – Schließlich wird vorgeführt, daß ein
schneller Anzeigewechsel der beiden Seiten diverse Möglichkeiten (z.B. für
Animationen und dgl.) eröffnet.

Das bisher verwendete Bildformat ist ein direktes Abbild des Bildfiles aus
der Karte (112 KB). Viele kommerzielle Grafikprogramme verwenden hingegen
komprimierte Files, um Speicherplatz auf der Peripherie zu sparen. Dabei
werden Algorithmen verwendet, die (allgemein gesagt) die jeweiligen Farbwechsel beim fortlaufenden zeilenweisen Lesen im Bit-Muster registrieren
und codiert ablegen. Beim Einlesen muß dann wieder entschlüsselt werden.
Extensions wie *.PIC oder *.TPC signalisieren die Art der Codierung: Bei
uns wird die Bildinformation (*.EGA, IBM-Format) unkomprimiert abgelegt.

Durch diese verschiedenen Formate entstehen Probleme zur Kompatibilität
der einzelnen Tools. So sind Bilder, die mit unseren Programmen erzeugt
werden, von vielen dieser Tools nicht weiter benutzbar. Umgekehrt können
wir solche extern generierten Bilder nicht einlesen. Um dem abzuhelfen,
gibt es auf der Diskette zu diesem Buch ein residentes Programm FOTO.EXE,
das Sie vor Benutzung eines eigenen Grafiktools laden können.

Wenn Sie später mit eigenem Werkzeug eine Grafik erstellt haben, zeigen
Sie diese zunächst ohne Menü, Rahmen und dgl. an, lenken sodann den Cursor
irgendwo ganz nach unten und veranlassen dann mit dem Hot-Key Ctrl-Druck
folgendes: Der Inhalt des Videospeichers wird aus dem Hintergrund unter
Umgehen aller Komprimierungsalgorithmen direkt ausgelesen und auf Laufwerk
A: als Bildfile PICTUREn.EGA abgelegt, in unserem EGA-Format. – Sie können
auf diese Weise bis zu zehn Bilder n = 0, ..., 9 aus beliebigen Programmen
(wie PAINT, DrHALO, Scannern usw.) "entnehmen". Es macht dann keine Mühe,
diese Bilder unter TURBO mit der Prozedur von S. 230 in eigene Programme
einzubinden. Aus technischen Gründen kopiert das residente Programm einige
Bildzeilen unten nicht mehr aus; diese sollten daher bei Anzeige des Bilds
gelöscht (geschwärzt) werden.

Zum Verständnis anderer Bildformate hier ein Listing, das zudem noch die Einbindung einer Maus in Grafik demonstriert. Zum Erstellen von Stadtplänen (streckenorientiert) ist das Programm gut geeignet; es legt Bilder in einem ganz eigenen Format folgendermaßen ab:

Jeder Linienzug ist durch Anfangs- und Endpunkte gekennzeichnet. Am Anfang einer solchen Sequenz steht nach einer Null die Zahl zum Farbcode. Solange fortlaufend in einer Farbe gezeichnet wird, folgen Paare von Ganzzahlen. Ein Farbwechsel wird durch eine 0 samt Farbcode signalisiert, wieder den Anfang eines neuen Linienzugs, der am letzten Endpunkt ansetzen kann oder auch nicht ...

        0 1 10 10 100 150 0 4 100 150 200 100 300 100 ...

ist demnach eine blaue Linie von (10, 10) nach (100, 150) und dann weiter nach (200, 100), aber jetzt in der Farbe rot, weiter nach (300, 100) ...

Das mausgesteuerte Programm verlangt beim Booten die Installation eines Maustreibers wie MOUSE.COM, was man am besten via AUTOEXEC.BAT erledigt. Eine Anwendung für Textseiten finden Sie im nächsten Kapitel.

```pascal
PROGRAM mausdemo;   (* am Beispiel der Egakarte 640 * 350 Pixels *)
USES dos, crt, graph;

VAR graphmode, graphdriver : integer;
                       reg : registers;
    taste, cursorx, cursory : integer;
     i, k, color, a, b, neu : integer;
                     start : boolean;
                      bild : FILE OF integer;
                      name : STRING [12];

PROCEDURE mausinstall;      (* M-Prozeduren einschl. Grafikkarte *)
BEGIN
reg.ax := 0; intr ($33, reg);
reg.ax := 7; reg.cx := 0; reg.dx := getmaxx; intr ($33, reg);
reg.ax := 8; reg.cx := 0; reg.dx := getmaxy; intr ($33, reg)
END;

PROCEDURE mausein;
BEGIN   reg.ax := 1; intr ($33, reg)  END;

PROCEDURE mausaus;
BEGIN   reg.ax := 2; intr ($33, reg)  END;

PROCEDURE mausposition;
BEGIN
reg.ax := 3; intr ($33, reg);
WITH reg DO BEGIN
     move (bx, taste, 2);
     move (cx, cursorx, 2); move (dx, cursory, 2)
           END
END;
```

```pascal
BEGIN (* ------------------------------------------------------- main *)
clrscr; w
write ('Welches Bild laden? '); readln (name);
initgraph (graphmode, graphdriver, ' ');
mausinstall;
neu := 0;                           (* Auch als Konstante deklarierbar *)
assign (bild, name); (*$I-*) reset (bild); (*$I+*)
IF ioresult = 0 THEN                     (* Bestehendes Bild einlesen *)
   REPEAT
   read (bild, cursorx);
   IF cursorx  = 0
      THEN BEGIN                     (* Start: Farbe und Anfangspunkt *)
           read (bild, color);
           read (bild, a);
           read (bild, b);
           setcolor (color)
           END
      ELSE BEGIN                                    (* nächster Punkt *)
           read (bild, cursory);
           line (a, b, cursorx, cursory);
           a:= cursorx; b := cursory
           END
   UNTIL EOF (bild)
                  ELSE rewrite (bild);             (* Neuerstellung *)

FOR i:= 1 TO 17 DO BEGIN                     (* Farbmenü oben links *)
    setcolor(i);
    FOR k := 0 TO 10 DO line (20*(i-1), k, 20*(i-1) + 18, k)
                END;
setcolor (7);                                          (* Rahmen *)
line (0,0,639,0); line (639,0,639,349);
line (639,349,0,349); line (0,349,0,0);
line (0, 10, 639, 10);

REPEAT                                    (* Eigentliches Programm *)
   mausein; mausposition;
   IF (cursory < 10) AND (taste = 1) THEN             (* Farbwahl *)
      FOR i := 1 TO 17 DO
          IF (cursorx > 20*(i-1)) AND (cursorx < 20*(i-1)+18)
             THEN color := i;
   setcolor (color);
   IF (cursory > 10) AND (taste = 1) THEN BEGIN
      a := cursorx; b :=  cursory; start := true;
                                      END;

   IF (Cursory > 10) AND (taste = 2) THEN BEGIN
      IF start THEN BEGIN
                    write (bild, neu); write (bild, color);
                    write (bild, a); write (bild, b);
                    start := false
                    END;
      mausaus;
      write (bild, cursorx); write (bild, cursory);
```

```
        line (a, b, cursorx, cursory);
        a := cursorx; b := cursory;
                                        END
    UNTIL keypressed;                              (* Programmende *)
    close (bild); closegraph
    END. (* ------------------------------------------------------ *)
```

Nach dem Programmstart wird nach dem Namen eines Bildfiles gefragt. – Wenn
dieses File nicht existiert, geht das System von Neuerstellung aus und
speichert zu Ende automatisch ab. Ansonsten wird das existierende Integer-
File geladen und sogleich interpretiert, d.h. das Bild aufgebaut. Dieses
kann man ergänzend weiterzeichnen oder mit Tastendruck beenden.

Führt man die Maus in eines der 16 Farbfelder und klickt man links an, so
wird in die gewünschte Zeichenfarbe gewechselt. Innerhalb der Zeichen-
fläche bedeutet Anklicken links den Anfang eines neuen Linienzugs, und Anklicken rechts Fortsetzung des Linienzugs mit sofortiger Speicherung.

Für "richtige" Bilder ist die eben demonstrierte Art der Bild-Speicherung
nicht geeignet. Sehr stark geometrisch orientierte (errechnete) Strukturen
kann man jedoch analog direkt über die Stützpunkte ökonomisch abspeichern
und beim Einlesen sehr schnell wieder aufbauen. Als Beispiel bringen wir
ein sehr ausbaufähiges Programm, dessen Grundidee die folgende ist:

Ausgehend von drei Eckpunkten (die man sich im Raum denken kann) wird ein
Dreieck gebildet. Halbiert man dessen Seiten, so entstehen insgesamt vier
neue kleinere Dreiecke. Dabei werden aber die Höhen dieser neuen Eckpunkte
per Zufallssteuerung leicht verändert:

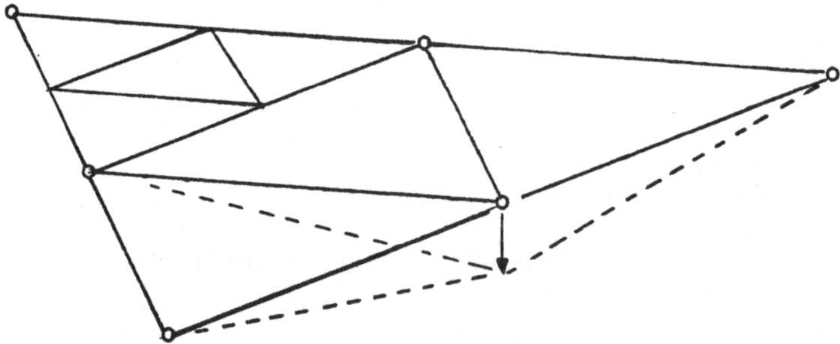

Abb.: Fortlaufende Seitenteilung eines Ausgangsdreiecks

Dieses Verfahren kann in mehreren Stufen bis an die Grenzen des Punkt-
rasters am Bildschirm fortgesetzt werden.

```
    PROGRAM rasterflaeche;
    USES crt, graph;
    VAR x, y, zaehler, stufe, schritt : integer;
            u1, v1, u2, v2, m, fakt : integer;
                            bild : ARRAY[0..128,0..128] OF integer;
            graphmode, graphdriver : integer;
```

```pascal
PROCEDURE zufall;
BEGIN
bild[x,y] := bild[x,y] + round(random(2*schritt) - schritt DIV 2);
END;


BEGIN (* ----------------------------------------------------------- *)
bild [0,0] := 0; bild [128,0] := -30; bild [128,128] := 0;
write ('Zufallsfläche der Stufe (1 ... 6) .. '); readln (stufe);
schritt := 128; randomize;
FOR zaehler := 1 TO stufe DO BEGIN                (* erst rechnen *)
    schritt := schritt DIV 2;
    writeln ('Arbeit auf Stufe ... ', zaehler);

    y := 0;
    REPEAT
        x := y + schritt;
        REPEAT
           bild[x,y] :=
           round((bild[x-schritt,y] + bild[x+schritt,y])/2);
           zufall;
           x := x + 2 * schritt
        UNTIL x > 128 - schritt;
        y := y + 2 * schritt
    UNTIL y > 127;

    x := schritt;
    REPEAT
       y := schritt;
       REPEAT
          bild[x,y] := round((bild[x-schritt,y-schritt] +
                        bild[x+schritt,y+schritt])/2);
          zufall;  y := y + 2 * schritt
       UNTIL y > x;
       x := x + 2 * schritt
    UNTIL x > 128 - schritt;

    y := schritt;
    REPEAT
       x := y + schritt;
       REPEAT
          bild[x,y] :=
          round((bild[x,y-schritt] + bild[x,y+schritt])/2);
          zufall;
          x := x + 2 * schritt
       UNTIL x > 128;
       y := y + schritt
    UNTIL y > 128 - schritt;
                                    END;             (* OF zaehler ... *)

graphdriver := detect;                    (* Hier beginnt das Zeichnen *)
writeln (getmaxx, ' ', getmaxy); delay (2000);
initgraph (graphmode, graphdriver, '');
setbkcolor (15);                 (* Setzen einer Hintergrundfarbe *)
```

```
m := 40; fakt := 1; setcolor (1);
y := 0;
REPEAT
   x := y;
   REPEAT
      u1 := 4*x; v1 := m + 2*y - bild[x,y];
      u2 := 4*(x+schritt); v2 := m + 2 * y - bild[x+schritt,y];
      u1 := u1 + 30 - fakt*y; u2 := u2 + 30 - fakt*y;
      line (u1, v1, u2, v2);
      x := x + schritt
   UNTIL x > 127;
   y := y + schritt
UNTIL y > 127;

x := schritt;
REPEAT
   y := 0;
   REPEAT
      u1 := 4*x; v1 := m + 2*y - bild[x,y];
      u2 := 4*x; v2 := m + 2*(y+schritt) - bild[x,y + schritt];
      u1 := u1 + 30 - fakt*y; u2 := u2 + 30 - fakt*(y+schritt);
      line (u1, v1, u2, v2);
      y := y + schritt
   UNTIL y > x-1;
   x := x + schritt
UNTIL x > 128;

y := 0;
REPEAT
   x := y;
   REPEAT
      u1 := 4*x; v1 := m + 2*y - bild[x,y];
      u2 := 4*(x+schritt);
      v2 := m + 2*(y+schritt) - bild[x+schritt,y+schritt];
      u1 := u1 + 30 - fakt*y; u2 := u2 + 30 - fakt*(y+schritt);
      IF (bild[x,y] > 0) OR (bild[x+schritt,y+schritt] > 0) OR
                       (y = x) THEN line (u1, v1, u2, v2);
      x := x + schritt
   UNTIL x > 127;
   y := y + schritt
UNTIL y > 127;

readln; closegraph
END. (* ------------------------------------------------------- *)
```

Einige Wiederholungen hätten wir durch Prozeduren zusammenfassen können;
in obiger Version ist das Programm aber leichter durchschaubar und auch
einfacher zu verändern.

Typisch für diese rechnende Bilderzeugung (im Gegensatz zum Malen) ist die
sehr hohe Entwicklungsgeschwindigkeit. Derartige Verfahren werden daher
gerne verwendet, um z.B. künstliche Landschaften zu generieren und daraus
letztlich gar Video-Filme zusammenzustellen:

Wir verwenden anstelle von Dreiecken Quadrate, deren Seiten analog durch
fortlaufendes Halbieren immer mehr verkleinert werden. In der Vorstellung
dreier Dimensionen lassen sich dann Höhen definieren, ab denen z.B. Schnee
liegen soll, oder Senken, in denen man Wasserflächen anlegt. Das folgende
Programm führt diese Vorgehensweise exemplarisch vor. Besonders gelungene
Zufallsbilder können als Zahlenfolge gespeichert werden, da eine direkte
Reproduktion mit dem Programm ja nicht mehr möglich ist. – Um die Bild-
generierung zu studieren, sollten Sie bei den ersten Versuchen eine kleine
Stufe wählen, höchstens drei. Auf Disk liefern wir eine fertige Zufalls-
landschaft *.LSC zum Anschauen mit. Dafür wird ebenfalls dieses Programm
benutzt, nicht etwa die Laderoutine von Seite 230 für gemalte Bilder im
IBM-Format!

Beachten Sie die Festlegungen der ARRAY-Größen auf 128, also Potenzen von
2, damit das fortgesetzte Halbieren problemlos durchgeführt werden kann.

```
PROGRAM landscape_LSC;
USES graph, crt;                              (* Abbildung Seite 342 *)
VAR x, y, i, k, n, step : integer;
                      a : ARRAY [0..128, 0..128] OF integer;
   graphdriver, graphmode : integer;
                      c : char;
             h, d, m, s : integer;
                  datei : FILE OF integer;
                   name : STRING [8];
                neuname : STRING [12];
                 xm, ym : integer;


BEGIN  (* ----------------------------------------------------------- *)
d := 70; m := 0;


REPEAT                            (* Gesamteinbettung des Programms *)
clrscr;
writeln ('Zufallsgrafik:');
writeln ('Programmende/Abspeichern nach Bildanzeige mit "E" ... ');
writeln;
write ('Stufe 1 ... 7, 0 = Bildladen ... '); readln (n);
writeln;
IF n = 0 THEN BEGIN                                (* Altes Bild laden *)
write ('Name der Daten .... '); readln (name);
neuname := name + '.LSC';                      (* Format - Kennung *)
assign (datei, neuname); reset (datei);
FOR i := 0 TO 128 DO FOR k := 0 TO 128 DO
    read (datei, a[i,k]);
close (datei);
step := 1                          (* Abgespeichert: Bilder mit n = 7 *)
            END;


IF n <> 0 THEN BEGIN                          (* Neues Bild generieren *)
randomize;
FOR i := 0 TO 128 DO FOR k := 0 TO 128 DO a[i,k] := 0;
a[  0,  0] := 10 + random (40);           (* Start : vier Eckpunkte *)
a[128,  0] := 10 + random (40);
```

```
a[  0,128] := 30 + random (60);
a[128,128] := 30 + random (60);
step := 128;                                  (* eine Potenz von 2 *)
FOR i := 1 TO n DO BEGIN
    step := step DIV 2;
    writeln ('Iteration Nr. ', i : 2, '  Schrittweite ', step : 3);
    y := 0;
    REPEAT                                 (* setzen in x - Richtung *)
        x := step;
        REPEAT
          a[x, y] :=
          (a[x - step, y] + a[x + step, y]) DIV 2
                  - step DIV 2 + random (step);     (* +- 2 * random *)
          x := x + 2 * step
        UNTIL x = 128 + step;
        y := y + 2 * step
    UNTIL y > 128;

    x := 0;
    REPEAT                                 (* setzen in y - Richtung *)
        y := step;
        REPEAT
        a[x, y] := (a[x, y - step] + a[x, y + step]) DIV 2
                      - step DIV 2 + 2 * random (step);
        y := y + 2 * step
        UNTIL y > 128;
        x := x + step
    UNTIL x > 128;
                    END;
                END;                       (* Ende der Rechnungen *)

h := 0;                           (* Bestimmung Maximum und Minimum *)
FOR i := 0 TO 128 DO FOR k := 0 TO 128 DO
    IF a[i,k] > h THEN BEGIN h := a[i,k];  xm := i; ym := k   END;
s := 50;
FOR i := 0 TO 128 DO FOR k := 0 TO 128 DO
    IF a[i,k] < s THEN s := a[i,k];
writeln;
writeln ('Tiefster Punkt ', s, '  Höchster Punkt ', h);
write   ('Seehöhe auf ........ '); readln (s);
write   ('Schneegrenze bei ... '); readln (h);

graphdriver := detect;                            (* Bildanzeige *)
initgraph (graphdriver, graphmode, ' ');
setcolor (2);

(* line (        m,    340, 512 + m,    340);
   line (        m,    340,        m, 340 - (d + a[0,0]));
   line (512 + m,    340, 512 + m, 340 - (d + a[128,0]));
   line (512 + m,    340, 512 + m + 128, 340 - (d + 56));
   line (512 + m + 128, d + 56,
         512 + m + 128, 340 - (d + 128 + a[128,128]));           *)
```

```
y := 0;
REPEAT x := 0;
   REPEAT
      IF a[x,y] > h THEN setcolor (7) ELSE setcolor (2);
      IF a[x,y] IN [s, s + 1] THEN setcolor (4);
      IF a[x,y] <= s THEN setcolor (8);     (* Seefläche aussparen *)
      line (4 * x + y + m, 350 - (d + y + a[x,y]),
            4 * (x + step) + y + m, 350 - (d + y + a[x +step, y]));
      x := x + step
   UNTIL x = 128;
   y := y + step
UNTIL y > 128;

x := 0;
REPEAT y := 0;
   REPEAT
      IF a[x,y] > h THEN setcolor (7) ELSE setcolor (2);
      IF a[x,y] IN [s, s + 1] THEN setcolor (4);
      IF a[x,y] <= s THEN setcolor (8);               (* Seefläche *)
      line (4 * x + y + m, 350 - (d + y + a[x,y]),
         4 * x + y + step + m, 350 - (d + y + step + a[x, y +
         step]));
      y := y + step;
   UNTIL y = 128;
   x := x + step
UNTIL x > 128;
setcolor (1);                                         (* Seefläche *)

x := 0;
REPEAT
   y := step;
   REPEAT
      IF a[x,y] <= s THEN FOR i := - step DIV 2 TO STEP DIV 2 DO
         line (4*x + y - 2 * step + i + m, 350 - (d + y + s + i),
               4*x + y + 2 * step + i + m, 350 - (d + y + s + i));
      y := y + step
   UNTIL y > 128 - step;
x := x + step
UNTIL x > 128 - step;

(* setcolor (1);              eventueller "Bach" längs Gefälle ...
x := xm; y := ym;
REPEAT
   m := a[x,y];
   FOR i := -1 TO +1 DO FOR k := -1 TO +1 DO
      IF (a[x+i,y+k] < m) THEN
         BEGIN m := a[x+i, y+k]; step := i; h := k  END
                        ELSE
         BEGIN step := 1; h := -1 END;
   line (4 * x + y, 350 - (d + y + a[x,y]),
         4 * (x + step) + y + h, 350 - (d + y + a[x +step, y + h]));
   x := x + step; y := y + h
UNTIL a[x,y] <= s + 4;                     Ende Bach ...        *)
```

```
c := upcase (readkey);
closegraph;
UNTIL c = 'E';                               (* Gesamteinbettung Ende *)

write ('Bilddaten abspeichern? (J/N) ... ');
c := upcase (readkey);
IF c = 'J' THEN BEGIN
   write ('>>> Name, 8 Zeichen ... '); readln (name);
   neuname := name + '.LSC';
   assign (datei, neuname);
   rewrite (datei);
   FOR i := 0 TO 128 DO FOR k := 0 TO 128 DO
       write (datei, a[i,k]);
   close (datei)
             END;
END.   (* ------------------------------------------------------------ *)
```

Neben Grafiken als "Selbstzweck" bis hin zur Computerkunst (ob es eine
solche gibt, ist freilich eher eine Frage des Standpunkts) werden Grafiken
gerne dazu benutzt, komplizierte Zusammenhänge zu veranschaulichen. Das
folgende Kapitel bringt einige Beispiele samt den zugehörigen Algorithmen.
Auf der Disk finden Sie noch weitere Programme mit Grafik (allgemein) zu
diesem Kapitel, Beispiele, die aus Platzgründen hier nicht wiedergegeben
werden können.

In unserem Demoprogramm von Seite 232 hatten wir bereits <u>Grafikfenster</u>;
solche Fenster können außer zum Zeichnen auch zum "Ausschneiden" und Verschieben von Inhalten benutzt werden, ganz professionell. Wir laden ein
fertiges Bild von der Diskette (stattdessen könnte man irgendeine Grafik
generieren), markieren einen Ausschnitt (maximal möglich ist ein Viertel
des gesamten Bildschirms) und speichern diesen Ausschnitt im Heap ab, dem
freien Speicher des Rechners.

Über die eingebaute Funktion *imagesize* (als Argumente werden die linke
obere und die rechte untere Ecke des gewünschten Ausschnitts angegeben)
ermittelt TURBO die erforderliche Speichergröße, organisiert und beschafft
im Heap den notwendigen Speicherplatz und holt den Ausschnitt ab. Der verwendete Variablentyp Pointer (p) wird im Kapitel über Zeiger ausführlich
besprochen. – Danach löschen wir den Bildschirm und überzeichnen ihn demohalber mit ein paar Linien, ehe wir den Bildausschnitt aus dem Heap wieder
zurückholen und weiter rechts ab den Koordinaten (300, 100) vorzeigen ...

```
PROGRAM move_bildausschnitt;
USES crt, dos, Graph;
VAR graphmode, graphdriver : integer;
                  puffer : ARRAY [0..28032] OF byte;
               i, saved : integer;
              blockdatei : File;
                egabase : byte absolute $A000:00;
                   size : word;
                      p : pointer;             (* Zeigertyp *)
```

```
PROCEDURE colormap (nr : byte);
BEGIN
port [$03C4] := $02; port [$03c5] := nr
END;


BEGIN  (* --------------- Demobild APPLEMAN.EGA ist auf Disk *)
graphdriver := detect;
initgraph (graphdriver, graphmode, ' ');
assign (blockdatei, 'APPLEMAN.EGA');
reset (blockdatei);
FOR  i := 0 TO 3 DO BEGIN                  (* ein Bild laden *)
     colormap (1 Shl i);
     blockread (blockdatei, puffer [0], 219, saved);
     move (puffer [0], egabase, 28000);
                    END;
close (blockdatei);
setcolor (15);
line (100, 100, 300, 100);      (* markieren: Größe 200 * 100 *)
line (300, 100, 300, 200);
line (300, 200, 100, 200);
line (100, 200, 100, 100);
moveto (60, 70);
outtext ('Dieser Ausschnitt wird verschoben.');
size := imagesize (100, 100, 300, 200);
getmem (p, size);
getimage (100, 100, 300, 200, p^);          (* Am Heap ablegen *)

delay (3000); cleardevice;
setbkcolor (15);       (* Bildschirm löschen und überzeichnen *)
setcolor (8);
FOR i := 1 TO 22 DO line (10, 15 * i, 630, 15 * i);
putimage (300, 100, p^, normalput);   (* Bild vom Heap holen *)
readln; closegraph
END. (* ------------------------------------------------------- *)
```

Ohne Bild von der Disk müßten Sie sich erst irgendein *.EGA-Bildfile erstellen. Mit mehreren Zeigern p, q ... kann man ohne weiteres auf diese
Weise mehrere nicht zu große Bildausschnitte aus einem Bild "cutten", abspeichern und dann wieder vorzeigen. Solange der Ausschnitt im Speicher
liegt, kann er auch wiederholt auf verschiedene Bereiche des Bildschirms
auskopiert werden.

Besonders interessant zum Bildaufbau sind <u>rekursive Algorithmen</u>. Bekannt
ist der "Baum des Pythagoras": Über einer Seite eines Quadrats wird ein
rechtwinkliges Dreieck konstruiert, auf dessen beiden Katheten wiederum
zwei nun kleinere Quadrate aufgesetzt werden. Je eine Seite dieser beiden
Quadrate dient wiederum als Auflage für ein noch kleineres rechtwinkliges
Dreieck und so fort.

Beachten Sie im folgenden Listing die Abbruchbedingung *IF a > 2 ...* Eine
Abbildung (mit geänderten Farben) finden Sie auf Seite 120 des Buches.

```
PROGRAM pythagoraeischer_baum;                    (* Abbildung S. 120 *)
USES graph;                               (* rekursive graphische Struktur *)
VAR graphdriver, graphmode : integer;

PROCEDURE quadrat (x, y : integer; a, phi : real);
VAR cp , sp : integer;
BEGIN
setcolor (4);
IF a < 35 THEN setcolor (2);
IF a <  8 THEN setcolor (7);
cp := round (a * cos (phi)); sp := round (a * sin (phi));
line (x, 200 - y, x + cp, 200 - (y + sp));
line (x, 200 - y, x - sp, 200 - (y + cp));
line (x + cp, 200 - (y + sp), x - sp + cp, 200 - (y + cp + sp));
line (x - sp, 200 - (y + cp), x + cp - sp, 200 - (y + sp + cp));
IF a > 2 THEN
   BEGIN
   quadrat (x - sp, y + cp, round (3*a/5), phi + 0.93);
   quadrat (x - sp + round (3*a/5*cos(phi + 0.93) ),
               y + cp + round(3*a/5*sin(phi + 0.93)),
                           round (4*a/5), phi - 0.64)
   END
END;                                          (* of quadrat (...) *)

BEGIN    (* ------------------------- Startvorgabe der Rekursion *)
   graphdriver := detect;
   initgraph (graphdriver, graphmode, ' ');
   setcolor (7);
   quadrat (250, -120, 70, 0);   (* Anfangskoordinaten Lage/Phi *)
   readln;
   closegraph
END.    (* -----------------  ----------------------------------- *)
```

Zum <u>Drucken der Grafik</u> muß man vor einem Programmlauf (oder im AUTOEXEC)
das residente Programm GRAPHICS.COM von DOS laden und einmal ausführen.
Mit der Taste PrtScr (Druck) können Sie dann ein <u>Hardcopy</u> des Bildschirms
zum Drucker senden.

Da Monitorbild und Druckbild etwas unterschiedlich formatiert werden, erscheint unsere Grafik am Bildschirm etwas verzerrt, am NEC-Drucker ist das
Quadrat jedoch tatsächlich eines. – Die notwendige Anpassung erzielt man
durch Änderung der Koordinaten in der Startzeile *quadrat (...);* zur An-
fangslage im obigen Hauptprogramm. Aus technischen Gründen sollte man alle
Farbwerte im Programm z.B. auf weiß umstellen, da das Drucken mancher Farben in Grauwerten teils flaue Bilder liefert.

Rekursive Strukturen bei Grafiken wurden schon frühzeitig untersucht; von
einem der berühmtesten Mathematiker, DAVID HILBERT (1862 – 1943), der sich
mit Grundlagen der Mengenlehre befaßte ("Man muß jederzeit anstelle von
'Punkten, Geraden, Ebenen', 'Tische, Stühle, Bierseidel' sagen können."),
aber auch mit Algebra, Zahlentheorie und Geometrie, stammt eine rekursive
Konstruktionsvorschrift zur Erzeugung selbstähnlicher Bilder:

```pascal
PROGRAM hilbert;        (* demonstriert rekursive Prozedur mit Grafik *)
USES graph, crt;
VAR size, delta, n, stufe : integer;
                  zeichen : char;
        x, y, x1, y1, phi : integer;
   graphdriver, graphmode : integer;

PROCEDURE move (g : integer);
   BEGIN
   phi := phi MOD 4;
   CASE phi OF                              (* vier Bewegungsrichtungen *)
   0: BEGIN  x1 := x + g; y1 := y  END;
   1: BEGIN  x1 := x; y1 := y - g  END;
   2: BEGIN  x1 := x - g; y1 := y  END;
   3: BEGIN  x1 := x; y1 := y + g  END
   END;
   line (2 * x, 2 * y, 2 * x1, 2 * y1); x := x1; y := y1
   END;

PROCEDURE turn (g : integer);
   BEGIN
   phi := phi + g
   END;
(* --------------------------------------- Ende von move und turn *)

PROCEDURE hil (i : integer);                    (* mit Unterprozeduren *)
VAR r, index : integer;

   PROCEDURE rek1;
      BEGIN
      turn (r); hil (-index); turn (r)
      END;

   PROCEDURE rek2;
      BEGIN
      move (size); hil (index);
      turn (-r); move (size); turn (-r);
      hil (index); move (size)
      END;

BEGIN
IF i = 0 THEN turn (2)
        ELSE BEGIN
              IF i > 0 THEN BEGIN
                             r := 1;  index := i - 1
                             END
                       ELSE BEGIN
                             r := -1; index := i + 1
                             END;
              rek1; rek2; rek1
              END
END;
```

```
BEGIN   (* --------------------------------------------------------------- *)
clrscr;
write ('Stufe eingeben (1...6)      '); readln (stufe);
stufe := stufe + 1; delta := 2;
FOR n := 2 TO stufe DO delta := delta * 2;
delta := delta - 1; size := 200 DIV delta;
delta := (delta * size) DIV 2;
phi := 0;
graphdriver := detect;
initgraph (graphdriver, graphmode, ' ');
x := 150 - delta; y := 100 + delta;
hil (stufe);
zeichen := readkey; closegraph
END.    (* --------------------------------------------------------------- *)
```

Abb.: Ergebnis zum HILBERT-Algorithmus

Hinter den Grafiken der beiden Programme Seite 236 ff liegen Algorithmen;
zu jedem sichtbaren Bild existiert ein Integer-File, das zum Speichern und
Wiedereinlesen benutzt werden kann, aber auch, das ist ein interessanter
Gesichtspunkt, zum weiteren Rechnen auf dem Bild. - Es wäre z.B. möglich,
eine fertige Landschaft nachträglich zu verkleinern oder zu vergrößern und
neu anzuzeigen, oder nur Teile der Grafik rechnend zu verändern (Umfärben,
Drehen, Anheben, Zoomen u. dgl.).

Der weitere Ausbau dieser Ideen führt direkt auf koordinatenorientierte
<u>Vektorgrafik</u>, die in professionellen Konstruktionsprogrammen (CAD) fast
ausschließlich eingesetzt wird. Mit Vektorgrafik ist die Manipulation von
Bildern in sehr weitem Umgang durch Rechnen möglich: Allen Bildteilen sind
Algorithmen zugeordnet, die diese Teile reproduzierbar und manipulierbar
machen.

Wenn wir hingegen ein Bild im IBM-Format ablegen und ohne Kenntnis des er-
zeugenden Alogrithmus einfach laden und anzeigen, sind diese Möglichkeiten
verloren: Ein solches Bild heißt <u>pixel-orientiert</u>, es enthält nur noch
Rasterinformationen wie ein Zeitungsbild oder ein Foto. Ein solches Bild
kann zwar auch durch "Übermalen" verändert werden, aber die nachträgliche
Zuordnung von Algorithmen ist - wenn überhaupt - nur sehr eingeschränkt
möglich (schneiden - Seite 242 - ist noch einfach; manche Grafikprogramme
können Ausschnitte vergrößern oder verkleinern).

18   ALGORITHMEN

In diesem Kapitel wollen wir in weiteren Beispielen, auch mit Grafik, den
bisherigen Anweisungsvorrat von TURBO in verschiedenen Bereichen anwenden
und bei Bedarf erweitern. Zunächst die <u>Maus im Textmodus</u>:

```
PROGRAM maustasten_demo;
USES dos, crt;
VAR                      reg : registers;
   taste, cursorx, cursory : integer;
                      wahl : char;

PROCEDURE mausinstall;
BEGIN  reg.ax := 0; intr ($33, reg)  END;

PROCEDURE mauszeigen;
BEGIN  reg.ax := 1; intr ($33, reg)  END;

PROCEDURE mausposition;
BEGIN
reg.ax := 3; intr ($33, reg);
WITH reg DO BEGIN
     move (bx, taste, 2); move (cx, cursorx, 2);
     move (dx, cursory, 2)
             END
END;

BEGIN (* -------------------------------------------------- main *)
mausinstall; mauszeigen;

REPEAT
clrscr; wahl := 'x';
(* Cursorpositionen von links 0 8 16 ..... 224 ... *)
gotoxy (10,  8); write ('Option eins ...... 1');
gotoxy (10, 10); write ('Option zwei ...... 2');
gotoxy (10, 12); write ('Programmende ..... X');
gotoxy (10, 14); write ('Wahl ............. ');

REPEAT
   mausposition;
   IF (NOT keypressed) AND (taste = 1) AND (cursorx = 224)
   THEN BEGIN
        IF cursory = 56 THEN wahl := '1';
        IF cursory = 72 THEN wahl := '2';   (* 10. Zeile: 9*8 *)
        IF cursory = 88 THEN wahl := 'X'
        END;
   IF taste = 2 THEN BEGIN
                    gotoxy (10, 16);
                    write ('Falsche Taste, links drücken ... ')
                    END;
   IF keypressed THEN wahl := upcase (readkey)
UNTIL wahl IN ['1', '2', 'X'];
```

```
clrscr;
gotoxy (40, 20);
CASE wahl OF
'1' : write ('Option 1 ... ');
'2' : write ('Option 2 ... ')
END;
delay (2000);

UNTIL wahl = 'X'
END. (* ---------------------------------------------------------- *)
```

Das Hauptmenü ist exemplarisch mit zwei Optionen und Ausstieg angelegt; es
kann wahlweise per Tasten oder per Maus bedient werden. In den Zeilen wie
Spalten des Bildschirms zählt die Maus in Achterschritten: Also wird eine
Position (x, y) mit $x = 1 \ldots 80$ bzw. $y = 1 \ldots 25$ auf dem Bildschirm als
Mausposition $8 * (x-1)$ und $8 * (y-1)$ gefunden. In unserem Fall muß eine
solche Position exakt getroffen werden. Soll hingegen die erste Menüzeile
ingesamt sensitiv sein, dann genügt die Abfrage

```
IF (taste = 1) AND (cursory = 56) THEN ...
```

Die Maus läuft zunächst immer über den ganzen Bildschirm; möchte man z.B.
nach Eröffnung eines Pull-down-Menüs (mit passendem Fenster), daß die Maus
nur in einem solchen Fenster bewegt werden kann, so wird deren Bewegung
einfach durch eine Setzung wie *IF cursorx < 24 THEN cursorx := 24;* hier
nach links begrenzt.

Ein komplizierter Vorgang ist die Simulation einer sog. <u>Warteschlange</u>. Im
(vereinfachten) Modell treffen Kunden in zufälligen Zeitabständen an einem
einzigen Schalter ein und warten dort auf ihre Bedienung. – Ein solcher
Forderungsstrom hat die Eigenschaft, daß die Wahrscheinlichkeit $P(i)$ für
das Eintreffen von i Kunden im Zeitintervall t der sog. POISSON-Formel

$$P(i) := \frac{(\alpha t)^i}{i!} * e^{-\alpha t} \quad , \ i = 0, 1, 2, \ldots$$

genügt. $\alpha \cdot t$ ist die mittlere Anzahl der eintreffenden Forderungen im Zeitintervall t. Mit $t = 1$ heißt der Parameter α <u>Ankunftsrate</u>. Beispiel: In
einer Stunde kommen erfahrungsgemäß 30 Personen, d.h. im Mittel alle zwei
Minuten eine. Nehmen wir das mit $\alpha = 1$ als Zeiteinheit, so ist die Wahrscheinlichkeit, daß innerhalb von zwei Minuten niemand $(i = 0)$ eintrifft,
gerade $P(0) = e^{-1} = 0.368$ oder knapp 37 %.

Wir nehmen nun an, daß die eintreffenden Kunden an dem einen Schalter solange warten, bis sie bedient werden (reines Wartesystem). Die Bedienungszeit je Kunde ist ebenfalls zufällig verteilt, und zwar gemäß

$$P(t) := 1 - e^{-\mu t} \quad \text{für } t \geq 0.$$

Dies ist eine sog. Exponentialverteilung. μ heißt <u>Bedienrate</u>, die mittlere
Anzahl der pro Zeiteinheit (durchgehend) bedienten Forderungen, Kunden.

Mit unterschiedlichen Vorgaben zu α und μ kann die Frage interessieren, ob eine Warteschlange entsteht, und wie lange diese gegebenenfalls wird. Anschaulich ist klar:

Kommen in der Zeiteinheit im Mittel mehr Kunden an, als in dieser Zeit bedient werden können ($\alpha > \mu$), so wird die Schlange immer länger. Aber wie sieht es sonst aus? Das Problem ist, daß wir die beiden o.g. Verteilungen mit unserem Zufallsgenerator simulieren müssen, der von Haus aus nur eine lineare (Gleich-) Verteilung in [0 ... 1) produziert.

Wir haben oben die Wahrscheinlichkeit angegeben, daß in der Zeiteinheit niemand eintrifft, also die Wahrscheinlichkeit für den zeitlichen Abstand zweier nacheinander eintreffender Kunden! Aus

$$P(0) = e^{-\alpha t} = \text{random}$$

folgt für deren zeitlichen Abstand t

$$\ln (\text{random}) = - \alpha t \qquad \text{d.h.} \quad t = - \ln (\text{random}) / \alpha \ .$$

Testen wir das:

```
    PROGRAM ankunft;                    (* Zum Testen des POISSON-Stromes *)
    VAR l, sum, a, b : real;
                   n : integer;
    BEGIN
    randomize;
    l := 30;      (* Mittelwert der Abstandzeit, Test 10, 20, 30, ... *)
    sum := 0; n := 0;
    REPEAT
       REPEAT b := random UNTIL b <> 0;
       a := - l * ln (b); write (a : 10 : 2);
       sum := sum + a; n := n + 1
    UNTIL n > 3600/l;
    writeln; writeln (sum/n : 5 : 1);        (* sollte etwa l ergeben *)
    readln
    END.
```

$l = 1/\alpha$ ist der mittlere zeitliche Abstand zweier Kunden. Der veränderte Zufallsgenerator läuft mit $l = 30$ gerade 120 mal, streut die Werte sehr stark und ergibt einen recht guten Mittelwert um $l = 30$. – Das ist unsere Simulation im Modell für das Eintreffen von Kunden.

Für die Bedienungszeit eines Kunden gilt $P(t) = 1 - e^{-\mu t} < 1$. Wir setzen daher
$$e^{-\mu t} = 1 - \text{random}$$

und rechnen uns wiederum t aus:

$$\mu t = - \ln (1 - \text{random}) \qquad \text{d.h.} \quad t = - \ln (1 - \text{random}) / \mu \ .$$

Das testen wir ebenfalls:

```pascal
PROGRAM bedienzeit;          (* Zum Testen der Schaltersummenzeit *)
VAR m, sum, b : real;
            n : integer;
BEGIN
randomize;
m := 10;  (* Mittelwert der Schalterzeit, Test 10, 20, 30, ... *)
sum := 0; n := 0;
REPEAT
   b := - ln (1 - random) * m; write (b : 10 : 2);
   sum := sum + b; n := n + 1
UNTIL n > 3600/m; writeln;
writeln (sum/n : 5 : 1);                (* sollte etwa m ergeben *)
readln
END.
```

Hier ist m = 1/μ die mittlere Bedienzeit, der Kehrwert der Bedienungsrate.
Mit m = 10 läuft das Programm 360 mal und liefert ebenfalls einen guten
Mittelwert der ausgegebenen exponentiell verteilten Zeiten.

Nun können wir unsere Simulation für das Ein-Kanal-System mit unbedingtem
Warten ausformulieren. – Sie arbeitet mit zwei Zeiten, einmal der fortlaufenden (Uhr-) Zeit t, dann aber mit einer Art Summenzeit s am Schalter,
die immer dann auf Null zurückgesetzt wird, wenn alle anstehenden Kunden
bedient worden sind und in der Zwischenzeit niemand mehr angekommen ist.
Denn es kann ja sein, daß der Schalter geöffnet ist, aber kein Kunde mehr
da ist (Leerlauf). – Machen Sie sich eine Skizze ...

Daß wir nur einen Schalter haben, bedeutet keine Einschränkung: Bei zwei
Schaltern können wir einfach die Bedienungszeit halbieren und annehmen,
daß sich die Kunden immer an der kürzeren Schlange anstellen. Trotzdem
entsteht auch in diesem Fall hie und da noch eine Warteschlange, wenn auch
nur kurzzeitig. Probieren Sie das einfach aus ...

```pascal
PROGRAM warteschlange;      (* Simuliert Ein-Kanal-System mit Warten *)
USES crt;
VAR           kdnum, cue : integer;      (* Nummer, Länge der Schlange *)
       t, workt, comes, s : integer;                       (* Zeiten *)
                        l : integer;         (* Mittelwert Ankunftstakt *)
                        m : Integer;          (* Mittelwert Bedienzeit *)
PROCEDURE ausgabe;
BEGIN
write (t DIV 60 : 3 , ':', t MOD 60 : 2, kdnum : 10, cue : 10)
END;


PROCEDURE kommen;
VAR b : real;
BEGIN
REPEAT b := random UNTIL b <> 0; comes := round (- l * ln (b))
END;


PROCEDURE wait;
BEGIN  workt := round (- ln (1 - random) * m)  END;
```

```
BEGIN (* --------------------------------------------------- main *)
clrscr; randomize;
l := 30;                     (* Für m >= 1  wächst die Schlange ständig *)

m := 30;
writeln ('Zeit t      Kunde  Schlange');
t := 20 + random (60);       (* Schalteröffnung mit fünf Wartenden *)
kdnum := 5; cue := 5; wait; s := 0; ausgabe;
REPEAT
   kommen;
   IF cue > 0
      THEN REPEAT
            IF s = 0 THEN s := workt;
            IF s <= comes THEN BEGIN
                                  cue := cue - 1;
                                  write (cue : 5);
                                  IF cue > 0 THEN BEGIN
                                        s := s + workt;
                                        wait
                                        END
                                     ELSE s := 0;
                                END;
            UNTIL (cue = 0) OR (s >= comes);
   IF s >= comes THEN s := s - comes;
   t := t + comes; kdnum := kdnum + 1;
   cue := cue + 1;
   writeln; ausgabe;
   delay (200)
UNTIL keypressed
END. (* --------------------------------------------------------- *)
```

Die rechnende Verfolgung gewisser Phänomene kann in vielen Fällen grafisch
ergänzt werden und wird dadurch illustrativer. Hierzu ein Beispiel:

Kleine Masseteilchen tauschen beim Zusammenprall derart Energie aus, daß
die Energiesumme vor und nach dem Stoß erhalten bleibt. Nimmt man an, daß
zu einem gewissen Anfangszeitpunkt die Energien aller Teilchen gleich groß
sind, so interessiert die Frage, wie die Energieverteilung nach einiger
Zeit aussieht. In der Thermodynamik führen theoretische Überlegungen dann
auf die sog. BOLTZMANN-Verteilung. Bei Gasmolekülen entspricht deren Be-
wegungsenergie, von "außen" und insgesamt gesehen, der Temperatur des
Gases. In einer Simulation des angesprochenen Vorgangs kann man das Modell
als "Gleichnis" auch so interpretieren:

n = 1000 Bewohner einer Stadt haben anfangs alle dasselbe Kapital. Irgendeine höhere Instanz wählt per Zufall zwei Einwohner aus und verteilt deren
Kapitalsumme auf die beiden neu, ebenfalls zufällig. Dabei gilt die Regel,
daß jeder Bürger dieser Stadt stets in einem Haus wohnen muß, dessen Hausnummer etwas über sein Kapital aussagt: Hat jemand das Kapital k, so wohnt
er in jenem Haus, dessen Nr. dem ganzzahligen Anteil seines Kapitals entspricht, demnach mit z.B. 22.31 Mark im Haus Nr. 22. Das Kapital ist also
die Energie, die Anzahl der Einwohner eines Hauses entspricht einer Aus-

zählung aller Teilchen nach Energiestufen. Jede Neuverteilung hat einen
Umzug zur Folge; wir können nun in regelmäßigen Abständen eine Bestands-
aufnahme aller Teilchen nach ihrer "Hauszugehörigkeit" vornehmen ...

```
PROGRAM utopia;
USES graph;
CONST n = 1000;
VAR num1, num2, mann1, mann2,
           i, versuch : integer;
               kapital : real;
                hausar : ARRAY[0..200] OF integer;
                geldar : ARRAY[1..n] OF real;
     graphmode, graphdriver : integer;

BEGIN (* ----------------------------------------------------------- *)
        (* Anfangs alle Bewohner einheitliches Kapital, z.B. 20.1 *)
write ('Anfangskapital je Bewohner ... '); readln (kapital);
FOR i := 1 TO n DO geldar [i] := kapital;
FOR i := 0 TO 200 DO hausar [i] := 0;
hausar[ trunc(kapital)] := n;            (* Alle wohnen im Haus Nr. 20 *)
versuch := 1;
graphdriver := detect; initgraph (graphmode, graphdriver, ' ');

WHILE versuch < 10000 DO BEGIN
      REPEAT               (* Auswahl zweier verschiedener Einwohner *)
         mann1 := trunc (random(n)) + 1;
         mann2 := trunc (random(n)) + 1
      UNTIL mann1 <> mann2;
      num1 := trunc (geldar [mann1]);            (* Wo wohnen diese? *)
      num2 := trunc (geldar [mann2]);
      hausar [num1] := hausar [num1] - 1;            (* Ausziehen *)
      hausar [num2] := hausar [num2] - 1;
      kapital := geldar [mann1] + geldar [mann2];    (* Kapital neu *)
      geldar [mann1] := kapital * random;            (* verteilen *)
      geldar [mann2] := kapital - geldar [mann1];
      num1 := trunc (geldar [mann1]);  (* Hausnummer bestimmen und *)
      num2 := trunc (geldar [mann2]);
      hausar [num1] := hausar [num1] + 1;            (* einziehen *)
      hausar [num2] := hausar [num2] + 1;
      versuch := versuch + 1;
      IF versuch MOD 20 = 0 THEN BEGIN       (* auf Grafik umsetzen *)
         FOR i := 0 TO 200 DO BEGIN
             setcolor (4);
             line (3*i, 180, 3*i, 0);
             setcolor (15);
             line (3*i, 180, 3*i, 180 - trunc (hausar[i]/2))
                              END
                       END
                    END;                    (* von 10000 Umzügen *)
write (chr(7)); readln;
closegraph
END. (* ----------------------------------------------------------- *)
```

Experimentieren Sie mit unterschiedlichen Anfangskapitalien und beobachten
Sie, wie sich die Verteilung im Laufe der Zeit stabilisiert, relativ viele
arme Bürger in niedrigen Hausnummern und einige wenige reiche ...

Bewegungsabläufe in der Zeit werden häufig durch <u>Differentialgleichungen</u>
(DGL) beschrieben, deren exakte Lösung rechnerisch oft unmöglich ist. – In
solchen Fällen bietet sich eine numerische Lösung dadurch an, daß man den
Vorgang in kleinen Zeitabständen wiederholt betrachtet und die Lösung in
Schritten (iterativ) verfolgt, annähert. Das Grundprinzip sei bei einer
DGL erster Ordnung vorgeführt:

$$y' = f(x, y)$$

Mit den Startwerten x_0 und y_0 bedeutet das, vom Anfangspunkt aus längs der
durch die DGL beschriebenen Steigung
ein Stückchen auf der Tangente zu
wandern und damit zum nächsten Punkt

$$x_1, y_1$$

über die Rechnung

$$x_0 + \delta x, \quad y_0 + \delta x \cdot f(x_0, y_0)$$

zu gelangen. Dieses nicht sehr genaue
Verfahren heißt EULER-Integration und
ist zumindest für kleine δx und nicht
zuviele Stufen meistens "zulässig", d.h. leidlich konvergent. Es wird im
folgenden Programmbeispiel für die DGL $y' = x$ ab dem Anfangspunkt $(0, 1)$
vorgeführt, wobei die exakte Lösung $y = 1 + \frac{1}{2} x^2$ mit $y(2) = 3$ einen Vergleich und damit auch eine Bewertung des Verfahrens liefert.

```
PROGRAM euler_dgl;                    (* Beispiel y' = x *)
VAR x, y, delta : real;
BEGIN
x := 0; y := 1; delta := 0.01;
REPEAT
   y := y + delta * x;
   x := x + delta;
   writeln (x : 5 : 2, y : 5 : 2)
UNTIL x > 2.01;
readln
END.
```

Es zeigt sich, was auch aus der Skizze anschaulich klar ist, daß die von
uns numerisch gefundene Lösung etwas unter der rechnerisch exakten bleibt,
wegen der Linkskrümmung der Parabel.

Auf ähnliche Weise können wir aber viel kompliziertere DGLen angehen, etwa
den <u>schrägen Wurf mit Luftwiderstand</u>. – Dieser Fall ist zwar noch exakt
lösbar, aber rechnerisch schon ziemlich aufwendig, da Aufstieg und Abstieg

ganz unterschiedlich behandelt werden müssen: Beim Aufstieg ist eine beliebig hohe Anfangsgeschwindigkeit möglich, beim Abstieg hingegen ergibt sich im äußersten Falle die Grenzgeschwindigkeit im freien Fall. Die Ergebnisse am Bildschirm zeigen für den luftleeren Raum (ohne Reibung) exakt eine Wurfparabel, mit Luftwiderstand aber die sog. Ballistk, eine Kurve, deren absteigender Ast gegen Ende der Bewegung sehr stark abfällt. Das bedeutet praktisch: Die größte Wurfweite wird nicht mit 45 Grad, sondern mit einem etwas kleineren Winkel (etwa 42 Grad) erzielt.

```
PROGRAM wurf_differentialgleichung;
USES crt, graph;
CONST g = 9.81; k = 0.007;              (* realistisch k = 0.04 *)

VAR  phi, v, vv, vh, x, y, t, delta : real;
        (* Winkel gg. Horiz., Geschwindigkeiten, Orte, Zeiten *)
                             s : integer;
                         taste : char;
           graphdriver, graphmode : integer;
                        x1, t1 : real;

BEGIN  (* ------------------------------------------------------- *)
delta := 0.02;                                    (* Zeittakt *)
clrscr;
writeln ('Dieses Programm simuliert den schrägen Wurf ');
writeln ('ohne/mit Luftwiderstand.');
write   ('Winkel in Grad gegen Horizont ... '); readln (phi);
write   ('Anfangsgeschwindigkeit < 80   ... '); readln (v);
writeln;
writeln ('Grafik:  ohne/mit Luftwiderstand oder beides?');
write   ('        1     2                     3   ');
readln  (taste);
graphdriver := detect;
initgraph (graphdriver, graphmode, ' ');
setcolor (15);
line (8,   0,   8, 349);                  (* Skala 10 zu 10 Meter *)
line (0, 349, 639, 349);
FOR s := 1 TO 30 DO line (0, 349 - 10*s, 8, 349 - 10*s);
FOR s := 1 TO 50 DO line (8 + 12*s, 346, 8 + 12*s, 348);
FOR s := 0 TO 60 DO putpixel (8 + 12*s, 249, 15);   (* h 100 m *)
vh := v * cos (phi * pi / 180);           (* Horizontalgeschw. *)
vv := v * sin (phi * pi / 180);           (* Vertikalgeschw. *)

IF taste IN ['1', '3'] THEN BEGIN
x := 0; y := 0; t := 0;                    (* ohne Luftwiderstand *)
REPEAT
   x := x + vh * delta;  (* Ausgabe dann *1.2 : Maßstab x : y *)
   y := y + (vv - g * t) * delta;
   t := t + delta;
   putpixel (8 + round (1.2*x), round (349 - y), 1)
UNTIL y < 0;                                   (* Boden erreicht *)
x1 := x; t1 := t                               (* Daten merken *)
END;
```

```
    IF taste IN ['2', '3'] THEN BEGIN
    x := 0; y := 0; t := 0;                       (* mit Luftwiderstand *)
    REPEAT
       x := x + vh * delta;
       vh := vh - k * vh * vh * delta;
       y := y + vv * delta;
       IF vv > 0 THEN vv := vv - (g + k * vv * vv) * delta
                 ELSE vv := vv - (g - k * vv * vv) * delta;
       putpixel (8 + round (1.2*x), round (349 - y), 4);
       t := t + delta
    UNTIL y < 0
                                      END;
    taste := readkey;
    closegraph;

    gotoxy (2, 2); write ('Geschwindigkeit     ', v : 3 : 1, ' m/s');
    gotoxy (2, 3); write ('Winkel gegen Horiz. ', phi : 3 : 1, ' ');
    gotoxy (2, 5);
    write ('Zeit   ', t1 : 5 : 1, ' bzw. ', t : 5 : 1, ' Sek.');
    gotoxy (2, 6);
    write ('Weite ', x1 : 5 : 0, ' bzw. ', x : 5 : 1, ' m ');
    taste := readkey
    END. (* ------------------------------------------------------------ *)
```

Nach dem Zeichnen eines Koordinatensystems werden die beiden Komponenten
vh und vv (horizontal/vertikal) der Geschwindigkeit v zu Beginn in Abhängigkeit vom Winkel bestimmt. Ohne Luftwiderstand bleibt die Horizontalkomponente konstant, die Vertikalkomponente verringert sich mit der Zeit t
nach der Formel $vv - gt$. Daraus ergeben sich die Ortskoordinaten x, y in
der ersten REPEAT-Schleife. (Wenn $vv - gt$ das Vorzeichen wechselt, ist der
höchste Punkt der Bahn erreicht, der sog. Kulminationspunkt.)

Mit Luftwiderstand ist der Fall komplizierter: Die Horizontalkomponente
von v nimmt mit einer Konstanten k proportional zu vh² ab, anfangs also
ziemlich stark. Bei der Vertikalkomponente wirken im Fall der Aufwärts-
bewegung (vv > 0) Schwerkraft g und Luftreibung gleichsinnig bremsend, im
Fall der Abwärtsbewegung jedoch teils beschleunigend, teils bremsend. Dies
bedeutet u.a., daß abwärts stets eine Grenzgeschwindigkeit existiert, jene
des freien Falls. Daher ist die Balliste nicht symmetrisch.

Der Luftwiderstandsbeiwert k hängt von der Form des Körpers ab. Für kugel-
förmige oder in Flugrichtung gestreckte Körper (Geschoße) mit relativ ge-
ringem Luftwiderstand gilt, daß bei hoher Anfangsgeschwindigkeit nur etwa
ein Drittel der theoretischen Flugweite erreicht wird. – Die x-Koordinate
wird beim Zeichnen mit dem Faktor 1.2 gestreckt, damit ein Anfangswinkel
von 45 Grad auf dem Bildschirm als solcher dargestellt wird. (Bei den
Achsen ist dies ebenfalls berücksichtigt.)

Während die entsprechenden DGLen für die Balliste noch angegeben und auch
exakt gelöst werden können, ist dies bei vielen sog. <u>Verfolgungskurven</u>
(auch "Hundekurven" genannt) nicht mehr der Fall.

Im folgenden Beispiel bewegt sich das Ziel (der "Herr") auf einer Kreisbahn, der Hund beginnt die Verfolgung am Punkt (0, 150) links am Bildschirm. Sein Lauftempo (*vfolge*) ist größer als das des Herrn (*vziel*). Zu
jedem Zeitpunkt der Verfolgung peilt der Hund den momentanen Aufenthalts-
ort des Herrn an, er ändert also seine Bewegungsrichtung kontinuierlich
mit der Zeit. Der Vorgang bricht ab, wenn der Abstand zwischen Hund und
Herr kleiner als 0.5 geworden ist, dies gilt als Einholen.

```
    PROGRAM verfolgungskurven;
    USES graph, crt;

    VAR  xziel, yziel, xfolge, yfolge,
             vziel, vfolge, xr, yr : real;
                     l, t , delta : real;
                                i : integer;
             graphdriver, graphmode : integer;
                              c : char;
    BEGIN (* ------------------------------------------------------- *)
    graphdriver := detect;
    initgraph (graphdriver, graphmode, ' ');
    FOR i := 0 TO 6 DO line (100*i, 0, 100*i, 300); (* Koordinatenfeld *)
    FOR i := 0 TO 3 DO line (0, 100*i, 600, 100*i);
    t := 0; delta := 0.1;


    vziel := 3;                                     (* Anfangsparameter *)
    xfolge := 0; yfolge := 150;
    vfolge := 3.2;


    REPEAT
            (* Beispiel: Kreisbahn, jede andere Bahnkurve ist möglich *)
        xziel := 450 + 100 * cos (vziel / 100 * t);
        yziel := 150 + 100 * sin (vziel / 100 * t);
        putpixel (round (xziel), round(yziel), red);
                                                        (* Verfolger *)
        xr := xziel - xfolge;
        yr := yziel - yfolge;          (* Richtungsvektor der Verfolgung *)
        l  := 10 * sqrt (xr / 100 * xr + yr / 100 * yr); (* Normierung *)
        xfolge := xfolge + xr / l * vfolge * delta;
        yfolge := yfolge + yr / l * vfolge * delta;
        setcolor (white);                           (* Einhüllende *)
      (*line (round(xziel), round(yziel), round(xfolge),round(yfolge));*)
        putpixel (round(xfolge), round(yfolge), 2);
        t := t + delta;
        setcolor (5);
        IF t < 500 THEN line (round (t), 0, round (t), 4)      (* Uhr *)
                ELSE line (round (t-500), 5, round(t-500), 9);

        IF l < 0.55 THEN write (chr(7));          (* Aufholen beendet *)
        (* vfolge := vfolge - 0.008 * delta; *)  (* Verfolger gibt auf *)
    UNTIL keypressed OR (l < 0.5);
    IF l < 0.5 THEN c := readkey;
    closegraph
    END. (* ------------------------------------------------------- *)
```

Experimentieren Sie mit verschiedenen Anfangsgeschwindigkeiten, auch für den Fall *vfolge < vziel* mit sehr interessanten Bahnergebnissen.

Besonders intelligente Raubtiere (und Lenkwaffen mit Zielverfolgung) gehen nach einer besseren Taktik vor: Sie beobachten nicht nur den momentanen Ort des Ziels, sondern auch dessen Bewegungsrichtung, und laufen selber etwa parallel zur Bewegung des Ziels. Diese Verfolgungart verspricht weit schnelleres Einholen, und auch Schonung der Kräfte:

```
PROGRAM intelligente_verfolgung;
USES graph, crt;

VAR  xziel, yziel, xfolge, yfolge,
           vziel, vfolge, xr, yr : real;
              xzielalt, yzielalt : real;
                 l, t , delta : real;
                            i : integer;
         graphdriver, graphmode : integer;
                          c : char;
BEGIN (* ----------------------------------------------------------- *)
graphdriver := detect;
initgraph (graphdriver, graphmode, ' ');
FOR i := 0 TO 6 DO line (100*i, 0, 100*i, 300);
FOR i := 0 TO 3 DO line (0, 100*i, 600, 100*i);
t := 0; delta := 0.1;
vziel := 3;
xfolge := 0; yfolge := 150;
vfolge := 3.1;
l := 0;

REPEAT
                                        (* target : Kreisbahn *)
    xziel := 450 + 100 * cos (vziel / 100 * t);
    yziel := 150 + 100 * sin (vziel / 100 * t);
    putpixel (round (xziel), round(yziel), red);
    (* Verfolger *)
    xr := xziel - xfolge + (xziel - xzielalt) * 3 * l;
    yr := yziel - yfolge + (yziel - yzielalt) * 3 * l;
    l   := 10 * sqrt (xr / 100 * xr + yr / 100 * yr); (* Normierung *)
    xfolge := xfolge + xr / l * vfolge * delta;
    yfolge := yfolge + yr / l * vfolge * delta;
    putpixel (round(xfolge), round(yfolge), 2);
    t := t + delta;
    setcolor (5);
    IF t < 500 THEN line (round (t), 0, round (t), 4)        (* Uhr *)
            ELSE line (round (t-500), 5, round(t-500), 9);
    xzielalt := xziel; yzielalt := yziel;
    IF l < 0.55 THEN write (chr(7));            (* Aufholen beendet *)
UNTIL keypressed OR (l < 0.5);
IF l < 0.5 THEN c := readkey;
closegraph
END. (* ----------------------------------------------------------- *)
```

Ist hier *vfolge < vziel*, so läuft der Hund auf einem Innenkreis parallel
zum Herrn ... Im einfachsten Fall linearer Zielbewegung hingegen entsteht
die sog. HUYGENSsche Traktrix als "Schleppkurve". Interessant ist auch
eine Flußüberquerung, wenn der Hund den Herrn am gegenüberliegenden Ufer
anpeilt und beim Schwimmen durch die Strömung abgetrieben wird. Auf der
Diskette finden Sie ein solches Beispiel.

Wie leistungsfähig die einfache EULER-Iteration ist, demonstrieren wir ab-
schließend an einem schon historischen Beispiel aus der Weltraumfahrt, dem
USA-Mondprogramm APOLLO 10 vom 20. Juli 1969, als NEIL ARMSTRONG und
EDWIN ALDRIN als erste Menschen den Erdtrabanten betraten.

Nach JOHANNES KEPLER (1571 – 1630) ist die Bahn eines Himmelskörpers im
Gravitationsfeld eines Zentralgestirns ein Kegelschnitt, mit dem Zentral-
gestirn als Brennpunkt. – Speziell bewegen sich Planeten auf perodischen
Bahnen, Ellipsen, wobei der Kreis ein Sonderfall ist. Wir verfifizieren
dies experimentell für die Kommandoeinheit CSM COLUMBIA (mit dem Piloten
MICHAEL COLLINS) auf einer kreisförmigen Parkbahn um den Mond, und für die
Mondlandeeinheit LEM EAGLE (mit den beiden o.g. Weltraumfahrern) auf einer
Abstiegsellipse, beidemale durch Anwenden des Gravitationsgesetzes und des
sog. Flächensatzes: Der Bahnumlauf erfolgt derart, daß der Fahrstrahl zum
Zentralgestirn in gleichen Zeitabschnitten gleiche Fächen überstreicht.

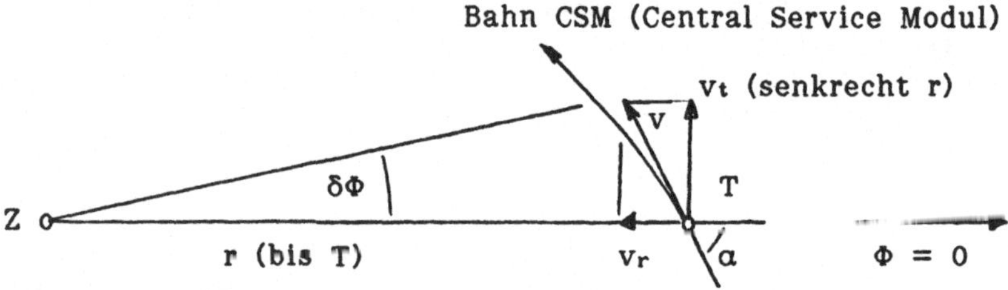

Abb.: Bewegung eines Trabanten T um das Zentralgestirn Z

Zu einem bestimmten Zeitpunkt bewege sich T mit der Geschwindigkeit v in
der angegebenen Richtung, gemessen durch den Winkel α gegen den Fahrstrahl
r, der auf Z zeigt. Im Sonderfall α = 90 Grad ergibt sich eine stabile
Kreisbahn (d.h. r und α in der Zeit unveränderlich) genau dann, wenn Anziehung durch Z und Zentrifugalkraft in T (die nur von v_t abhängt) gleich
sind. – Im Falle des Monds trifft dies z.B. zu, wenn für r = 1893 km der
Wert v = v_t = 1649.5 m/s gewählt wird; dies ist eine sog. Parkbahn in der
Höhe 110 km über Grund, wie sie COLUMBIA ausgeführt hat.

Wenn Sie im nachfolgenden Listing für v diesen Wert eintragen und dann das
Programm starten, bleiben r, v = v_t und v_r = 0 konstant: das ist ein Kreis
mit einer Umlaufzeit von ca. 7211 Sekunden oder gut zwei Stunden.

LEM (Lunar Expedition Modul) EAGLE jedoch koppelte sich auf der Parkbahn
ab und bremste in kurzer Zeit auf 1628.1 m/s herunter. Dieser Wert ist für
v eingetragen. Die Folge: Da v für eine stabile Kreisbahn (wo CSM bleibt)
nunmehr zu klein ist, beginnt der Abstieg, und zwar auf einer Bahnellipse,
die später am sog. Perilunäum der Mondoberfläche mit h = r – R ≈ 15 km am

nächsten kommt. Würde dort unten passend gebremst, so könnte LEM auf eine kleinere Parkbahn einschwenken oder gar (wie seinerzeit) die Mondlandung einleiten. Unser Programm tut dies nicht: LEM steigt wieder aufwärts und erreicht nach $\approx$ 6940 Sekunden exakt den Abkoppelungspunkt (Apolunäum) als "Rettungsanker": Die Höhe der äußeren Parkbahn (davon hängt die Umlaufzeit ab!) war so gewählt, daß die beiden Umlaufzeiten nach 26 Umläufen von CSM und 27 von LEM wieder bis auf Sichtweite (manuelle Steuerung) in gleicher Höhe zusammenführen ... Unser Programm simuliert diese Ellipsenbahn und zeigt, daß trotz der schrittweisen Rechnung (mit 70.000 Iterationen ohne Benutzung der Bahngleichung!) nach 6941 Sekunden exakt wieder die alte Höhe erreicht wird ...

Um diese Bahn iterativ nachzurechnen, betrachten wir kleine Zeittakte δt und geben hierfür die Änderung von v_r bzw. v_t an. Für δv_r ist die Mondanziehung verantwortlich; dies ist die erste Zeile in der REPEAT-Schleife des folgenden Listings. Die Änderung von v_t erfolgt nach dem KEPLERschen Flächensatz. Für die überstrichene Fläche gilt danach

$$v_t * r = (v_t + \delta v_t) * (r - \delta r),$$
$$= v_t * r - v_t * \delta r + \delta v_t * r - \delta v_t * \delta r$$

Daraus folgt mit Vernachlässigen des letzten kleinen Terms rechts und mit Benutzung der Beziehung $\delta r = - v_r \cdot \delta t$ (v_r und r sind von verschiedenem Vorzeichen: siehe Skizze!) der in der REPEAT-Schleife in der dritten Zeile benutzte Ausdruck

$$\delta v_t = - v_r * v_t / r * \delta t.$$

Dies wäre die PC-Steuerung für LEM EAGLE vor 23 Jahren gewesen:

```pascal
PROGRAM gravitation_satellitenbahn;
USES crt;
CONST g = 1.62;                        (* Gravitation auf Mondoberfläche *)
VAR v, vt, vr, alpha, R, r, phi, delta, t : real;
                                    n : integer;
BEGIN (* ----------------------------------------------------------- *)
clrscr;
t := 0;
R := 1783000;                                       (* Mondradius m *)
r := 1893000;   (* Start Apolunäum 110 km über Grund: r = R+110 km *)
v := 1628.1;    (* Kreis: ideal 1649.5 m/s, Abbremsen um 21.4 m/s *)
   (* liefert exakt Perilunäum in 15 km Höhe nach 3470.5 Sekunden *)
alpha := pi/2;                 (* d.h. vr = 0; vt := v auf Kreisbahn *)
phi := 0;                         (* Radialwinkel relativ zum Start *)
delta := 0.1;                     (* Iteration δt alle 0.1 Sekunden *)
writeln ('      h          phi         vr        vt        t ');
window (1, 3, 80, 25);          (* h = r-R ist Höhe über Grund in km *)
vr := v * cos (alpha);                            (* v in Richtung r *)
vt := v * sin (alpha);                  (* v in Richtung Bahntangente *)
REPEAT
   vr := vr - (g * R*R/r/r - vt*vt/r) * delta;
            (* (Gravitationsbeschl. - Zentrifugalbeschl.)*Zeittakt *)
   r := r + vr * delta;                  (* Änderung des Radialabstands *)
```

```
      vt := vt - vr*vt/r*delta;                         (* Flächensatz *)
      phi := phi + vt/r * delta;                  (* Zunahme Radialwinkel *)
      t := t + delta;
      write ((r-R)/1000 :10:3, phi*180/pi : 8 :1, vr : 10 :1, vt : 9 :1);
      writeln ( t : 10 : 1 );
      IF abs (vr) < 1 THEN delay (200)          (* Anzeige verlangsamen *)
   UNTIL keypressed
   END. (* ------------------------------------------------------------ *)
```

Entscheidend für ein Wiederankoppeln (exakt definierte Abstiegsbahn) ist
die Kürze des Bremsmanövers am Apolunäum. Wenn Sie v um mehr als 21.4 m/s
vermindern, fällt die Höhe am mondnächsten Punkt rapide ab und ein Auf-
schlagen auf der Mondoberfläche ist unvermeidlich: ausprobieren ...! Sie
können mit dem Programm in der Mondumgebung experimentieren, aber auch in
Umlaufbahnen unserer Erde:

Für Erdumläufe ist $g := 9.81$ (m/s²) am Boden; das Programm berücksichtigt,
daß die Anziehung nach der Formel $g_r := g{\cdot}R^2/r^2$ mit wachsender Entfernung
vom Erdmittelpunkt abnimmt: Radius $R \approx 6370$ km. Setzen Sie $\alpha = 0$ und noch
$r = R$, so starten Sie senkrecht in den Weltraum und können von v abhängig
erreichbare Höhen testen, oder auch, mit welcher Anfangsgeschwindigkeit v
(erste astronom. Fluchtgeschw. ≈ 11.6 km/s) Sie das Erdumfeld für immer
verlassen (um ein neuer Planet um die Sonne werden)! Wählen Sie als Zeit-
takt dazu ruhig $\delta t = 10$ oder dgl., damit das Programm schneller rechnet.

Nun werden einige Anwendungen aus der Geometrie betrachtet. Flächen können
anschaulich durch <u>Höhenlinien</u> dargestellt werden, wie es auf Landkarten
geschieht. Das folgende Listing zeichnet solche Höhenlinien, indem es für
jeden Punkt des Ebenenausschnitts die Höhe der eingetragenen Funktion berechnet und dann fallweise als farbigen Punkt aufzeichnet. Verwendet wird
zur Demonstration die Funktion

$$z := f(x, y) = y * (x - y),$$

eine hyperbolische Fläche, die am Ursprung einen Sattelpunkt aufweist, das
ist ein Punkt, in dem sich Höhenlinien kreuzen: Von dort aus kann man in
zwei Täler absteigen, aber auch auf zwei wesentlich verschiedenen Wegen an
Höhe gewinnen: Abbildung (mit geänderten Farben) Seite 134.

```
   PROGRAM kotierung;
   USES graph;
   VAR x, y, x0, y0, x1, y1, xr, yr, z, nn : integer;
                                   hoehe : SET OF 0 .. 100;
                   graphdriver, graphmode : integer;

   FUNCTION f(x, y : integer) : integer;
   VAR h : real;
   BEGIN                                      (* nn : "Meereshöhe" *)
   h := (x - y) / 500 * y + nn;
   f := round (h)
   END;
```

```
BEGIN (* ------------------------------------------------------------- *)
   x0 := 320; y0 := 175;                    (* symmetrischer Bereich *)
   xl := -320; xr := 320;      (* x-Achse nach rechts, y nach oben *)
   yl := -175; yr := 175;
   nn := 40;                           (* Meereshöhe, oberhalb z.B. grün *)
graphdriver := detect;
initgraph (graphdriver, graphmode, ' ');
hoehe := [];
FOR nn := 0 TO 20 DO hoehe := hoehe + [5 * nn];
FOR x := xl TO xr DO BEGIN
     FOR y := yl TO yr DO BEGIN
         z := f(x, y);
         IF z > nn THEN putpixel (x0 + x, y0 - y, 2)
                 ELSE putpixel (x0 + x, y0 - y, 9);
         IF f(x, y) IN hoehe THEN putpixel (x0 + x, y0 - y, 15)
                        END
                     END;
   readln
END. (* -------------------------------------------------------- *)
```

Man nennt diese Abbildungsart bei den Vermessern auch kotierte Projektion,
Angabe von Höhen durch Anschreiben der "Koten" an die Punkte. Unser Programm verbindet Punkte mit gleichen Koten durch Höhenlinien. Schwieriger
ist es, Fallinien ausfindig zu machen, Linien, längs denen das Gefälle am
größten ist: Sie verlaufen senkrecht (orthogonal) zu den Höhenlinien.

Die <u>Drehung von Objekten</u> im Raum zum Zweck verschiedenster Ansichten gehört zu den Standardfähigkeiten aller CAD-Programme. CAD ('Computer Aided
Design') ist eine Entwurfstechnik für Konstrukteure, bei der die Objekte
durch Eckdaten bildlich dargestellt und manipuliert werden können. Damit
kann das untersuchte Objekt rechnend verfolgt, z.B. "gezoomt" und gedreht
werden. Unser folgendes Beispielprogramm arbeitet mit einem Würfel, dessen
acht Eckpunkte über die sog. EULER-Drehmatrix im Raum verlagert werden
können. Die entsprechende Prozedur können Sie auf jede "Gittergeometrie"
anwenden, d.h. auf Objekte, die durch Punkte und deren Verbindungen festgelegt sind. Mit im Programm eingebaut ist eine Zentralperspektive, mit
welcher der Würfel nicht nur axonometrisch (d.h. in Parallelprojektion),
sondern auch augenrichtig von einem Zentrum aus perspektivisch dargestellt
wird. Diese Prozedur können Sie zum Vergleich auch weglassen.


```
PROGRAM drehung_wuerfel;
USES crt, graph;
                      (* berechnet und zeichnet Würfelansichten *)
VAR         n, i, s1, s2, w : integer;
                 a, b, g : real;                      (* Winkel *)
        sa, sb, sg, ca, cb, cg : real;           (* trig. Funkt. *)
                 r, s, t : real;                  (* neue Koord. *)
                 x, y, z : ARRAY[1..8] OF real;
                xb, yb, zb : ARRAY[1..8] OF integer;
        graphdriver, graphmode : integer;
                aa, pa : real;
```

```pascal
PROCEDURE abbrev;                                    (* Variable global ! *)
BEGIN
sa := sin(a); sb := sin(b); sg := sin(g);
ca := cos(a); cb := cos(b); cg := cos(g)
END;


PROCEDURE matrix(u, v, w : real);          (* sog. EULER - Drehung *)
BEGIN                              (* dreidim. koord. Transformation *)
r := (cg*ca - sg*cb*sa) * u - (cg*sa + sg*cb*ca) * v + sg*sb * w;
s := (sg*ca + cg*cb*sa) * u + (cg*cb*ca - sg*sa) * v - cg*sb * w;
t :=              sb*sa * u +              sb*ca * v +     cb * w
END;                         (* s = y nur für drei Dimensionen nötig *)


PROCEDURE zentral;                             (* Zentralprojektion *)
BEGIN
r := r * (aa - pa) / (aa + s);
t := t * (aa - pa) / (aa + s)
END;


PROCEDURE abbild;            (* speziell für Struktur mit Punkten *)
BEGIN
FOR i := 1 TO 8 DO BEGIN
                    xb[i] := round(1.2 * (s1 - xb[i]));
                    zb[i] := s2 - zb[i]
                    END;
FOR i := 1 TO 3 DO line (xb[i], zb[i], xb[i+1], zb[i+1]);
line (xb[4], zb[4], xb[1], zb[1]);
FOR i := 5 TO 7 DO line (xb[i], zb[i], xb[i+1], zb[i+1]);
line(xb[8], zb[8], xb[5], zb[5]);
FOR i := 1 TO 4 DO line (xb[i], zb[i], xb[i+4], zb[i+4])
END;


BEGIN    (* --------------------------------- Hauptprogramm --- *)
w := 80;                          (* halbe Seitenlänge des Würfels *)
s1 := 280; s2 := 170;                            (* Mittelpunkt *)
aa := 350; pa := 5;                       (* für Zentralperspektive *)
x[1] :=   w; y[1] :=   w; z[1] := -w;
x[2] := -w; y[2] :=   w; z[2] := -w;
x[3] := -w; y[3] := -w; z[3] := -w;
x[4] :=   w; y[4] := -w; z[4] := -w;
FOR i := 5 TO 8 DO BEGIN
   x[i] := x[i-4]; y[i] := y[i-4]; z[i] := - z[i-4]
                    END;
a := 0; b := 0; g:= 0;

graphdriver := detect;
initgraph (graphdriver, graphmode, ' ');
setcolor (15);
REPEAT
   a := a + 0.05; b := b + 0.05; g := a + b;
   abbrev;
   FOR i := 1 TO 8 DO BEGIN
       matrix(x[i], y[i], z[i]);
```

```
        zentral;                              (* kann entfallen *)
        aa := aa + 1; pa := pa + 1;           (* dito *)
        xb[i] := round(r);
   (*   yb[i] := round(s);  *)
        zb[i] := round(t)
                        END;
     abbild; delay (50); cleardevice
  UNTIL keypressed;
  END.   (* ------------------------------------------------------- *)
```

Das Hauptprogramm legt anfangs die acht Eckpunkte des Würfels in Normal-
lage fest, dann werden in der Schleife die drei sog. EULERschen Winkel a,
b und g schrittweise verändert und daraus die neuen Koordinaten berechnet,
ehe es zur Anzeige des Würfels in der neuen Lage kommt.

Mit Zentralprojektion kommen die Variablen aa und pa zusätzlich ins Spiel:
pa ist der Abstand unseres Objekts (Würfelmittelpunkt) vom gedachten Pro-
jektionszentrum, pa der Abstand des Objekts vom dazwischen angeordneten,
"durchsichtig" gedachten Bildschirm, auf dem die Projektionsstrahlen das
Bild des Objekts "anreißen". Vergrößern Sie versuchsweise den Wert von pa
am Anfang bei gleichem aa ... Sie erhalten dann stark verzerrende Zentral-
projektionen. Die Prozedur *zentral* ist übrigens nur eine Anwendung des
sog. Strahlensatzes aus der Geometrie.

Der Würfel erscheint in diesem "Videokino" durchsichtig; zur Berücksichtigung der Sichtbarkeit der Kanten muß die Prozedur *abbild* auf recht
komplizierte Weise erweitert werden. Eine Lösung finden Sie auf Diskette.

Beliebt sind auch Animationen, d.h. Darstellungen von Gegenständen, die
sich im Lauf der Zeit verändern oder Bewegungen vollführen. Es gibt verschiedene Techniken:

Entweder betrachtet man in einem fertigen Bild nur ein Fenster, dessen Inhalt neu bestimmt wird (das kann man im Hintergrund rechnen und dann anzeigen, siehe voriges Kapitel). Dieses Verfahren ist sehr schnell und kann
sogar auf Bilder im engsten Sinn des Wortes angewandt werden: Ist nämlich
das Fenster klein, so kann man eine Folge von sich verändernden Bildaus-
schnitten B_0, B_1, ..., B_n so im Speicher ablegen, daß B_n nahtlos an B_0
anschließt und durch Verschieben von Speicherinhalten "Kino" entsteht.

Oder aber man berechnet den darzustellenden Bildinhalt direkt und zeichnet
ihn auf den Schirm. Auf der Diskette finden Sie eine solche Animation mit
einem schwimmenden Tauchermännchen. Ein ebenfalls dort vorhandenes Listing
dreht ein futuristisches Raumschiff im Flug und ändert dessen Größe; das
Programm ist als Studentenarbeit im Praktikum entstanden. Zum Start gehört
eine Liste OBJ.DAT der Eckdaten des Raumschiffs.

Für die folgenden Beispiele benötigen wir ein paar Grundkenntnisse über
sog. komplexe Zahlen $z := a + b \cdot j$, die man in der Ebene getrennt nach
Realteil a und Imaginärteil b als Punkte (a, b) interpretieren kann, aber
mit der besonderen Vereinbarung beim Rechnen, daß $j^2 = -1$ gelten soll.

In der Aerodynamik (Strömungslehre) können Profile von Flugzeugtragflächen dadurch berechnet werden, daß die komplexe Abbildung

$$f(z) := z + 1/z = x + y*j + \frac{1}{x + y*j} = x + \frac{x}{x^2 + y^2} + (y - \frac{y}{x^2 + y^2})*j$$

nur auf Punkte eines Kreises mit dem Mittelpunkt (−a, b) oder z = −a + b*j angewandt wird, der zudem durch den Punkt (1, 0) gehen soll. Bei der Umrechnung erweitert man den Bruch mit x − y*j und beachtet j*j = − 1 vor dem Zusammenfassen von Real− und Imaginärteil.

```
    PROGRAM flugzeug_tragflaeche;
    USES crt, graph;
                    (* benutzt komplexe Abbildung für Transformation *)
    VAR a, b, r, x, y, n, u, v : real;
                        phi : integer;
        graphdriver, graphmode : integer;

    BEGIN  (* ------------------------------------------------------ *)
    clrscr;
                    (* a Profildicke, b Verformung, Tiefe des Profils *)
    write ('Eingabe  a (0 < a < 0.5) ... '); readln (a);
    write ('Eingabe  b >= 0          ... '); readln (b);
    graphdriver := detect;
    initgraph (graphdriver, graphmode, ' ');
    setcolor (15);
    line (10, 220, 629, 220);                   (* Ursprung (320, 220) *)
    line (320, 10, 320, 340);

    r := sqrt (sqr (1 + a) + b * b);        (* Radius des Kreises *)
    FOR phi := 1 TO 360 DO BEGIN
        x :=  (- a + r * cos (phi * pi / 180) );
        y :=  (  b + r * sin (phi * pi / 180) );
        putpixel (320 + round (78 * x), 220 - round (60 * y), 15);
        n := x * x + y * y;
    u := x * (1 + 1/n);
    v := y * (1 - 1/n);
    putpixel (320 + round (91 * u), 220 - round (70 * v), 1)
                    END;
    readln;
    closegraph
    END. (* ------------------------- Testwerte a = 0.1; b = 0.5 *)
```

Mit unterschiedlichen a, b erhalten Sie verschiedene Profilformen, die alle von links angeströmt werden, darunter für a = 0 auch symmetrische Fälle, wie man sie für Schiffskörper verwenden könnte. Auftrieb ohne Strömungsabriß erhält man nur für a > 0 und nicht zu großes b.

Das Bild APPLEMAN.EGA von der Diskette haben Sie vielleicht schon gesehen. Mit welchem Programm ist es erzeugt worden? Um das Listing verstehen zu können, sind einige Vorbemerkungen erforderlich:

Schon vor etlichen Jahren richtete sich die Aufmerksamkeit verschiedener
Mathematiker auf sog. <u>Fraktalflächen</u>, Flächen, deren Erscheinungsform bei
wachsender Vergrößerung "selbstähnlich" bleibt, wie etwa die Küstenlinie
eines Landes, zuerst aus der Höhe gesehen und schließlich aus geringstem
Abstand und gar noch fotografisch vergrößert. In der neuen Disziplin der
sog. Chaosforschung haben diese Berandungslinien und entsprechende Flächen
(wie unsere Rasterfläche aus dem vorigen Kapitel!) wieder großes Interesse
geweckt. Wegen der sehr aufwendigen Berechnungsverfahren konnte nämlich
die experimentell-rechnende Untersuchung solcher Flächen erst einsetzen,
als man schnelle Rechner zur Verfügung hatte.

Der Mathematiker BENOIT MANDELBROT (geb. 1924, Professor an der University
of Havard) entdeckte nun, daß z.B. die Untersuchung der komplexen Folge

$$z_{n+1} := f(z) = z_n * z_n + c; \quad n := 0, 1, 2, 3, \ldots$$

in engem Zusammenhang mit solchen Flächen steht: Für $c = 0$ ist noch leicht
nachzuweisen, daß diese Folge genau dann konvergiert, wenn ein Anfangswert
z_0 mit $z_0 = x + y \cdot j$ gewählt wird, für den (x, y) innerhalb eines Kreises
vom Radius Eins liegt: $x^2 + y^2 < 1$. Für Punkte außerhalb des Kreises divergiert die Folge, d.h. der Betrag von z wird beliebig groß. Für Punkte
auf dem Kreis bleibt z zwar beschränkt, hat aber keinen Grenzwert. (Ein
reeller Fall wurde von uns schon untersucht: Seite 64 ff.)

Beginnt man hingegen mit einem $c = a + b \cdot j <> 0$, so werden die analogen
Betrachtungen sehr schwierig. Sicher ist jedenfalls folgendes:

Für gewisse c konvergiert die Folge, für andere divergiert sie und für
noch andere bleibt sie zwar beschränkt, aber hat keinen Grenzwert. Im konkreten Falle eines gegebenen c ist meist schwer zu entscheiden, welcher
Fall tatsächlich vorliegt.

Unter Benutzung eines schnellen Rechners kann man nun folgendes Verfahren
hilfsweise anwenden: Man legt eine Anzahl von Rechenschritten ("Tiefe",
bei uns willkürlich $n = 120$) fest und vereinbart, daß die Folge konvergent
oder doch wenigstens beschränkt vermutet wird, wenn nach n Schritten der
Betrag von z (d.h. $x^2 + y^2$) irgendeinen recht großen Wert (bei uns 100)
immer noch nicht überschritten hat. Solche Punkte werden in einer Farbe
gezeichnet, bei uns rot (4). Wird diese Grenze schon früher überschritten,
so wählen wir abhängig vom erreichten n eine andere Farbe.

Man beginnt nun, für jeden Punkt $c = a + b \cdot j$ der Ebene die obige Folge zu
berechnen, und zwar jeweils anfangs mit $z = 0$, d.h. $x = 0$, $y = 0$. Das Ergebnis wird entsprechend farbig markiert. – Ist x_n, y_n ein bereits
erreichter Zwischenwert (x, y), so ergibt sich

$$x_{n+1} := x^2 - y^2 + a \quad \text{und} \quad y_n := 2 * x * y + b$$

unter Weglassen des j, d.h. Trennen in Real- und Imaginärteil der Zahl.
Dies macht unser Programm, und zwar im interessanten Teil

$$a : -1.5 \ldots 0.6 \quad \text{und} \quad b : -1.2 \ldots +1.2.$$

Auf dem Bildschirm werden diese Intervalle skalenmäßig aufgespreizt, also vergrößert dargestellt. Nehmen wir einmal an, daß für einen der insgesamt 640 * 350 Bildpunkte im Mittel nur bis n = 60 oder dgl. gerechnet wird, so ergeben sich an die 15 Millionen (!) Durchläufe. Auf einem 286-er AT ist das eine Rechenzeit von mehreren Stunden. – Sie können das Programm also spät abends starten und am Morgen das Ergebnis betrachten, ehe Sie es dann durch Tastendruck abspeichern. Das Bildfile APPLEMAN.EGA auf Diskette entspricht exakt einem Lauf des folgenden Programms. Sie können also für eine Wiederholung gleich einige Parameter ändern und ein zusätzliches Bild (mit anderen Namen!) produzieren, damit Sie zwei verschiedene haben. – Ändern Sie die Tiefe auf einen etwas größeren Wert und wechseln Sie die Farben!

Zur späteren Orientierung haben wir ein Koordinatensystem mitgezeichnet, um interessante Bildausschnitte lokalisieren zu können. Deswegen werden ein paar Randpunkte nicht berechnet und gezeichnet: Das Programm läuft über 0 ... 635, 0 ... 344, beim Zeichnen daher jeweils +4.

```pascal
PROGRAM apfelmann;                      (* EGA : 16 Farben auf 640 x 350 *)
USES crt, graph;
        (* z(0) := c = x + j*y iterativ in z(n+1) := z^2(n) + c *)
                        (* auf Konvergenz oder Divergenz testen *)
TYPE name = STRING [12];
VAR x, y, xalt, yalt, re, im, xm, ym : real;
            xl, xr, yo, yu, dx, dy : real;
                    k, l, n, tiefe : integer;
                                ch : char;
        graphmode, graphdriver, color : integer;
                            egabase : Byte absolute $A000:00;
                             puffer : ARRAY [0..28032] OF byte;

PROCEDURE readplane (nr : integer);             (* Auswahl der Maps *)
BEGIN
port [$03CE] := 4; port [$03CF] := nr AND 3
END;

PROCEDURE colormap (nr : byte);     (* Aktivierung der Bitplanes *)
BEGIN
port [$03C4] := $02; port [$03C5] := nr
END;

PROCEDURE savemaps (datei : name);
VAR  saved : integer;
     block : file;
       i, n : integer;
BEGIN
assign (block, datei); rewrite (block);
FOR i := 0 TO 3 DO
BEGIN
readplane (i); move (egabase, puffer [0], 28000);
blockwrite (block, puffer [0], 219, saved)
END;
close (block)
END;
```

```pascal
BEGIN (* ----------------------------------------------------------- *)
graphdriver := detect;
delay (2000);
writeln (getmaxx, ' ', getmaxy);          (* verfügbare Bildgröße *)

initgraph (graphmode, graphdriver, ' ');
line (0,0,639,0);                  (* zeichnet Achsen im EGA-Format *)
line (0,0,0,349);                         (* 640 * 350 Punkte *)

FOR k := 0 TO 31 DO line (k*20,0,k*20,5);
FOR k := 0 TO 17 DO line (0,k*20,5,k*20);

tiefe := 120;                             (* Iterationstiefe *)
xl := - 1.5; xr := 0.6;                   (* Zeichenbereich *)
yu := - 1.2; yo := 1.2;
dx := (xr - xl)/639;                      (* Schrittweite für EGA *)
dy := (yo - yu)/349;
FOR k := 0 TO 635 DO BEGIN
    re := xl + k * dx;
    FOR l := 0 TO 344 DO
        BEGIN
        im := yu + l * dy;                    (* Startvorgaben *)
        x := 0; y := 0; n := 0;
        REPEAT
           xalt := x; yalt := y;
           xm := xalt * xalt; ym := yalt * yalt;
           x := xm - ym + re;
           y := 2 * xalt * yalt + im;
           n := n + 1
        UNTIL (n > tiefe) OR (x * x + y * y >  100);
         (* wird Tiefe erreicht, so soll Konvergenz gelten ... *)
        IF (n < 10) THEN
           IF n MOD 2 = 0 THEN color := 1 ELSE color := 2;
        IF (n > 9) AND (n < 40) THEN
           IF n MOD 2 = 0 THEN color := 14 ELSE color := 3;
        IF (n > 39) AND (n < 121)  THEN color := 1;
        IF n > tiefe THEN color := 4;
        putpixel (k+4, l+4, color)
        END
               END;
ch := readkey;                     (* Haltepunkt bei fertigem Bild *)
savemaps ('APPLEMAN.EGA');
    (* gegebenenfalls Name ändern und Laufwerk bereithalten ! *)
closegraph
END. (* ----------------------------------------------------------- *)
```

Der Zusammenhang mit Fraktalflächen ist nun folgender: Betrachtet man eine
Ausschnittvergrößerung im kritischen Bereich des sog. "Apfelmännchens",
wie diese Grafik gerne genannt wird, so ist diese wiederum von derselben
fraktalen Struktur: Der kritische Bereich ist dort, wo die Iterationstiefe
erreicht worden ist, also bei uns n = 120. Auf Seite 296 finden Sie eine
Abbildung mit Koordinatennetz in Schritten 0.1. Man erkennt den diffusen

Rand der innen vollständig weißen (im Programm roten) Fläche, an deren
Rand (und im Inneren) für die gewählte Tiefe Konvergenz angenommen wird.
Sie können sich mit dem Programm loadbild aus Kapitel 17 weitere Grafiken
ansehen, die wir auf Diskette mitliefern:

In allen Fällen wurde n deutlich erhöht und im Programm ein Randbereich
gewählt. In Schwarz-Weiß sieht das z.B. bei x = - 0.6 und y = 0.3 mit je
einem Intervall von etwa 0.02 (- 0.61 .. x .. - 0.59) vergrößert so aus:

Abb.: "Apfelmännchen", Ausschnittvergrößerung

Mit einem Colormonitor ist es auch möglich, stereoskopische Bilder zu entwerfen. Sie benötigen zur Betrachtung eine sog. "Anaglyphenbrille", links
mit rotem, rechts mit grünem Glas. Es gibt solche Brillen (aus Pappe) hie
und da in 3-D-Kinos oder auch bei Comics mit entsprechenden Bildern.

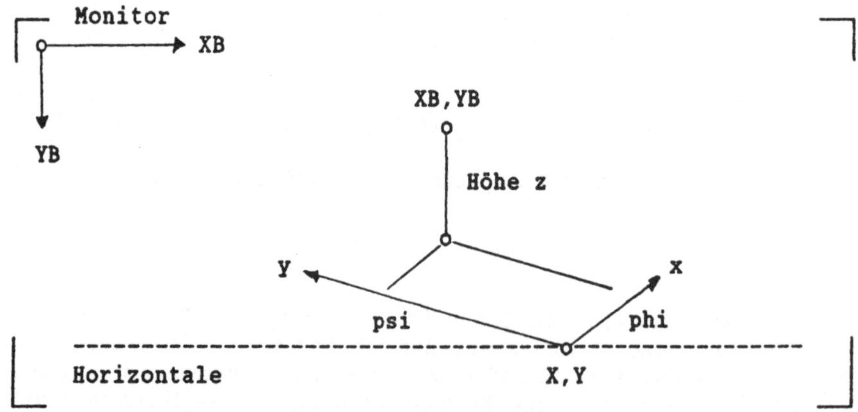

Abb.: Axonometrie (räumliches Schrägbild) am Monitor

In einem solchen Anaglyphen-Programm brauchen wir Formeln zur sog. axono-
metrischen Darstellung (Schrägbild) eines Raumpunktes (x, y, z) in der
Monitorebene mit zwei Koordinaten (XB, YB). Betrachten Sie dazu die Abbildung auf der Seite gegenüber:

Nachdem die beiden Neigungswinkel phi und psi gewählt worden sind und der
Ursprung (X,Y) am Monitor festgelegt ist, wird (x, y, z) mit den Formeln

```
XB = X + x * cos (phi) - y * cos (psi)
YB = Y - x * sin (phi) - y * sin (psi) - z
```

auf den Monitorpunkt (XB, YB) übertragen. In unserer Abbildung hat der Ursprung am Monitor etwa die Koordinaten (500, 330). Die Formeln berücksichtigen, daß die y-Werte am Bildschirm nach unten wachsen; der eingetragene
Punkt (x, y, z) entspricht in Natura etwa (50, 120, 80).

Man kann diese Formeln generell für Abbildungen am Bildschirm einsetzen;
auf der Diskette finden Sie ein Programm zur anschaulichen Darstellung von
Flächen mit Koordinatenlinien.

Im folgenden Programm wird eine einfache Linien- bzw. Kreisgeometrie auf
diese Weise abgebildet: Drei Kreise, deren Radien mit der Höhe leicht an-
wachsen (!), einige Linien, die eine Ebene bilden. Das grüne Bild muß mit
zunehmender Höhe nach links, das rote nach rechts verschoben werden. Durch
die Brille (am besten in abgedunkeltem Raum) ergibt sich ein recht guter
räumlicher Eindruck, wenn man den Monitor leicht von unten aus größerem
Abstand betrachtet und eine Gewöhnungszeit abwartet ...

```pascal
PROGRAM drei_d_anaglyphenbild; (* Zur Betrachtung 3-D-Brille! *)
USES graph;
CONST       phi = 0.35; psi = 0.85;
TYPE                vektor = ARRAY [1..3] OF real;
CONST           O : vektor = (100,360,0);   (* Monitorursprung *)
VAR graphdriver, graphmode : integer;
          x, y, z, a, b, h : real;

PROCEDURE axbild (VAR x, y : real; z : real);
BEGIN
x := O[1] + x * cos (phi) - y * cos (psi);
y := O[2] - x * sin (phi) - y * cos (psi) - z
END;

PROCEDURE kreis (mx, my, mz, r, color : integer);
VAR t : integer;
BEGIN
FOR t := 0 TO 360 DO BEGIN
    x := mx + r * sin (t*pi/180);
    y := my + r * cos (t*pi/180);
    z := mz;
    axbild (x, y, z);
    putpixel (round (x), round (y), color)
                    END;
END;
```

```
PROCEDURE linie (x, y, z, a, b, h: real; color : integer);
BEGIN
setcolor (color);
axbild (x, y, z); axbild (a, b, h);
line (round (x), round (y), round (a), round (b))
END;

BEGIN (* ------------------------------------------------------ *)
graphdriver := detect;
initgraph (graphdriver, graphmode, ' ');
setbkcolor (8);
linie (0, 0, 0, 500,   0, 0, 15);                         (* weiß *)
linie (0, 0, 0,   0, 120, 0, 15);
kreis (250, 60, 0, 60, 15);

kreis (246, 62,  50, 62, 2);                              (* grün *)
kreis (242, 64, 100, 64, 2);
linie (250,  60,   0, 242,  64, 100, 2);
linie (  0,   0,   0, 496,   0,  98, 2);
linie (500,   0,   0, 496,   0,  98, 2);
linie (0,   120,   0, 460, 128,  98, 2);
linie (460, 128,  98, 496,   0,  98, 2);

kreis (254, 62,  50, 62, 4);                              (*  rot *)
kreis (258, 64, 100, 64, 4);
linie (250,  60,   0, 258,  64, 100, 4);
linie (  0,   0,   0, 518,   0, 100, 4);
linie (500,   0,   0, 518,   0, 100, 4);
linie (  0, 120,   0, 490, 134,  95, 4);
linie (490, 134,  95, 518,   0, 100, 4);
readln;
closegraph
END. (* ------------------------------------------------------ *)
```

Die eingebaute Prozedur *ellipse* haben wir nicht verwendet, weil damit an
Schrägbilder von Kreisen keine Tangenten gelegt werden können, bestenfalls
durch Raten der Lage. Damit Sie sehen, wie leistungsfähig die Axonometrie
ist, können Sie das Programm testen:

Schreiben Sie im Hauptprogramm nur die drei Anweisungen:

```
kreis (50, 50, 0, 50, 15);
linie (0, 0, 0, 100, 0, 0, 15);
linie (0, 0, 0, 0, 100, 0, 15);
```

Das ist ein Kreis mit dem Mittelpunkt (50, 50) in der Grundebene (z = 0)
vom Radius 50, dazu die beiden Koordinatenachsen. – Sie müssen den Kreis
exakt berühren ...

Im Kapitel 6 dieses Buches hatten wir im Zusammenhang mit der Einführung
von ARRAYs festgestellt, daß deren Bereichsgrenzen von Anfang an fest vereinbart werden müssen. Außerdem hatten wir beim Schreiben von Datenlisten,
die sortiert werden sollten, entweder nachträglich Sortieralgorithmen anwenden, oder aber schon beim Eingeben die richtige (Feld-) Position suchen
und dann verschieben müssen; beide Fälle sind zeitaufwendig.

Auf das Umsortieren läßt sich verzichten, wenn die anzuordnenden Elemente
(Daten) mit einer Marke versehen werden, die jeweils auf den Nachfolger
weist, mit einem "Zeiger". Mit den bisherigen Datenstrukturen läßt sich
das wie folgt konstruieren: Jeder Datensatz wird durch eine Komponente
zeiger vom Typ *Integer* ergänzt, in der wir die Platzziffer (also den
Feldindex) des Nachfolgers eintragen. Auf einer Variablen *anfang* notieren
wir den Index des vordersten Feldelements.

Unter Laufzeit eines entsprechenden Programms kann man dann – beginnend
beim vordersten Element – über diese Zeiger schrittweise weiterschalten,
bis das gesuchte Element gefunden oder das Ende der Liste erreicht ist:

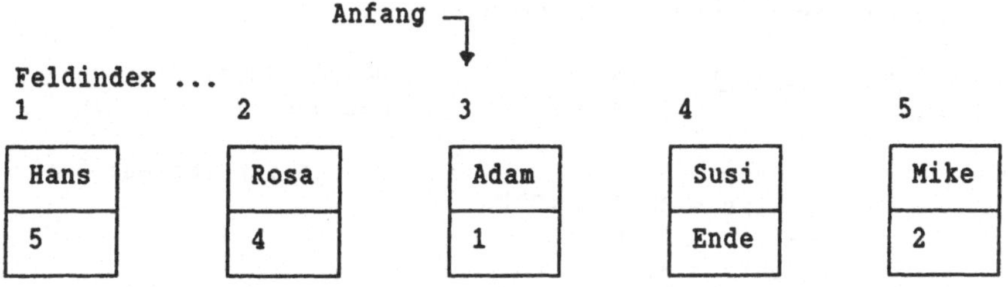

Abb.: Verkettung von Feldelementen

Im Beispiel wurden die Namen in der Reihenfolge Hans, Rosa, Adam, Susi und
Mike eingegeben und abgelegt. Durch sog. *Verkettung* wurde dabei erreicht,
daß bei jedem Namen eine Marke ("Zeiger") auf den jeweiligen Nachfolger in
der lexikographischen Reihenfolge weist. Beginnend auf Feldplatz drei, auf
den der Zeiger "Anfang" hinweist, läßt sich damit durch "Weiterschalten"
des Zeigers "vorwärts" jeder Eintrag finden. – Zum Durchmustern der Liste
wird außer dem Anfangszeiger später noch mindestens ein weiterer Zeiger
benötigt, den wir dann "Laufzeiger" nennen wollen.

Ein weiterer Namen werde im Beispiel auf Feldplatz 6 abgelegt; nehmen wir
an, es sei der Name Sepp eingegeben. Beim Durchlauf der Liste ist leicht
festzustellen, daß Sepp zwischen Rosa und Susi zu verketten ist:

Offenbar muß der Zeiger bei Rosa vom Platz 4 jetzt auf Platz 6 gerichtet
("verbogen") werden, während der alte Wert 4 bei Rosa nun nach Sepp zu
übertragen ist (Abb. nächste Seite). Im Falle eines Neueintrags z.B. Abel
statt Sepp würde man den Anfangszeiger von 3 = Adam auf 6 = Abel umstellen
müssen und bei Abel eben diesen Wert 3 als Verkettung einsetzen. Beim Anhängen an die Liste, etwa mit einem Namen Tina auf Feldplatz 6, wäre bei
Tina das Endesignal einzutragen und bei Susi als Verkettung eben diese 6.

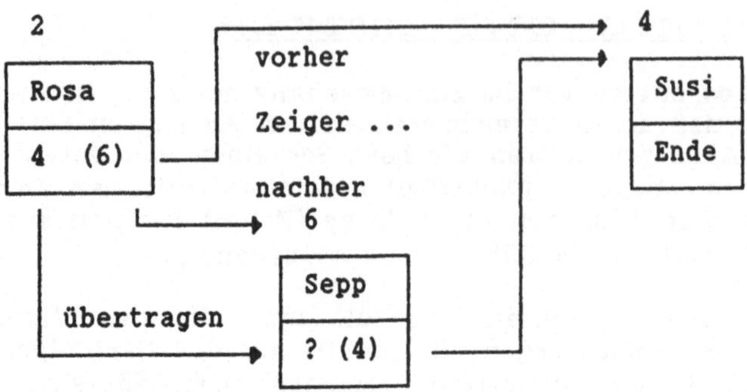

Abb: "Verbiegen des Zeigers bei Neueintrag von Sepp

Das folgende Programm führt eine solche Verkettung auf einem Feld vor. Es
enthält zwei weitere Prozeduren zum Anzeigen der Liste in der Verkettungsreihenfolge sowie zum Löschen: Angenommen, Rosa soll gelöscht werden. Dann
darf deren Vorgänger Mike nicht mehr auf Rosa zeigen, sondern auf deren
Nachfolger Susi. Also wird der Zeiger von Mike direkt auf Susi gerichtet,
d.h. von 2 auf 4 umgestellt. Damit ist der Platz Nr. 2 zwar noch benutzt,
aber mit dem Laufzeiger nicht mehr erreichbar ...

```
PROGRAM verkettete_feldliste;        (* Demo für Suchverfahren *)
USES crt;                    (* ohne Vertauschen oder Verschieben *)


CONST            ende = 5;                   (* zum Testen: 5 *)
TYPE             wort = STRING [20];
             zeiger = integer;
               satz = RECORD
                        wohin  : zeiger;
                        inhalt : wort        (* Sortierkrit. *)
                        END;                 (* u.U. verlängern *)
VAR  vorher, anfang : zeiger;
          platz, i : integer;                (* Zählvariable *)
           eingabe : wort;
             liste : ARRAY [1..ende] OF satz;
             taste : char;

PROCEDURE eintrag; (* ------------------------------------------ *)
BEGIN clrscr;
writeln ('Eingabetext ... (ENDE mit .)');
REPEAT
   platz := 0;
   REPEAT                          (* erstes leeres Feld suchen *)
     platz := platz + 1
   UNTIL (liste[platz].inhalt = '') OR (platz > ende);
   IF platz <= ende THEN BEGIN          (* noch Platz frei *)
     write ('                   '); readln (eingabe);
   IF eingabe [1] <> '.' THEN BEGIN
     liste [platz].inhalt := eingabe;
     i := anfang; vorher := 0;
     WHILE (eingabe > liste[i].inhalt) AND (vorher <> i) DO
```

```
                                          BEGIN
        (* Trennstelle suchen *)          vorher := i;
                                          i := liste[i].wohin
                                          END;
        IF (i = anfang) AND (i <> vorher)
           THEN BEGIN                      (* Eintrag ganz vorne *)
              liste[platz].wohin := anfang;
              anfang := platz
              END
           ELSE IF liste[vorher].wohin = vorher
              THEN BEGIN                   (* Eintrag anhängen *)
                 liste[vorher].wohin := platz;
                 liste[platz].wohin := platz;
                 END
              ELSE BEGIN                   (* Eintrag mittig *)
                 liste[platz].wohin := liste[vorher].wohin;
                 liste[vorher].wohin := platz
                 END
                           END             (* OF if eingabe *)
                        END                (* OF if platz *)
UNTIL (eingabe [1] = '.') OR (platz = ende)
END; (* ---------------------------------------------------- *)


PROCEDURE loeschen; (* -------------------------------------- *)
BEGIN clrscr;
write ('Welchen Eintrag löschen ... '); readln (eingabe);
i := anfang; vorher := 0;
WHILE (liste[i].inhalt <> eingabe)
     AND (i <> vorher) DO BEGIN   vorher := i;
                                  i := liste[i].wohin   END;
IF liste[i].inhalt = eingabe THEN BEGIN
   IF (liste[i].wohin = i)                    (* letzter Eintrag *)
      THEN IF (i <> anfang)                   (* bei mehreren *)
              THEN liste[vorher].wohin := vorher
              ELSE anfang := 1                (* einziger *)
      ELSE IF i = anfang       (* erster Eintrag bei mehreren *)
              THEN anfang := liste[i].wohin
                                          (* beliebig mittig *)
              ELSE liste[vorher].wohin := liste[i].wohin;
   liste[i].inhalt := ''; liste[i].wohin := i
                                    END
END; (* ---------------------------------------------------- *)


PROCEDURE anzeige; (* --------------------------------------- *)
BEGIN clrscr; i := anfang; writeln ('Listenanfang ... ', i);
REPEAT
   writeln (i, ' ', liste[i].wohin, ' ', liste[i].inhalt);
   i:= liste[i].wohin
UNTIL i = liste[i].wohin;
IF i <> anfang THEN
   writeln (i, ' ', liste[i].wohin, ' ', liste[i].inhalt);
writeln; write ('    Ins Menü ... '); taste := readkey
END; (* ---------------------------------------------------- *)
```

```
BEGIN (* --------------------------------------- Hauptprogramm *)
  anfang := 1;                    (* erster Zeiger auf Feldnummer *)
  FOR i := 1 TO ende DO liste[i].inhalt := '';
  REPEAT  clrscr;                                           (* Menü *)
    writeln ('Eingabe von Namen ......... E'); writeln;
    writeln ('Löschen von Namen ......... L'); writeln;
    writeln ('Anzeige der Liste ......... A'); writeln;
    writeln ('Programmende .............. X'); writeln;
    write ('Wahl ..................... ');
    taste := upcase (readkey);
    CASE taste OF  'E': eintrag;
                   'L': loeschen;
                   'A': anzeige          END        (* OF CASE *)
  UNTIL taste = 'X'; clrscr
END. (* ----------------------------------------------------- *)
```

Die Organisation der Reihenfolge in diesem Programm benötigt zusätzlichen
Speicherplatz für Zeiger und erscheint, abgesehen von der Originalität des
Verfahrens, nicht unbedingt vorteilhaft. Und: Das erste Problem, die feste
Bereichsgröße bei ARRAYs, ist damit noch nicht gelöst. Unter Laufzeit ist
aber meistens Speicherplatz in ganz erheblichem Umfang frei, mindestens
dann, wenn das Programm nicht in der TURBO Umgebung läuft, die ja einigen
Speicherplatz benötigt:

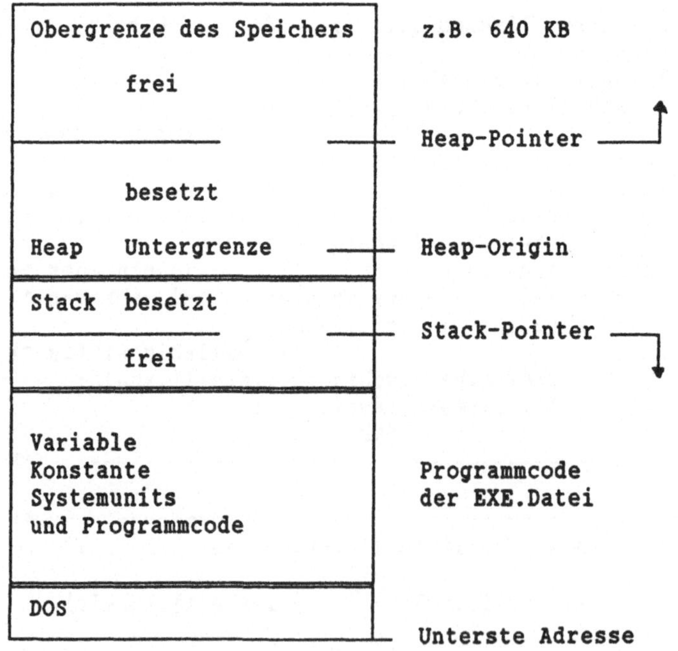

Abb.: Speicherbild (vereinfacht) unter Laufzeit

Dieser freie Speicher heißt <u>Heap</u> (engl. Haufen, Menge). Er beginnt ober-
halb des sog. <u>Stack</u> (engl. Stapel, Heuschober); sein Anfang ist in der

Variablen *HeapOrg* gespeichert, während die Variable *HeapPtr* die Startadresse des noch freien Speichers signalisiert, der bis *HeapEnd* benutzbar
ist. (Den Stack haben wir schon bei Rekursionen eingesetzt.) – Während der
Stack von oben nach unten (fallende Adressen) belegt wird, ist dies beim
Heap umgekehrt. – Aber beide Speicher organisieren automatisch nach dem
sog. LIFO-Prinzip ('last in, first out') des fortschreitenden Ablegens. An
einem ersten Beispiel werden wir dies sogleich sehen.

TURBO Pascal bietet nun die Möglichkeit, diesen freien <u>Speicher dynamisch</u>
zu <u>verwalten</u>, mit sog. <u>Zeigervariablen</u>, in denen keine üblichen Variablen
wie RECORDs usw. abgelegt werden, sondern Adressen des Speichers. – Solche
Variablen vom Typ *Zeiger* (engl. 'pointer', dies ist ein einfacher Datentyp
wie *Integer* u. dgl.) zeigen auf Speicherplätze (Bezugsvariable) im Heap,
in denen die jeweils benötigten Werte abgelegt sind, mit der Typenvielfalt
wie bisher. Im Deklarationsteil erkennt man soche Zeigervariable am voran-
gestellten Zeichen ^ ('caret' = Einschaltungszeichen) , etwa

        VAR nummer : ^integer;

Die Variable *nummer* enthält unter Laufzeit eine Speicheradresse; die zugehörige Bezugsvariable (der Inhalt im Heap) kann mit *readln (nummer^);*
usw. erreicht werden. Das vorgestellte ^ kommt demnach ausschließlich im
Deklarationsteil, das nachgestellte ^ nur im eigentlichen Programm vor!
Der Vorteil liegt nun darin, daß wir Daten statt wie bisher in einem ARRAY
jetzt (ohne Indizes) am Heap solange ablegen können, bis dieser voll ist,
verbraucht. – Die Verwaltung geschieht "dynamisch" über Zeiger, mit denen
wir uns in diesem Stapel bewegen, hineinschreiben und herauslesen können,
und zwar im einfachsten Falle immer "obenauf", wodurch sich auch der Name
"Stapel" erklärt: In einem Stapel ist es schwieriger, ein Element irgendwo
herauszuziehen. Man legt normalerweise ganz oben drauf und nimmt von dort
wieder herunter ...

Die folgende Abbildung zeigt die Organisation zum späteren Listing:

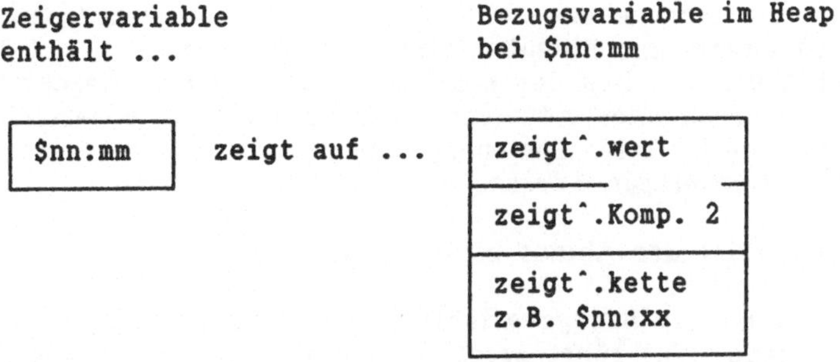

Abb.: Zeigerverweis auf Adresse im Heap

Im folgenden Programmbeispiel enthalten die Variablen *zeigt* und *next* also
Adressen, während die Bezugsvariablen im Heap RECORD-Struktur haben und
den eigentlich interessierenden Inhalt enthalten, hier eine Zahl, und dazu
noch eine Adresse, also wiederum eine Zeigervariable.

```
PROGRAM zeigerdemo;
USES crt;
        (* liest Folge ganzer Zahlen, beendet durch Null, die dann *)
                              (* rückwärts ausgegeben wird. *)
TYPE       zeiger = ^paar;
             paar = RECORD
                      wert  : integer;
                      kette : zeiger
                      END;


VAR  zeigt, next :  zeiger;
                 x : integer;


BEGIN (* ------------------------------------------------------------- *)
clrscr; writeln ('Folge ganzer Zahlen eingeben ');
writeln ('und mit Null abschließen ... ');
next := NIL;
REPEAT
   new (zeigt);                                      (* aktueller Zeiger *)
   readln (x);
   zeigt^.wert  := x;                                (* Wert einschreiben *)
   zeigt^.kette := next;                             (* Zeiger eintragen *)
   next := zeigt        (* Heap aufbauen, d.h. Zeiger weiterschalten *)
UNTIL x = 0;
writeln;
WHILE zeigt <> NIL DO BEGIN
             write (zeigt^.wert);
             write (' ');
             zeigt := zeigt^.kette       (* 'last in, first out' *)
                  END;
readln
END. (* ------------------------------------------------------------- *)
```

Unser Programm liest die eingegebene Zahlenfolge 1 2 3 ... 0 von "oben"
nach "unten", d.h. rückwärts zur Eingabe (LIFO!) wieder vor: 0 ... 3 2 1.
Für drei Eingaben 1 2 0 sieht dies der Reihe nach wie sogleich beschrieben
aus, wobei wir die entsprechenden Adressen im Heap mit a, b, c bezeichnen.
Mit *new (zeigt);* wird jeweils freier Speicher im Heap angefordert, also
beim ersten Mal an der untersten Adresse a.

Auf der Seite gegenüber ist der Ablauf bildlich dargestellt:

In der Schleife wird immer die Bezugsvariable zu *zeigt* angesprochen, also
der Speicherplatz im Heap; dies führt *zeigt^.wert* bzw. *zeigt^.kette* aus.
Die Variable *zeigt* selber enthält die jeweiligen Adressen, also a, b und
zuletzt c. Diese werden jeweils mit *next := zeigt;* auf *next* umkopiert, von
dem wir keine Bezugsvariable im Speicher ansprechen (*new (next);* kommt
nicht vor). *zeigt* (wie auch *next*) steht zuletzt auf c:

In der WHILE-Schleife wird daher als erster Inhalt *zeigt.wert* ausgegeben,
das ist die Null. Anschließend wird in *zeigt* die Adresse b eingetragen,
jene, die unter *zeigt^.kette* zu finden ist. Folglich wird beim nächsten

Durchlauf die Zwei ausgegeben, denn die steht jetzt im Heap unter der Adresse b in *zeigt*. Nach einem weiteren Adressenkopieren wird die Eins ausgegeben. Dann endet die Schleife, weil *zeigt* nunmehr die Adresse NIL ('Not in List') enthält, d.h. keine: Der Stapel wurde von oben (c) nach unten (a) abgebaut, eben nach dem Prinzip 'last in, first out'.

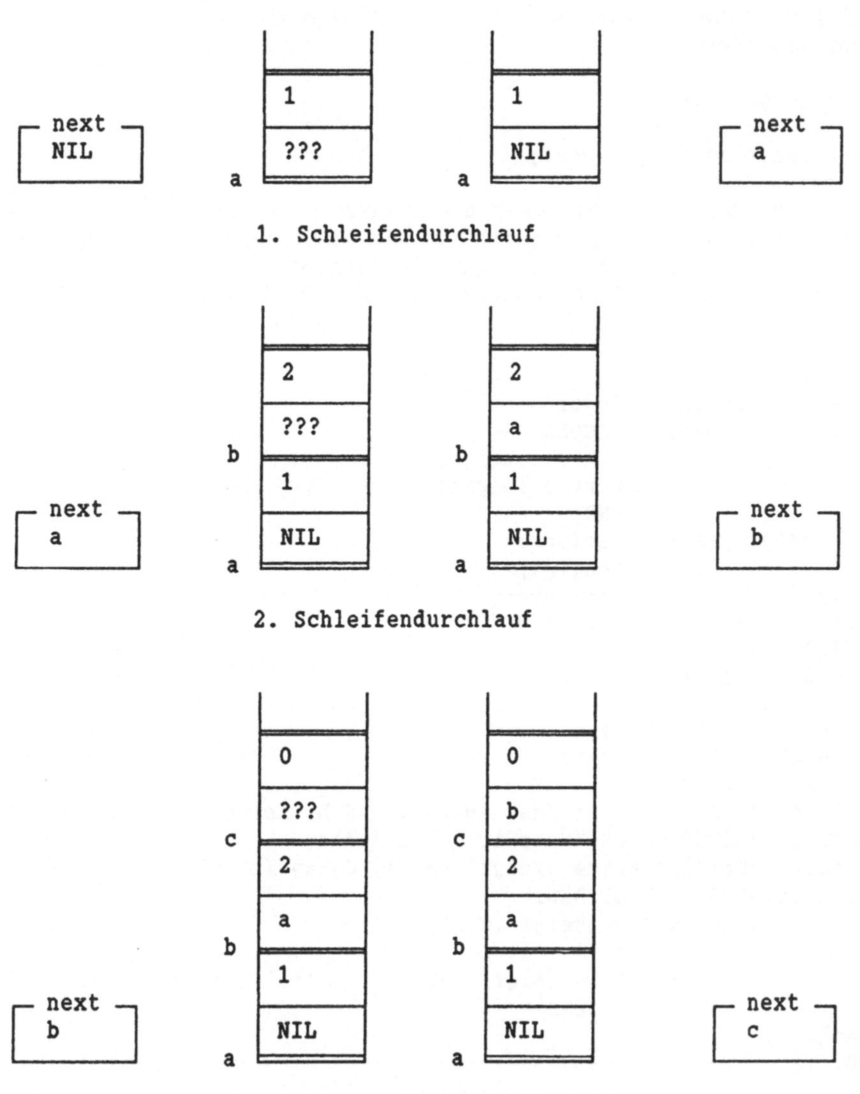

1. Schleifendurchlauf

2. Schleifendurchlauf

3. Schleifendurchlauf

Abb.: Stapelaufbau im Heap bei drei Eingaben 1, 2, 0.

Man kann Zeiger (Adressen) umkopieren, etwa

```
next  := zeigt;
zeigt := zeigt^.kette;
zeigt^.kette := next;
zeigt^.kette := next^.kette; (kommt vorne nicht vor)
```

wobei in den letzten Fällen auch auf die Bezugsvariablen zugegriffen wird,
also auf dort stehende Adressen. – Ebenso lassen sich Inhalte der Bezugsvariablen umkopieren:

```
x := zeigt^.wert;
zeigt^.wert := x;
next^.wert := zeigt^.wert;
```

und so weiter. Was geschieht, wenn die Adresse c das obere Ende des Heaps
erreicht? – In unserem Programm ist das mit "Handeingabe" nicht zu erreichen, denn wir haben sehr viel Speicherplatz. Wir könnten aber einen
automatischen Test mit einem leicht veränderten Listing durchführen:

```
PROGRAM heaptest;
USES crt;
TYPE      zeiger = ^paar;
              paar = RECORD
                     kette : zeiger;
                     wert : longint
                     END;
VAR  zeigt, next :  zeiger;
              x, i : longint;
BEGIN (* --------------------------------------------------------- *)
clrscr; next := NIL; i := 0;
REPEAT
   new (zeigt);                                    (* aktueller Zeiger *)
   x := i;
   zeigt^.wert  := x;                              (* Wert einschreiben *)
   zeigt^.kette := next;                           (* Zeiger eintragen *)
   next := zeigt;
   i := i + 1          (* Heap aufbauen, d.h. Zeiger weiterschalten *)
UNTIL (i > 100000) OR (HeapPtr = HeapEnd);
writeln (chr(7)); write (zeigt^.wert); delay (2000);
WHILE zeigt <> NIL DO BEGIN
              write (zeigt^.wert);
              write ('  ');
              zeigt := zeigt^.kette        (* 'last in, first out' *)
                    END;
readln
END. (* --------------------------------------------------------- *)
```

Lassen Sie in der Aufbauschleife die Bedingung *OR (HeapPrt = HeapEnd)* weg.
Dann kommt als Fehlermeldung Nr. 203 HEAP OVERFLOW. Ansonsten stellen Sie
fest, daß in der TURBO Umgebung knapp 29.000 Zahlen des Typs *Longint* im
Heap abgelegt werden können, direkt unter DOS weit mehr.

Unser Programm baut eine <u>lineare Liste</u> auf, es verkettet entsprechend der
Eingabereihenfolge von unten nach oben und gibt umgekehrt wieder aus. Wir

werden im nächsten (größeren) Beispiel den Zeiger nicht wie eben einfach
weiterstellen, sondern über zusätzliche Zeigervariable willkürlich auf
bereits bestehende RECORDs im Heap richten, die Zeiger also "verbiegen",
und damit die Organisation des Eingangsbeispiels (Seite 271 ff) mit der
ARRAY-Liste nachbilden.

Zuvor sei noch die Frage beantwortet, wie man gegebenenfalls direkt jenen
Speicherplatz im Heap finden kann, auf den eine Zeigervariable weist, wo
also der Inhalt der Bezugsvariablen steht; mit der Prozedur *wo* werden dazu
Segment und Offset einer Variablen direkt bestimmt:

```
PROGRAM kurztest;
USES crt, dos;
VAR    a, a1, b1 : ^char;  (* Direktdeklaration bei einfachem Typ *)
            s, i : integer;

PROCEDURE wo (a : pointer);                (* Gibt Segment:Offset aus *)
VAR adrseg, adrofs : word;                 (* pointer ist vordeklariert *)
BEGIN
adrseg := seg (a^);               (* Standardfunktionen seg und ofs *)
adrofs := ofs (a^);
writeln (adrseg, ':', adrofs)
END;

BEGIN (* ---------------------------------------------------------- *)
clrscr;
a1 := HeapOrg;
b1 := HeapPtr;
wo (a1);
wo (b1);
FOR i := 1 TO 5 DO BEGIN
                  new (a);
                  write ('Eingabe '); readln (a^);
                  writeln (a^);
                  b1 := HeapPtr;                (* Zeiger weiter *)
                  wo (b1)
                  END;
write ('Segment angeben ... '); readln (s);
write ('Offset angeben .... '); readln (i);
writeln (mem [s:i]);        (* Direktausgabe des Speicherinhalts *)
release (HeapOrg);
b1 := HeapPtr;                             (* Heap wieder leer *)
wo (b1);
readln
END. (* ---------------------------------------------------------- *)
```

Wenn Sie unter Runtime der Reihe nach etwa die fünf Großbuchstaben A ... E
eingeben, so erkennen Sie zunächst, wie im Heap jeweils um genau ein Byte
(eben für den Typ *Char*) weitergeschaltet wird. Wählen Sie irgendeine der
angezeigten Adressen aus und geben Sie Segment und Offset ein: Als Antwort
erhalten Sie den Code des dort stehenden Buchstabens aus dem Speicher.

Analog würde etwa mit der Vereinbarung *VAR a, ... : ^real;* ein Speicherbedarf von sechs Byte je Eingabe angezeigt werden. — Mit der Standardprozedur *release (zeiger);* kann ab der angegebenen Adresse (im Beispiel also
mit Beginn des Heap) der Speicher wieder geleert werden. — Mehr zu dieser
Prozedur finden Sie in den TURBO Manualen.

Hier nun ist das ausführlichere Beispiel:

```
PROGRAM verkettung_demo;
USES crt;
                    (* demonstriert dynamische Variable mit Zeigern *)
                        (* am Beispiel einer Namensliste STRING [20] *)


CONST          laenge = 20;

TYPE   schluesseltyp = STRING  [laenge];
           zeigertyp = ^datentyp;              (* ... zeigt auf ... *)
            datentyp = RECORD                   (* Bezugsvariable *)
                        verkettung : zeigertyp;
                        schluessel : STRING [laenge]  (* Inhalt *)
                        (* hier bei Bedarf weitere Komponenten  *)
                        END;

VAR     startzeiger,
        laufzeiger, neuzeiger, hilfszeiger : zeigertyp;
                                  antwort : char;

(* laufzeiger zeigt auf aktuelle Bezugsvariable, hilfszeiger  *)
(* ist stets eine Position davor.  startzeiger weist auf den  *)
(* alphabetischen Anfang der Liste.                           *)

PROCEDURE insertmitte;
BEGIN
neuzeiger^.verkettung := laufzeiger;
hilfszeiger^.verkettung := neuzeiger
END;

PROCEDURE insertvorn;
BEGIN
neuzeiger^.verkettung := startzeiger;
startzeiger := neuzeiger
END;

PROCEDURE zeigerweiter;
BEGIN
hilfszeiger := laufzeiger; (* ... um eine Position hinter ... *)
laufzeiger  := laufzeiger^.verkettung
END;

FUNCTION listenende : boolean; forward;
FUNCTION erreicht   : boolean; forward;
  (* forward-Referenzen:  da diese Funktionen in einfuege vor- *)
  (* kommen, aber erst weiter unten explizit definiert werden. *)
```

```pascal
PROCEDURE einfuege;
BEGIN
hilfszeiger := startzeiger;
laufzeiger  := startzeiger;
IF startzeiger = NIL
   THEN insertvorn
   ELSE IF startzeiger^.schluessel > neuzeiger^.schluessel
           THEN insertvorn
           ELSE BEGIN
              WHILE (NOT listenende) AND (NOT erreicht) DO
                   BEGIN
                   zeigerweiter;
                   IF erreicht THEN insertmitte
                   END;
                IF listenende THEN insertmitte
                   END
END;

PROCEDURE eingabe;
VAR stop : boolean;
BEGIN
clrscr;
writeln ('Eingaben ... (Ende mit xyz ... ) ');
writeln;
REPEAT
   new (neuzeiger);                     (* erzeugt neuen Record *)
   write ('          : '); readln (neuzeiger^.schluessel);
   stop := neuzeiger^.schluessel = 'xyz';
   IF NOT stop THEN einfuege
UNTIL stop
END;

PROCEDURE ausgabe;
BEGIN
clrscr;
laufzeiger := startzeiger;
WHILE NOT listenende DO BEGIN
                       writeln (laufzeiger^.schluessel);
                       zeigerweiter
                       END;
writeln; write ('Weiter mit beliebiger Taste ... ');
REPEAT UNTIL keypressed
END;

FUNCTION listenende;
BEGIN
listenende := (laufzeiger = NIL)    (* NIL = Not In List, d.h. *)
END;                                (* Zeiger zeigt ins Leere. *)

FUNCTION erreicht;
BEGIN
erreicht := (laufzeiger^.schluessel > neuzeiger^.schluessel)
END;
```

```
BEGIN  (* -------------------------------------------------- main *)
startzeiger := NIL;
REPEAT
   clrscr;
   writeln ('Eingabe ..................... 1'); writeln;
   writeln ('Ausgabe ..................... 2'); writeln;
   writeln ('Programmende ................ 3'); writeln;
   writeln ('---------------------------------'); writeln;
   write   ('Wahl ........................ ');
   antwort := readkey;
   CASE antwort OF
   '1' : eingabe;
   '2' : ausgabe
   END
UNTIL antwort = '3';
clrscr; writeln ('Programmende ... ')
END.  (* ----------------------------------------------------- *)
```

Verkettet wird in diesem Programm nach dem sog. "Schlüssel", der die eingegebenen Namen enthält. Insgesamt benötigen wir vier Zeiger:

Mit dem Startzeiger wird der lexikographische Anfang der Liste markiert.
Von dort aus beginnen Durchläufe beim Suchen und Eintragen. Jede Eingabe
machen wir auf den Neuzeiger, mit dem jeweils ein weiterer Platz im Heap
generiert (d.h. adressiert) wird.

Der Listendurchlauf erfolgt mit zwei Zeigern, einmal dem Laufzeiger, dann
aber noch mit einem Hilfszeiger, der in der Reihenfolge der Verkettung jeweils eine Position vor dem Laufzeiger steht. Um nämlich bei einem Eintrag
die Zeiger verbiegen zu können, müssen wir neben der aktuellen Position,
auf die der Laufzeiger weist, auch noch den Vorgänger kennen:

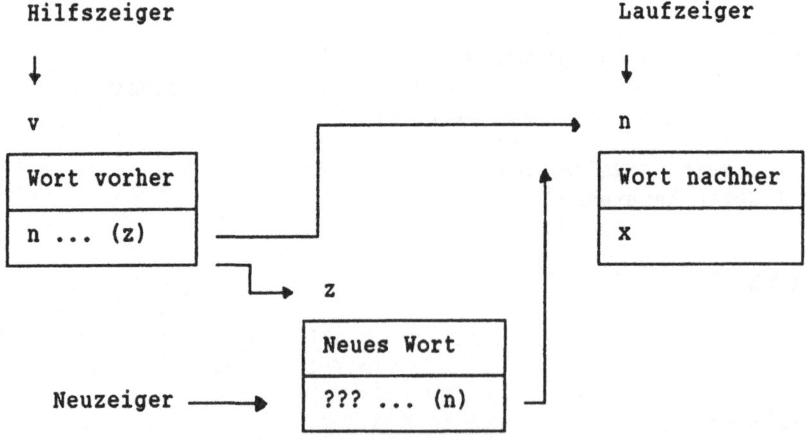

Abb.: Einfügen eines neuen Wortes in die Vorwärts-Verkettung;
      vgl. auch Abb. Seite 272

Entsprechend der Abbildung muß zuerst beim neuen Wort die Verkettung auf
die Position des Laufzeigers eingestellt werden, also auf die Adresse n.
Danach wird die Verkettung des Hilfszeigers, das ist die Adresse n, auf
die Adresse z umgestellt. Da beim Anfügen eines neuen Worts an den Kopf
der Liste der Startzeiger neu gesetzt werden muß, gibt es hierfür eine
eigene Prozedur.

Das Programm verfügt noch nicht über die Option Löschen (und Ändern) eines
Datensatzes, die leicht ergänzt werden könnte:

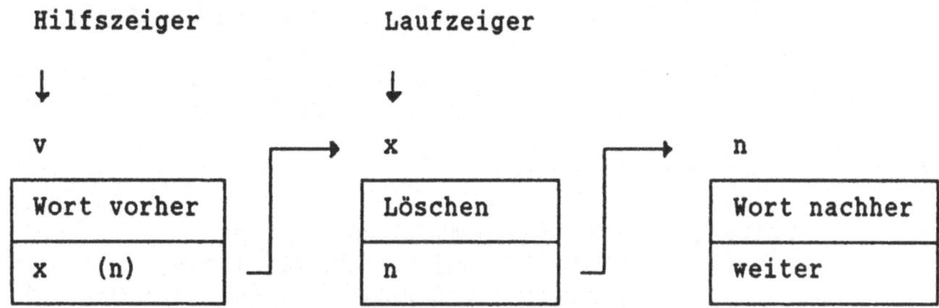

Abb.: Löschen eines Wortes an der Adresse x

Die Verkettung des Hilfszeigers, also x, wird durch die Verkettung des
Laufzeigers n ersetzt. Dies kann in der Prozedur *einfuege* nach einem
Suchlauf leicht über eine zusätzliche Abfrage (an den Benutzer) ergänzt
werden. Auch hier ist der Fall des Löschens am Anfang der Liste gesondert
zu behandeln.

Es taucht auch die Frage auf, wie die unter Laufzeit entstehende Liste auf
der Peripherie abgelegt werden kann. Wir werden das in einem Anwendungsfall vorführen. Beginnend am Anfang der Liste, können die Zeiger jedoch
nicht abgespeichert werden, sondern nur die die eigentlichen Inhalte des
Datentyps: Das Ablegen der Verkettungskomponente ist nicht möglich und
gäbe auch keinen Sinn, da bei einem späteren Lauf des Programms (oder auf
einem anderen Rechner) die Adressen sicher andere sind. Die Verkettung ist
indirekt schon durch das sequentielle Abspeichern der Schlüssel erledigt.

Folgender Aspekt ist noch wichtig: Wenn ein RECORD mehrere Informationen
enthält, kann es notwendig werden, nach ganz verschiedenen Komponenten zu
suchen (und zu sortieren). Für solche Fälle wird <u>Mehrfachverkettung</u> angewendet, d.h. beim Einfügen eines neuen Satzes werden wir Informationen
über den jeweiligen Nachfolger im Blick auf jede gewünschte Komponente erzeugen. Entsprechend viele Zeiger werden notwendig, die man am besten in
einem ARRAY bündelt.

Beim Abspeichern müßte man dann entscheiden, nach welchem Schlüsselbegriff
abgelegt werden soll, möglicherweise nach mehreren. Das böte die Chance,
bei großen Dateien mit dem Verfahren der Binärsuche nach unterschiedlichen
Schlüsseln zu suchen.

Der Vollständigkeit halber sei erwähnt, daß man auch Rückwärtsverkettung
einführen könnte, etwa bei sehr langen Listen zum Suchen von hinten her.

Im folgenden Beispiel gehören die Zeiger mit dem Index i jeweils zu den
Daten mit dem entsprechenden Index, der Reihe nach Name, Straße, Postleitzahl und Ort einer Adressdatei. Im ARRAY *ordnung* sind die Verkettungs-
hinweise für diese vier Komponenten eines Datensatzes enthalten. Die schon
bekannten Prozeduren zum Einfügen usw. mit Ausnahme der Eingabe sind mit
Indizes versehen, die jeweils übergeben werden:

```pascal
PROGRAM mehrfach_verkettung;
USES crt;      (* demonstriert dynamische Variable mit Zeigern *)
               (* am Beispiel einer mehrfach verketteten Liste *)

CONST       laenge = 20;              (* Länge der Komponenten *)
              num =  4;                  (* Anzahl der Zeiger *)

TYPE       zeigertyp = ^datentyp;

            ordnung = ARRAY [1..num] OF zeigertyp;
             daten = ARRAY [1..num] OF STRING[laenge];
                 (* 1 : Name; 2 : Straße; 3 : PLZ; 4 : Ort  *)

            datentyp = RECORD               (* Bezugsvariable *)
                     kette  : ordnung;
                     inhalt : daten
                     END;

VAR    start, lauf, neu, hilf : ARRAY [1..num] OF zeigertyp;
                     antwort : char;
                     anzahl : integer;

(* ------------------------------------------------------------ *)
     (* lauf[.] zeigt auf die aktuelle Bezugsvariable, hilf[.] *)
     (* ist stets eine Position davor.  start[.] weist auf den *)
                         (* Anfang der jeweiligen Kette. *)

PROCEDURE insertmitte (i : integer);
BEGIN
neu[i]^.kette[i]   := lauf[i]; hilf[i]^.kette[i] := neu[i]
END;

PROCEDURE insertvorn (i : integer);
BEGIN
neu[i]^.kette[i] := start[i]; start[i] := neu[i]
END;

PROCEDURE zeigerweiter (i : integer);
BEGIN
hilf[i] := lauf[i]; lauf[i] := lauf[i]^.kette[i]
END;

FUNCTION listenende (i : integer) : boolean; forward;

FUNCTION erreicht   (i : integer) : boolean; forward;
```

```pascal
PROCEDURE einfuege (i : integer);
BEGIN
hilf[i] := start[i]; lauf[i] := start[i];
IF start[i] = NIL
   THEN insertvorn (i)
   ELSE IF start[i]^.inhalt[i] > neu[i]^.inhalt[i]
            THEN insertvorn (i)
            ELSE BEGIN
                 WHILE (NOT listenende (i)) AND (NOT erreicht (i))
                 DO BEGIN
                    zeigerweiter (i);
                    IF erreicht (i) THEN insertmitte (i)
                    END;
                 IF listenende (i) THEN insertmitte (i)
                 END
END;

PROCEDURE eingabe;
VAR     k : integer;
     stop : boolean;
     text : ARRAY [1..num] OF STRING [20];
BEGIN
clrscr;
text[1] := '          Name : ';                 (* Hinweistexte *)
text[2] := '   Straße/Hnr. : ';
text[3] := '           PLZ : ';
text[4] := '           Ort : ';
writeln ('Eingaben :'); writeln;
REPEAT
   new (neu [1]);                          (* erzeugt neuen Record *)
         (* die restlichen Zeiger zeigen auf diesen Record ... *)
   FOR k := 2 TO num DO neu[k] := neu[1];
   writeln ('                  >>> ENDE mit xyz <<<');
   write (text[1], ' ');
   readln (neu[1]^.inhalt[1]);
   stop := neu[1]^.inhalt[1] = 'xyz'; k := 1;
   IF NOT stop THEN BEGIN
                   einfuege(1);
                   REPEAT
                      k := k + 1;
                      write (text[k], ' ');
                      readln (neu[k]^.inhalt[k]); einfuege (k)
                   UNTIL k = num
                   END; writeln
UNTIL stop
END;

PROCEDURE ausgabe;
VAR  i, k : integer;
      ant : char;
BEGIN
REPEAT                              (* Hilfsmenü zur Zeigerwahl *)
   gotoxy (40, 6);
```

```pascal
    write ('>>>>>>> Sortiert nach ... Namen ...... N');
    gotoxy (48, 7); write ('          ... Straße ..... S');
    gotoxy (48, 8); write ('          ... PLZ ........ P');
    gotoxy (48, 9); write ('          ... Ort ........ O');
    gotoxy (37,12);
    ant := upcase (readkey);
    CASE ant OF
    'N' : i := 1;
    'S' : i := 2;
    'P' : i := 3;
    'O' : i := 4
    END
  UNTIL i IN [1..num]; clrscr; lauf[i] := start[i];

  WHILE NOT Listenende (i) DO BEGIN
        write (lauf[i]^.inhalt[i], '  ');
        FOR k := 1 TO num DO
            IF k <> i THEN write (lauf[i]^.inhalt[k], '  ');
        writeln;
        zeigerweiter (i)
                            END;
  writeln; write ('Weiter mit beliebiger Taste ... ');
  antwort := readkey
END;

FUNCTION listenende;
BEGIN  listenende := (lauf[i] = NIL)  END;

FUNCTION erreicht;
BEGIN
erreicht := (lauf[i]^.inhalt[i] > neu[i]^.inhalt[i])
END;

BEGIN  (* ----------------------------------------------- main *)
FOR anzahl := 1 TO num DO start [anzahl] := NIL;
REPEAT
   clrscr; lowvideo;
   write ('DATEIVERWALTUNGSPROGRAMM FÜR ADRESSEN');
   gotoxy (52, 1); write ('COPYRIGHT ...... 1992');
   writeln; writeln; writeln; normvideo;
   writeln ('Eingabe ........................... N'); writeln;
   writeln ('Ausgabe ........................... A'); writeln;
   writeln ('Programmende ...................... E'); writeln;
   writeln ('----------------------------------------'); writeln;
   write   ('Wahl .............................. ');
   antwort := upcase (readkey);
   CASE antwort OF
   'N' : eingabe;
   'A' : ausgabe;
   END
UNTIL antwort = 'E'; clrscr; writeln ('Programmende ... ')
END.  (* ----------------------------------------------------- *)
```

Das vorstehende Listing kann für praktische Bedürfnisse in jeder Richtung
erweitert werden: Das in jedem Fall erforderliche Ablegen der Datensätze
ist nach dem Muster im folgenden Kapitel 20 einzubauen. Eine Option Ändern
wird am einfachsten durch Löschen + Neueintrag realisiert.

Ein völlig anderes Anwendungsbeispiel für Zeigervariable stammt aus der
Theorie der Graphen. Ein <u>Graph</u> ist eine Struktur aus Knoten und Kanten,
ganz anschaulich ein Ortsnetz mit Verbindungswegen. Sind die Wege Einbahnstraßen, so heißt der Graph gerichtet. Kommt es auf die Richtung nicht an,
so werden am einfachsten zwei Wege für die Ortsverbindung vorgesehen.

In solchen Graphen kann man die Frage untersuchen, ob es von einem Ort zu
einem anderen eine (gerichtete) Wegverbindung gibt, eine Folge von Wegen
über Zwischenorte also, und diese möglichst kurz. Ohne Zeigervariable,
also mit statischen Vereinbarungen, wird das Ortsnetz als Menge von Wegen
RS (für Einbahnstraßen, sonst zusätzlich SR) zwischen den Orten R und S in
einem ARRAY abgelegt. Ist nun ein Weg von A nach B gesucht, so ermittelt
das Programm zunächst irgendeinen Weg mit dem Anfangsort A überhaupt und
versucht dann, vom Ende U dieses Weges AU als neuem Startpunkt weiter-
zugehen. Endet dieser Versuch mit AU...ZX in einer Sackgasse (also ohne
Erreichen des Ziels B), so geht das Programm um einen Ort bis Z zurück und
versucht von dort aus erneut, das Ziel B zu erreichen. – Muß bei dieser
Methode bis vor den Anfangsort A zurückgegangen werden (d.h. es existiert
kein anderer Weg AV... zum Ziel B), so gibt es keine Lösung.

Diese sehr anschauliche "trial-and-error"-Methode mit rekursiven Programm-
strukturen heißt <u>Backtracking</u> (engl. 'denselben Weg zurückgehen', auch:
'sich drücken'). Backtracking verkörpert ein sehr leistungsfähiges, aber
algorithmisch äußerst aufwendiges Suchverfahren, das in Pascal explizit
programmiert werden muß, in anderen Sprachen (PROLOG) aber von vornherein
implementiert ist und dort als Grundlage effizienter Suchstrategien aus-
giebig genutzt wird. – Wir haben ein solches Verfahren schon verwendet,
(Seite 170 ff), ohne es allerdings ausdrücklich beim Namen zu nennen.

Ein einfaches Wegenetz wie

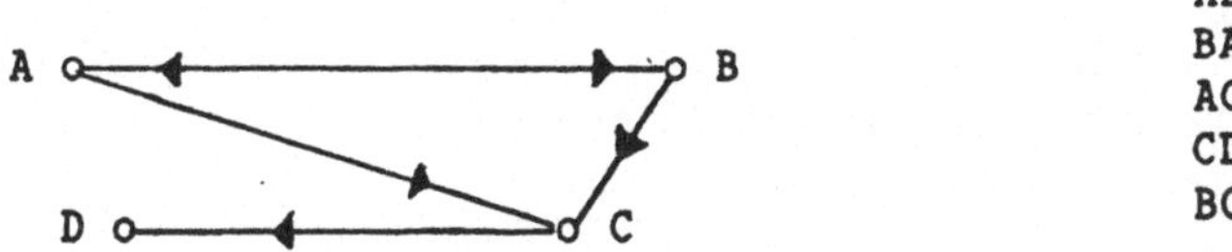

ist im folgenden Programm (mit maximal 20 Wegen) entsprechend der Liste
rechts einzugeben. Die Reihenfolge bei der Eingabe spielt an sich keine
Rolle, kann aber auf die Suchzeit bei größeren Netzen wesentlichen Einfluß
haben. Beachten Sie, daß der Weg AB, da keine Einbahnstraße, in beiden
Richtungen einzugeben ist. Nach einigen Versuchen wird ein Weg z.B. AD
ohne weiteres gefunden und fallweise auch verkürzt. In einem größeren
Graphen erkennt das Programm, daß eine erste Lösung A...BCDCB...D verbessert (verkürzt) werden kann: A...B...D. Allerdings wird schon mit der
ersten Lösung das Suchverfahren abgebrochen. Ein in der Liste vielleicht
ganz zuletzt angegebener direkter Weg AD würde nicht erkannt ...

```pascal
PROGRAM backtracking;
USES crt;
     (* Rekursive Ermittlung existierender Wege in Ortsnetz *)
          (* Anwendung aus der Theorie gerichteter Graphen *)


TYPE         ort = char;
             weg = RECORD          (* gerichteter Weg im Graph *)
                     von :  ort;
                     nach : ort
                     END;


VAR         netz : ARRAY [1..20] OF weg;              (* Graph *)
             num : integer;              (* Anzahl der Wege *)
       start, ziel : ort;
          index, i : integer;
             folge : ARRAY [1..20] OF integer;   (* Wegstapel *)
       wegmenge,
         sackgasse : SET OF 1..20;
               w : boolean;                  (* Weg fortsetzbar? *)

PROCEDURE eingabe;                          (* Aufbau des Netzes *)
VAR    a : char;
       y : integer;
BEGIN
clrscr;
write   ('Eingabe des Wegnetzes ...: ');
writeln ('jeweils Ort A nach Ort B');
writeln ('(Eingabe A = Z beendet.)'); writeln;
num := 0;
writeln ('Weg Nr.  von      nach '); writeln;
REPEAT
    num := num + 1;
    write (num : 2, '         ');
    y := wherey;
    readln (a); a := upcase (a);
    netz[num].von := a;
    IF a <> 'Z'
        THEN BEGIN
             gotoxy (20, y);
             readln (a); a := upcase (a);
             netz[num].nach := a
             END
UNTIL a = 'Z';
num := num - 1; writeln
END;


PROCEDURE ausgabe;
VAR k : integer;
BEGIN
FOR k := 1 TO index DO
    write (netz [folge[k]].von, '->', netz [folge[k]].nach)
END;
```

```pascal
PROCEDURE reduktion;              (* übergeht eventuelle Umwege *)
VAR k, l : integer;
BEGIN
writeln; writeln ('Ziel gefunden ... ');
i := 0;
REPEAT
   i := i + 1;
   k := index + 1;
   REPEAT
     k := k - 1
   UNTIL (netz[folge [i]].von = netz[folge [k]].von) OR  (i = k);
   IF i < k THEN BEGIN
      FOR l := i TO i + index - k DO
      folge [l] := folge [l + k - i];
      index := index - (k - i);
      write ('Reduktion: ');
      ausgabe;
      writeln;
                 END
UNTIL i > k
END;


PROCEDURE sucheweg (anfang : ort);
BEGIN
writeln; i := 0; w := true;
REPEAT                   (* Weg ab momentanem Anfang suchen *)
   i := i + 1
UNTIL ( (netz[i].von = anfang)
     AND NOT (i IN wegmenge) AND NOT (i IN sackgasse)) OR (i > num);
IF i > num THEN w := false;        (* Weg nicht fortsetzbar *)
IF w = false
     THEN IF index = 0
              THEN writeln ('Kein Weg ... ')
              ELSE BEGIN                 (* ein Ort zurück *)
                   ausgabe; index := index - 1;
                   sackgasse :=
                             sackgasse + [folge [index + 1]];
                   IF index = 0
                      THEN anfang := start
                      ELSE
                      anfang := netz[folge [index]].nach;
                   sucheweg (anfang)
                   END
     ELSE BEGIN                     (* Fortsetzung gefunden *)
          index := index + 1;      (* Wegstapel vergrößern *)
          wegmenge := wegmenge + [i];    (* benutzte Wege *)
          folge [index] := i;
          ausgabe;
          IF netz[i].nach = ziel          (* Ziel gefunden *)
             THEN reduktion ELSE sucheweg (netz[i].nach)
                           (* Weg versuchsweise verlängern *)
          END
END;
```

```pascal
BEGIN  (* ------------------------------------------------------ *)
eingabe;
writeln;
write ('Startort ...  '); readln (start);
write ('Zielort ....  '); readln (ziel);
wegmenge := []; sackgasse := [];
i := 0; index := 0;                         (* Initialisierung *)
start := upcase (start); ziel := upcase (ziel);
sucheweg (start);
readln
END. (* ------------------------------------------------------ *)
```

Beachten Sie dabei den Trick, unter Laufzeit die unnützen Sackgassen zu
registrieren. Das Problem der <u>Vollständigkeit</u> (alle Lösungen) und damit
jenes des eventuell kürzesten Weges unter mehreren (mit einer Bewertung
der Weglängen) ist nicht gelöst: Man müßte dazu jeden gefundenen Weg abspeichern (und für die weitere Suche z.B. als "erfolglos" sperren) und
zuletzt die Menge aller Lösungswege entsprechend untersuchen, ein aufwendiges Verfahren, dessen Algorithmus sorgfältig geplant werden müßte.

Zeigervariable sind für solche Algorithmen besser geeignet. Das folgende
Programm wurde dem Buch [6] entnommen und auf TURBO zugeschnitten. Der
Aufbau des Graphen wird in der entsprechenden Prozedur erläutert: Die Orte
werden mit Nummern gekennzeichnet, die Wege mit jeweils zwei Nummern:

```pascal
PROGRAM wege_in_graphen;
USES crt;
        (* entscheidet, ob in einem Graphen ein Knoten von einem *)
                              (* anderen aus erreichbar ist. *)
                    (* Aus BAUMANN, "Informatik mit Pascal" *)
CONST               n = 10;            (* Maximalzahl der Knoten *)
TYPE      nummer    = 1..n;                    (* des Knotens *)
          kantenzeiger = ^kante;
          kante       = RECORD       (* Verbindung zweier Knoten *)
                        endknoten  : nummer;
                        nachfolger : kantenzeiger
                        END;
          randindex = 1..n;
     nulloderrandindex = 0..n;
VAR    erreicht                : ARRAY [nummer] OF boolean;
       spitze                  : nulloderrandindex;
       rand                    : ARRAY [randindex] OF nummer;
       zkante                  : kantenzeiger;
       kantentabelle           : ARRAY [nummer] OF kantenzeiger;
       start, ziel, knoten, k : nummer;
                        anzahl : integer;


(* ---------------------------------------------------------------- *)
PROCEDURE aufbau;
VAR  anfangsknoten, endknoten, knoten : nummer;
                        zaehler : integer;
BEGIN
clrscr; write ('Wieviele Knoten (Orte)?  '); readln (anzahl);
```

```pascal
FOR knoten := 1 TO anzahl DO kantentabelle [knoten] := NIL;
writeln; writeln ('Aufbau des Graphen ...');
writeln; writeln ('Jeweils Anfangs- und Endknoten eingeben!');
writeln ('Eingabeende Anfangsknoten 0.'); writeln;
zaehler := 1;
REPEAT
   write (zaehler, '. Kante: ');
   write ('Anfangsknoten:  '); readln (anfangsknoten);
   IF anfangsknoten <> 0 THEN BEGIN
       write ('           Endknoten:       '); readln (endknoten);
       zaehler := zaehler + 1; writeln;
       new (zkante);
       zkante^.endknoten := endknoten;
       zkante^.nachfolger := kantentabelle [anfangsknoten];
       kantentabelle [anfangsknoten] := zkante
                                   END
UNTIL anfangsknoten = 0
END;


PROCEDURE ausgabe;
VAR knoten : nummer;

   PROCEDURE kantenausgabe (liste : kantenzeiger);
   VAR  p : kantenzeiger;
   BEGIN
   p := liste;
   WHILE p <> NIL DO BEGIN
                   write (p^.endknoten : 4);
                   p := p^.nachfolger
                   END
   END;

BEGIN
clrscr; writeln ('      Graph'); writeln;
FOR knoten := 1 TO anzahl DO BEGIN
    write ('Knoten ', knoten, ':');
    kantenausgabe (kantentabelle[knoten]);
    writeln                     END
END;

BEGIN (* ------------------------------------------------- main *)
aufbau;
ausgabe;
writeln; writeln;
REPEAT
   write ('Startknoten?  '); readln (start);
   write ('Zielknoten?  '); readln (ziel)
UNTIL (start IN [1..anzahl]) AND (ziel IN [1..anzahl]);
spitze := 1;
writeln; writeln; writeln; write ('Weg  ');
rand [spitze] := start;
FOR knoten := 1 TO anzahl DO erreicht [knoten] := false;
erreicht [start] := true;
```

```
WHILE (spitze <> 0) AND NOT erreicht [ziel] DO BEGIN
        knoten := rand [spitze];
        write (knoten, '  ');
        spitze := spitze - 1;
        zkante := kantentabelle[knoten];
        WHILE zkante <> NIL DO BEGIN
               k := zkante^.endknoten;
               zkante := zkante^.nachfolger;
               IF NOT erreicht [k] THEN BEGIN
                  erreicht [k] := true;
                  spitze := spitze + 1;
                  rand [spitze] := k
                                            END
                           END
                                      END;
IF erreicht [ziel] THEN BEGIN
    write (ziel);
    writeln; writeln; writeln ('Es existiert eine Verbindung.')
                     END
                  ELSE BEGIN
    writeln; writeln; writeln ('Es gibt keine Verbindung.')
                     END;
readln
END. (* -------------------------------------------------------- *)
```

Ein sehr bekanntes Beispiel in diesem Zusammenhang sind die sog. "Türme
von Hanoi", die man überall besprochen findet: Ein Stapel Scheiben, die
von unten nach oben immer kleiner werden, soll mit Benutzung eines "Hilfs-
turms" auf einen neuen Platz so umgesetzt werden, daß niemals eine größere
auf eine kleinere Scheibe zu liegen kommt. – Auch die Aufgabe der Damen am
Schachbrett (Seite 173) kann mit Zeigervariablen elegant gelöst werden.

Im Hinblick auf das spätere Kapitel über große Dateien wollen wir aber als
Beispiel eine <u>binäre Baumstruktur</u> mit Zeigern demonstrieren. Wir werden
entsprechende Bäume später als Indexbäume zur Dateiverwaltung verwenden.

Anstelle einer linearen Liste wie bisher, in die Neueingaben jeweils an
der passenden Stelle einzuordnen oder aber mit Zeigern entsprechend zu
verketten sind, wählen wir folgende Organisationsform:

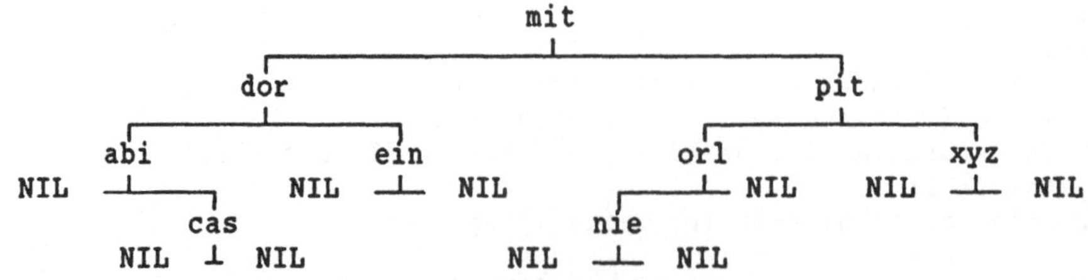

Abb.: Binärbaum mit Links-Rechts-Verkettung

Dieser Baum wurde mit der Eingabe "mit" an der Wurzel begonnen; alle nachfolgenden Eingaben werden dann mit jeweils einem linken oder aber rechten
Zeiger an den zu suchenden Vorgänger so angehängt, wie es der gewünschten
lexikographischen Reihenfolge entspricht: Da "dor" vor "mit" steht, wird
es links angehängt. Die spätere Eingabe "ein" steht vor "mit", aber nach
"dor"; sie wird daher bei "dor" rechts angehängt und so fort.

Welche Vorteile bietet diese Lösung? Das Suchen eines Elements benötigt im
allgemeinen nur wenige Schritte in die Tiefe, es sei denn, wir hätten die
Eingaben zufällig genau in alphabetischer Reihenfolge getätigt und damit
einen sog. entarteten Baum, eben eine lineare Liste erzeugt. Sind nämlich
alle Blätter dieses Baums ("cas", "nie", aber auch noch "ein" und "xyz")
in derselben Tiefe angeordnet, so nennt man den Baum ausgeglichen, und in
diesem Fall erfordert das Suchen besonders wenige Schritte. Wir werden
später diesen Sachverhalt genau untersuchen.

An dieser Stelle sollten Sie mit dem folgenden Programm einfach ein wenig
experimentieren und verschiedene Bäume erzeugen ... Geben Sie eine gewisse
Menge von Elementen in unterschiedlicher Reihenfolge ein, auch einmal vorab vorwärts oder rückwärts geordnet, und beobachten Sie das Entstehen des
Baumes. – Aus Gründen der Anschaulichkeit schreibt das Programm den Baum
(unüblich) kopfstehend, also mit der Wurzel oben ...


```pascal
PROGRAM baumstruktur;
USES crt;                           (* demonstriert binäre Baumstruktur *)

TYPE    wort = STRING[3];
    baumzeiger = ^tree;
          tree = RECORD
                        inhalt : wort;
                  links, rechts : baumzeiger
                 END;

VAR    baum : baumzeiger;
     eingabe : wort;
          n : integer;


PROCEDURE rahmen;
BEGIN
writeln ('Demonstration einer Baumstruktur');
writeln ('=================================');
gotoxy (1,  5); FOR n := 1 TO 80 DO write ('*');
gotoxy (1, 18); FOR n := 1 TO 80 DO write ('*');
FOR n := 6 TO 17 DO BEGIN
                 gotoxy (1,  n);  write ('*');
                 gotoxy (80, n); write ('*')
                 END
END;
```

```pascal
PROCEDURE einfuegen (VAR b : baumzeiger; w : wort);
VAR gefunden : boolean;
        p, q : baumzeiger;

   PROCEDURE machezweig (VAR b : baumzeiger; w : wort);
   BEGIN
   new (b);
   gefunden := true;
   WITH b^ DO BEGIN
             links  := NIL;
             rechts := NIL;
             inhalt := w
             END
   END;


BEGIN
gefunden := false;
q := b;
IF b = NIL THEN machezweig (b, w)
           ELSE REPEAT
                IF w < q^.inhalt THEN
                                 IF q^.links = NIL
                                    THEN BEGIN
                                        machezweig (p, w);
                                        q^.links := p
                                        END
                                    ELSE q := q^.links
                                 ELSE
                IF w > q^.inhalt THEN
                                 IF q^.rechts = NIL
                                    THEN BEGIN
                                        machezweig (p, w);
                                        q^.rechts := p
                                        END
                                    ELSE q := q^.rechts
                ELSE gefunden := true
                UNTIL gefunden
END;

PROCEDURE line (von, bis, zeile : integer);
VAR i : integer;
BEGIN
IF von < bis THEN FOR i := von TO bis DO BEGIN
                                        gotoxy (i, zeile);
                                        write ('-')
                                        END
             ELSE FOR i := von DOWNTO bis DO BEGIN
                                         gotoxy (i, zeile);
                                         write ('-')
                                         END;
gotoxy (bis, zeile - 1); write (chr(179));
END;
```

```pascal
PROCEDURE schreibebaum (b : baumzeiger; x, y, astbreite : integer);
BEGIN
IF b <> NIL
   THEN BEGIN
        IF b^.links <> NIL
           THEN BEGIN
                line (x - 2, x - astbreite DIV 2, y);
                schreibebaum (b^.links, x - astbreite DIV 2,
                              y - 2, astbreite DIV 2)
                END;
        gotoxy (x - 1, y);
        write (b^.inhalt);
        IF b^.rechts <> NIL
           THEN BEGIN
                line (x + 2, x + astbreite DIV 2, y);
                schreibebaum (b^.rechts, x + astbreite DIV 2,
                              y - 2, astbreite DIV 2)
                END
        END
END;

BEGIN (* ------------------------------------------------------ *)
clrscr; rahmen;
gotoxy (40, 16); write (chr(179)); gotoxy (1, 22);
baum := NIL;
write ('Wort aus drei Buchstaben eingeben (stp = ENDE) : ');
REPEAT
   gotoxy (50, 22); clreol;
   readln (eingabe);
   IF eingabe <> 'stp' THEN BEGIN
                            einfuegen (baum, eingabe);
                            schreibebaum (baum, 40, 15, 40)
                            END
UNTIL eingabe = 'stp';
readln
END.  (* ------------------------------------------------------ *)
```

Wegen der Bildschirmausgabe ist der Baum in seiner Größe sehr begrenzt;
die Verwendung einer sog. <u>dynamischen Datenstruktur</u> anstelle einer bisher
statischen eröffnet aber die Möglichkeit, auch sehr große Datenmengen im
Speicher effizient zu verwalten. Ehe wir uns diesen Fragen zuwenden, soll
im nächsten Kapitel ein praktisch brauchbares Programm unter Verwendung
von Zeigervariablen besprochen werden.

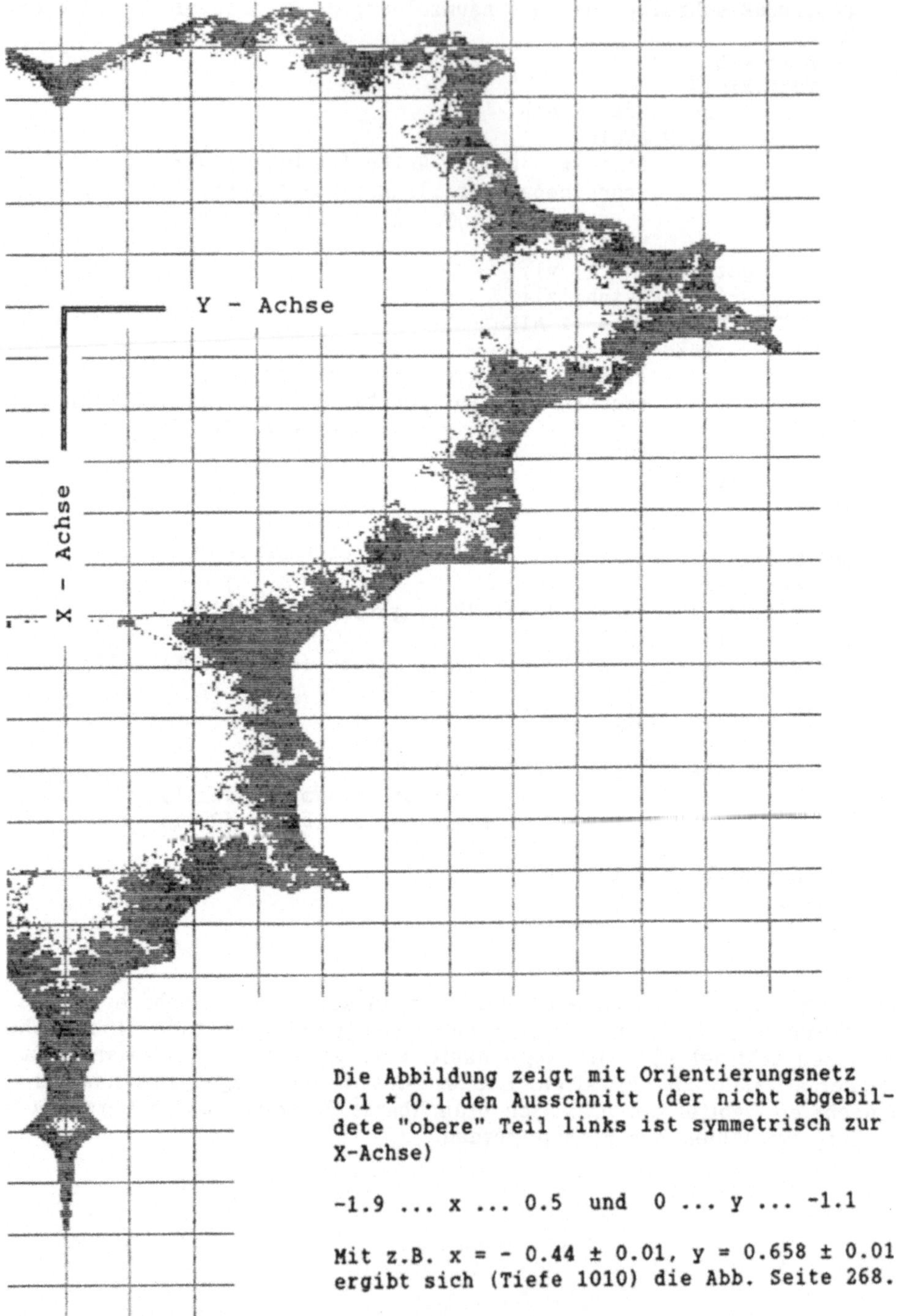

Die Abbildung zeigt mit Orientierungsnetz
0.1 * 0.1 den Ausschnitt (der nicht abgebil-
dete "obere" Teil links ist symmetrisch zur
X-Achse)

$-1.9 \ldots x \ldots 0.5$ und $0 \ldots y \ldots -1.1$

Mit z.B. $x = -0.44 \pm 0.01$, $y = 0.658 \pm 0.01$
ergibt sich (Tiefe 1010) die Abb. Seite 268.

Abb.: "Apfelmännchen" (Zu Seite 265 ff)

20 DATEI MIT ZEIGERVERWALTUNG

In Kapitel 15 wurde eine Dateiverwaltung besprochen, in der die Anzahl der
insgesamt zu bearbeitenden Sätze durch eine vom Programm vorgegebene Feldgröße grundsätzlich begrenzt ist. Diese Beschränkung soll jetzt durch Einsatz von Zeigervariablen aufgehoben werden. Wir benutzen die Gelegenheit,
diese völlig andere Organisationsstruktur für Datenverwaltung mit zusätzlichen Optionen eines Anwenderprogramms zu verbinden; u.a. werden Sie nun
sehen, wie Datensätze zeigergesteuert abgelegt werden.

Der Quelltext wird nach dem Listing kommentiert; vorab wird beschrieben,
wie das Programm unter Laufzeit reagiert, welche Einsatzmöglichkeiten sich
anbieten. Das Beispiel kann Datensätze mit sehr unterschiedlichem Hintergrund verwalten und der jeweiligen Aufgabe angepaßte Menüs generieren.

Nach dem Starten von *stapel* erscheint für einige Sekunden ein Titelbild
(Logo) und dann ein Vormenü, in dem alle zum Programm existierenden Files
angezeigt werden. Beim Erststart ist diese Liste leer. Einzugeben ist dann
das Datum in der Form 01.05.1992 für 1. Mai 1992 und der gewünschte Filename ohne Suffix; das Programm hängt später die Endung '.VWA an und erkennt, welche Dateien auf Disk zum Programm passen. Diese Dateien müssen
sich auf jenem Laufwerk befinden, von dem aus das Programm gestartet worden ist; in der Directory-Routine wäre eine zusätzliche Laufwerksangabe
möglich. – Das Datum muß noch von Hand eingegeben werden; in Kapitel 22
wird aber gezeigt, wie man dieses auch aus dem Rechner auslesen kann ...

Nunmehr passiert folgendes: Existiert das angebene File auf der Diskette,
so wird es geladen und das Programm wechselt nach Eingabe des Codewortes
zur jeweiligen Datei in das Hauptmenü, wobei die dateispezifische Eingabemaske ebenfalls mit geladen wird. – In unserem Fall hingegen beginnen wir
mit einem neuen Dateinamen, der aus maximal acht Zeichen besteht. Das Programm fragt uns dann nach einem Code, einer beliebigen Zeichenkette aus
maximal 10 Zeichen. Diese Zeichenkette wird später noch ein einziges Mal
angezeigt, dann nie mehr! Zu beachten: Die beiden Wörter *Geheim* und *geheim*
sind durchaus verschieden (und schlechter Code; ein Tip im Verlustfalle
folgt noch!). Nach Bestätigung des Codewortes mit <RETURN> erscheint ein
Generierungsmenü für die spätere Eingabemaske:

Oben links steht der Filename, rechts darunter fragt das Programm nach
einem beschreibenden Text, etwa "Schadensbearbeitung". Die maximale Wortlänge dieses Textes (natürlich ohne Gänsefüßchen) wird durch Pünktchen
angezeigt. Danach gibt man der Suchvariablen einen Namen, als Vorschlag in
unserem Beispiel etwa "Einreicher". Als Zielobjekt könnte der Begriff
"Geschädiger" gewählt werden.

Worauf wollen wir hinaus? – Wir möchten später einen sich wiederholenden
Verwaltungsvorgang "Schadensbearbeitung" per EVD abwickeln, wobei ein
Kunde (der Versicherungsnehmer) eine Schadensmeldung einreicht, in der
neben dessen persönlichen Daten die Anschrift des Geschädigten gemeldet
wird, ferner eine kurze Beschreibung des Falles mit einigen Daten.

Vorgesehen sind daher zwei Boxen vom Datumstyp: Diesen Boxen könnten wir
die näheren Bezeichnungen "Eingang" und "Ausgang" geben. In beiden Boxen

trägt das Programm später automatisch das aktuelle Tagesdatum ein, wenn
wir nicht ausdrücklich etwas anderes einschreiben. So könnte ja das Aus-
gangsdatum (der Bearbeitung) ein späteres als das Eingangsdatum sein ...

Nach Abschluß der Maskengenerierung fragt das Programm, ob wir mit der
festgelegten Beschriftung endgültig zufrieden sind. Sie wird sodann am
Bildschirm angezeigt. Geben wir "okay", so wird uns noch einmal das Codewort genannt, dann wechselt das Programm in das Hauptmenü. – Bei Bedarf
könnten wir die Generierungsphase für die Maske wiederholen.

Das Hauptmenü besteht aus den Wahlmöglichkeiten

    Neueingabe Vorgang   .... N
    Suchen / Löschen etc   .... S
    Auslisten   L
    Statistik   .... M
    File sichern   .... F
    File verlassen   .... Q
    Programmende   X

und einer Wahlzeile. Die Option F dient dem Zweck, nach Eingabe mehrerer
Datensätze den Stapel zwischendurch abzuspeichern. Damit ist Schreibarbeit
bei eventuellem Stromausfall nicht vergebens gewesen. – Mit Q verläßt man
die Bearbeitung der aktuellen Datei, mit X das Programm überhaupt. – Diese
beiden Optionen beinhalten F automatisch. Wählt man sie zum gegenwärtigen
Zeitpunkt (ohne weitere Eingaben), so wird nur die eben generierte Maske
samt Codewort abgespeichert. Die Option M wird noch weiter unten erklärt.

Sinnvollerweise wählen wir Option N für Neueingabe. – Jetzt erscheint die
Eingabemaske korrekt beschriftet und wir können den Vorgang eingeben:

Unter "Einreicher" sind drei Zeilen Text vorgesehen: Die erste Zeile für
Familien- und Vorname (in dieser Reihenfolge, nach dem Familiennamen wird
sortiert!), dann eine weitere für Straße mit Hausnummer und schließlich
eine Zeile für Postleitzahl und Ort. Schreibt man in der ersten Zeile
lediglich einen Strich –, so ist ein Eingabezyklus mit Rückkehr in das
Hauptmenü beendet. Die beiden anderen Zeilen können auch mit <RETURN>
übergangen werden, etwa wegen fehlender Daten. In der Box "Geschädigter"
wird im Beispiel ebenfalls eine Adresse eingetragen, dies mit beliebiger
Unvollständigkeit, also u.U. auch dreimal <RETURN>. – Das aktuelle Tagesdatum steht zwischen beiden Blöcken. Unter "Schadensfall" haben wir zwei
Zeilen zur Verfügung. In der ersten kann beliebiger Text untergebracht
werden, z.B. bei uns ein Hinweis wie "Scheibe eingeschlagen". Die zweite
Zeile ist von spezieller Bedeutung: Enthält sie nur eine ganze Zahl, etwa
300 ohne folgenden Text (!), so dient sie später bei der Option M des
Hauptmenüs einer Zählstatistik. Enthält diese Zeile hingegen irgendwelchen
Text, so wird sie bei der Auswahl M im Hauptmenü unterdrückt.

In den Boxen "Eingang" bzw. "Ausgang" sind Datumseinträge möglich, aber
auch nur einfach <RETURN>; dann wird das Tagesdatum per Programm eingetragen. Die letzte Datensatzzeile dient beliebigen Texten, auch <RETURN>.

Bearbeiten Sie also einige Vorgänge nacheinander, ehe Sie per Zeichen -
die Neueingabe verlassen. - Wenn Sie jetzt L aufrufen, werden alle Datensätze der Reihe nach aufgelistet. Mit E kann man vor dem Ende des Stapels
abbrechen, mit D einen kompletten Datensatz drucken, mit A nur die Adresse
des Einreichers. - Der Drucker muß ON-LINE sein!

Rufen Sie hingegen einen Datensatz mit S auf (Suchkriterium ist die erste
Zeile der Box "Einreicher"), so werden der Reihe nach alle Datensätze angezeigt, die mit der Suchvariablen übereinstimmen: Eberle können Sie daher
suchen als E, Eb, Ebe und so weiter, nicht aber als eberle! Die Option S
gestattet es auch, Datensätze zu löschen oder teilweise zu ergänzen, d.h.
Nachträge in den Boxen "Eingang" und "Ausgang" zu setzen.

In der noch etwas einfachen Form unseres Programms dient die Option S auch
dazu, Eingabefehler bei der Ersteingabe zu korrigieren: Da eine Option für
zeilenweises Ändern fehlt, muß eine z.B. in den Anschriften fehlerhafte
Eingabe abgeschlossen und dann via S wieder gesucht und gelöscht werden.

Der Aufruf der Option M vom Hauptmenü aus erklärt sich nach Eingabe von
ein paar Datensätzen von selber. Die z.Z. implementierte Statistik ist als
konkretes Beispiel (Sortieren der Schadensfälle nach Größenklassen) aus
einer real laufenden, geringfügig modifizierten Version dieses Programms
aufzufassen.

Da das Programm im Quelltext angegeben ist, kann es in vielen Details ganz
beliebig verändert und bestimmten Zwecken optimal angepaßt werden. In der
ungeänderten Fassung könnte es beispielsweise für folgende Registrierauf-
gaben (nebeneinander skizziert) dienen:

Überschrift:	Autorenliste	Terminkalender
Suchvariable:	Autor	Datum
Zielobjekt:	Verlag	Ort des Termins
Vorgang:	Buchtitel/Preis	benötigte Unterlagen
Datumstypen:	Erscheinungs-	Uhrzeit und
	und Kaufdatum	Termindauer
Zusatzinfo:	beliebig	...

Dazu ein paar Bemerkungen: Nach der Suchvariablen wird wie beschrieben
sortiert; der Autor muß also mit dem Familiennamen beginnen; im Falle des
Datums ist dieses in der Form Monat/Tag zu schreiben, etwa 0403 für das
Datum 3. April. - Wird unter Vorgang in der zweiten Zeile der Preis (ohne
DM) des Buches eingetragen, so liefert die Statistik eine Klassifizierung
der Bibliothek nach Preisstufen und durchschnittlichen Buchkosten. Es wäre
dann zweckmäßig, die Größenklassen im Quelltext neu zu schneiden oder die
Statistik überhaupt zu ändern.

Zum Abschluß nochmals: Alle generierten Dateien laufen mit demselben Programm; dieses unterscheidet nach Dateiaufruf mit Codewort die jeweils benötigte Maske! - Und hier ist das Programm, dessen Bausteine wir nach dem
Listing noch weiter kommentieren:

```pascal
PROGRAM stapelverwaltung_ekv;
USES crt, dos, printer;
CONST        laenge = 31;
TYPE         ablage = STRING [laenge];
             datei = RECORD
                        schluessel : ablage;            (* Name mit sort *)
                        strasse1   : ablage;
                        ort1       : ablage;
                        name2      : ablage;
                        strasse2   : ablage;
                        ort2       : ablage;
                        zeile1     : ablage;
                        zeile2     : ablage;
                        dat1       : STRING [10];
                        dat2       : STRING [10];
                        dat3       : STRING [10];
                        zusatz     : ablage
                             (* hier bei Bedarf weitere Komponenten  *)
                        END;
           zeigertyp = ^datentyp;                    (* ... zeigt auf ... *)
             datentyp = RECORD                        (* Bezugsvariable *)
                        verkettung : zeigertyp;
                        inhalt     : datei
                        END;
VAR     startzeiger,
        laufzeiger, neuzeiger, hilfszeiger : zeigertyp;
              datum : STRING [10];
              ename : STRING [ 8];
              fname : STRING [12];
                key : STRING [10];
              sname : STRING [15];
               eing : ARRAY [1..6] OF ablage;
           listefil : FILE OF datei;
        c, antwort : char;
          pasinhalt : ARRAY [0..32] OF STRING [12];
               pend : integer;
               satz : STRING [8];
(* ------------------------------------------------------------------ *)

PROCEDURE box (x, y, b, t : integer);
VAR k : integer;
BEGIN
gotoxy (x, y); write (chr(201));
FOR k := 1 TO b - 2 DO write (chr(205)); write (chr(187));
FOR k := 1 TO t - 2 DO BEGIN
                   gotoxy (x, y + k); write (chr(186));
                   gotoxy (x + b - 1, y + k); write (chr(186))
                       END;
gotoxy (x, y + t- 1); write (chr(200));
FOR k := 1 TO b - 2 DO write (chr(205));
writeln (chr(188));
writeln
END;
```

```pascal
PROCEDURE titel;
VAR i : integer;
BEGIN
clrscr;
FOR i := 1 TO 10 DO box (40-3*i, 13-i, 6*i + 1, 2*i);
gotoxy (33, 11); write ('      1 9       ');
gotoxy (33, 12); write ('  MITTE LBACH  ');
gotoxy (33, 13); write ('S O F T W A R E');
gotoxy (33, 14); write ('      9 2       ');
gotoxy (40, 15); delay (2000); write (chr(7));
clrscr; FOR i := 1 TO 10 DO box (2, 1, 3*i, 8);
gotoxy (3, 2); write ('  EEEEEE  KK   K  V       V  ');
gotoxy (3, 3); write ('  E       K  K    V     V   ');
gotoxy (3, 4); write ('  EEEEE   KKK      V   V    ');
gotoxy (3, 5); write ('  E       K  K      V V     ');
gotoxy (3, 6); write ('  E       K   K     V V     ');
gotoxy (3, 7); write ('  EEEEEE  KKK  KK    VVV    ');
box (42, 1, 38, 8);
gotoxy (44, 2); write ('Stapelverwaltung     Version 03/92');
gotoxy (44, 3); write ('         mit  Generierung ');
gotoxy (44, 4); write ('von Masken und geschützten Dateien');
gotoxy (44, 7); write ('Copyright:     H. Mittelbach 1992')
END;
(* ------------------------------------------------------------------ *)


PROCEDURE directory;
VAR             i : integer;
   ... siehe Seite 196 oben ...
FUNCTION first_eintrag ...
FUNCTION next_eintrag ...
PROCEDURE list_dir;

   ...
   IF copy (inhalt, 10, 3) = 'VWA'      (* Suffix für die Dateien ! *)
   ...


BEGIN (* ---------------------- Anzeige im Fenster mit Cursorwahl *)
pend := 0; list_dir; gotoxy (4, 10);
writeln ('Vorhandene Files ... ');
window (40,10,54,25);
FOR i := 1 TO pend DO write ('  ', pasinhalt[i], ' ');
write ('  .........VWA ');
i := 1;
REPEAT
   gotoxy (1, i); write (chr(254)); gotoxy (1,i);
   w := readkey;
   IF (ord (w) = 0) AND keypressed
      THEN BEGIN
      write (' ');
      w := readkey;
      IF (ord (w) = 80) AND (i < pend + 1) THEN i := i + 1;
      IF (ord (w) = 72) AND (i > 1) THEN i := i - 1
          END
UNTIL ord (w) = 13;
```

```
IF i <= pend THEN fname := pasinhalt [i];
IF i = pend + 1 THEN BEGIN
   REPEAT
     gotoxy (2,i); textcolor (4); write (' 12345678');
     gotoxy (3,i); readln (satz)
   UNTIL length (satz) = 8;
   fname := satz + '.VWA'
                       END;
window (1, 1, 80, 25); textcolor (black)
END; (* ------------------------------------------------ Directory *)

PROCEDURE insertmitte;
BEGIN
neuzeiger^.verkettung   := laufzeiger;
hilfszeiger^.verkettung := neuzeiger
END;

PROCEDURE insertvorn;
BEGIN
neuzeiger^.verkettung := startzeiger; startzeiger := neuzeiger
END;

PROCEDURE zeigerweiter;
BEGIN
hilfszeiger := laufzeiger; laufzeiger  := laufzeiger^.verkettung
END;

FUNCTION listenende : boolean;
BEGIN   listenende := (laufzeiger = NIL)     END;

FUNCTION erreicht : boolean;
BEGIN
erreicht :=
   (laufzeiger^.inhalt.schluessel > neuzeiger^.inhalt.schluessel)
END;

PROCEDURE einfuege;
BEGIN
hilfszeiger := startzeiger; laufzeiger  := startzeiger;
IF startzeiger = NIL
   THEN insertvorn
   ELSE
   IF startzeiger^.inhalt.schluessel > neuzeiger^.inhalt.schluessel
            THEN insertvorn
            ELSE BEGIN
                 WHILE (NOT listenende) AND (NOT erreicht) DO
                    BEGIN
                       zeigerweiter;
                       IF erreicht THEN insertmitte
                    END;
                 IF listenende THEN insertmitte
                 END
END;
```

```
PROCEDURE maske1;
BEGIN
box ( 1,  5, 35, 7); box (45,  5, 35, 7);
box (34,  7, 13, 3); box (30, 10,  5, 3);
box ( 1, 13, 35, 6); box (45, 13, 16, 3);
box (64, 13, 16, 3); box (45, 16, 35, 3)
END;

PROCEDURE maske2;
BEGIN
gotoxy ( 1 ,3); write (' Vorgang : ', eing[1]); clreol;
gotoxy ( 4, 5); write (' ', eing [2], ': ');
gotoxy (48, 5); write (' ', eing [3], ': ');
gotoxy ( 4,13); write (' ', eing [4], ': ');
gotoxy (48,13); write (' ', eing [5], ' ');
gotoxy (67,13); write (' ', eing [6], ' ')
END;

PROCEDURE maske3;
BEGIN
gotoxy ( 3, 7); write ('...................................');
gotoxy ( 3, 8); write ('...................................');
gotoxy ( 3, 9); write ('...................................');
gotoxy (35, 8); write ('>', datum);
gotoxy (47, 7); write ('...................................');
gotoxy (47, 8); write ('...................................');
gotoxy (47, 9); write ('...................................');
gotoxy ( 3,15); write ('...................................');
gotoxy ( 3,16); write ('...................................');
gotoxy (48,14); write ('..........');
gotoxy (67,14); write ('..........');
gotoxy (47,17); write ('................................')
END;

PROCEDURE anzeige; forward;

PROCEDURE neugen;
BEGIN
clrscr;
new (neuzeiger);
REPEAT
   maske1; maske3;
   gotoxy ( 1,  1); write (' File : ' , fname);
   gotoxy (1, 3); clreol; gotoxy (10, 3);
   write ('*** Maskengenerierung für neues File : ');
   write ('...................... ***');
   gotoxy ( 3,  7); write ('Sortierkriterium ..............');
   gotoxy (35,  8); write ('auto. Datum');
   gotoxy (31, 11); write (' n ');
   gotoxy (48, 14); write ('tt.mn.jahr');
   gotoxy (67, 14); write ('tt.mn.jahr');
   gotoxy (47, 17); write ('Freie Zusatzinformationen .....');
   gotoxy ( 4,  5); write (' Suchvariable: .............. ');
```

```pascal
gotoxy (48,  5); write (' Zielobjekt: ............... ');
gotoxy ( 4, 13); write (' Vorgang: .................. ');
gotoxy ( 3, 16); write ('Statistik, falls Zahl OHNE TEXT');
gotoxy (47, 13); write (' Datumstyp ');
gotoxy (66, 13); write (' Datumstyp ');
WITH neuzeiger^.inhalt DO BEGIN
     gotoxy (49,  3); readln (schluessel);  eing [1] := schluessel;
     schluessel := '#####' + schluessel;
     gotoxy (19,  5); readln (strasse1);    eing [2] := strasse1;
     gotoxy (61,  5); readln (ort1);        eing [3] := ort1;
     gotoxy (14, 13); readln (name2);       eing [4] := name2;
     gotoxy (48, 13); readln (strasse2);    eing [5] := strasse2;
     gotoxy (67, 13); readln (ort2);        eing [6] := ort2;
                           zeile1      := key;
                           zeile2      := 'uuu';
                           dat1        := 'vvv';
                           dat2        := 'www';
                           dat3        := datum;
                           zusatz      := 'yyy'
                           END;
  maske1; maske3; maske2;
  gotoxy (1,  20); write ('Maske okay (J/N) ... ');
  c := upcase (readkey)
UNTIL c = 'J';

gotoxy (1, 20); write (chr(7));  (* Maske auf Dateianfang kopieren *)
writeln ('Maske ist definiert ... '); delay (1000);
write (chr(7)); box (30, 19, 31, 3);
gotoxy (32, 20); write ('Ihr Code ist ... ', key); c := readkey;
einfuege
END;


PROCEDURE lesen;
  BEGIN
  assign (listefil, fname);
  (*$I-*) reset (listefil); (*$I+*)
  IF ioresult = 0                                (* File vorhanden *)
    THEN BEGIN
         gotoxy (65, 20); readln (key);
         new (neuzeiger);
         read (listefil, neuzeiger^.inhalt);
         eing [1] := neuzeiger^.inhalt.zeile1;
         IF NOT ((eing[1] = key) OR ('270740' = key))
               THEN BEGIN                        (* Programmhalt *)
                    clrscr;
                    writeln ('Zugang nicht erlaubt !'); halt
                    END
               ELSE einfuege;
         REPEAT                         (* Ohne Halt weiterlesen *)
            new (neuzeiger);
            read (listefil, neuzeiger^.inhalt);
            einfuege
         UNTIL eof (listefil);
```

```
            close (listefil);
            WITH startzeiger^.inhalt DO BEGIN       (* Maske aufbauen *)
               eing [1] := copy(schluessel, 6, length(schluessel) -5);
               eing [2] := strasse1;
               eing [3] := ort1;
               eing [4] := name2;
               eing [5] := strasse2;
               eing [6] := ort2
                                           END
         END
    ELSE BEGIN                            (* ioresult <> 0, neues File *)
         write (chr(7)); gotoxy (65, 20); textcolor (red);
         write ('Neues File!'); delay (1000);
         write (chr(7));
         gotoxy (65, 20); write ('              ');
         gotoxy (65, 20); readln (key);
         gotoxy (65, 20); write ('Gut merken!');
         write (chr(7)); delay (1000); textcolor (black);
         neugen
         END
   END;


PROCEDURE speichern;
   BEGIN
   assign  (listefil, fname);
   rewrite (listefil);
   laufzeiger := startzeiger;
   REPEAT
      write (listefil, laufzeiger^.inhalt);
      zeigerweiter
   UNTIL laufzeiger = NIL;
   close (listefil)
   END;

PROCEDURE start;
BEGIN
box (2, 9, 78, 11);
gotoxy (4, 18);
write ('Zugehörige Masken werden automatisch geladen.'); directory;
box ( 2, 20, 78, 4);
box (49, 18, 28, 4);
gotoxy (50, 19); write (' Datum heute : ');
   IF datum = '' THEN write ('tt.mt.jahr ')
                ELSE write (datum, ' ');
gotoxy (50, 20); write (' Zugangscode :              ');
gotoxy ( 4, 22);
write ('Kommt das ausgewählte File nicht vor, ');
write ('so wird eine neue Maske generiert ...');
gotoxy (65, 19); IF datum = '' THEN readln (datum);
lesen
END;
```

```pascal
PROCEDURE eingabe;
VAR stop : boolean;
BEGIN
clrscr;
writeln (' File : ', fname, '        Neueingabe ... (Ende mit - ) ');
maske1; maske2;
   REPEAT
      new (neuzeiger);                             (* erzeugt neuen Record *)
      maske3;
      gotoxy (3, 7); readln (neuzeiger^.inhalt.schluessel);
      stop := neuzeiger^.inhalt.schluessel = '-';
      IF NOT stop THEN WITH neuzeiger^.inhalt DO BEGIN
                             dat3 := datum;
                             gotoxy (3,  8); readln (strasse1);
                             gotoxy (3,  9); readln (ort1);
                             gotoxy (47, 7); readln (name2);
                             gotoxy (47, 8); readln (strasse2);
                             gotoxy (47, 9); readln (ort2);
                             gotoxy ( 3,15); readln (zeile1);
                             gotoxy ( 3,16); readln (zeile2);
                             gotoxy (48,14); readln (dat1);
                                IF dat1 = '' THEN dat1 := datum;
                             gotoxy (67,14); readln (dat2);
                                IF dat2 = '' THEN dat2 := datum;
                             gotoxy (47,17); readln (zusatz)
                                            END;

      IF NOT stop THEN einfuege
   UNTIL stop
END;


PROCEDURE anzeige;
BEGIN
WITH laufzeiger^.inhalt DO BEGIN
gotoxy ( 3, 7); write (schluessel);
gotoxy ( 3, 8); write (strasse1);
gotoxy ( 3, 9); write (ort1);
gotoxy (35, 8); write ('>', dat3);
gotoxy (47, 7); write (name2);
gotoxy (47, 8); write (strasse2);
gotoxy (47, 9); write (ort2);
gotoxy ( 3,15); write (zeile1);
gotoxy ( 3,16); write (zeile2);
gotoxy (48,14); write (dat1);
gotoxy (67,14); write (dat2);
gotoxy (47,17); write (zusatz)
                            END
END;

PROCEDURE streichen;
BEGIN
hilfszeiger^.verkettung := laufzeiger^.verkettung
END;
```

```pascal
PROCEDURE unterzeile;
BEGIN
gotoxy (2, 22);
write ('L)öschen   N)achtrag   D)ruck   A).');
write (eing[2], '  Weiter (Leertaste) ');
END;


PROCEDURE drucken;
   PROCEDURE frei (wort : ablage);
   VAR k : integer;
   BEGIN
   FOR k := 1 TO 16 - length (wort) DO write (lst, ' ')
   END;


BEGIN
writeln (lst, 'Datum : ', datum);
WITH laufzeiger^.inhalt DO BEGIN
    write   (lst, eing [2], ' : '); frei (eing [2]);
    writeln (lst, schluessel, '  ', strasse1, '  ', ort1);
    write   (lst, eing [3], ' : '); frei (eing [3]);
    writeln (lst, name2, '  ', strasse2, '  ', ort2);
    write   (lst, eing [4], ' : '); frei (eing [4]);
    writeln (lst, zeile1, '  ', zeile2);
    writeln (lst, eing [5], ' : ', dat1, '  -  ', eing [6], ' : ', dat2);
    writeln (lst, zusatz)
                         END;
writeln (lst)
END;


PROCEDURE kurzdruck;
BEGIN
WITH laufzeiger^.inhalt DO BEGIN
            writeln (lst, '   Herrn/Frau/Fräulein');
            writeln (lst, '    ', schluessel);
            writeln (lst);
            writeln (lst, '    ', strasse1);
            writeln (lst);
            writeln (lst, '    ', ort1);
            writeln (lst); writeln (lst); writeln (lst)
                         END
END;


PROCEDURE suche;
VAR merk : STRING [10];
       n : integer;
BEGIN
n := 0; laufzeiger := startzeiger; clrscr;
maske1; maske2;
REPEAT
REPEAT
   zeigerweiter
UNTIL (sname = copy (laufzeiger^.inhalt.schluessel, 1, length (sname)) )
      OR (laufzeiger = NIL);
```

```pascal
maske3;
IF NOT (laufzeiger = NIL)                        (* BOX 31,11 linke Pos. *)
   THEN BEGIN
        n := n + 1; anzeige; gotoxy (31,11); write (' ', n, ' ');
        END
   ELSE BEGIN
        gotoxy (3,  7); write (sname, ' nicht (mehr) vorhanden.')
        END;
unterzeile;
gotoxy (70,22); clreol; c := readkey; c := upcase (c);
CASE c OF
'?'  : BEGIN
       laufzeiger := startzeiger; anzeige; delay (2000)
       END;
'L'  : BEGIN
       gotoxy (65, 22); write ('Wirklich (L) '); c := upcase (readkey);
       IF c = 'L' THEN streichen;
       END;
'N'  : BEGIN
       WITH laufzeiger^.inhalt DO BEGIN
            merk := dat1;
            gotoxy (48, 14); readln (dat1);
            IF dat1 = '' THEN dat1 := merk;
            merk := dat2;
            gotoxy (67, 14); readln (dat2);
            IF dat2 = '' THEN dat2 := merk
                                  END
       END;
'D' : drucken;
'A' : kurzdruck
END                                               (* OF CASE *)
UNTIL laufzeiger = NIL;
clrscr
END;


PROCEDURE ausgabe;
VAR c : char;
    n : integer;
BEGIN
n := 0; clrscr;
maske1; maske2;
gotoxy (2, 22);
write ('E)nde   D)ruck   A).', eing[2], '   Weiter (Leertaste) ');
REPEAT
   maske3;
   anzeige; n := n + 1; gotoxy (31,11); write (n:3);
   gotoxy (70, 22); c := readkey;
   c := upcase (c);
   IF c = 'D' THEN drucken;
   IF c = 'A' THEN kurzdruck;
   zeigerweiter
UNTIL listenende OR (c = 'E');
END;
```

```pascal
PROCEDURE statistik;
CONST x = 35; y = 6;
VAR                             n, m, code : integer;
     sum, max, min, zahl, k1, k2, k3, k4 : real;
BEGIN
laufzeiger := startzeiger;
n := 0; m := 0;
sum := 0;
k1 := 0; k2 := 0; k3 := 0; k4 := 0;
max := 0;
min := 10000;
zeigerweiter;
IF laufzeiger <> NIL
   THEN REPEAT
          n := n + 1;
          val (laufzeiger^.inhalt.zeile2, zahl, code);
          IF (code = 0) AND (zahl > 0)
             THEN BEGIN
                    sum := sum + zahl;
                    IF zahl > max THEN max := zahl;
                    IF zahl < min THEN min := zahl;
                    IF zahl < 50  THEN k1 := k1 + 1;
                    IF (zahl >= 50) AND (zahl < 100) THEN k2 := k2 + 1;
                    IF (zahl >=100) AND (zahl < 500) THEN k3 := k3 + 1;
                    IF (zahl >=500) THEN k4 := k4 + 1;
                    m := m + 1
                  END;
          zeigerweiter
          UNTIL listenende;
box (x-1, 5, 42, 13);
gotoxy (x, y);
write ('  Registrierte Fälle ........... ', n : 5, ' ');
gotoxy (x , y+2);
write ('  Davon mit Wertangaben ........ ', m : 5, ' ');
gotoxy (x, y+ 4); write ('            ');
gotoxy (x, y+ 4); IF m > 0 THEN
write ('        u.z. Wertmittel ......... ', sum/m : 5 : 0, ' ');
gotoxy (x, y+ 5);
write ('            Maximum ............ ', max : 5 : 0, ' ');
gotoxy (x, y+ 6);
write ('            Mimimum ............ ', min : 5 : 0, ' ');
gotoxy (x, y+ 7);
write ('            Klasse ... bis  49 : ', k1 : 5 : 0, ' ');
gotoxy (x, y+ 8);
write ('            Klasse  50 bis  99 : ', k2 : 5 : 0, ' ');
gotoxy (x, y+ 9);
write ('            Klasse 100 bis 499 : ', k3 : 5 : 0, ' ');
gotoxy (x, y+10);
write ('            Klasse .. über 500 : ', k4 : 5 : 0, ' ');
gotoxy (x, y+11); c := readkey;
END;
```

```pascal
BEGIN (* ------------------------------------------------------ main *)
textbackground (white); textcolor (black); titel;
datum := '';
REPEAT
startzeiger := NIL; start;
clrscr;
REPEAT
   clrscr;
   writeln ('    File: ', fname, ' zum Vorgang :       ', eing[1]);
   gotoxy (1, 4);
   writeln ('          Neueingabe Vorgang ......... N'); writeln;
   writeln ('          Suchen / Löschen / etc ..... S'); writeln;
   writeln ('          Auslisten ................. L'); writeln;
   writeln ('          Statistik .................. M'); writeln;
   writeln ('          File sichern ............... F'); writeln;
   writeln ('          File verlassen + sichern ... Q'); writeln;
   writeln ('          Programmende ............... X'); writeln;
   writeln ('          --------------------------------'); writeln;
   write   ('          Wahl ....................... ');
   antwort := readkey; antwort := upcase (antwort);
   CASE antwort OF
   'N' : eingabe;
   'S' : BEGIN
           box (43, 5, 32, 3);
           REPEAT
           gotoxy ( 45, 6); write ('Kriterium ... ');
           readln (sname)
           UNTIL sname <> '';
           suche
           END;
   'L' : BEGIN
           laufzeiger := startzeiger;
           zeigerweiter;
           IF laufzeiger <> NIL
              THEN ausgabe
              ELSE BEGIN
                    clrscr; gotoxy (30, 10);
                    write ('Vorgangsliste leer ...'); delay (2000)
                    END
           END;
   'M' : statistik;
   'F' : BEGIN
           box (43, 11, 18, 3);
           gotoxy (46, 12); write ('Bitte warten!');
           speichern; write (chr (7));
           END;
   END
UNTIL (antwort = 'Q') OR (antwort = 'X');
clrscr; writeln ('Bitte Abspeichern abwarten ... ');
speichern; write (chr(7))
UNTIL antwort = 'X';
clrscr; writeln ('Programmende ... ')
END.  (* ------------------------------------------------------------- *)
```

Einige Kommentare ...

Ein Datensatz besteht aus zwölf Komponenten; die Sätze werden in einem
Stapel mit Zeigerstruktur verwaltet. Für die Vorwärtsverkettung sind vier
Zeiger vorgesehen; ein Auslisten der Datei ist daher nur vorwärts (mit
möglichem Abbruch vor Ende) vorgesehen. Für ein Rückwärtslisten wären zwei
weitere Zeiger notwendig.

Die Prozedur *titel* ist das "Logo" des Programms; hier ist aus einem konkreten Anwendungsfall die Abkürzung EKV (Evang. Kirche Vorpommern) eingetragen; mit "Overwrite" im Editor können Sie das überschreiben. Wiederholt
wird die Prozedur *box* benutzt, die mit den Parametern linke obere Ecke,
Breite und Tiefe am Bildschirm einen Kasten aus Sonderzeichen erstellt.

Die Prozedur *directory* erkennt die File-Extension '.VWA unserer Datenfiles
und kann sehr leicht verändert, etwa mit Pfadangaben erweitert werden; die
Prozeduren zur Zeigerbehandlung stammen aus dem vorigen Kapitel.

Dann folgen drei Prozeduren zur Maskenerstellung unter Laufzeit; der Ein-
fachheit halber sind alle Positionen fest eingetragen. Da die Datensätze
in allen Fällen gleiche Struktur haben, reicht dies aus. Man könnte aber
in einer erweiterten Form des Programms auch die Satzstruktur variabel
halten und dann die Boxen mit Variablenübergabe unterschiedlich gestalten.

Die Prozedur *neugen* erstellt eine Maske für ein erstmals aufgerufenes
File; sie benötigt dazu die Prozedur *anzeige* , die auch auf die Masken
zugreift. Die Stapelverwaltung arbeitet mit einem Trick:

Der erste Datensatz (startzeiger) enthält die Informationen zu den Masken,
den Code usw. Deswegen wird bei der Sortierkomponente *schluessel* die
Zeichenkette ##### vorgesetzt. Damit ist sichergestellt, daß die Maskeninformationen stets am Anfang des Stapels liegen und später niemals als
Inhalt angezeigt werden! Beim Einlesen bestehender Dateien muß daher der
erste Datensatz auf Variable des Programms umkopiert werden (s.u.).

Die folgende Prozedur *lesen* ist eine Diskettenzugriffsroutine; nach Eingabe des Dateinamens *ename* wird entschieden, ob es sich um eine bereits
bestehende oder aber um eine neue Datei handelt. Die Prozedur verzweigt
entsprechend den beiden Fällen:

Ist die Datei vorhanden, so wird der erste Datensatz eingelesen und dann
daraufhin untersucht, ob der Anwender das richtige Codewort angegeben hat.
Ist dies nicht der Fall, so wird Programmhalt bewirkt. Ansonsten wird der
erste Datensatz auf die zukünftige Eingabemaske umkopiert und dann weiter
eingelesen. Für den "Lieferanten" des Programms ist hier heimlich eine
Umgehung des Codes eingebaut: Man kann alle bereits bestehende Dateien mit
einem Art "Universalschlüssel" (hier die Zeichenfolge 270740) öffnen und
damit im Falle von Codeverlust helfend eingreifen. Mehr dazu weiter unten.

Ist die eröffnete Datei hingegen neu, so wird das künftig gewünschte Codewort erfragt und dann in *neugen* verzweigt. – Die folgende Prozedur *start*
läuft mit Programmstart oder auch nach der Option Q des Hauptmenüs ab; sie
greift auf die Directory zu und verlangt allgemeine Eingaben, insbesondere

das Codewort zu einem gewünschten File; nach Aufruf von *lesen* folgen
weitere Fallunterscheidungen.

Die Prozedur *eingabe* dient der Eingabe von Datensätzen mit der Hauptmenü-
option N. Ein Ausstieg erfolgt durch Eingabe des Zeichens – auf die erste
Komponente des Datensatzes. Eingaben mit Fehlern können nach ⟨RETURN⟩ nur
durch die Option Suchen/Löschen korrigiert werden. – Im Falle leerer Eingaben erfolgen in zwei Boxen automatisch Datumseinträge.

Die Prozedur *anzeige* schreibt jeweils einen Datensatz in die passenden
Boxen am Bildschirm. Sie wird über den Laufzeiger von den Prozeduren *suche*
bzw. *ausgabe* angesteuert; die eingetragenen Bildschirmpositionen sind hier
(wie oben auch) fest gewählt, könnten aber veränderlich gestaltet werden.

Die Prozedur *streichen* verkettet den Stapel unter Auslassen des aktuellen
(zu löschenden) Datensatzes neu. Nach einer beim Suchen und Löschen erfor-
derlichen Unterzeile folgt die Prozedur *drucken*; sie liefert am Drucker
einen einfachen Merkzettel zu den Daten.

Die Prozedur *suche* ermittelt nach Eingabe des Suchkriteriums (Anfang der
ersten Zeile in der Box "Suchvariable") die richtige Zeigerposition im
Stapel und zeigt dann alle Datensätze mit dem Suchkriterium der Reihe nach
an. Gegebenenfalls kommt auch Fehlanzeige, und zwar, wenn der Laufzeiger
ins Leere (NIL) zeigt. Eine Unterzeile läßt dann Optionen zu, insbesondere
Löschen, (teilweises) Nachtragen und Drucken des Satzes. Hier ist, für den
Anwender nicht erkennbar, eine Option für "Notfälle" eingebaut:

Ist zu einer bestehenden Datei das Codewort vergessen worden, so kann die
Datei zunächst mit dem Universalschlüssel von weiter oben (Prozedur *lesen*)
geöffnet und dann auf ihren Code abgefragt werden. – Man ruft dazu einen
leeren Datensatz '' (also Suchkriterium: keine Eingabe, ⟨RETURN⟩) mit der
Option L auf und gibt sodann die via Unterzeile nicht vorgeschlagene Antwort ? ein: Nunmehr wird für zwei Sekunden der Laufzeiger (ausnahmsweise)
auf den Startzeiger gesetzt. In der Box "Vorgang" taucht dann für kurze
Zeit das Codewort der Datei auf ... Der erste Datensatz im Stapel enthält
bekanntlich die Maskeninformationen und den Code.

Die Prozedur *statistik* ist auf eine in der Praxis eingesetzte spezielle
Programmversion zugeschnitten; sie kopiert fallweise die zweite Zeile der
Box "Vorgang" auf eine reelle Variable *zahl* um und enthält anschließend
eine Maximum–Minimum–Routine mit ein paar Verzweigungen samt Summenbildung
und folgendem Mittelwert.

Das Hauptprogramm ist wie meist in Pascal recht kurz; eine äußere REPEAT-
Schleife wird je Datei nur einmal durchlaufen und ruft die Startroutine
auf. Sehr wichtig ist, daß der Startzeiger genau an der richtigen Stelle
auf NIL zurückgesetzt wird! In der inneren Schleife finden Sie das Hauptmenü samt Programmschalter. Von hier aus läßt sich das Programm schrittweise weiter ausbauen, etwa mit Optionen für Korrigieren usw.

Auf der Diskette findet sich noch ein weiteres Dateiprogramm mit Zeigern,
das für sog. Projektverwaltungen geeignet ist.

21 DATEIEN UND BÄUME

In diesem Kapitel wollen wir uns mit großen Dateien beschäftigen, Dateien,
die über ARRAYs in herkömmlicher Weise nicht mehr effizient zu verwalten
sind. Zeigervariable ermöglichen neuartige Lösungsansätze.

Den Hauptspeicher (memory) der Maschine wollen wir "Vordergrundspeicher"
nennen: Er zeichnet sich durch extrem schnellen Zugriff und entsprechend
schnelle Operationen wie Verschieben von Blöcken und dgl. aus, ist aber in
seiner Kapazität mehr oder weniger beschränkt.

Als "Hintergrundspeicher" gilt jede Form peripherer Speicher wie Platten,
Disks, Bänder u. dgl. Hier ist die Kapazität praktisch nicht beschränkt,
aber die Zugriffszeiten sind relativ groß und hängen fallweise stark von
der Datenbankgröße (Band!) ab. Auf Disketten und Platten ist sog. 'Random
access' über Indizes möglich: Datensätze können unabhängig von ihrer Lage
einigermaßen schnell gefunden werden, wenn ihre Position bekannt ist. Beim
Arbeiten mit Bändern jedoch sind spezielle Arbeitsmethoden notwendig, da
dort die Suchzeiten u.U. sehr groß sind.

Unter einer <u>Datenbank</u> wollen wir eine Organisationsform von strukturierten
Daten aus Sätzen einheitlichen Formats (RECORDs) verstehen. Eine derartige
Datenbank (kurz: Datei) kann liegen

- vollständig in einem ARRAY oder im Heap,
  jedenfalls im Vordergrund
- nur ausschnittweise im Vordergrund
- als File ("Datei") vollständig im Hintergrund.

Wir werden sie daher fallweise nicht mehr direkt, sondern über zusätzliche
Indizes (in einer eigenen Datei) verwalten. Dies wird weiter unten genauer
erklärt.

Der Zugriff auf Einzelsätze bzw. deren Komponenten werden wir wie bisher
auch mit (wenigstens) einem <u>Suchbegriff</u> (Kennung, Schlüssel) realisieren.
Vorgänge auf Datenbanken sind vor allem

- Aufbauen (Eintragen von Sätzen)
- Suchen (über Kriterien)
- Ändern und Löschen
- Reorganisieren (Konvertieren) u.a.

Wir wollen Datenbanken "klein" nennen, wenn sie während der Bearbeitungs-
vorgänge vollständig im Hauptspeicher gehalten werden können und damit das
Suchen und Ändern von Datensätzen sehr schnell abgewickelt werden kann.
Der Begriff "klein" ist also relativ zu verstehen und hängt von der Anzahl
der Sätze, aber durchaus auch von deren Einzelgröße ab. Unsere bisherigen
Dateien waren in diesem Sinne klein.

"Große" Datenbanken hingegen lassen sich nicht mehr vollständig im Hauptspeicher halten; sie werden daher stets nur ausschnittweise und eventuell
zusätzlich über vorhandene Indexdateien verwaltet. Über eine solche Indexdatei (oder gar nur Ausschnitte von ihr) im Vordergrund wird auf die Datei

im Hintergrund zugegriffen. Die Datenbank muß zu diesem Zweck nicht sortiert sein; und: Indexdateien sind für mehrere Suchkriterien möglich.

Zu Vergleichszwecken beginnen wir, auch wenn dies einige Wiederholungen bedingt, mit kleinen Datenbanken, in einem ARRAY des Hauptspeichers. Zur Simulation wichtiger Operationen erstellen wir uns zunächst eine Datenbank LONGTEXT aus 10.000 Zufallswörtern mit dem schon bekannten Hilfsprogramm aus Kapitel 10 (Seite 127, laenge = 10.000 setzen und wortfil LONGTEXT zuordnen). Wir stellen uns vor, daß an diese Wörter mittels RECORDs weitere Daten angehängt sind, sodaß eine Datenbank mit eben diesen Zufallswörtern als Schlüsseln entsteht. (Auf der Diskette findet sich eine Version jenes Programms, die direkt zum jetzigen Kapitel paßt).

Sofern Datenbanken nicht von Anfang an (d.h. beim Generieren) sortiert aufgebaut werden (also Einsortieren möglichst beim Eintragen), entsteht das <u>Sortierproblem</u>: Der schon bekannte Algorithmus "Bubblesort" (oder andere gleichwertige) löst diese Aufgabe bei kleinen Datenbanken noch zufriedenstellend. Er kann mit dem folgenden Listing am Beispiel LONGTEXT aufgerufen werden. In diesem Programm ist noch ein anderer Algorithmus eingebunden: "Stecksort" ist etwas schneller und lehnt sich an ein auch von Hand geübtes Verfahren an (was man von "Bubblesort" nicht behaupten kann). – Für weitere Versuche kann der Anfang der Datei LONGTEXT sortiert als z.B. SORT1000 abgelegt werden. 1000 weist auf die Länge hin, längere sortierte Banken erstellen wir besser erst später.

```
PROGRAM tempovgl;                      (* vergleicht Sortierverfahren *)
USES crt;
CONST           c = 1000;
TYPE      worttyp = string [4];
VAR   i,k,v, ende : integer;
   kopiear, sortar : ARRAY[1..c] OF worttyp;
             merk : worttyp;
          antwort : char;
                b : boolean;
          listefil : FILE OF worttyp;
          schritte : longint;

BEGIN (* ---------------------------------------------------------- *)
clrscr;        (* LONGTEXT von Drive A/B ... auf kopiear einlesen *)
writeln ('Ungeordnete Datei einlesen ...');
assign (listefil, 'LONGTEXT');                    (* oder 'B: ...' *)
reset  (listefil);
writeln; writeln ('Abschlussmeldung abwarten ...!');
FOR i := 1 TO c DO read (listefil, kopiear[i]);
close (listefil);
ende := 0;

REPEAT                                                    (* Menü *)
   clrscr;
   writeln('Lesen beendet.');
   writeln;
   writeln ('Sortieren BUBBLESORT ..... B'); writeln;
```

```pascal
       writeln ('Sortieren STECKSORT ...... S'); writeln;
       writeln ('Ausgabe der Wörter ....... A'); writeln;
       writeln ('Sortliste nach Disk ...... W'); writeln;
       writeln ('Programmende ............. E'); writeln;
       write   ('Wahl .....................'); antwort := upcase
       (readkey);
       writeln ('    > ', antwort); writeln;
                   (* Die Option Ausgabe geht vor/nach dem Sortieren *)
           (* Sortieren ohne Kopieren sortiert die sortierte Liste *)
       IF (antwort = 'B') OR (antwort = 'S') THEN BEGIN
          write ('Wieweit (max. ', c, ') ? .... '); readln (ende)
                                                 END;
       gotoxy (40, 7);
       IF antwort <> 'E' THEN write ('Bitte  W A R T E N !    ');
CASE antwort OF

'B': BEGIN                                          (* bubblesort *)
     FOR i := 1 TO c DO sortar[i] := kopiear[i];    (* Kopieren *)
     writeln(chr(7)); gotoxy(70, 7);                (* Piepton *)
     schritte := 0; b := false;
     WHILE b = false DO BEGIN
           b := true;
           FOR i := 1 TO ende -1 DO BEGIN
               schritte := schritte + 1;
               IF sortar[i] > sortar[i+1] THEN BEGIN
                  merk := sortar[i]; sortar[i] := sortar[i+1];
                  sortar[i+1] := merk;
                  b := false
                                              END
                                  END
                       END;
     writeln (chr(7))
     END;

'S': BEGIN                 (* Sortieren durch Suchen und Schieben *)
     FOR i := 1 TO c DO sortar[i] := kopiear[i];
     schritte := 0;
     writeln (chr(7)); gotoxy (70, 7);
     FOR i:= 1 TO ende -1 DO BEGIN
                     FOR k := 1 TO i DO BEGIN
                     IF sortar[k] > sortar[i+1] THEN BEGIN
                        schritte := schritte + 1;
                        merk := sortar[i+1];
                        FOR v := i+1 DOWNTO k+1 DO BEGIN
                            sortar[v] := sortar[v-1];
                            (* schritte := schritte + 1 *)
                                                 END;
                        sortar[k] := merk
                                              END
                                 END
                       END;
     writeln (chr(7))
     END;
```

```
'A': BEGIN clrscr;                                    (* Ausgabe *)
     IF ende = 0 THEN FOR i := 1 TO c DO write (kopiear [i], ' ')
          ELSE
          FOR i := 1 TO ende DO BEGIN
                    write (sortar[i], ' ');
                    (* IF i MOD 16 = 0 THEN writeln *)
                              END;
     writeln; writeln;
     If ende <> 0 THEN writeln ('Anzahl der Schritte ', schritte);
     write ('Weiter ... '); antwort := readkey
     END;

'W': BEGIN              (* sortiertes Feld auf Diskette schreiben *)
     clrscr; writeln ('Bitte warten ... ');
     assign  (listefil, 'SORT1000');
     rewrite (listefil);
     FOR i := 1 TO ende DO write (listefil, sortar[i]);
     close (listefil)
     END

     END                                            (* OF CASE *)

     UNTIL antwort = 'E'; clrscr                    (* Menü Ende *)
END. (* --------------------------------------------------------- *)
```

In sortierten Datenbanken kann mit vertretbarem Zeitaufwand auch auf der
Peripherie gesucht werden, allerdings stets nur mit einem Kriterium, eben
jenem, nach dem die Bank sortiert abgelegt ist. Das haben wir schon früher
vorgeführt: Durch fortgesetzte Intervallhalbierung wird ein Datensatz nach
höchstens $\log_2(n)$ Schritten gefunden, wenn n die Länge der Bank ist. Kommt
Suchen relativ selten vor, so kann dieses Verfahren von Seite 131 noch bei
sehr großen Dateien (auf Platte, aber nicht Band!) eingesetzt werden: Mit
höchstens 20 Schritten (also Zugriffen auf die Peripherie), findet man den
gewünschten Satz unter n = einer Million Sätzen. Bei häufigem Suchen freilich sind bis zu 20 Zugriffe nicht mehr akzeptabel ...

"Bubblesort" und anderen elementaren Sortierverfahren (wie "Stecksort" und
ein weiteres "Minimumsuche", auf der Diskette) ist leider gemeinsam, daß
der Zeitaufwand quadratisch mit der Länge n der Datenbank wächst, wie man
sich leicht überlegen kann:

Die meiste Zeit wird mit logischen Vergleichen verbraucht. Bei "Stecksort"
z.B. muß n mal eine Liste wachsender Länge 1 ... n daraufhin durchsucht
werden, wo der nächste Datensatz einzuordnen ist. Das sind n·n/2 Schritte.
In "Minisort" wird n-mal das lexikographische Minimum in einer Liste gesucht, deren Länge von n bis 1 fällt. Dies liefert ein analoges Ergebnis,
was letztlich auch für "Bubblesort" gilt. Gegenüber diesen logischen Vergleichen fallen die notwendigen Speicherverschiebungen zeitlich nur wenig
ins Gewicht, jedenfalls bei kleineren Dateien.

Selbst wenn ein weiteres Verfahren (linear) schneller ist als alle bisherigen: Bei immer längeren Dateien wächst der Zeitbedarf sehr schnell an
und wird bald unerträglich. – Benötigt "Bubblesort" für 1000 Elemente nur

35 Sekunden, so macht das für 10.000 Elemente rund 100 mal mehr, das ist um eine Stunde. Mit "Stecksort" fallen die Zeiten zwar unter die Hälfte, aber bei z.B. 20.000 Elementen sind wir dann wieder bei zwei Stunden.

Fazit: Große Dateien können auf diese Weise aus Zeitgründen nicht sortiert werden. Außerdem können solche Dateien nicht mehr vollständig im Hauptspeicher gehalten werden, was die Anwendung dieser Algorithmen erschwert (wenn auch nicht unmöglich macht). – Große Dateien fallen z.B. dann an, wenn Daten ungeordnet in sehr schneller Zeitfolge auftreten und nicht sofort einsortiert, sondern erst abgelegt werden müssen. Dies könnten ohne weiteres 100.000 Datensätze sein, die man an sich sortiert haben möchte, weil z.B. Wiederholungen oder Häufigkeiten interessant sind.

Für solche Fälle müssen besonders effektive Algorithmen (auch für Arbeiten auf der Peripherie) entwickelt werden, von denen einer im nachfolgenden Programm vorgestellt wird:

Die Datei wird in Abschnitte eingeteilt, deren Länge in Abhängigkeit von der Gesamtgröße n langsam wächst. Auf diesen Abschnitten kann mit einem relativ primitiven Verfahren (auch Bubblesort) sortiert werden. Daran anschließend werden die jeweiligen Anfänge der Abschnitte lexikographisch miteinander verglichen, das jeweils kleinste Element wird entnommen und durch seinen Nachfolger ersetzt usw., solange, bis alle Abschnitte leer sind ... Das jeweils entnommene Element schreiben wir an den Anfang des Felds im Speicher; diesen Platz haben wir zuvor durch Verschiebung freigemacht.

Man beachte, daß beim Sortieren stets "auf dem Feld" umorganisiert werden soll, also keinerlei anfangs leerer Speicher zum Auffüllen bereitsteht. Ohne diese Einschränkung kann man selbst riesige Dateien recht schnell sortieren, wie wir noch sehen werden ...

```
PROGRAM quicksort;                  (* sortiert durch Listentrennung *)
USES crt, dos;
            CONST   c = 5000;     (* maximal 10.000, wegen LONGTEXT *)
         TYPE worttyp = string [4];

    VAR  i,k,v,r,l, ende : integer;
         sortar, kopiear : ARRAY [1..c] OF worttyp;
          vornar, hintar : ARRAY[0..200] OF integer; (* Listenzeiger *)
                    merk : worttyp;
                 antwort : char;
                listefil : FILE OF worttyp;
                     reg : registers;
                    time : longint;

    BEGIN (* ------------------------------------------------------- *)
    clrscr;                          (* LONGTEXT auf kopiear einlesen *)
    writeln ('Einlesen ...');
    assign (listefil, 'LONGTEXT');
    reset  (listefil);
    writeln; write ('Abschlussmeldung abwarten ...!  ');
```

```
FOR i := 1 TO c DO read (listefil, kopiear[i]);
close (listefil);

REPEAT
  clrscr;
  writeln ('Testprogramm =============================='); writeln;
  writeln ('Sortieren QUICKSORT ................... S'); writeln;
  writeln ('Ausgabe der Zwischenliste .............. Z'); writeln;
  writeln ('Sortieren/Ausgabe der Gesamtliste ...... L'); writeln;
  writeln ('Programmende ........................... E'); writeln;
  write   ('Wahl ......................................');
  antwort := upcase (readkey);
  writeln ('    > ', antwort); writeln;
  IF antwort = 'S' THEN BEGIN
     write ('Wieweit (max. ', c, ') ? ........... '); readln (ende);
    IF ende > c THEN ende := c
                        END;
  gotoxy (60, 6); write ('Uhr läuft ...');

  CASE antwort OF

  'S': BEGIN
      FOR i := 1 TO c DO sortar[i] := kopiear[i];  (* kopieren *)
      writeln (chr(7));
      reg.ax := $2C00;                  (* eingebaute Uhr abfragen *)
      msdos (reg);
      time := 3600 * reg.ch + 60 * reg.cl + reg.dh;
      delay (2000);     (* Zeiten also um 2 Sekunden reduzieren *)
                              (* Liste trennen und Zeiger setzen *)
      l := trunc(1 + sqrt(ende));                  (* Listenlänge *)
      FOR r := 0 TO l - 1 DO BEGIN
          vornar[r] := trunc(ende/l*r) + 1;
          hintar[r] := trunc(ende/l*(r+1));
                  (* auf Teillisten vornar ---> hintar stecksort *)
          FOR i := vornar[r] TO hintar[r] - 1 DO BEGIN
              FOR k := vornar[r] TO i DO BEGIN
                  IF sortar[k] > sortar[i+1] THEN BEGIN
                      merk := sortar[i+1];
                      FOR v := i+1 DOWNTO k+1 DO
                          sortar[v] := sortar[v-1];
                      sortar[k] := merk
                                                END
                                         END
                                                END
                                    (* sortieren Ende *)
                          END;                  (* OF r *)
      writeln (chr(7));
      reg.ax := $2C00;                          (* Uhr abfragen *)
      msdos (reg);
      time := 3600 * reg.ch + 60 * reg.cl + reg.dh - time;
      END;
```

```
'Z': BEGIN                              (* Ausgabe der Einzelblöcke *)
     clrscr;
     FOR i := 1 TO ende DO BEGIN
         FOR r := 0 TO 1-1 DO
             IF vornar[r] = i THEN BEGIN
                                   writeln;
                                   writeln ('Teilliste Nr. ', r+1);
                                   delay (500)
                                         END;
         write (sortar[i], ' ')
                         END;
     writeln; writeln;
     write ('Weiter (Leertaste) ... '); antwort := readkey
     END;

'L': BEGIN           (* aus Teillisten zur Gesamtliste sortieren *)
     clrscr;           (* dabei Listenanfänge vornar hochsetzen *)
     writeln ('Ausgabe der sortierten Gesamtliste folgt.');
     writeln ('Uhr läuft weiter ... '); writeln;

     (* Mit der folgenden Routine könnte die Gesamtliste nunmehr
        sortiert auf die Peripherie geschrieben werden, ohne daß
        im Hauptspeicher vollständig umsortiert wird ......
     r := 0;
     WHILE r < 1 DO BEGIN
           merk := sortar[vornar[r]]; i := r;
           FOR v := r TO 1-1 DO BEGIN
               IF(hintar[v] >= vornar[v]) AND
                 (sortar[vornar[v]] < merk) THEN BEGIN
                                       merk := sortar[vornar[v]];
                                       i := v
                                                END
                         END;
           write (merk , ' ');
           vornar[i] := vornar[i]+1;
           r := 0;
           WHILE vornar[r] > hintar[r] DO r := r+1
                 END;
     writeln;
     writeln; write ('Weiter ... '); antwort := readkey   ... *)

(* Nun werden im Hauptspeicher die Teillisten umsortiert  ... *)
     writeln (chr(7));
     reg.ax := $2C00;                           (* Uhr abfragen *)
     msdos (reg);
     time := 3600 * reg.ch + 60 * reg.cl + reg.dh - time;
     REPEAT
        merk := sortar[vornar[0]]; i := 0;
        FOR v := 1 TO 1 - 1 DO BEGIN  (* Zeigerminimum suchen *)
            IF merk > sortar[vornar[v]] THEN BEGIN
               merk := sortar[vornar[v]]; i := v
                               END;
                        END;
```

```
      FOR v := vornar[i] DOWNTO vornar[0] + 1
          DO sortar[v] := sortar[v-1]; (* Block nach hinten *)
      sortar[vornar[0]] := merk;         (* Minimum nach vorne *)
                              (* Zeiger um eine Position weiter *)
      FOR r := 0 TO i DO vornar[r] := vornar[r] + 1;
                          (* Bei Überlauf Block liquidieren! *)
      IF vornar[i] > ende THEN l := l - 1;
      IF (vornar[i] = vornar[i+1]) AND (i < l-1)
          THEN BEGIN
              FOR r := i TO l-1 DO vornar[r] := vornar[r+1];
              l := l - 1
              END;

      (* FOR r := 0 TO l-1 DO write (sortar[vornar[r]], ' ');
        writeln; Testläufe: Kontrolle der Zeigerverschiebungen *)

      UNTIL l = 1;
      reg.ax := $2C00; msdos (reg);            (* Uhr abfragen *)
      time := 3600 * reg.ch + 60 * reg.cl + reg.dh - time;
      writeln (chr(7));
      FOR i := 1 TO ende DO write (sortar[i], ' ');
      writeln; writeln;
      writeln ('Gesamtsortierzeit ', time, ' Sekunden.');
      writeln (chr(7)); antwort := readkey
      END                                      (* OF L *)
  END;                                         (* OF CASE *)
UNTIL antwort = 'E'
END. (* ---------------------------------------------------- *)
```

Im vorstehenden Listing sei l die noch unbekannte Anzahl der Teillisten,
die möglichst günstig gewählt werden soll. Deren Länge beträgt also n/l.
Ein solcher Abschnitt werde nun z.B. mit Bubblesort o.ä. sortiert, also
mit dem Zeitaufwand (n/l) * (n/l). Da es l Listen sind, beträgt der Zeitbedarf bisher ca. n*n/l. Der Vergleich der Anfangselemente benötigt bei l
Listen jedesmal eine Folge von l Operationen. Bis alle Listen leer sind,
fallen n Vergleichsfolgen an. Also zusätzlicher Zeitbedarf noch l*n.

Die Summe n*n/l + n*l wird für l = sqrt(n) am kleinsten! Daher wählen wir
als Listenanzahl diesen Wert und erhalten, daß unser Quicksort beim Zeitbedarf in Abhängigkeit von der Bankgröße statt mit der Größenordnung n * n
nur noch mit n * sqrt(n) wächst, eine qualitativ deutliche Verbesserung.
Nebenbei: Es gibt bisher kein Sortierverfahren, dessen Zeitaufwand nur
proportional zur Länge n wächst, wohl aber mit n * log(n). — Hier ist als
Anhaltspunkt ein Übersicht zu den benutzten Programmen (286-er AT). Die
angegebenen Zeiten hängen natürlich etwas vom Rechnertyp ab:

Länge n	bubblesort	quicksort mit stecksort	
1000	35	7	
2000	140	23	(Sekunden)
4000	650	89	
10000	ca. 1 Std.	ca. 10 Min.	

Oben sagten wir, daß "auf dem Feld" sortiert werden soll. Haben wir einen parallel freien Speicher, so geht es ganz wesentlich schneller: Mit einer modifizierten Form von Quicksort können 100.000 Datensätze auf der Peripherie ohne weiteres in weniger als zehn Minuten auf einem 286-er AT mit Festplatte (anstelle der langsamen Diskettenlaufwerke) sortiert werden.

Zum Verständnis eines solchen Verfahrens erklären wir das nachfolgende Listing:

Das folgende Programm arbeitet mit Dateien maximaler Länge um 10.000 zur Demonstration zunächst direkt auf den Bildschirm. Eine solche Datei mit Wörtern zu vier Buchstaben kann noch vollständig in den Hauptspeicher geladen und dort in Teillisten sortiert werden. Diese Listen werden aber nicht wie bisher im Speicher verschoben; wir beginnen vielmehr nach jeweiligem Größenvergleich der Listenanfänge sofort mit dem Auslesen. Die notwendigen Veränderungen für das Schreiben auf die Peripherie sind in Klammern angegeben.

Das Sortieren von 10.000 Elementen dauert jetzt keine fünfzig Sekunden, also weniger als eine Minute! Schreibt man das Ergebnis nicht auf den Bildschirm, sondern gleich auf die Peripherie, so ist LONGTEXT auf Disk sortiert. Das ist weit schneller als mit dem Programm Quicksort, eben weil die Teillisten nicht mehr im Feld verschoben werden müssen:

Das Sortieren von 10.000 Daten mit Quicksort dauerte oben immerhin um zehn Minuten. Mit Demosort benötigt es einschließlich des Hinausschreibens auf eine Diskette nur gerade knapp 80 Sekunden (Ergebnis SORTLONG), immerhin etwas länger als auf die Festplatte: Da der Zeitaufwand schon stark vom Schreiben beeinflußt wird (der Diskettenpuffer bremst das Programm offenbar um etliche Sekunden ab), lohnt es sich kaum, schnellere Algorithmen auf den Teillisten zu suchen. Unser Verfahren ist im Blick auf die PC-Hardware schon ziemlich optimal, denn noch größere Dateien müssen wir sowieso teilen und teilsortiert in irgendeiner Weise zwischenlagern, wir brauchen also die Peripherie ...

```pascal
PROGRAM demosort;            (* sortiert longtext direkt auf Monitor *)
                  (* Routinen für Schreiben auf Disk sind vorbereitet *)
USES crt;
          CONST   c = 10000;
          TYPE worttyp = STRING [4];
VAR       i,k,v,r,l : integer;
              sortar : ARRAY [1..c] OF worttyp;
        vornar, hintar : ARRAY [0..400] OF integer;   (* Listenzeiger *)
                merk : worttyp;
    listefil, sortfil : FILE OF worttyp;
BEGIN  (* ------------------------------------------------------------ *)
clrscr;
writeln ('Einlesen ...');
assign (listefil, 'LONGTEXT');
reset (listefil);
FOR i := 1 TO c DO read (listefil, sortar[i]);
close (listefil);
writeln ('Datei LONGTEXT (10.000 Sätze) eingelesen ...');
```

```pascal
writeln (chr(7));
writeln ('Das Sortieren beginnt auf den Teillisten ... ');
l := trunc(1 + sqrt(c));                                 (* Listenlänge *)
FOR r := 0 TO l - 1 DO
    BEGIN
    vornar[r] := trunc(c/l*r) + 1; hintar[r] := trunc(c/l*(r+1));
                        (* auf Teillisten vornar ---> hintar stecksort *)
    FOR i := vornar[r] TO hintar[r] - 1 DO BEGIN
        FOR k := vornar[r] TO i DO BEGIN
            IF sortar[k] > sortar[i+1] THEN BEGIN
                merk := sortar[i+1];
                FOR v := i+1 DOWNTO k+1 DO sortar[v] := sortar[v-1];
                sortar[k] := merk
                                            END
                        END
                        END
                                        (* sortieren Ende *)
    END;                                (* OF r *)
writeln (chr(7));
writeln ('Kontinuierliche Ausgabe der Gesamtliste ...');

                (* assign (sortfil, 'SORTLONG'); rewrite (sortfil); *)

r := 0;             (* Nur ev. auf Disk auslesen, nichts verschieben! *)
WHILE r < l DO BEGIN
    merk := sortar[vornar[r]]; i := r;
    FOR v := r TO l-1 DO BEGIN
        IF(hintar[v] >= vornar[v]) AND
            (sortar[vornar[v]] < merk) THEN BEGIN
                                        merk := sortar[vornar[v]];
                                        i := v
                                        END
                        END;
    write (merk , ' ');                 (* Monitorausgabe stornieren *)
    (* write (sortfil, merk);              und diese Zeile einsetzen *)
    vornar[i] := vornar[i]+1;
    r := 0;
    WHILE vornar[r] > hintar[r] DO r := r+1
                END;
(* close (sortfil); *)
writeln (chr(7)); writeln; readln
END. (* ------------------------------------------------------------- *)
```

Für eine Datei der Länge 100.000 gehen wir wie folgt vor: Wir zerlegen sie
in Blöcke mit Längen um maximal 10.000. Diese Blöcke werden mit Demosort
eingelesen und sortiert wieder auf die Peripherie geschrieben. Dann lesen
wir alle vorderen Teile der Blöcke ein und schreiben die Anfänge nach dem
Größenvergleich fortlaufend auf die Peripherie in die Ergebnisdatei. Immer
wenn ein Block leer geworden ist, laden wir dort ein gehöriges Stück Fortsetzung in den Arbeitsspeicher nach solange, bis alle Blöcke leer sind.

Durch Variation der Blocklängen läßt sich das Verfahren (wesentlich abhängig von der Zugriffsgeschwindigkeit auf die Peripherie) in der Zeit

leicht optimieren und mit Festplatte auf jeden Fall deutlich unter zehn Minuten drücken!

Dateien in Millionenlänge sind auf diese Weise bereits in zwei Stunden oder noch weniger vollständig sortierbar. Wegen des Lesens und Schreibens von zusammenfassenden Blöcken kommt dieses Verfahren Bandmaschinen als Peripherie (die Positionierzeiten liegen mindestens im Sekundenbereich) im übrigen sehr entgegen.

Wenden wir uns jetzt übergangsweise "mittelgroßen" Datenbanken zu: Wir wollen damit Dateien charakterisieren, bei denen nur mehr Ausschnitte im Hauptspeicher gehalten werden können. Bei Banken dieser Größenordnung verzichten wir von Anfang an auf sortiertes Abspeichern und führen ergänzend eine sog. Indexdatei ein. Als weiteres Kennzeichen für "mittelgroß" soll gelten, daß die Indexdatei mit Schlüsseln und Positionsangaben vollständig im Vordergrund des Hauptspeichers gehalten und bearbeitet werden kann, während die Hauptdatei nunmehr soviele Sätze (von beliebiger Einzelgröße) enthalten darf, wie durch eine Indexdatei im Hauptspeicher noch verwaltet werden können:

Die maximale Größe für unser Modell wird daher wesentlich durch die Länge der Schlüssel bestimmt, denn die Indexdatei besteht ja aus den Schlüsseln und Verweisen (Positionsnummern) auf die Hauptdatei, sonst nichts. Ein gesuchter Satz wird über den Schlüssel und seine Position gefunden und dann eingeladen. Offenbar kann eine Datenbank schon mit vergleichsweise wenigen Sätzen dadurch "mittelgroß" werden, daß die Einzelsätze sehr umfangreich sind, also viel Information enthalten. Verwaltung über Indizes lohnt daher in vielen Fällen schon bei "kleinen" Datenbanken.

Als weiterer Vorteil ist zu sehen, daß zu einer einzigen Datenbank mehrere Indexdateien für ganz verschiedene Schlüssel aufgebaut werden können, also das Suchen nach etlichen Kriterien auf einer einzigen unsortierten Bank möglich wird. Schließlich gilt noch, daß zu einer bestehenden Datenbank nachträglich jederzeit weitere Indexdateien angelegt werden können.

Das folgende Programm erzeugt eine Bank ADRLISTE und dazu die Indexdatei INDEX1. Während ADRLISTE durch Anhängen neuer Sätze auf der Peripherie (unsortiert!) einfach verlängert wird, wird die Vordergrunddatei INDEX1 durch Einsortieren des Schlüssels (hier der Name) aufgebaut und erst bei Programmende aktualisiert abgelegt. Beim Suchen in der Indexdatei wird die Position auf der Peripherie gefunden und dann der Satz eingelesen. Bei kürzeren Banken könnte die Indexdatei auch unsortiert abgelegt und nur linear durchmustert werden (wie es jetzt trotz Sortierung geschieht). Ist sie jedoch sortiert, so kann bei sehr langen Indexdateien (auf großen Maschinen) auch die Binärsuche angewandt werden, um so die Suchzeit zu minimieren.

Das Löschen in der Bank geschieht zunächst nur durch Markieren des Satzes in der Indexdatei (der Satz ist noch vorhanden und prinzipiell erreichbar: Datenschutz!). Erst wenn ein neuer Eintrag erfolgt, geschieht das Löschen durch Überschreiben eines früher markierten Datensatzes, um so peripheren Speicher zu sparen. (Im Beispiel testhalber mit Name AAA suchen!)

```pascal
PROGRAM userdata;    (* ungeordnete Hauptdatei mit Indexdatei im PC *)
USES crt;
CONST c = 100;                 (* je nach Speicher bis ca. 300 möglich *)

TYPE       wort = string [25];
           satz = RECORD
                    name : wort;          (* name = Schlüssel in index1 *)
                    ort  : wort;
                    way  : wort;
                    tele : wort      (* und so weiter beliebig lang... *)
                    END;

         index = RECORD
                    key : wort;
                    pos : integer
                    END;


VAR  wer, wer1 : satz;
            wo : index;
       i, ende : integer;
          wahl : char;
        indices : ARRAY [0..c] OF index;
      datafile : FILE OF satz;
      indxfile : FILE OF index;
(* ------------------------------------------------------------------ *)

PROCEDURE einmenu;
BEGIN
clrscr;
writeln ('                                                      ');
writeln;
writeln ('Name  ........... ');
writeln ('Ort ............. ');
writeln ('Straße .......... ');
writeln ('Telefonnummer ... ')
END;

PROCEDURE eingabe;                          (* Neueingabe bzw. Änderung *)
VAR ant, exist : char;
             k : integer;
BEGIN
einmenu;
gotoxy (20, 3); readln (wer.name);
exist := 'N'; ant := 'N'; i := -1;
REPEAT
   i := i + 1
UNTIL (wer.name = indices[i].key) OR (i = ende);
IF wer.name = indices[i].key THEN                (* Satz vorhanden *)
   BEGIN
   reset (datafile); exist := 'J';
   gotoxy (50, 1); write ('Satz schon vorhanden ...');
   seek (datafile, indices [i].pos);
   read (datafile, wer1);
```

```pascal
        gotoxy (50, 4); write (wer1.ort);
        gotoxy (50, 5); write (wer1.way);
        gotoxy (50, 6); write (wer1.tele);
        gotoxy ( 1, 8);  write ('Soll Satz überschrieben werden? (J/N) ');
        ant := upcase (readkey)
      END;
  IF (ant = 'J') OR (exist = 'N') THEN
      BEGIN
      gotoxy (20, 4); readln (wer.ort);
      gotoxy (20, 5); readln (wer.way);
      gotoxy (20, 6); readln (wer.tele);
      reset (datafile);
      IF ant = 'J'
          THEN seek (datafile, indices[i].pos)       (* alte Position *)
          ELSE BEGIN
                IF indices[0].key = 'AAA'                (* Plätze frei *)
                    THEN BEGIN
                         indices[0].key := wer.name;
                         wo := indices[0];
                         k := 1;
                         WHILE (wer.name > indices[k].key) AND (k <= ende)
                               DO k := k + 1;
                         k := k - 1;
                         FOR i := 0 TO k-1 DO indices [i] := indices[i+1];
                         indices[k] := wo;
                         seek (datafile, indices[k].pos)
                         END
                    ELSE BEGIN        (* einsortieren und an Bank anhängen *)
                         k := 0; ende := ende + 1;
                         WHILE (wer.name > indices[k].key) AND (k < ende)
                            DO k := k + 1;        (* weiterschalten/suchen *)
                         FOR i := ende DOWNTO k+1 DO  (* Index sortieren *)
                         WITH indices[i] DO indices [i] := indices[i-1];
                         indices[k].key := wer.name;
                         indices[k].pos := ende;
                         writeln (indices[k].key, ' ', indices[k].pos);
                         delay (1000);
                         seek (datafile, ende)
                         END                (* Ende einsortieren/anhängen *)
               END;
      write (datafile, wer)
      END
END;


PROCEDURE suchen;
VAR ant : char;
BEGIN
i := - 1; einmenu;
gotoxy (20, 3); readln (wer.name);
REPEAT
   i := i + 1
UNTIL (wer.name = indices[i].key) OR (i = ende);
gotoxy (20, 4);
```

```pascal
IF wer.name = indices[i].key THEN BEGIN
   reset (datafile);
   seek  (datafile, indices [i].pos);
   read  (datafile, wer);
   gotoxy (20, 3); write (wer.name);
   gotoxy (20, 4); write (wer.ort);
   gotoxy (20, 5); write (wer.way);
   gotoxy (20, 6); write (wer.tele)
                                    END
                   ELSE writeln ('Satz fehlt ...');
ant := readkey
END;


PROCEDURE go_off;                   (* Satz löschen, d.h. Zugriff sperren *)
VAR ant : char;
      k : integer;
BEGIN
einmenu;
gotoxy (20,3); readln (wer.name);
i := - 1;
REPEAT
   i := i + 1
UNTIL (indices[i].key = wer.name) OR (i > ende);
gotoxy (20,4);
IF i > ende THEN BEGIN
                write (chr(7));
                write ('Satz nicht vorhanden.');
                delay (2000)
                END
           ELSE BEGIN
                reset (datafile);
                seek (datafile, indices[i].pos);
                read (datafile, wer);
                write (wer.ort);
                gotoxy (20, 5); write (wer.way);
                gotoxy (20, 6); write (wer.tele);
                gotoxy (20, 8); write ('Löschen? (J/N) ');
                ant := readkey; ant := upcase (ant);
                IF ant = 'J' THEN BEGIN
                               indices[i].key := 'AAA';
                               wo := indices[i];
                               FOR k := i DOWNTO 1 DO
                                   indices [k] := indices [k-1];
                               indices [0] := wo
                               END
                END
END;

       (* Ein solchermaßen mit AAA "gelöschter" Satz bleibt auf der *)
   (* Peripherie vorerst stehen und kann mit AAA aufgerufen werden. *)
     (* Erst beim nächsten Programmstart geht der Zugriff verloren. *)
```

```pascal
    PROCEDURE lesen;                              (* Zum Testen Indexdatei/Bank *)
    BEGIN
    clrscr;
    reset (datafile);
    writeln (ende + 1, ' Sätze: Indexfile/Datafile'); writeln;
(* FOR i := 0 TO ende DO writeln (indices[i].key, ' ', indices[i].pos); *)
    i := - 1;
    REPEAT
       i := i + 1;
       seek (datafile, indices[i].pos);
       read (datafile, wer);
       write (indices[i].pos : 3, '   ', wer.name : 18);
       IF indices[i].key = 'AAA' THEN writeln (' ... gelöscht.')
                                 ELSE writeln
    UNTIL i = ende;
    wahl := readkey
    END;


    BEGIN  (* ---------------------------------------------- Hauptprogramm *)
    clrscr;
    FOR i := 0 TO C DO indices [i].key := '';
    assign (datafile, 'ADRLISTE');
    assign (indxfile, 'INDEX1');
    (*$I-*) reset (indxfile); (*$I+*)
    ende := - 1;
    IF ioresult = 0 THEN REPEAT                      (* einlesen oder ... *)
                         ende := ende + 1;
                         read (indxfile, indices [ende]);
                         UNTIL EOF (indxfile)
                    ELSE BEGIN                        (* ... generieren *)
                         rewrite (datafile);
                         rewrite (indxfile);
                         einmenu; gotoxy (1,1); write ('Neue Datei:');
                         gotoxy (20, 3); readln (wer.name);
                         gotoxy (20, 4); readln (wer.ort);
                         gotoxy (20, 5); readln (wer.way);
                         gotoxy (20, 6); readln (wer.tele);
                         write (datafile, wer);
                         indices[0].key := wer.name; indices[0].pos := 0;
                         write (indxfile, indices[0]);
                         close (datafile);
                         close (indxfile);
                         ende := 0;
                         END;


    REPEAT
       clrscr;
       writeln ('Hauptmenü : Eingabe / Ändern .......... E');
       writeln ('            Suchen per Name ........... S');
       writeln ('            Suchen per Telefonnummer .. T');
       writeln ('            Löschen ................... L');
       writeln ('            Vorlesen (Test) .......... V');
```

```
       writeln ('              Programmende .............. X');
       write   ('Wahl .................................. ');
       wahl := upcase (readkey);
       CASE wahl OF
       'E' : eingabe;
       'S' : suchen;
       'L' : go_off;
       'V' : lesen;
       END;
    UNTIL wahl = 'X';
    reset (indxfile);                    (* Indizes aktualisiert ablegen *)
    FOR i := 0 TO ende DO write (indxfile, indices [i]);
    close (indxfile)
    END. (* ---------------------------------------------------------- *)
```

Die Vorteile dieser Organisation sind nun in der Tat offensichtlich: Für
weitere Suchkriterien können leicht analoge Indexdateien INDEXn aufgebaut
werden, auch nachträglich. Es wäre einfach, zu Telefonnummern die Halter
zu ermitteln und zwischen den Indexdateien Querverbindungen aufzubauen
(kein Telefon für zwei verschiedene Namen u. dgl.). – Mehrere Datenbanken
können verbunden und durch neu generierte Indexdateien sofort ausgewertet
werden. Insbesondere kann die Indexdatei im Vordergrund bei Programmstart
mit Durchlesen der Bank auch neu erzeugt werden, wenn sie peripher noch
nicht existieren sollte. Diese Möglichkeit ist (neben eventuellem Verlust)
vor allem dann interessant, wenn die Bank aus relativ wenigen Datensätzen
von erheblicher Größe besteht.

Es zeigt sich wesentlich nur ein Nachteil: Das Auslisten aller Datensätze
(nach dem Alphabet) ist offenbar äußerst aufwendig und – kommt es öfter
vor – wegen der n Zugriffe unerträglich: Unsere Option "Liste" dient im
Beispiel in der Testphase nur zur Aufbaukontrolle der Bank.

Entweder erstellt man für einen solchen Fall hie und da eine zum jeweils
gewünschten Kriterium eigens sortierte Bank auf der Peripherie, oder aber
man geht z.B. wie folgt vor:

Neben der eigentlichen Datenbank, auf die beim Suchen (z.B. per Binärsuche
ohne Indexdatei) stets zuerst zugegriffen wird, gibt es noch eine kleine
"Nebenbank", in der Neuzugänge eingetragen und temporäre Änderungen (auch
Löschen) gegenüber der Hauptbank vermerkt sind. – Die Informationen aus
beiden Dateien werden kombiniert und als Ergebnis ausgegeben. In regelmäßigen Abständen wird die Hauptbank durch Einmischen dieser Nebenbank
aktualisiert. Der Zeitaufwand hierfür ist durch Neuanlegen der Hauptbank
(Umkopieren mit Einmischen) kaum größer als beim einfachen sequentiellen
Durchlesen der beiden Dateien.

Zu unserem Adressenprogramm mit je nach Rechner maximal um 250 Adressen
aus Kapitel 15 finden Sie auf der Diskette als Ergänzung zwei Programme:
Mit dem einen können Sie aus allen vorhandenen Dateien vom Typ *.DTA durch
Mischen ein sortiertes Großfile *.MTX auf der Peripherie erzeugen, das für
Druckzwecke (alphabetische Listen) oder auch zum Suchen einzelner Sätze
quer über alle Banken verwendet werden kann. Das andere dient zum Suchen.

Eine solche Datei ˙.MTX kann beliebig lang sein, ohne daß die möglichen Optionen unter Zeitdruck leiden. In leicht abgewandelter Form werden diese Programme tatsächlich für Mitgliederlisten u. dgl. verwendet. Die Optionen "Adressat nach Geburtstag bzw. nach Kennung/ Gruppe" dienen dabei dem Auslisten von Jubiläen bzw. dem Auswählen bestimmer Zielgruppen für Serienbriefe mit Anbindung an eine Textverarbeitung. Bei Benutzung bzw. Änderung der Programme für eigene Zwecke sollten Sie daher im Kopf das Copyright ändern und neu compilieren!

Fassen wir nun so zusammen: Liegt eine große Menge von Daten sortiert auf einem Hintergrundspeicher, so ist es prinzipiell möglich, durch geeignete Suchroutinen wie etwa das "binäre Suchen" (Intervallhalbierung), jeden gewünschten Datensatz relativ schnell zu finden: Da $\log_2(1.000.000) \approx 20$ ist, sind bei einer Million Datensätze aber immerhin maximal 20 Zugriffe notwendig. Ändert sich jedoch der entsprechende Datenbestand (etwa durch Löschen, Einfügen usw.) häufig, so sind wiederholt aufwendige Sortierläufe notwendig, denn Voraussetzung für erfolgreiche Binärsuche ist die lexikographische Anordnung der sequentiellen Datei. Kann die Datenbank auf eine Indexdatei abgebildet werden, die noch im Hauptspeicher gehalten werden kann, so sind die bisher besprochenen Möglichkeiten des Aufbaus von Datenbanken ausreichend und sinnvoll. Sonst muß man nach anderen Möglichkeiten der Datenorganisation suchen:

Betrachten wir jetzt <u>beliebig große Datenbanken</u>. Es bietet sich an, solche Datenbanken über eine Indexdatei mit Baumstruktur zu verwalten. Eine derartige, besonders einfache Struktur ist der Binärbaum aus Kapitel 19, ein Baum, wo an jeden Knoten höchstens zwei weitere Datensätze mit Zeigern angeheftet werden. – Zeiger können in Pascal mit Pointern realisiert werden, anderswo konstruiert man sie notfalls explizit.

Der erste eingegebene Datensatz stellt die sog. Wurzel des Baums dar, alle nachfolgenden Eingaben werden je nach lexikographischer Anordnung links bzw. rechts als Knoten mittels Zeigern angefügt:

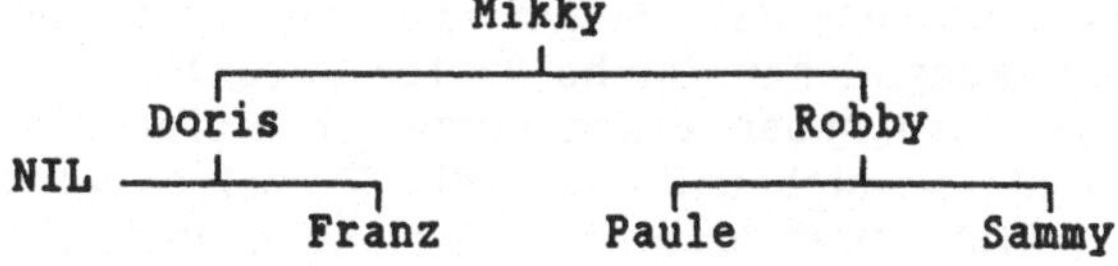

Im Beispiel lautete die Eingabesequenz vielleicht

    Mikky   Doris   Franz   Robby   Sammy   Paule

oder auch

    Mikky   Robby   Sammy   Paule   Doris   Franz.

Die Wurzel und jeder (innere) Knoten haben ein oder zwei Nachfolger, die Endknoten ("Blatt") ausgenommen; diese haben keine Nachfolger. Ein solcher Baum heißt sinnfällig binärer Baum oder Baum vom Grad zwei. Kann ein Kno-

ten jedoch mehr als zwei direkte Nachfolger haben, so nennt man den Baum
dann allgemein <u>Vielweg-Baum</u> (vom Grad > 2). Auf solche Bäume kommen wir
weiter unten in einem speziellen Fall noch ausführlich zu sprechen.

Jeder Baum enthält Teilbäume derselben Struktur. So ist Robby Wurzel eines
Teilbaums, der allerdings keine inneren Knoten mehr hat (sondern im Beispiel oben nur noch Blätter).

Im Beispiel ist die größte Weglänge zwei, etwa von Mikky nach Sammy; diese
heißt Höhe des Baums. Würde man noch Hansi eingeben, so wüchse die Höhe
des Baums auf drei, denn Hansi muß unter Franz nach rechts angehängt werden, sodaß Franz seinen Blattcharakter verliert und zu einem inneren Knoten wird wie schon vorher Doris und Robby. – Im Beispiel haben Doris und
Robby die Stufe eins, und alle Blätter die Stufe zwei. Nach Eingabe von
Hansi wäre dies das einzige Blatt auf der Stufe drei.

Aufgrund der Konstruktionsvorschrift nennt man diesen Binärbaum geordnet.
In geordneten Bäumen kann man sehr leicht zusätzliche Elemente einfügen
und auch suchen: Schlimmstenfalls liegt ein gesuchtes Element als Blatt
vor oder es fehlt überhaupt: Die Anzahl der Suchschritte ist also aller-
höchstens gleich der Höhe des Baumes, oftmals kleiner.

Gleichwohl kann das Suchen langwierig werden, denn es hängt sehr von der
ursprünglichen Reihenfolge der Eingaben ab: Hätte man im Extremfall die
Daten nämlich lexikographisch geordnet von Doris bis Sammy eingegeben, so
wäre ein entarteter Baum entstanden, eine (lineare) Liste. Die Zahl der
Suchschritte für Sammy wäre dann auf fünf angewachsen. – Unser Baum ist
(absichtlich) "vollständig ausgeglichen", d.h. für jeden Knoten ist die
Anzahl aller Knoten in jeweiligen linken bzw. rechten Teilbaum bis auf
eine Differenz von eins gleich: Es kommen nur zwei Teilbäume mit ein bzw.
zwei Blättern vor.

Das Suchen in einem geordneten Binärbaum ist also nur besonders effizient,
wenn der Baum einigermaßen ausgeglichen ist. Das ist bei vielen Knoten mit
zufälliger Reihenfolge der Eingabe i.a. der Fall. Schon existierende Bäume
kann man aber nachträglich noch ausgleichen (siehe weiter unten). – Fügen
wir im Beispiel den Knoten Abele links neben Franz hinzu, so bleibt der
Baum vollständig ausgeglichen und hat sieben Knoten, die Wurzel dabei mitgerechnet. Man erkennt, daß ein Blatt zwar erst nach zwei Suchschritten
gefunden wird, jeder andere Knoten aber schon früher:

$$7 = 8 - 1 = 2^3 - 1, \text{ Suchschritte} = 3 - 1 = 2.$$

Wäre der Baum vollständig ausgeglichen (und mit Stufe drei), so enthielte
er mit der Wurzel höchstens 15 Elemente = $2^{n+1} - 1$, wobei n = 3 die Höhe
des Baumes darstellt. Man erkennt leicht, daß die Anzahl der Suchschritte
im ausgeglichenen Baum höchstens n ist: Er enthält höchstens k = $2^{n+1} - 1$
Elemente, und die Anzahl der Suchschritte ist demnach unter $\log_2(k+1) - 1$,
d.h. $< \log_2(k)$. Je mehr der Baum aber bei gleicher Anzahl k von Elementen
entartet, umso mehr kann sich die Zahl der Suchschritte dem Wert k nähern,
der Anzahl aller Elemente im Baum überhaupt. Die sog. <u>Traversierung</u> des
Baums wird dann zeitlich besonders aufwendig.

Unser erstes Programmbeispiel aus Kapitel 19 zeigte das Zeigerverfahren
noch auf einem ARRAY, also einer statischen Datenstruktur; die Verwendung
von Zeigervariablen (Pointer) bietet den zusätzlichen Vorteil, den freien
Vordergrundspeicher der Maschine (Heap) automatisch verwalten zu lassen,
d.h. mit dynamischen Datenstrukturen zu arbeiten, sodaß in Programmen Vereinbarungen über den Speicherbedarf entfallen.

Fehlen in einer Programmiersprache Pointer, so ließen sich diese dem Beispiel entsprechend explizit konstruieren; in Pascal ist das überflüssig,
und ein Beispielprogramm hatten wir bereits. Dieses baut(e) die Datei
unter Laufzeit direkt im Arbeitsspeicher auf; nach Verlassen des Programms
war die Eingabearbeit also verloren. Also speichern wir die Inhalte der
Bezugsvariablen (nicht die Zeiger!) ab. – Wie, in welcher Reihenfolge soll
das geschehen? Man müßte den Baum irgendwie vollständig traversieren (das
ist nicht gerade leicht, zudem tatsächlich nicht nötig), und dabei alle
auftauchenden Namen der Reihe nach ablegen. Bei späterem Wieder-Einlesen
der Datei könnte die Zeigerstruktur dann schrittweise wieder aufgebaut
werden.

Um realitätsnah und gleichwohl nicht zu umfangreich zu bleiben, ist die
folgende beispielhafte Lösung geeignet:

Beim Aufbau der Bank werden von Anfang an neben dem Schlüssel (also hier
dem Namen) auch noch weitere Informationen abgefragt, etwa der Ort (und
mehr). Diese kompletten Datensätze werden in der Eingabereihenfolge direkt
auf der Peripherie abgelegt, haben also steigende Nummern, die symbolisch
für die relativen Adressen auf der Peripherie ab Dateibeginn stehen. In
einer zweiten Datei legen wir gleichzeitig nur diese Schlüssel samt deren
Nummern ab und nennen diese Datei wieder Indexdatei. Im parallel dazu
wachsenden Binärbaum im Hauptspeicher wird neben der Verkettung jeweils
nur der Schlüssel samt seiner Nummer (Relativadresse auf der Peripherie)
vermerkt: Die Indexdatei (im Vordergrund!) wird durch Verkettung binär
strukturiert, ist aber trotzdem im Hintergrund sequentiell abgelegt, entsprechend der Eingabefolge.

Wird das Programm beendet, so braucht nichts mehr abgespeichert werden;
bei einem Neustart wird die gegenüber der Hauptdatei erheblich kleinere
Indexdatei durchgelesen und mit ihrer Hilfe die Binärstruktur durch Verkettung aufgebaut. Die Indexdatei könnte demnach auch "durchgeschüttelt
werden", d.h. eine veränderte Anordnung der Elemente Schlüssel/Adress-
zeiger verändert zwar beim Aufbau den Binärbaum in seiner Struktur, aber
es gehen keinerlei Zugriffsadressen verloren. – Ein entarteter Baum könnte
daher nachträglich ausgeglichen werden. Ist dies nicht beabsichtigt, genügt als Indexdatei die Schlüsselfolge als Kurzfassung der Hauptdatei,
denn die Abfolge der Schlüssel ist ein Abbild der Adresszeiger. Eine
fehlende oder defekte Indexdatei kann notfalls mit einmaligem Durchlesen
der Bank leicht erzeugt oder repariert werden. Auch andere Manipulationen
sind denkbar wie das Löschen von Sätzen (siehe später).

Das folgende Programmbeispiel einer Art Verbrecherkartei verwendet aber
die Adresszeiger mit, um die eben angesprochenen Verhaltensmuster beim
Ausbau des Programms simulieren zu können. Nehmen wir an, wir hätten die
folgenden sechs Datensätze in der ersichtlichen Reihenfolge

```
Hans       München         Autodiebstahl
Fritz      Augsburg        Einbruch
Doris      Hannover        Scheckbetrug
Robert     Frankfurt       Überfall
Gabi       Ottobrunn       Ladendiebstahl
Michael    Rosenheim       Brandstiftung
```

eingegeben. Dann entstehen die beiden peripheren sequentiellen Dateien

```
        Hauptdatei                        Indexdatei

(1)  Hans      ... ... und mehr      Hans      1
(2)  Fritz     ... ...               Fritz     2
(3)  Doris     ... ...               Doris     3
(4)  Robert    ... ...               Robert    4
(5)  Gabi      ... ...               Gabi      5
(6)  Michael ... ...                 Michael   6
```

zum binären Indexbaum (im Hauptspeicher)

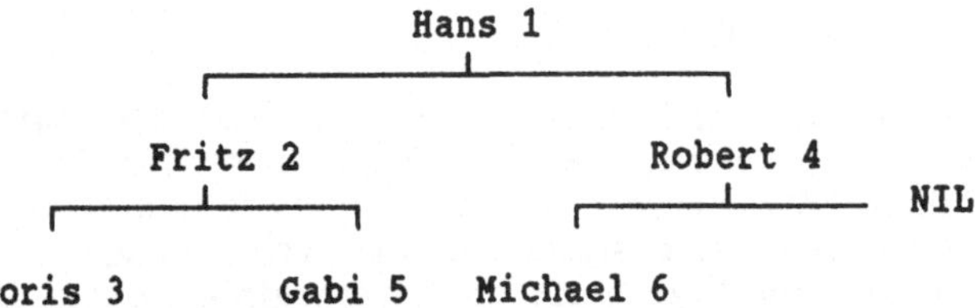

In diesem Baum wird gesucht und über die Nummer der Hintergrundspeicher aufgerufen. Dieser Baum kann über die Indexdatei jederzeit rekonstruiert werden. Liest man die Indexdatei aber rückwärts ein, so entsteht zwar ein anderer Baum, aber durchaus mit denselben Informationen: Der folgende Baum ist weniger ausgeglichen, beim Suchen "langsamer", aber ansonsten gleich nützlich. Bei besonders ungünstiger Baumstruktur könnte man über eine Umordnung in der Indexdatei nachdenken.

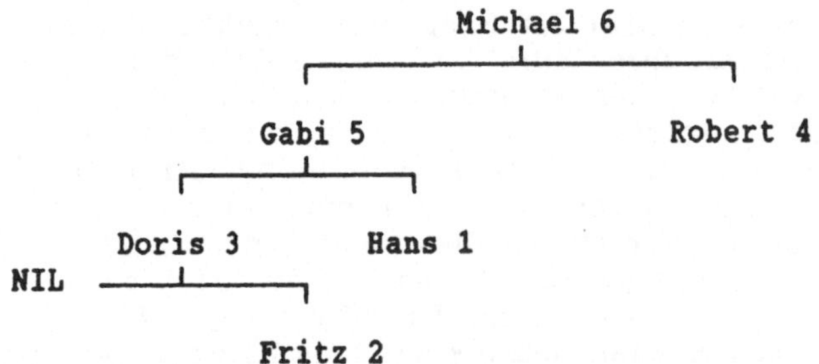

Die Verbrecherkartei faßt die Optionen Neueintragen und Suchen zusammen: Gibt es ein "Element", so wird es angezeigt, andernfalls kommt es als Neuzugang in unsere "ewige" Kartei ohne Löschen der Vorstrafen. Krimzeig erzeugt durch fortlaufendes Schreiben (ohne Sortieren) auf der Peripherie zwei Dateien: die Bank CRIMLIST.DTA, und dazu die ungeordnete Indexdatei CRIMLIST.IND, auf die wie dargelegt sogar verzichtet werden könnte.

```pascal
PROGRAM krimzeig_indexstruktur_binaerdatei;
    (* Erstellt im Vordergrund einen Binärbaum zum Zugriff auf den *)
    (* Hintergrund;  bei Erstlauf muß wenigstens ein Datensatz er- *)
    (* stellt werden, sonst filesize (CRIMLIST.IND) = 0, Laufzeitf.*)
USES crt;
TYPE    wort = string [20];
        satz = RECORD                                 (* Hauptdatei *)
                  key : wort;
                  ort : wort;
                  tat : wort           (* und aktuell beliebig länger *)
               END;
        loco = RECORD                       (* Indexdatei, und zwar ... *)
                  was : wort;                            (* Schlüssel ... *)
                  wo  : integer     (* und relative Peripherieadresse *)
               END;                               (* beide im Hintergrund *)


    baumzeiger = ^tree;    (* Zeigerbaum, Vordergrund zur Indexdatei *)
          tree = RECORD
                  inhalt : loco;
                  links, rechts : baumzeiger
                END;


VAR            baum : baumzeiger;    (* rekursive Vorwärtsverkettung *)
            eingabe : wort;
    dat, ausindex : loco;
    ein, ausdatei : satz;
             exist : boolean;
             datei : FILE OF satz;
             index : FILE OF loco;
                 z : integer;
(* --------------------------------------------------------------- *)
PROCEDURE einfuegen (VAR b : baumzeiger; w : wort);
VAR  gefunden : boolean;
         p, q : baumzeiger;
          ant : char;

   PROCEDURE machezweig (VAR b : baumzeiger; w : wort);
   VAR platz : integer;
   BEGIN                         (* nur, wenn Datensatz noch fehlt *)
   new (b); gefunden := true;
   WITH b^ DO BEGIN
            links  := NIL; rechts := NIL; inhalt.was := w;
            IF NOT exist THEN
            BEGIN                          (* dann exist = false !*)
            ausdatei.key := w;
            write ('Ort :     '); readln (ausdatei.ort);
            write ('Untat:    '); readln (ausdatei.tat);
            platz := filesize (datei);
            seek  (datei, platz);                      (* Anhängen *)
            write (datei, ausdatei);        (* und Satz in Datei *)
            inhalt.wo := platz;                     (* Baumeintrag *)
            ausindex.was := w;
            ausindex.wo  := platz;
```

```
            seek (index, filesize (index));           (* Anhängen *)
            write (index, ausindex)            (* und Index ablegen *)
            END
                        ELSE
            inhalt.wo := dat.wo;       (* Baumaufbau aus Indexdatei *)
            END
    END;

    PROCEDURE correct;    (* einfachste Lösung ohne Hilfszeiger etc. *)
    VAR i : integer;                         (* Indexfile korrigieren *)
    BEGIN                                 (* Der Datensatz bleibt auf *)
    i := - 1; reset (index);         (* der Peripherie, ist aber nicht *)
    REPEAT                                       (* mehr zugänglich *)
      i := i + 1;
      read (index, dat)            (* Hie und da kann das Indexfile kom- *)
    UNTIL dat.was = w;             (* primiert werden, d.h. Sätze mit *)
    seek (index, i);            (* index:dat.was = 'XXX' löschen ... *)
    dat.was := 'XXX';                       (* siehe Listing S. 337 *)
    write (index, dat);
    reset (index)
    END;


BEGIN   (* ------------- Eigentliche Prozedur, d.h. Eintragsroutine *)
gefunden := false; q := b;
IF b = NIL                          (* Datensatz fehlt bzw. Baumaufbau *)
    THEN machezweig (b, w)
    ELSE REPEAT
        IF w < q^.inhalt.was THEN BEGIN
           IF q^.links = NIL   THEN BEGIN
                                  machezweig (p, w); q^.links := p
                                  END
                           ELSE q := q^.links
                                  END;
        IF w > q^.inhalt.was THEN BEGIN
           IF q^.rechts = NIL THEN BEGIN
                                  machezweig (p, w); q^.rechts := p
                                  END
                           ELSE q := q^.rechts
                                  END;
        IF w = q^.inhalt.was THEN                 (* Satz vorhanden *)
           BEGIN
           seek (datei, q^.inhalt.wo);       (* sucht im Puffer oder *)
           read (datei, ein);                  (* im Hintergrund !!! *)
           writeln ('Ort        ', ein.ort);          (* im Fenster *)
           writeln ('Untat      ', ein.tat);
           gefunden := true;
           writeln;
           write ('Datensatz löschen (J/N) ? ');
           ant := upcase (readkey);
           IF ant = 'J' THEN correct
           END
        UNTIL gefunden
END;
```

```pascal
BEGIN (* ------------------------------------------------------ main *)
clrscr;
baum := NIL;
gotoxy ( 5, 2); write ('Ewige Verbrecherdatei ...');
assign (datei, 'CRIMLIST.DAT');
assign (index, 'CRIMLIST.IND');
(*$I-*) reset (index); (*$I+*)
IF ioresult = 0 THEN BEGIN          (* Dann beide Dateien vorhanden! *)
   gotoxy ( 5, 3); write ('Einlesen der Indexdatei abwarten ...');
   exist := true;
   z := 0;
   REPEAT
      read (index, dat);
      IF dat.was <> 'XXX' THEN
         einfuegen (baum, dat.was)          (* Aufbau des Indexbaumes *)
                     ELSE z := z + 1
   UNTIL eof (index);
   gotoxy (35, 2); write (filesize (index) : 3, ' Sätze, davon ');
   write  (z : 3, ' unzugänglich.');
   gotoxy ( 5, 3); clreol;
   reset  (datei)                           (* Ohne Fehler, da vorhanden! *)
                END
                ELSE BEGIN     (* Neuerstellung beider Dateien *)
                     rewrite (index); rewrite (datei)
                     END;

gotoxy ( 5, 4); write ('Name eingeben (stp >>> ENDE) : ');
gotoxy ( 5, 6); write ('              ');
window (5, 8, 36, 13);
REPEAT
   clrscr; write ('Name :     '); readln (eingabe);
   exist := false;
   IF eingabe <> 'stp' THEN einfuegen (baum, eingabe)
UNTIL eingabe = 'stp';
close (index); close (datei)
END. (* ------------------------------------------------------ *)
```

Das Programm verwendet drei Zeiger (alle drei sind rekursiv!) und ist daher äußerst kompakt. Die Prozedur *einfuegen* wird sowohl zum Aufbau des Indexbaums beim Einlesen der Indizes wie auch zum Weiterschalten bei schon existierendem Baum im Hauptspeicher benutzt. Man beachte, wie an bereits bestehende Dateien (ohne *rewrite*) angehängt wird: die Dateien werden einmal mit *reset* geöffnet und dann per Endesignal *filesize* einfach fortlaufend beschrieben. Unter Laufzeit des Programms fällt auf, daß DOS beim Suchen eines vorhandenen Satzes nur dann per *read (datei, ein);* auf den Hintergrund zugreift, wenn sich der gesuchte Satz nicht schon im Puffer befindet. Ein Indexdatum vom Typ *loco* benötigt nur 63 Byte, während der zugehörige Datensatz vom Typ *satz* beliebig lang sein darf. Demnach kann ein sehr großer Baum im Heap verwaltet werden.

Kehren wir zu unserem Eingangsbeispiel "Mikky ..." zurück:

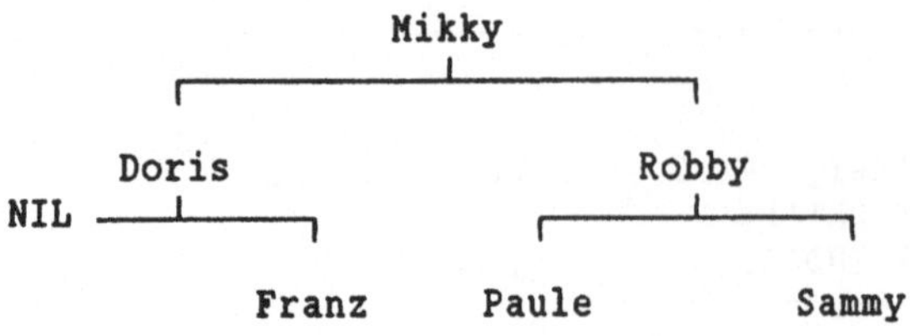

Abb.: Baum von Seite 329

Während das Einfügen in unserem Programm bereits realisiert ist, wird das
direkte <u>Löschen</u> vorhandener Elemente etwas schwieriger: Blätter, also
Endknoten, können einfach gestrichen werden. Auch der innere Knoten Doris
mit nur einem Nachfolger kann leicht entnommen werden: Man ersetzt diesen
Namen durch den Nachfolger Franz. Aber wie wird Robby gelöscht, also ein
innerer Knoten mit zwei Nachfolgern? - Wir können mit einem Zeiger leider
nicht in zwei Richtungen zugleich weisen ... Die Lösung lautet:

Ersetze einen solchen Knoten durch das größte Element des linken oder das
kleinste Element des rechten Teilbaumes unter dem zu löschenden Knoten. In
unserem Fall sind das Paule bzw. Sammy mit den Lösungen

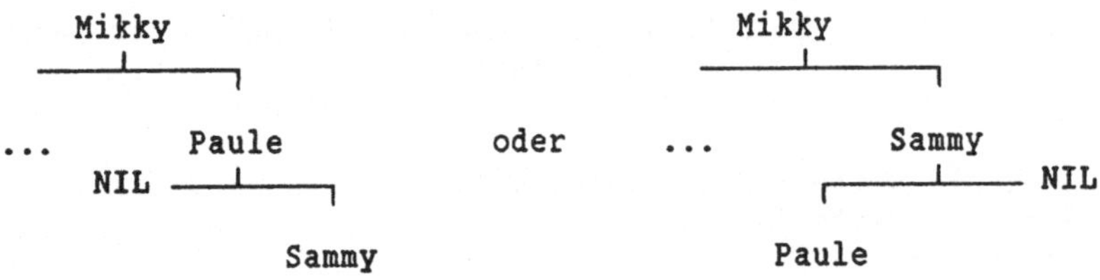

(Der linke Teilbaum von Mikky bleibt unverändert.) Da der Teilbaum nach
Robby nur noch Blätter hat, wird die Vorgehensweise weit deutlicher beim
Löschen von Mikky, den wir als inneren Knoten mit zwei Nachfolgern behan-
deln können:

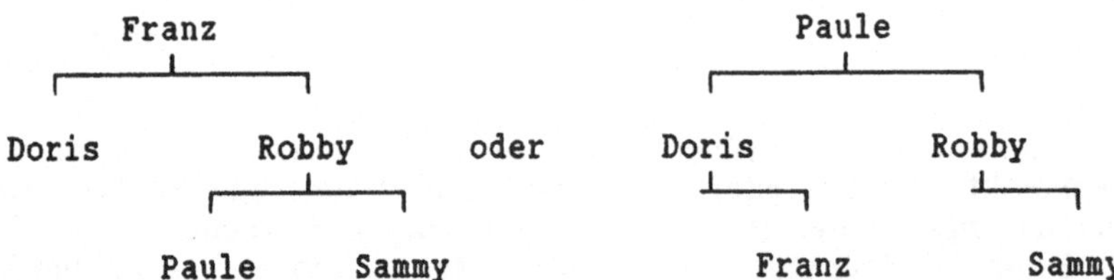

Denn Franz ist das vor Mikky am weitesten rechts existierende Element, und
Paule analog das nach Mikky am weitesten links vorhandene. Die Positionen
"vor" bzw. "nach" sind dabei im Sinne der lexikographischen Struktur der
Baumordnung zu interpretieren. Eine entsprechende Prozedur ist schon etwas
komplizierter einzubauen (siehe dazu im Buch [25]). Jedoch:

Soll der Binärbaum der Indizes tatsächlich unter Laufzeit bei einem Lösch-
vorgang regeneriert werden, so sind relativ komplizierte Prozeduren nötig,
die ohne zusätzliche Zeiger nicht realisierbar sind. Denn man benötigt zum
Löschen offenbar wegen der Neuverkettung auch Informationen über den Vor-

gänger eines Elements, also Laufzeiger und Hilfszeiger für das Verbiegen
der Pointer. Das sehr kompakte Programm Krimzeig würde dadurch schwerer
verständlich. Zum Löschen gehen wir daher ganz anders vor: Ist ein Satz
gefunden, so wird er im Baum zunächst weiterhin gehalten (damit ist zwei-
maliges Löschen innerhalb einer Sitzung ohne Wirkung und der Nachweis des
Satzes im Vordergrund ist noch möglich): Der Satz wird vorerst nur in der
Indexdatei (peripher) durch Überschreiben des Schlüssels mit 'XXX' unzu-
gänglich gemacht. Beim nächsten Neustart des Programms taucht er nicht
mehr im Indexbaum auf, denn dieser Sonderschlüssel wird beim Baumaufbau
einfach übergangen. Damit ist der ursprüngliche Datensatz auf der Peripherie zwar weiterhin vorhanden, aber ohne "Tricks" nicht mehr erreichbar.
(Nebenbei: Man sieht, daß dieses "Löschen" in einer Verbrecherkartei eine
durchaus praxisnahe Sache ist ...)

Hie und da kann die periphere Indexdatei mit dem folgenden Programm komprimiert werden, sodaß der Zusammenhang mit der Datenbank wegen der nun
fehlenden Einträge 'XXX' verschwindet und die entsprechenden Datensätze
bei eventuellem Interesse nur noch über Direktleseprogramme der Hauptdatei
abrufbar werden, aber jedenfalls immer noch nicht "gelöscht" sind ...

```
PROGRAM indexfile_krimzeig_komprimieren;              (* Zu krimzeig *)
USES crt;
TYPE    wort = string [20];
        loco = RECORD                     (* Indexdatei, und zwar ... *)
                was : wort;                        (* Schlüssel ... *)
                wo  : integer     (* und relative Peripherieadresse *)
                END;                        (* beide im Hintergrund *)

VAR     dat : loco;
index, kopie : FILE OF loco;
(* ----------------------------------------------------------------- *)
BEGIN
clrscr; writeln ('Indexfile unkomprimiert ... ');
writeln ('                  Satz     Lage ');
assign (index, 'CRIMLIST.IND');
assign (kopie, 'CRIMLIST.KOP');
reset   (index);
rewrite (kopie);
REPEAT
   read (index, dat);
   writeln (dat.was : 20, dat.wo : 8);
   IF dat.was <> 'XXX' THEN write (kopie, dat)
UNTIL EOF (index);
erase (index);
reset (kopie); rename (kopie, 'CRIMLIST.IND'); close (kopie);
readln
END.
```

Wie bereits dargelegt, hält man in der Praxis im Hauptspeicher nur die
Baumstruktur mit den Schlüsseln (das sind unsere Namen) und den Indizes
als Positionsnummern auf der Peripherie. Das Beispiel unserer Verbrecherkartei zeigt, daß die tatsächlich abgelegten Daten erheblich mehr Platz
beanspruchen als nur deren Verkettungsstruktur samt den Schlüsseln und

Positionsangaben. Gleichwohl ist das Verfahren bei einer größeren Menge von Daten dann nicht mehr brauchbar, wenn bereits die Baumstruktur zur Indexdatei den Rahmen des Hauptspeichers sprengt ...   Hier hilft nur noch eine völlig neue Überlegung weiter, die auf speziellen <u>Vielweg-Bäumen</u> beruht:

Wir definieren dazu sog. <u>B-Bäume</u>:

Wir legen auf einer Seite (Knoten) mehr als ein Element ab, und zwar stets mindestens n, höchstens aber 2n Stück. Die Zahl n wird vorab festgelegt; sie heißt "<u>Ordnung</u>" des Baums.

Zu Beginn des Aufbaus eines solchen Baums liegt nur ein einziges Element vor; daher ist die Wurzel die einzige Seite, die auch weniger als n Elemente enthalten kann.

Wenn eine Seite keine Nachfolger hat, so ist sie ein Blatt. Hat sie jedoch Nachfolger, so sollen dies genau m + 1 Stück sein, wenn die Seite selbst gerade m Elemente (n $\leq$ m $\leq$ 2n) aufweist. Die m Elemente einer Seite sind (zwingend) der Größe nach geordnet.

Wird jetzt noch vereinbart, daß alle Blätter des Baums auf der gleichen Stufe liegen, so nennt man solche speziellen Vielweg-Bäume (vermutlich nach R. BAYER 1970) <u>B-Bäume der Ordnung n</u>.

Es sei n = 2; verfolgen wir den Aufbau eines solchen B-Baums. Die ersten vier (= 2n) Eingaben können alle auf einer Seite untergebracht werden, der Wurzel. Diese Elemente seien in irgendeiner Reihenfolge der Eingabe die Elemente 15, 20, 25 und 30. Sie werden geordnet abgelegt:

$$(\ 15 \ 20 \ 25 \ 30 \ )$$

Bisher ist die Wurzel des Baums zugleich einziges Blatt. – Eine weitere fünfte Eingabe sei 10. Vorläufig eingeordnet stellt sich jetzt 20 als mittleres Element heraus; das Blatt wird nun zerlegt; es entstehen zwei neue Seiten mit je zwei Elementen, während die Wurzel mit dem Element 20 neu gebildet wird:

$$(\ 20 \ .. \ .. \ .. \ )$$
$$(\ 10 \ 15 \ .. \ .. \ ) \qquad (\ 25 \ 30 \ .. \ .. \ )$$

In der Wurzel werden zwei Zeiger zu den Blättern definiert, also einer mehr als die Anzahl der enthaltenen Elemente. Entstanden ist ein B-Baum der Stufe eins (und wiederum der Ordnung zwei), der alle oben geforderten Bedingungen erfüllt.

Weitere Eingaben, mindestens zwei, sind nun ohne Probleme unterzubringen: Elemente kleiner als 20 wandern in das linke, hingegen Elemente größer als 20 in das rechte Blatt. Sie werden dort lexikographisch eingeordnet. – Es könnte also folgendes Bild entstanden sein:

$$(20 \ldots \ldots \ldots)$$

(10 12 15 18)   (25 30 40 ..)

Noch eine Eingabe > 20 wäre möglich. Nehmen wir an, es würde aber das Element 11 eingegeben. Damit enthält das linke Blatt zunächst fünf Elemente, eines zuviel. 12 wird zum mittleren Element, was jetzt eine Trennung des Blattes mit "Überlauf" in den Vorgänger (hier die Wurzel) erzwingt:

$$(12 \; 20 \ldots \ldots)$$

(10 11 .. ..)   (15 18 .. ..)   (25 30 40 ..)

Nach Definition ist wiederum ein B-Baum entstanden. In der Folge sind nun mehrmalige Eingaben < 20 unproblematisch; werden jedoch wenigstens zweimal Eingaben > 20 getätigt, so erfolgt rechts in einer Überlaufsituation ein Umbau des B-Baums, etwa zum Fall

$$(12 \; 20 \; 30 \ldots)$$

(10 11 .. ..)   (15 17 18 19)   (25 28)   (37 40)

der mit den Eingaben 17, 28, 19 und 37 zu erwarten ist: Jetzt wandert von den fünf Elementen 25, 28, 30, 37 und 40 das mittlere in die Wurzel, das Blatt rechts wird in zwei neue zerlegt. Mit weiteren Eingaben kann im günstigsten Fall ein B-Baum entstehen, der in der Wurzel vier Elemente, in den dann vorhandenen fünf Blättern ebenfalls je vier Elemente enthält. Dieser B-Baum hat die Stufe eins. Eine weitere Eingabe erzwingt dann aber in einer zweifachen Überlaufsituation den Umbau zu einem B-Baum der Stufe zwei, denn nach Überlauf in die Wurzel muß auch diese in zwei neue Seiten zerlegt werden und es entsteht eine neue Wurzel mit vorerst einem Element und zwei Nachfolgeseiten.

Seltsamerweise wächst ein B-Baum von den Blättern aus ...

Ist n die Ordnung des B-Baums und s seine Stufe, so enthält der Baum maximal

$$2n + (2n+1) * 2n + (2n+1) * (2n+1) * 2n$$

Elemente bei Stufe s = 2. Allgemein gilt für die Maximalzahl von Elementen im Baum mit Blick auf Formeln zur geometrischen Reihe:

$$2n * (1 + (2n+1) + \ldots + (2n+1)^s) =$$

$$= 2n * ((2n+1)^{s+1} - 1)/((2n+1) - 1))$$

$$= (2n + 1)^{s+1} - 1.$$

Aus den bisherigen Beispielen kann man außerdem ersehen, daß der auf der Peripherie notwendige Speicherplatz jedenfalls zu mindestens 50 Prozent ausgelastet ist, denn eine Seite enthält ja wenigstens n Elemente, während insgesamt 2n Plätze je Seite bereitzuhalten sind.

Nehmen wir jetzt an, unter Laufzeit sei die Wurzel des Baums stets im Hauptspeicher geladen. Ein gesuchtes Element wird zunächst in der Wurzel vermutet. Ist dies nicht der Fall, so kann über deren Zeiger festgestellt werden, in welchem Teilbaum weitergesucht werden muß. Diese Seite wird geladen. Ist das Element dort nicht vorhanden, wird deren eindeutig festgelegter Nachfolger geladen und so fort. Bei einem Baum der Stufe s sind damit höchstens s Zugriffe (mit Laden je einer Seite) auf die Peripherie nötig. Die Suchzeit in einer geladenen Seite ist vernachlässigbar.

Bei sehr kleinem Arbeitsspeicher setzen wir zum Beispiel n = 10 mit s = 2. Nach obiger Formel können auf diese Weise immerhin maximal $21^3 - 1 = 9260$ Datensätze organisiert werden, praktisch wenigstens die Hälfte (gut 5000). Mit n = 25 (das ist ein recht realistischer Wert) und s = 3 oder 4 stößt man bereits in den Millionenbereich vor, ohne daß oftmaliges Lesen der Peripherie notwendig wird. Da die Seiten bzw. Blätter in größeren Datenblöcken abgelegt sind, ist diese Dateiorganisation auch für Bandmaschinen gut geeignet.

Ein Listing zur realitätsnahen Simulation dieser Vorgänge ist schon sehr aufwendig und kann aus Platzgründen nicht wiedergegeben werden. Auf der Begleitdiskette finden Sie ein Programm mit n = 5 (das kann im Quelltext dort verändert werden); es ist in einem EDV-Praktikum "Programmieren" im Rahmen einer Aufgabe als beliebig erweiterungsfähiges Demonstrationsprogramm entwickelt worden. Sie können damit einen B-Baum aufbauen, darin suchen und sich ganze Seiten zur Information ansehen:

Eine Seite kann maximal 2n = 10 Einträge enthalten; neben diesen eigentlichen Datensätzen enthält jede Seite 2n + 1 = 11 Zeigerverweise auf eventuelle Nachfolger sowie eine generelle Information zum aktuellen Belegungszustand und sieht damit zum Beispiel so aus:

```
3       12   DAT1
        14   DAT2
        17   DAT3
         0   (D..4)
         0   ....
         0   (D..10)
         0
```

Dies bedeutet: Derzeit sind drei Einträge aktuell, nämlich DAT1 bis DAT3. Die folgenden D..4 bis D..10 sind nur Platzhalter auf der Peripherie, u.U. früher gelöscht worden, was nach Umsortieren einer Seite und Wiederablage in der vordersten Information (also 3 auf 2 setzen) zum Ausdruck kommt. Wird ein Datensatz vor DAT2, aber hinter DAT1 gesucht, so geht es einfach auf der zu ladenden Seite 14 weiter ... 0 bedeutet, daß noch keine Seite angelegt worden ist.

Die Zeiger 12, 14, 17 sind im Beispiel nur symbolisch gemeint: In Wahrheit stehen dort Zahlen zur relativen Position der Seite im Blick auf den An-

fang der Datenbank. Jeweils eine Seite wird komplett geladen, durchsucht
und gegebenenfalls durch den passenden Nachfolger ersetzt, bis die Suche
zum Erfolg führt oder aber (bei Fehlanzeige) ein Neueintrag möglich ist.

Abhängig von der Struktur eines Datensatzes kann n so groß gewählt werden,
daß eine Seite vollständig in den Hauptspeicher paßt. Selbst bei aller-
größten Datenbanken ist es daher möglich, einen gewünschten Datensatz mit
nur wenigen Ladevorgängen zu suchen oder neu einzutragen.

Neben lexikographischer Ablage (wie im Beispiel) wäre es auch denkbar,
Seiten nach anderen Kriterien aufzubauen und eine Seite als Klasse von
Datensätzen zu definieren. Solange man nur mit dieser Klasse arbeitet,
sind keine Ladevorgänge erforderlich; sucht man hingegen einen einzelnen
Satz ohne Kenntnis darüber, zu welcher Klasse er gehört, so wäre eine
zusätzliche Indexdatei zur Klassenzugehörigkeit des Satzes die bequeme
Lösung.

Die B-Baum-Struktur erlaubt eine sehr schnelle und bequeme Verwaltung auch
größter Datenbanken in allen Fällen, in denen ein lexikographisches Auslisten aller Datensätze nicht vorkommt. Für diesen Fall ist es notwendig,
aufwendige Sortierläufe der Bank (mit Umkopieren auf ein sortiertes File
je nach Kriterium) durchzuführen.

Während das Einfügen und Suchen in B-Bäumen relativ einfach ist, sind
<u>Löschvorgänge</u> weitaus komplizierter als bei Binärbäumen, denn die Eigen-
schaften des B-Baumes müssen immer gewahrt bleiben.

Betrachten wir die letzte Darstellung von Seite 339; aus dem mit vier Elementen voll besetzten Blatt in der Mitte können bis zu zwei Elemente ohne
Probleme entnommen werden. Im linken Blatt entsteht aber beim Löschen z.B.
des Elementes 11 eine sog. "Unterlauf-Bedingung", die durch "Ausgleichen"
mit dem Vorläufer (hier ist das die Wurzel) und dem jeweils benachbarten
Blatt abgefangen werden muß: Die 12 wandert in das linke Blatt, und die 15
aus dem mittleren Blatt in die Wurzel links, dann ist wieder alles okay.

Enthielte das mittlere Blatt nur zwei Elemente, weil zuvor schon 15 und 17
gestrichen worden sind, so ist die Situation weit komplizierter:

Die beiden benachbarten Blätter haben zusammen nur noch drei Elemente 10,
18 und 19, also weniger als 2n; nimmt man die 12 aus der Wurzel hinzu, so
können die beiden Blätter zu einem einzigen zusammengefaßt werden, wobei
der Vorgänger (hier die Wurzel) ein Element verliert; es entsteht wieder
ein B-Baum

```
                        ( 20 30 .. .. )
     ┌──────────────────┘  │  └──────────────────┐
( 10 12 18 19 )        ( 25 28 .. .. )        ( 37 40 .. .. )
```

unter Wahrung aller Eigenschaften. Ist der Vorgänger nicht die Wurzel und
hat er nur mehr zwei Elemente, so müßte sich der Ausgleich in weiteren
Stufen wiederholen. Die entsprechenden Prozeduren sind damit also rekursiv
anzulegen ...

18 und 19 könnten jetzt ohne weiteres gelöscht werden. Die Wegnahme eines
Elementes aus den beiden rechten Blättern hingegen verliefe analog dem
eben behandelten Beispiel. Wie aber werden Elemente auf einer Innenseite
gelöscht, hier z.B. das Element 30?

Hat das Blatt ganz rechts noch mehr als zwei Elemente, so wandert das
kleinste dieser Elemente nach oben (beim Löschen von z.B. 20 geht analog
das größte 19 aus dem links anhängenden Blatt nach oben). – In unserem
Fall werden die beiden Blätter rechts zu einem zusammengefaßt: Alle vier
verbleibenden Elemente sind > 20.

Die notwendigen Prozeduren findet man in der Literatur zumindest formal
beschrieben, z.B. in dem grundlegenden Buch [25] von N. WIRTH.

Das Programm auf der Diskette könnte dann mit Löschmöglichkeiten vervoll-
ständigt werden; die entsprechenden Ergänzungen sind aber nicht gerade
einfach ...

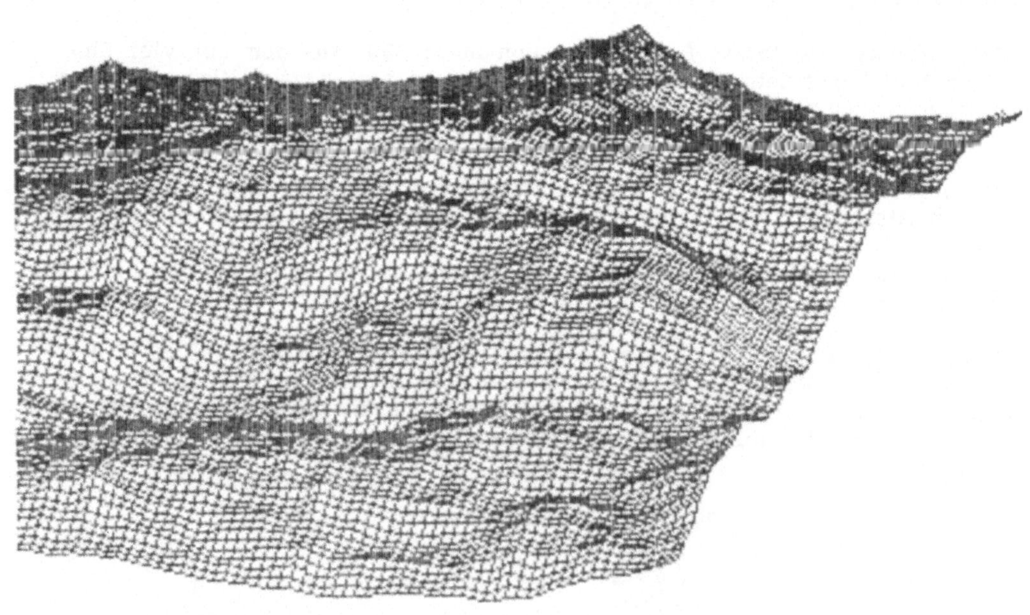

Abb.: Künstliche Landschaft (Ausschnitt, Programm Seite 239)

22   SCHWACH BESETZTE FELDER

Es gibt Software, die scheinbar (tatsächlich also nicht!) beliebig große
ARRAYs verwaltet, auf diesen Beziehungen herstellt, rechnet und so weiter.
Bekannt sind vor allem <u>Kalkulationsprogramme</u>. Bei diesen zweidimensionalen
Rechenblättern fällt auf, daß zwar innerhalb eines sehr großen Bereichs
alle Indexpaare ansprechbar sind, aber unter Laufzeit die meisten Feldplätze gar nicht benötigt werden, da sie ohne Inhalte (nur virtuell vorhanden) sind. – Das folgende Listing simuliert ein solches Programm mit
einem 50*50–ARRAY (fest!) von Wörtern; Sie können auf die Feldplätze Orts-
namen eingeben und dann exemplarisch Entfernungen nach dem Lehrsatz des
Pythagoras zwischen Orten entsprechend den Indizes (x, y) berechnen:

```
PROGRAM arbeitsblatt;
USES crt;
CONST    ax = 50; bx = 50;
TYPE           inhalt = STRING [15];
VAR         was, go : char;
       x , y, xm, ym : integer;
         x1, y1, a, b : integer;
                   s : boolean;
  wort, wort1, wort2 : inhalt;
                feld : ARRAY [1..ax + 8, 1..bx + 8] OF inhalt;
                data : FILE OF inhalt;
(* ---------------------------------------------------- optional *)
PROCEDURE laden;
VAR i , k : integer;
BEGIN
assign (data, 'EXAMPLE.DTA'); reset (data);
FOR i := 1 TO ax DO
    FOR k:= 1 TO bx DO BEGIN
        read (data, wort); feld [i,k] := wort
                    END;
close (data)
END;


PROCEDURE speichern;
VAR i, k : integer;
BEGIN
assign (data, 'EXAMPLE.DTA'); rewrite (data);
FOR i := 1 TO ax DO
    FOR k:= 1 TO bx DO BEGIN
        wort := feld [i,k]; write (data, wort)
                    END;
close (data)
END;
(* ----------------------------------------------in einfachster Form *)

PROCEDURE gitter;
VAR a, b : integer;
BEGIN
clrscr; write ('      Arbeitsblatt : ', 'EXAMPLE.DTA');
gotoxy (5,3); write (chr(201));
```

```pascal
FOR a := 1 TO 71 DO write (chr(205)); write (chr(187));
FOR a := 1 TO 9 DO BEGIN
    gotoxy (5, 3 + 2*a-1); write (chr(186));
    gotoxy (5,3+2*a); write (chr(186));
    FOR b := 1 TO 71 DO write (chr(196));
                    END;
gotoxy (5,21); write (chr(200));
FOR a := 1 TO 71 DO write (chr(205)); write (chr(188));
FOR a := 0 TO 2 DO
    FOR b := 1 TO 17 DO
        BEGIN
        gotoxy (23 +  18*a, b+3); write (chr(179));
        gotoxy (23 + 54, b + 3);  write (chr (186));
        END;
END;

PROCEDURE raster (u, v : integer);
VAR a, b : integer;
BEGIN
gotoxy (1,2); write ('            ');
FOR a := u TO u + 3 DO write (a : 5, '              ');
FOR a := v TO v + 8 DO
    BEGIN
    gotoxy (1,4 + (a-v) *2); write (a:3);
    END;
FOR a := u TO u + 3 DO
    FOR b := v TO v + 8 DO
        BEGIN
        gotoxy (7 + (a-u)*18, 4 + 2*(b-v));
        write ('              ');
        gotoxy (7 + (a-u)*18, 4 + 2*(b-v));
        write (feld [a,b])
        END
END;

PROCEDURE eintrag (a, b : integer);
BEGIN
gotoxy (18*a - 11, 2 + 2*b);
END;

PROCEDURE menu;
BEGIN
gotoxy (5, 23); clreol;
gotoxy (6, 22);
write ('INPUT = I  LOOK = L  COMP = C  END = E   >>> ')
END;

PROCEDURE abfrage;
VAR k : string [5];
    c : integer;
BEGIN
REPEAT
  gotoxy (6, 22);
```

```
    write ('x ... '); clreol;
    readln (k);
    val (k, x, c)
UNTIL c = 0;
IF x > 0 THEN
    REPEAT
       gotoxy (6, 23); write ('y ... '); clreol;
       readln (k);
       val (k, y, c)
    UNTIL c = 0
END;


BEGIN (* ------------------------------------------------------------- *)
FOR x := 1 TO ax + 8 DO FOR y := 1 TO bx + 8 DO feld [x,y] := '';
(* laden; *)
xm := 1; ym := 1; gitter; raster (xm, ym);
REPEAT
    menu; was := upcase (readkey);
    gotoxy (5,22);
    CASE was OF
    'I': menu;
    'L': write (' Bewegen mit Pfeiltasten; Ende mit X ...        ');
    END;
    CASE was OF
    'I': REPEAT
            abfrage;
            IF x*y <> 0 THEN
            BEGIN
            s := false;
            IF x > xm+3 THEN BEGIN xm := x-1; s := true END;
            IF y > ym+8 THEN BEGIN ym := y-1; s := true END;
            IF (x < xm + 1) AND (x > 1) THEN
                BEGIN xm := x - 1 ; s:= true END;
            IF x = 1 THEN BEGIN xm := 1; s := true END;
            IF (y < ym+1) AND (y > 1) THEN
                BEGIN ym := y - 1; s := true END;
            IF (y = 1) THEN BEGIN ym := 1; s := true END;
            IF s THEN raster (xm, ym);
            eintrag (x+1 - xm,y+1 - ym);
            readln (wort); feld[x,y] := wort;
            IF wort = '' THEN BEGIN
                    eintrag (x+1 - xm, y+1 - ym);
                    write ('                ')
                         END;
            END
UNTIL x * y = 0;


'C': BEGIN
     gotoxy (6,22); clreol; readln (wort1);
     gotoxy (22, 22); write (' ---> '); readln (wort2);
     gotoxy (40, 22);
     x := 0; y := 0; x1 := 0; y1 := 0;
     FOR a := 1 TO ax DO FOR b := 1 TO bx DO
```

```
            IF feld [a,b] = wort1 THEN BEGIN
                                      x := a; y := b
                                      END;
        FOR a := 1 TO ax DO FOR b := 1 TO bx DO
            IF feld [a,b] = wort2 THEN BEGIN
                                      x1 := a; y1 := b
                                      END;
        IF (x = 0) OR (x1 = 0)
            THEN write ('Ort fehlt ... ')
            ELSE write (' ', sqrt( (x-x1)*(x-x1) + (y-y1)*(y-y1) ): 5 :
            1);
        readln
        END;


'L': REPEAT
     gotoxy (5,23); clreol;
     gotoxy (5,23); go := readkey;
     IF (ord(go) = 0) AND keypressed
         THEN BEGIN
              go := readkey;
              CASE ord (go) OF
              77 : IF xm > 1  THEN xm := xm - 1;   (* Linkstaste *)
              75 : IF xm < ax THEN xm := xm + 1;   (* Rechtstaste *)
              80 : IF ym > 1  THEN ym := ym - 1;   (* Untentaste *)
              72 : IF ym < bx THEN ym := ym + 1       (* Obentaste *)
              END;
              raster (xm, ym)
              END;
         go := upcase (go);
     UNTIL go = 'X';
   END   (* OF CASE *)
 UNTIL was = 'E';
 (* speichern; *)
 END. (* -------------------------- laden und speichern optional *)
```

Von insgesamt 2500 zu verwaltenden Feldplätzen werden hier ebenfalls die
meisten unbenutzt bleiben. Gleichwohl können wir aus Speicherplatzgründen
die Indizes nicht beliebig vergrößern, obwohl dies in Anwendungen nützlich
wäre: Beispielsweise könnten die Indizes (x, y) geographische Koordinaten
(Länge, Breite in Grad) sein, und dann böte ein Ausschnitt aus dem Blatt
bei eingetragenen Orten direkt ein Abbild der Lagegeometrie. – Aber vielleicht sind eben nur 100 Orte oder einige mehr von Interesse, alle anderen
Plätze bleiben leer ...

Eine Lösung bietet sich mit Zeigervariablen an: Während wir mit den Pfeiltasten beliebig über die zweifach indizierte Arbeitsfläche wandern und den
Inhalt (falls vorhanden) zum jeweils angewählte Indexpaar sehen, sind nur
die besetzten Feldplätze im Heap abgelegt und werden über Zeiger in den
Bildschirm eingeladen.

Sind A, B, ... die Indizes in x-Richtung (nach rechts), 0, 1, 2, ... jene
in y-Richtung (nach unten), so könnten wir eine Verkettung der besetzten
Feldplätze in folgender Weise organisieren:

Der tatsächlich besetzte Feldplatz mit kleinstem x und darunter kleinstem y ist der Anfang der Liste im Heap. Solange besetzte Plätze mit demselben x, aber wachsenden y existieren, werden diese entsprechend y verkettet, dann kommt die nächste Kolonne an die Reihe:

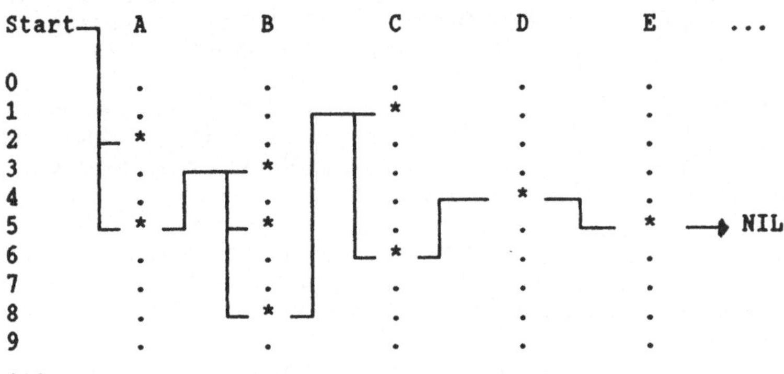

Abb.: Verkettung eines zweidimensionalen Feldes

Im Beispiel steht der Startzeiger auf A2, die Verkettungsreihenfolge ist

A2 < A5 < B3 < B5 < B8 < C1 < C6 < D4 < E5 < NIL

Soll nun ein Element D2 neu eingefügt werden, so muß dieses wegen D > C, aber D2 < D4 genau zwischen C6 und D4 eingefügt werden. Die Ablage der Feldinhalte kann bei Programmschluß entsprechend der Verkettungsreihenfolge durchgeführt werden; bei Neustart lesen wir diese Inhalte der Reihe nach wieder in den Heap ein. Bei Bewegung über die Arbeitsfläche folgt ein Laufzeiger und liest den Inhalt (falls existent) eines Feldplatzes aus dem Heap ein. Man nennt solche Felder <u>schwach besetzt</u>. Das Geheimnis ihrer Verwaltung liegt also in Zeigervariablen, die eine lineare Liste im Heap organisieren.

Oftmals sind in Feldern Rechenvorschriften abgelegt, z.B. ein Ausdruck wie

(B3) = A2 * C1 + D4,

wobei in den rechts genannten Plätzen Zahlen liegen müssen; vom Programm wird erwartet, daß es in B3 dann das Ergebnis der Berechnung einträgt. In einem solchen Fall muß das Aggregat (als String abgelegt) zergliedert und ausgewertet werden. Man nennt diesen Vorgang <u>Parsen</u> und ein Unterprogramm mit dieser Fähigkeit einen Parser, einen Interpreter für den String. Ein solcher Parser könnte mit Stringprozeduren (Kapitel 6) erstellt werden.

Wir wollen den obigen Programmentwurf nicht vervollständigen; dies könnten Sie nach dem Studium des folgenden Programms auf die dort erkennbare Weise leicht selber tun. – Wir wenden uns einer anderen ebenfalls meist schwach besetzten linearen Liste beliebiger Größe zu, einem <u>Terminkalender</u>. Solche Kalender gibt es in vielen Softwarepaketen.

Ein exemplarisches Programm zum Eintragen von Terminen bis in die fernste
Zukunft sollte mit dem heutigen Datum einsteigen und dann Bewegung in der
Zeitachse beliebig nach vorne und hinten zulassen. Ist an einem Tag schon
ein Termin eingetragen, so wird dieser angezeigt. Dabei möchten wir alle
Einträge eines Monats gleichzeitig sehen, jedoch tagweise eintragen oder
überschreiben (also ändern) können. Damit der Texteditor einfach bleibt,
wird je Tag nur eine kurze Textzeile für bis zu 20 Zeichen vorgesehen,
aber dies berührt die Organisation des Programm überhaupt nicht.

Außerdem verzichten wir bei der Datumsanzeige auf den Namen des Wochen-
tags, eine etwas komplizierte Prozedur, die man mit dem sog. "ewigen" Kalender realisieren könnte. Ansonsten aber soll der Kalender sachgerecht
seines Amtes walten und auch Schaltjahre erkennen.

Im folgenden Listing wird mit Zeigerverwaltung gearbeitet, aber nur Vorwärtsverkettung benötigt; das Startdatum spielen wir aus der Rechneruhr
(Kapitel 14) ein. Zwei Prozeduren *plus* und *minus* bearbeiten den Kalender,
während die Prozedur *steuerung* die Bedienung des Kalenders über die Pfeiltasten, die Taste # (auf heutiges Datum schalten) und die Sondertaste F10
(Termineintrag am gewählten Datum) realisiert.

Mit der Taste \ können alle (!) Termine vor dem momentan angezeigten Datum
gelöscht werden, d.h. der Startzeiger wird auf den ersten Termin mit oder
nach dem angezeigten Datum gesetzt und alle vorherigen Termine sind vergessen. Mit der Taste Esc speichert man die Termine ab und beendet das
Programm. Dabei wird der alte Terminkalender TERMINE.DTA, falls vorhanden,
als sog. Sicherungskopie TERMINE.BCK gesichert. – Im Falle eines Fehlers
könnte auf DOS-Ebene TERMINE.BCK wieder umbenannt werden.

Die Verkettung erfolgt über eine Kennung vom Typ *Longint*, die aus Jahr,
Monat und Tag als stets achtstellige Zahl jjjjmmtt gebildet wird, bei
Monat und Tag mit fallweise eingefügter Null.

```pascal
PROGRAM kalender_fuer_termine;         (* mit Files TERMINE.DTA/BCK *)
USES dos, crt;
TYPE          eingabe = STRING [20];
              merker = ^day;

              day = RECORD
                    kette    : merker;          (* Verkettung *)
                    kennung  : longint;      (* Identifikation *)
                    wort     : eingabe              (* Termin *)
                    END;

              satz = RECORD            (* Zum Laden/Speichern *)
                    kennung  : longint;
                    wort     : eingabe
                    END;

VAR              reg : registers;
     tag, monat, jahr : integer;
     altt, altm, altj : integer;
             taste : char;
```

```pascal
                   was : eingabe;
        zeile, spalte : integer;
               termin : eingabe;
                  pos : longint;

            datei : FILE OF satz;

   start, lauf, neu, hilf : merker;

  (* ------------------------------------------------------------ *)

FUNCTION ende     : boolean; forward;
FUNCTION erreicht : boolean; forward;
PROCEDURE einsetzen;         forward;

PROCEDURE laden;
VAR ablage : satz;
BEGIN
assign (datei, 'TERMINE.DTA');
(*$I-*) reset (datei); (*$I+*)
IF (ioresult = 0) AND (filesize (datei) > 0)
   THEN BEGIN
        REPEAT
           new (neu);
           read (datei, ablage);
           neu^.kennung := ablage.kennung;
           neu^.wort := ablage.wort;
           einsetzen
        UNTIL EOF (datei);
        close (datei)
        END
END;

PROCEDURE speichern;
VAR ablage : satz;
BEGIN
assign (datei, 'TERMINE.BCK');      (* *.DTA in *.BCK umtaufen ...*)
(*$I-*) reset (datei); (*$I+*);
IF ioresult = 0 THEN erase (datei);
assign (datei, 'TERMINE.DTA');
(*$I-*) reset (datei); (*$I+*)
IF ioresult = 0 THEN rename (datei, 'TERMINE.BCK');
assign  (datei, 'TERMINE.DTA');     (* ... und neue Datei ablegen *)
rewrite (datei);
lauf := start;
WHILE NOT ende DO BEGIN
      ablage.kennung := lauf^.kennung;
      ablage.wort := lauf^.wort;
      write (datei, ablage);
      lauf := lauf^.kette
                 END;
close (datei)
END;
```

```pascal
PROCEDURE mitte;
BEGIN
neu^.kette := lauf; hilf^.kette := neu
END;

PROCEDURE vorn;
BEGIN
neu^.kette := start; start := neu
END;


PROCEDURE weiter;
BEGIN                                          (* Kennung zerlegen *)
altj := lauf^.kennung DIV 10000;
altm := (lauf^.kennung MOD 10000) DIV 100;
altt := lauf^.kennung MOD 100;
        (* writeln (altj,'*', altm, '*', altt); in der Testphase *)
IF (altj = jahr) AND (altm = monat)
   THEN BEGIN                                  (* Monatsdaten anzeigen *)
        zeile  := 7 + (altt - 1) DIV 3;
        spalte := 5 + 24 * ((altt - 1) MOD 3);
        gotoxy (spalte, zeile); write (altt : 2, ' ', lauf^.wort)
        END;
hilf := lauf; lauf := lauf^.kette
END;

PROCEDURE einsetzen;                  (* durchläuft die Liste linear *)
BEGIN
hilf := start;
lauf := start;
IF start = NIL
   THEN vorn
   ELSE IF start^.kennung > neu^.kennung
           THEN vorn
           ELSE BEGIN
                WHILE (NOT ende) AND (NOT erreicht) DO BEGIN
                              weiter; IF erreicht THEN mitte
                                                  END;
                IF ende THEN mitte
                END
END;


FUNCTION ende;
BEGIN
ende := (lauf = NIL)
END;

FUNCTION erreicht;
BEGIN
erreicht := (lauf^.kennung > neu^.kennung)
END;
```

```pascal
PROCEDURE loeschen;    (* Löscht alles vor dem angezeigten Datum! *)
BEGIN
lauf := start; hilf := start;
WHILE lauf^.kennung < pos DO BEGIN
      hilf := lauf; lauf := lauf^.kette
                                END;
start := hilf^.kette
END;
(* ------------------------------------------------------------ *)


PROCEDURE box;
VAR i : integer;
BEGIN
write (' '); FOR i := 1 TO 21 DO write ('='); write (' ');
FOR i := 1 TO 56 DO write ('='); write (' ');
write ('|'); gotoxy ( 23, 2); write ('|');
gotoxy (80, 2); write ('|');
write ('|    TERMINKALENDER     |');
gotoxy (80,3); write ('|');
write ('|');
gotoxy (23, 4); write ('|'); gotoxy (80, 4); write ('|');
write ('|');
FOR i := 1 TO 21 DO write ('=');
write ('|'); FOR i := 1 TO 56 DO write ('='); write ('|');
FOR i := 1 TO 14 DO BEGIN
    write ('|'); gotoxy (80, 5 + i); write ('|')
                  END;
write ('|');
FOR i := 1 TO 78 DO write ('='); write ('|'); write ('|');
gotoxy (80,21); write ('|');
write ('|'); write ('   Tage ', chr (27), chr(26));
write ('   Monate ', chr(24), chr (25),'   Jahre Pgup/down');
write ('   # heute   F10 input   \ löschen ');
gotoxy (80, 22); write ('|');
write ('|'); gotoxy (80, 23); write ('|'); write ('|');
FOR i := 1 TO 78 DO write ('='); write ('|');
END;


PROCEDURE datum;                        (* setzt Rechnerkalender voraus *)
BEGIN
reg.ax := $2A00; msdos (reg);
jahr := reg.cx; monat := reg.dh; tag := reg.dl
END;


PROCEDURE monatstext (i : integer; VAR was : eingabe);
BEGIN
CASE i OF
 1 : was := 'JANUAR';  2 : was := 'FEBRUAR';  3 : was := 'MÄRZ';
 4 : was := 'APRIL';   5 : was := 'MAI';      6 : was := 'JUNI';
 7 : was := 'JULI';    8 : was := 'AUGUST';   9 : was := 'SEPTEMBER';
10 : was := 'OKTOBER'; 11 : was := 'NOVEMBER'; 12 : was := 'DEZEMBER'
END
END;
```

```pascal
PROCEDURE anzeige;
VAR was : eingabe;
BEGIN
monatstext (monat, was);
gotoxy (28, 3); write ('                   ');
gotoxy (28, 3); write (tag, '. ', was, ' ', jahr)
END;


PROCEDURE heute;
VAR was : eingabe;
BEGIN
datum;
monatstext (monat, was);
END;



PROCEDURE neubild;                 (* Schreibt alle Monatstermine aus *)
BEGIN
clrscr; altj := jahr; altm := monat;
box; lauf := start; WHILE NOT ende DO weiter
END;



PROCEDURE plus;                        (* Kalender vorwärts schalten *)
BEGIN
altm := monat; altj := jahr;
IF (monat = 2) THEN
    IF (((jahr MOD 4 = 0) AND (tag > 29))
        OR ((jahr MOD 4 <> 0) AND (tag > 28)))
            THEN BEGIN  monat := 3; tag := 1  END;
IF (monat IN [1,3,5,7,8,10,12]) AND (tag = 32) THEN
    BEGIN  monat := monat + 1; tag := 1  END;
IF (monat IN [4,6,9,11]) AND (tag > 30) THEN
    BEGIN  monat := monat + 1; tag := 1  END;
IF monat = 13 THEN
    BEGIN  jahr := jahr + 1; monat := 1  END;
IF (altm <> monat) OR (altj <> jahr) THEN neubild
END;


PROCEDURE minus;                       (* Kalender rückwärts schalten *)
BEGIN
altm := monat; altj := jahr;
IF tag = 0    THEN monat := monat - 1;
IF monat = 0 THEN BEGIN  monat := 12; jahr := jahr - 1  END;
IF tag = 0    THEN IF monat IN [1,3,5,7,8,10,12]
                      THEN tag := 31
                      ELSE IF monat <> 2 THEN tag := 30;
IF (tag IN [0,29,30,31]) AND (monat = 2)
    THEN IF jahr MOD 4 = 0
            THEN tag := 29 ELSE tag := 28;
IF (altm <> monat) OR (altj <> jahr) THEN neubild
END;
```

```pascal
PROCEDURE steuerung;
BEGIN
taste := readkey;
IF ord (taste) = 35 THEN
        BEGIN                               (* auf heutiges Datum schalten *)
        heute; neubild; anzeige
        END;

pos := jahr;                                        (* Kennung ermitteln *)
pos := pos * 10000 + monat * 100 + tag;
IF ord (taste) = 92 THEN loeschen;

IF keypressed THEN BEGIN
taste := readkey;
CASE ord (taste) OF
   77 : tag := tag + 1;                             (* Rechtspfeil *)
   75 : tag := tag - 1;                             (* Linkspfeil *)
   72 : BEGIN monat := monat - 1; neubild END;    (* Pfeil oben *)
   80 : BEGIN monat := monat + 1; neubild END;    (* Pfeil unten *)
   73 : BEGIN jahr := jahr + 1;   neubild END;      (* Page up *)
   81 : BEGIN jahr := jahr - 1;   neubild END;    (* Page down *)
   68 : BEGIN                                       (* Taste F10 *)
        lauf := start;
        WHILE NOT ende (* AND (lauf^.kennung <= pos) *) DO weiter;
        zeile  := 7 + (tag - 1) DIV 3;
        spalte := 5 + 24 * ((tag - 1) MOD 3);
        gotoxy (spalte, zeile); write (tag : 2, ' ');
        readln (termin);
        IF termin <> '' THEN BEGIN                  (* neuer Eintrag *)
                        pos := jahr;
                        pos := pos * 10000 + monat * 100 + tag;
                        new (neu);
                        neu^.wort := termin;
                        neu^.kennung := pos;
                        einsetzen
                            END;
        END;                                                (* Case *)
END;
IF ord (taste) IN [73, 77, 80] THEN plus;
IF ord (taste) IN [72, 75, 71] THEN minus
                END                                 (* keypressed *)
END;

BEGIN  (* -------------------------------------------------- main *)
clrscr; start := NIL;
laden; heute; neubild;
anzeige; gotoxy (50, 3);
REPEAT
   steuerung;
   anzeige
UNTIL ord (taste) = 27;
speichern
END.   (* -------------------------------------------------- *)
```

Die Taste \ ('backslash') zum Löschen wurde übrigens gewählt, weil sie nur mit der Zusatzbedienung von Alt Gr erreichbar ist, also aus Versehen nicht gedrückt werden kann ...

Bei Monats- oder Jahreswechsel flimmert der Bildschirm etwas, da er völlig neu aufgebaut wird. Dies ließe sich durch den Einbau von mehreren Fenstern vermeiden, sodaß der Rahmen nur ein einziges Mal gezeichnet wird. Doch in einem eher prototypischen Programmentwurf stört das kaum ...

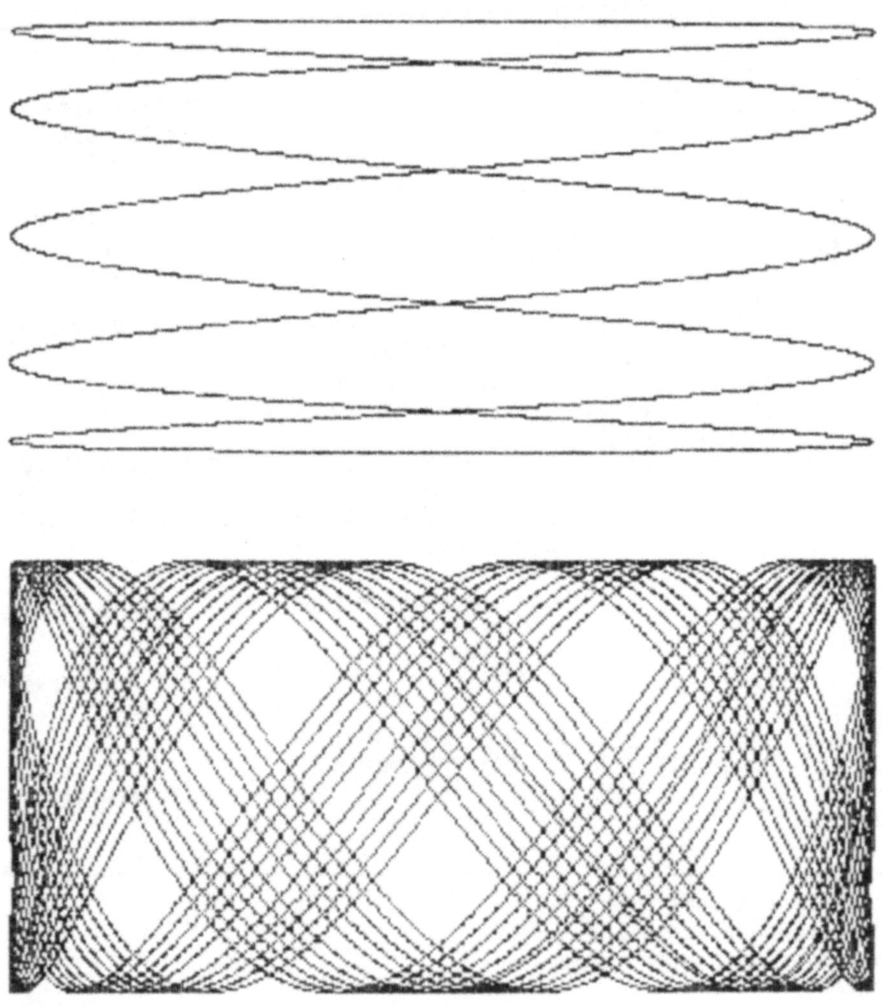

Abb.: Zwei LISSAJOUS-Figuren (Programm Seite 231)

23　OPCODE ALS INLINE—CODE

Zum Betriebssystem MS.DOS gehört ein Programm DEBUG.COM, der Debugger; Sie
finden dieses File also auf der Systemdisk. – Unter DR.DOS heißt ein ganz
ähnliches Werkzeug SID ('Symbolic Instruction Debugger'). DEBUG kann zur
Suche und Korrektur von Fehlern (Name!) auf Maschinensprachenebene benutzt
werden, aber auch zur direkten Erstellung und zum Test kleiner Maschinenprogramme. Wichtig ist: DEBUG versteht alle Zahlen hexadezimal.

Der Start erfolgt mit DEBUG von dem Laufwerk aus, auf dem das File verfügbar ist. Notwendig ist dabei, daß DEBUG und COMMAND.COM dieselbe Versions-
nummer haben, d.h. Sie können den jeweiligen Debugger nur unter jener DOS-
Umgebung benutzen, zu der das Werkzeug gehört (ähnlich wie FORMAT). DEBUG
meldet sich mit einem Gedankenstrich – als Bereitschaftszeichen (Prompt);
bei SID kommt als Prompt # (eine Übersicht der ähnlichen Kommandos kann
aus dem entsprechenden Manual entnommen werden; Sie können aber auch nach
einfach ein ? eingeben). In den folgenden Ausführungen beziehen wir uns
auf den Befehlssatz von DEBUG.

Von der Kommandoebene aus (also mit der Anzeige –) kann man mit Q (Quit)
auf die Ebene von DOS zurückkehren. Als Beispiel eines einfachen Direkt-
befehls (Kommando) sei H für Hexa-Rechnen angegeben, der, gefolgt von zwei
Zahlen, wie üblich mit ⟨RETURN⟩ abgeschlossen wird:

```
-H 4 3 ⟨RETURN⟩
0007  0001
```

Er liefert als Antwort die Summe bzw. Differenz der beiden Zahlen 4 und 3,
die dezimal wie hexadezimal gleich geschrieben werden.

```
-H 2 3 ⟨RETURN⟩
0005  FFFF
```

ergibt 2 – 3 = FFFF in der Bedeutung – 1. Analog wird als Summe von 9 und
1 die Zahl 000A in der dezimalen Bedeutung 10 geliefert. Schon in Kapitel
14 hatten wir mit den Registern der CPU zu tun. Mit dem Anzeige-Befehl R
kann man sich deren Inhalte vorführen lassen:

```
-R ⟨RETURN⟩
AX=0000  BX=0000  CX=0000  DX=0000  ....
DS=1492  EX=1492  SS=1492  CS=1492  IP=0100  ...
1492:0100 0000        ADD      [BX+SI],AL    ....
```

oder so ähnlich wird ein erster Anzeigeversuch ausfallen. Die ersten vier
Register AX bis DX heißen allgemeine Register, auch Datenregister oder
Zwischenspeicher; sie sind (wie alle anderen) 16 Bit lang, legen also zwei
Byte ab; derart konstruierte Rechner heißen deswegen 16-Bit-Rechner. Das
vorderste (linke) Bit hat die Platznummer 15, das hinterste oder rechte
Bit die Platznummer 0. Z.B. könnte im AX-Register das Bitmuster

```
AH        AL
11111111 00011111
(Plätze 15 ... 8 und 7 ... 0 von links nach rechts)
```

stehen: links das höchstwertige Byte (H: "high", Inhalt hexadezimal FF),
gefolgt vom niedrigstwertigen Byte rechts (L: "low": 1F). Der Debugger
zeigt in diesem Fall AX=FF1F an. Entsprechend gibt es die Teilregister BH
und BL, CH und CL sowie DH und DL, die wir schon im Kapitel 14 (vgl. dazu
auch die Abb. auf Seite 177) benutzt haben. Hier noch einmal die Namen der
folgenden Register für diverse Sonderfunktionen:

```
SP           (stack pointer)                   Stapelzeiger
BP           (base pointer)                    Basiszeiger
SI bzw. DI (source index, destination index)   Indexregister
```

Die erstgenannten dienen der Stapelverwaltung ; SI und DI sind sog. Index-
register zur Adressierung von Zeichenketten im Hauptspeicher. – In Zeile
zwei des Debuggers werden zunächst die vier Segmentregister

```
DS    (data segment)
EX    (extra segment)
SS    (stack segment)
CS    (code segment)
```

angezeigt, die man v.a. zur Adressierung im Hauptspeicher benötigt. Bei
einem kurzen Maschinenprogramm sind alle Register auf die Segmentbasisadresse eingestellt (s.u.). IP ist der sog. 'instruction pointer' oder
Programmzähler; er zeigt stets auf die Adresse des nächsten auszuführenden
Befehls.

Um eine Speicherstelle im Hauptspeicher der Maschine zu finden, verlangt
der Prozessor deren Adresse. Zu Ende des Kapitels 14 haben wir erklärt,
daß eine solche Adresse in der Form Segment : Offset dargestellt wird:
Unser obiger Speicherauszug zeigt diese Werte CS = 1492 und IP = 0100
beidemale als Hexazahlen an und faßt die Adresse in der letzten Zeile noch
einmal zusammen.

Kehren wir nun zu DEBUG zurück; jedem Registernamen folgt der jeweilige
aktuelle Inhalt vierstellig in hexadezimaler Schreibweise, ein Wort von
zwei Byte. Ein solcher Inhalt läßt sich anzeigen und danach ändern mit
einem erweiterten R-Befehl:

```
-R AX <RETURN>
AX 0000
:2B7 <RETURN>.        (Gleichwertig wäre auch 02b7)
```

zeigt zunächst den alten Inhalt von AX, der nach dem Doppelpunkt : auf 2B7
abgeändert wird. Nachschauen mit R zeigt, daß AX jetzt den gewünschten Inhalt aufweist.

Wir können die bisherigen Informationen leicht dazu benutzen, wenigstens
einmal ein kleines <u>Maschinenprogramm</u> direkt in den Speicher zu schreiben,
die Addition zweier Zahlen:

Dazu schaffen wir mit dem R-Befehl zunächst nach AX bzw. BX in der soeben
vorgeführten Weise zwei Hexazahlen, etwa FFF nach AX und 1 nach BX. Deren
Summe soll gebildet und in AX abgelegt werden. Der notwendige Maschinen-

code dafür besteht aus den zwei Zahlen 01 und D8, dem Wort 01D8: Es muß
irgendwo im Speicher abgelegt werden; dann ist dem Prozessor mitzuteilen,
wo er diesen Befehl später findet.

DEBUG kümmert sich automatisch um eine Segmentbasisadresse, sodaß wir beim
Schreiben des Miniprogramms nur die Offsets angeben müssen: Als Segment
ist in unserem Beispiel die Nummer 1492 bereits vorgewählt, die in der
letzten Zeile und in CS auftaucht.

Mit dem E-Befehl (für Enter) samt Angabe von Offset kann man auf eine
solche Adresse zugreifen und sie ändern:

```
-E 100 <RETURN>
1492:0100  E4.01 <RETURN>
```

bedeutet, daß beim Offset 100 (das haben wir gewählt) im Segment 1492 ein
neuer Eintrag, nämlich 01, vorgenommen wird. Bei Ihrem konkreten Versuch
der Durchführung wird DEBUG wahrscheinlich einen andern alten Inhalt der
Adresse 100 als hier E4 anzeigen.

```
-E 101 <RETURN>
1492:0101 88.D8 <RETURN>
```

ruft im passenden Segment die nachfolgende Adresse 101 mit dem alten Inhalt (hier 88) auf; wir tragen dann D8 neu ein. Wiederholt sei, daß alle
Zahlen hexadezimal gemeint sind.

Man beachte, daß das Wort 01D8 in zwei Schnritten auf die beiden aufein-
anderfolgenden Adressen 100 und 101 geschrieben werden muß, das höher-
wertige Byte 01 zuerst, das niedrigwertige D8 danach:

01 und D8 zusammen heißt im Maschinencode (Opcode, von 'operate') ADD AX,
BX und bedeutet: Addiere die Inhalte von AX und BX mit Ergebnis nach AX.

Mit R sollten Sie jetzt in AX und BX die beiden von uns vorhin eingetragenen Summanden sehen, und in der letzten Zeile Segment und Offset, gefolgt vom Maschinenbefehl 01D8 (Zusammenfassung beider Adressen 0100 und
0101) samt seiner mnemotechnischen Abkürzung!

Wie starten wir das Programm? Die 80er Prozessoren finden Segment und Offset in den Registern CS und IP. Wie man sieht, ist bei CS der richtige
Eintrag schon vorhanden, d.h. das von DEBUG gewählte Segment, das wir
zwangsläufig anwählen mußten, ist aus CS ausgelesen worden, und wir müssen
CS nicht mehr setzen. In IP wird die Offsetadresse gesetzt; da DEBUG nach
dem Start in IP immer den Wert 0100 speichert, haben wir diesen als
Adresse unserer ersten Anweisung ausgewählt; IP muß also ebenfalls nicht
mehr eingestellt werden ...

Damit bleibt uns nur, das Programm zu starten. Dies geschieht per Befehl T
(für Trace)

```
-T <RETURN>
```

Man findet nunmehr im AX-Register die gewünschte Summe, in unserem Fall
1000 (= FFF + 1). Das IP-Register zeigt jetzt auf 102. Die dritte Zeile
der Anzeige hat sich auf 1492 : 0102 verändert, gefolgt von dem Inhalt auf
0102, der wohl von irgendeinem früheren Programm stammt. Ein erneutes Eingeben von T wäre jetzt gefährlich, denn man kann vermuten, daß bei 0102
kein ordentliches Programm beginnt. – Aber wenn man IP mit dem R-Befehl
wieder auf 0100 zurücksetzt, könnte man mit T erneut starten und in AX die
Summe aus dem unveränderten BX und dem vorher berechneten AX schreiben,
das wäre 1001.

In ähnlicher Weise lassen sich Miniprogramme für Subtraktion, Multiplikation oder Division abarbeiten. Wir wenden uns jetzt aber den von früher
bekannten Interrupts zu, kleinen Unterprogrammen, die DOS direkt ausführt.
Wir hatten gesagt, daß man Interrupts als externe Signale auffassen kann,
mit denen der Prozessor seine augenblickliche Arbeit unterbricht, etwas
anderes erledigt und dann an der Unterbrechungsstelle weiterarbeitet.

Auf der Ebene des Maschinencodes, d.h. unter DEBUG, lassen sich die sog.
DOS-Funktionen mit dem Interrupt INT 21 (hexadezimal) ansprechen, dem
Funktionsdispatcher. Funktionen, die sich über INT 21 aktivieren lassen,
werden stets über das Register AH selektiert, d.h. dort muß deren DOS-
Nummer eingetragen werden. Im Maschinencode ist INT 21 ("Arbeite eine DOS-
Funktion ab") das Wort CD21, was wir (zwei Byte!) ab Adresse 100 in den
Speicher laden, also

```
-E 100
1492:0100  00.CD
-E 101
1492:0101  00.21
```

Die alten Inhalte (hier beidemale 00) können natürlich auch andere sein.
In DX schreiben wir den ASCII-Code 42 (im Hexaformat!) des Zeichens B:

```
-R DX
DX 0000
:42           (ASCII-Code von B : dezimal 66)
```

und in AX schließlich die Hexazahl 200 mittels

```
-R AX
AX 0000
:200
```

Dies bewirkt einen Eintrag 02 im AH-Register (High-Teil von AX) und steht
für die DOS-Funktion Hexa-Nr. 2 "Display Character", Zeichenausgabe für
jenes Zeichen (auf der Standardeinheit), dessen ASCII-Code in DX (eigentlich nur in DL, denn alle Codes sind < 256) steht. Mit R zeigen sich jetzt
die folgenden Einträge

```
AX=0200  BX=....  CX=....  DX=0042  ....
DS=1492  ....     ....     CS=1492  IP=0100 ...
1492:0100 CD21        INT      21
```

wobei wir nur die für uns wichtigen wiedergegeben haben. IP müßte u.U. mit
-R IP auf den Wert 100 gesetzt werden. In DX ist nur DL von Bedeutung; es
könnte statt der beiden Nullen auch etwas anderes eingetragen sein: Mit
dem größten zweistelligen Wert FF (dezimal 255) in DL wird ja der gesamte
Vorrat an Zeichen abgedeckt ...

Dieses Programm kann nicht mehr mit dem T-Befehl gestartet werden, der
eine schrittweise Ausführung veranlassen würde. Denn über INT 21 wird nun
ein komplettes Unterprogramm Nr. 02 "Zeichenausgabe" aufgerufen, das wir
als Ganzes abarbeiten müssen, bis Speicherstelle 102 erreicht ist. Dort
steht von früher "irgendwas", das wir nicht mehr bearbeiten wollen (denn
jener Inhalt ist vermutlich kein sinnvoller Programmschritt). Wir realisieren den Start des Programms jetzt mit dem G-Befehl ('Go') von DEBUG
unter Angabe der Halteadresse (Stop)

```
-G 102
```

Schauen Sie sich mit -R die veränderten Register an; um das Programm erneut zu starten, muß IP auf 100 zurückgesetzt werden.

Eine andere Interrupt-Routine ist INT 20, im Maschinencode CD20. Sie besagt, daß wir ein Programm beenden wollen, d.h. die Kontrolle wieder an
DOS bzw. DEBUG zurückgegeben möchten. Wir schreiben das mit

```
-E 102
1492:0102  00.CD
-E 103
1492:0103  00.20
```

auf jene beiden Speicherplätze, die direkt an 100 und 101 anschließen.
(Und setzen IP vor einem Start auf 100 ...) Mit -R sehen wir von unserem
Zweizeiler wiederum nur die erste Programmzeile

```
1492:0100 CD21 INT 21
```

explizit, also Segment und Offset des Programmanfangs. Da wir aber die
Startadresse 0100 wissen, können wir mit dem U-Befehl ('unassemble') ab
Adresse 100 im Segment

```
-U 100
```

eine Liste mit insgesamt 16 Zeilen ausgeben, die jeweils die Adresse und
den darin stehenden Binärcode (in Hexa-Notation) zeigen:

```
1492:1000 CD21        INT     21
1492:0102 CD20        INT     20
1492:0104 ....        Überbleibsel von früher,
    ....              jetzt ohne Bedeutung ...
1492:011E ....
```

Uns interessieren nur die ersten beiden Zeilen, eben unser Programm, das
mit Erreichen von Speicherplatz 103 von selber anhält. Ein Programmlauf
wird jetzt mit

```
-G
```

veranlaßt, wobei die Angabe der Ende-Adresse überflüssig wird. Mit Ausgabe
des Zeichens B kommt die Meldung

```
B
Programm wurde normal beendet
```

und, sehr wichtig, das Befehlsregister IP ist automatisch auf die Startadresse 0100 zurückgesetzt, d.h. wir können das Programm mit G beliebig
oft ohne weitere Vorkehrungen starten ...

Mit U und einer nachfolgenden Adresse kann man an jeder beliebigen Stelle
in den Speicher schauen: U ohne Parameter beginnt am vorgewählten Segment
bei der Adresse 0100, U offs haben wir oben benutzt, um im Standardsegment
bei gewünschtem Offset zu beginnen. Mit der Adressenangabe

```
-U 0000:0000
```

z. B. beginnt der Blick in den Speicher des PC ganz vorne ...

Das Programmlisting oben zeigt jeweils die Speicherplätze, gefolgt von den
dort stehenen Maschinencodes, und zuletzt deren Abkürzungen ('mnemonics').
Offenbar hat DEBUG Verzeichnisse für den Zusammenhang dieser Kürzel mit
den eigentlichen Maschinencodes. Der folgende A-Befehl ('assemble') macht
es möglich, Programme über diese Kürzel direkt einzugeben, d.h. noch etwas
unbequem "in Assembler zu programmieren" ...

Um unser bisheriges Programm auf diese Weise zu schreiben, laden wir DEBUG
am besten neu, sodaß die Register AX bis DX die Inhalte 0000 haben: In IP
finden wir die Offset-Adresse, die der Debugger automatisch vorwählt, also
0100. Das gewählte Segement ist ebenfalls erkennbar. Mit

```
-A 100
```

listet der Debugger nun ab Segment : 0100 der Reihe nach die Adressen auf
und wartet auf die Kürzel, bis wir eine Adresse mit <RETURN> quittieren.
Also schreibt man in der Liste

```
-A 100
1492:0100 INT 21
1492:0102 INT 20
1492:0104
```

nur die beiden INT-Ausdrücke selber und findet mit -U bereits das richtige
Listing. -R zeigt aber, daß wir in DX noch keine Angabe für das gewünschte
Zeichen gemacht haben und daß in AX die Nummer der DOS-Funktion 02 fehlt.
Dies können wir mit -R AX bzw. -R DX in bekannter Weise nachtragen und
dann unser Programm mit G starten.

Eleganter ist es aber, die notwendigen Einträge in den Registern AX und DX
programmgesteuert vorzunehmen, also die Vorabeinstellungen von AX und DX
nicht über -R zu bewirken. Möglich ist das mit Ladebefehlen, die wir noch

vor die beiden INT-Anweisungen setzen. Wir laden am besten den Debugger
ein weiteres Mal neu und schauen zunächst mit -R die Register an. - Nun
schreiben wir eine längere Version:

```
-A
1492:0100 MOV AH,02
1492:0102 MOV DL,41
1492:0104 INT 21
1492:0106 INT 20
1492:0108
```

Die Adressen werden vom Debugger vorgeschrieben, nur die Mnemos sind zu
tippen! Die ersten Zeile besagt, daß unter Laufzeit in AH der Wert 02
eingetragen werden soll ("Move HEXA-02 nach AH"), d.h. im AX-Register die
DOS-Funktion Nr. 02 ("Zeichenausgabe") abgelegt wird. Um welches Zeichen
es sich handeln soll, steht im DX-Register: Dorthin wird unter Laufzeit
der Wert Hexa-41, also der ASCII-Code von A, verschoben. (NB: Diese beiden
Zeilen könnten im übrigen vertauscht werden.) INT 21 heißt Aufruf einer
DOS-Funktion, deren Nummer in AL zu finden ist, INT 20 heißt Programmende.

Wenn man nunmehr mit -R die Register anschaut, sind AX und DX gegenüber
vorher nicht verändert (also wohl beide auf 0000); in IR sollte die Startadresse stehen. Mit -G kann man das Programm also risikolos starten und
die Ausgabe des Zeichens A samt der Rückmeldung des Programms beruhigt
abwarten. Beachten Sie beim Nachschauen mit -R, daß im Befehlsregister IP
stets der Wert 0100 als Anfangsadresse steht, also Neustart jederzeit mit
-G möglich ist.

Wir geben nun unserem Programm in der Umgebung von DEBUG einen Namen

```
-N example.com <RETURN>
```

mit Typenspezifikation *.COM (lauffähiges Maschinenprogramm). Das Listing
oben läßt erkennen, daß das Programm genau 8 Byte lang ist (Offset 100 bis
einschl. 107, vier Anweisungen zu je 2 Byte). DOS erwartet diese Information über die Dateilänge im Registerpaar BX und CX. Also schreiben wir
mit -R CX nach CX den Hexa-Wert 8 und machen sicher, daß in BX 00 eingetragen wird, falls dies nicht vorab der Fall ist. Nach Kontrolle mittels
-R geben wir

```
-W <RETURN>
```

für Abspeichern der Datei auf dem aktuellen Laufwerk (von dem aus wir
DEBUG geladen haben). Mit -Q kann man jetzt DEBUG verlassen und auf der
Diskette mit dem DOS-Kommando DIR nachschauen: Es sollte dort ein File

EXAMPLE.COM

der Länge 8 Byte vorhanden sein, das unter MS.DOS mit der Eingabe EXAMPLE
sofort gestartet werden kann.

Natürlich wäre es viel bequemer, ein solches Programm unter TURBO Pascal
(Version 3.0) zu schreiben:

```
PROGRAM TEST;
BEGIN
writeln ('A')
END.
```

und danach zu compilieren, aber: Das unter TURBO 3.0 erzeugte Maschinenprogramm TEST.COM ist wesentlich länger als EXAMPLE.COM und damit langsamer! In anderen Fällen als bei uns kann das entscheidend sein. Unter
TURBO 6.0 erhalten wir ein noch längeres File TEST.EXE.

Ist ein Maschinenfile (z.B. die compilierte Fassung des Quelltextes von
eben) auf Disk (z.B. C:) vorhanden, so kann es mit

```
DEBUG C:TEST.COM
```

ebenfalls in den Speicher gebracht, mit G gestartet, mit U angesehen werden usw. Damit ist ein Vergleich der beiden Fassungen (d.h. direkte Erstellung bzw. aus der TURBO-Umgebung heraus) möglich ...

Die soeben vorgeführte Programmierung mit dem Debugger ist noch keine Programmerstellung mit einem <u>Assembler</u> im eigentlichen Sinne; bei dieser Art
des Programmierens wird nämlich zuerst ein Texteditor zum Schreiben des
Quelltextes "in Assembler" (dies sind Mnemonics wie vorher beim Maschinencode) benutzt. Dieser Quelltext wird dann in mehreren Stufen über Hilfsprogramme in den Maschinencode verwandelt.

Bisher sah im Debugger das Programm EXAMPLE etwa so aus:

```
1492:0100  B402     MOV   AH,02
1492:0102  B241     MOV   DL,41
1492:0104  CD21     INT   21
1492:0106  CD20     INT   20
```

Nunmehr schreiben wir mit irgendeinem Texteditor (etwa jenem aus der TURBO
Umgebung oder einem andern, der nur Standard-ASCII-Zeichen erzeugt) eine
Quelldatei, deren Extension jedenfalls .ASM lauten muß:

```
CODE_SEG      SEGMENT
      MOV     AH,2h
      MOV     DL,41h
      INT     21h
      INT     20h
CODE_SEG      ENDS
      END
```

Die seinerzeitigen Adressenangaben sind durch zwei Zeilen für Anfang und
Ende eines Codesegments ersetzt; das Textfile vom Typ *.ASM schließt mit
END ohne Punkt ab. Alle Zahlenangaben sind durch ein nachgesetztes h ausdrücklich als Hexazahlen gekennzeichnet, da der Assembler im Gegensatz zum
Debugger alle Zahlen ohne nähere Hinweise dezimal versteht. Üblicherweise
schreibt man gerne Großbuchstaben, aber man muß nicht. Die Einrückungen
sind zur besseren Lesbarkeit organisiert, aber fakultativ.

Wichtig ist, daß (hexadezimal geschriebene) Zahlen, die mit einem Buchstaben beginnen, mit vorangesetzter Null angegeben werden müssen (kommt im Beispiel nicht vor), also z.B.

```
MOV   AH,0A1h        und nicht      MOV    AH,A1h
```

Andernfalls könnte der Assembler Zahlen mit Anweisungen verwechseln und damit Übersetzungsprobleme haben.

Die obige Textdatei sei also als TEST.ASM abgespeichert. Ob es sich wirklich um eine reine ASCII-Datei handelt, kann mit TYPE TEST.ASM geprüft werden. Wenn die Anzeige vom obigen Text abweicht, muß ein anderer Editor verwendet werden ...

Auf jener Diskette, wo wir TEST.ASM abgelegt haben, müssen wir die Files

```
MASM    .EXE      "Assembler"
LINK    .EXE      "Linker"
EXE2BIN.EXE       "Verwandle EXE-File in Binär-File"
```

bereithalten. (Einige weitere, ansonsten notwendige Files wie z.B. eine sog. Library brauchen wir bei unserem einfachen Beispiel nicht.) Mit dem Aufruf (durch Semikolon abschließen!)

```
MASM TEST; <RETURN>
```

erstellt der Assembler jetzt (in zwei Durchläufen) aus der Datei TEST.ASM auf Disk die Objektdatei TEST.OBJ, eine Zwischendatei, die unter MS.DOS noch nicht lauffähig ist. Sie enthält aber bereits das Maschinenprogramm, zusammen mit weiteren Informationen (Aufbau und Lage der Speichersegmente u.a.), die der sog. Linker für die folgende Bearbeitung benötigt. Mit

```
LINK TEST; <RETURN>
```

wird aus der Objektdatei TEST.OBJ nunmehr eine Datei TEST.EXE. Bei unserem kurzen Beispiel wird der Linker übrigens die Meldung fehlenden Stacks ausgeben; dies ist aber kein Fehler. TEST.EXE verwandeln wir per

```
EXE2BIN TEST TEST.COM <RETURN>
```

in eine (binäre) COM-Datei. Diese entspricht dem vom Debugger erstellten Programm; sie kann unter DOS wie üblich mit TEST <RETURN> unmittelbar gestartet werden.

Der Unterschied bei der Programmerstellung per Debugger bzw. Assembler besteht aus gegenwärtiger Sicht vor allem darin, daß der Programmierer sich keinerlei Gedanken über die Speicherplatzorganisation machen muß und daß schon eine kleine Änderung des "Quelltextes" mit DEBUG alle Folgezeilen beeinflussen kann (Beispiel folgende Seite).

Wie in TURBO Pascal kann auch in Assembler ein Listing durch Kommentare erweitert werden; der Strichpunkt gilt als entsprechendes Signal. Mit Zeilenende endet auch ein Kommentar, daher die dritte Zeile ...

```
CODE_SEG        SEGMENT   ; Testprogramm Test.asm
        MOV     AH,2h     ; Dos-Funktion Hexa 02
                          ; für Zeichenausgabe
        MOV     DL,41h    ; Hexa-ASCII-Code für Zeichen A
        INT     21h       ; Dos-Funktion aufrufen
        INT     20h       ; Ende, Sprung nach Dos
CODE_SEG        ENDS
        END
```

Wenn Sie jetzt also irgendwo ein solches Listing finden, so sollten Sie es
(ohne die meist mit angegebenen Zeilennummern!) zum Laufen bringen können.
Als kleiner Verständnistest kann das folgende Beispiel dienen, das direkt
mit DEBUG oder via Assembler realisiert werden kann:

```
1492:0100 B408        MOV     AH,08
1492:0102 CD21        INT     21
1492:0104 88C2        MOV     DL,AL
1492:0106 FEC2        INC     DL
1492:0108 B402        MOV     AH,02
1492:010A CD21        INT     21
1492:010C CD20        INT     20
```

Was leistet dieses noch zu kommentierende Programm, wenn folgendes mitgeteilt wird:

Die DOS-Funktion Hexa-Nr. 08 "Read Keyboard" erwartet ein Zeichen von der
Standardeingabe; dieses wird im AL-Register zurückgeben; der Befehl INC XX
erhöht den Registerinhalt XX um 1. — In der vierten Zeile kann statt INC
DL auch ADD DL,01 eingegeben werden. Die folgenden drei Zeilen müssen aber
dann im Debugger neu (!) geschrieben werden, weil der längere Befehl ADD
drei Speicherplätze 106 bis 108 benötigt und damit der Befehl MOV AII,02
erst bei 1402:0109 beginnen kann. DEBUG schaltet dann die Adressen automatisch neu weiter ...

Aus einem DOS-Handbuch kann man weitere einfache Funktionen entnehmen, mit
denen sich zum tieferen Verständnis schnell solche Miniprogramme erstellen
lassen. Wie wir bereits wissen, ist aber der direkte Zugriff auf Register,
Speicherplätze und MS.DOS-Funktionen auch von TURBO aus möglich.

Fassen wir zusammen: Der Debugger erzeugte ein sog. COM-File, ein ausführ-
bares Maschinenprogramm, wie es z.B. von der älteren TURBO Pascal Version
3.0 als Compilat erstellt worden ist. — Die Versionen ab 4.0 hingegen erzeugen sog. EXE-Files. Ein rein äußerlicher Unterschied ist, daß ein COM-
File 64 KB (die Maximalgröße eines Segments) nicht überschreiten kann.

Der Debugger begann den Programmcode stets an der Adresse 0100 des vorgewählten Segments im Arbeitsspeicher. Der davor liegende Platz im Segment
(hexadezimal 0100 sind 256 Byte) wird als Programmsegmentpräfix PSP von
DOS für Zusatzinformationen benutzt, während das eigentliche Programm samt
seinen Daten usw. erst ab Adresse 100 beginnt.

EXE-Files hingegen sind anders organisiert; ihr Programmcode beginnt stets
bei IP=0000 mit den Daten ... EXE-Files sind in der Lage, mehrere Segmente

zu benutzen, eines für den Code, eines für die Daten usw. Sie können also
bei hinreichender Maschinengröße (fast) beliebig lang sein.

TURBO bietet die Möglichkeit, Kommandos der Maschinensprache direkt in ein
Programm einzubinden. Als kleines Beispiel sei der Code des Listings von
Seite 362 eingebunden:

```
PROGRAM maschinencode_einbinden;
USES crt;
BEGIN
clrscr;
write  ('--------------');
inline ($B4/$02/$B2/$41/$CD/$21);
writeln ('-------------');
readln
END.
```

Verarbeitet werden mit dieser *Inline*-Anweisung keine Assemblerbefehle,
(die symbolischen Befehlsnamen) sondern unmittelbar nur Bit-Muster, eben
die Maschinenbefehle!

Beachten Sie ferner, daß die allerletzte Zeile unseres Maschinenprogramms
(CD20 INT 20) nicht als /$CD/$20 mitgenommen wird: Mit diesem Zusatz hängt
das Programm!

Das direkt darunter stehende Assemblerlisting (oder jenes von Seite 364)
kann ebenfalls in ein Programm unter TURBO eingebunden werden:

```
PROGRAM assembler_einbinden;
USES crt;

PROCEDURE zeichenausgabe; assembler;
ASM
      PUSH DS      (* Kommentare *)
      MOV AH,2h
      MOV DL,41h
      INT 21h
      POP DS
END;

BEGIN  (* -------------------- *)
clrscr;
zeichenausgabe;
readln
END.   (* -------------------- *)
```

Die Assemblerroutine haben wir diesmal als Prozedur realisiert. Die Seg-
mentangaben entfallen (und natürlich der Rücksprung nach DOS), dafür haben
wir mit *PUSH* und *POP* die Rücksprungadresse auf dem Stack eingangs abgelegt
und zu Ende der Routine wieder geholt. Eventuelle Kommentare dürfen nicht
mit Semikolon angehängt werden, sondern wir müssen die in TURBO üblichen
Klammern (* ... *) verwenden.

Das obige Programm läuft übrigens erst ab TURBO 6.0; mit älteren Versionen
verweigert sich der Compiler ...

Warum Opcode oder Assembler? – Eine Antwort ist, daß solche Routinen weit
schneller sind als Routinen in Hochsprachen. Aber es gibt auch noch andere
Gründe: Beim Erstellen residenter Programme beispielsweise kommt man ohne
Assemblerroutinen kaum aus. Wenn Sie sich für solche und ähnliche Aufgaben
interessieren, sollten Sie Maschinensprache oder besser Assembler lernen.
Im Literaturverzeichnis ist unter [18] ein geeignetes Buch angegeben.

```
Einige Befehle des Debuggers
nach dem Prompt -

H        HexaRechnen, + -
R        Registeranzeige
E        Eingabe (Enter)
T        Starte ab IP (Trace)
G        Starte (Go)
U        Auslisten (Unassemble)
N        Benennen (Name)
W        Abspeichern (Write)
Q        Verlassen (Quit)
```

Abb. unten:

Ausschnitt aus APPLTIEF.EGA,
im Original mehrfarbig

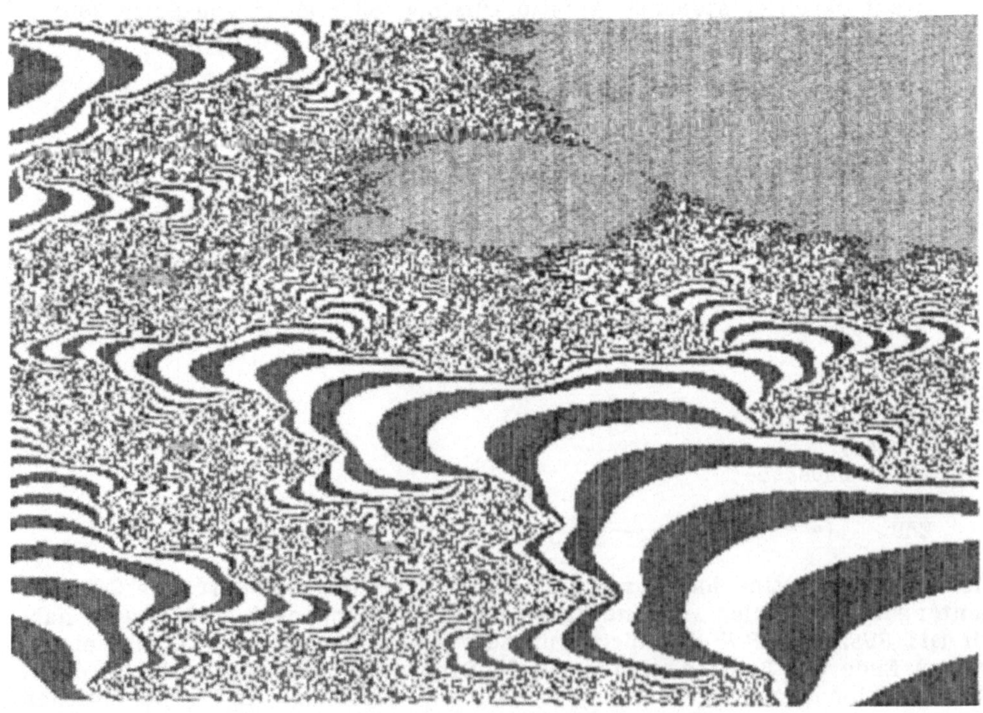

24 KLASSEN UND OBJEKTE

Das Zauberwort OOP (ObjektOrientiertes Programmieren) geht schon seit den
siebziger Jahren um; mit der in den USA entwickelten Sprache SMALLTALK kam
man vor Jahren erstmals dem Ziel näher, die Benutzeroberflächen von Rechnern besser an den Eigenheiten des Menschen zu orientieren: Bei manchen
unserer Programmbeispiele haben wir oft mehr Zeit für eben diese Ziele als
für die Algorithmen investiert, und trotzdem ist einiges unbefriedigend.
Ab TURBO 5.5 und insbesondere ab Version 6.0 (mit dem Paket TURBO VISION)
hat sich jetzt so viel geändert, daß ein eigenes Manual [4] erforderlich
geworden ist. Statt dieses Einführungskapitels müßten wir ein eigenes Buch
schreiben, um die Möglichkeiten von OOP umfassend zu beschreiben.

OOP hieße präziser "klassenorientiertes Programmieren", denn was im Manual
"Objekt" genannt wird, ist üblicherweise eine "Klasse", eine Struktur, die
nicht wie bisher nur Datenfelder, sondern auch die zu deren Bearbeitung
nötigen Methoden umfaßt, also Prozeduren und Funktionen im alten Sinne.
Insofern ist die Datenstruktur RECORD die Vorstufe einer solchen Klasse,
aber begrifflich erweitert durch Einbindung der zu den Daten gehörenden
Methoden. Das folgende Listing führt in diese neue Gedankenwelt ein:

```
PROGRAM oborpr_demo;

TYPE ort    = OBJECT
                x, y : integer;
                PROCEDURE define (neux, neuy : integer);
                FUNCTION xzeigen : integer;
                FUNCTION yzeigen : integer
                END;

TYPE lage   = OBJECT (ort)
                groesse : integer;
                FUNCTION flaeche : integer
                END;

PROCEDURE ort.define (neux, neuy : integer);
BEGIN
x := neux; y := neuy
END;

FUNCTION ort.xzeigen : integer;
BEGIN
xzeigen := x
END;

FUNCTION ort.yzeigen : integer;
BEGIN
yzeigen := y
END;

FUNCTION lage.flaeche : integer;
BEGIN  flaeche := x * y  END;
```

```
    VAR stadt   : ort;
        zentrum : lage;

    BEGIN  (* ---------------------------------- *)
    stadt.define (1, 2);
    writeln (stadt.xzeigen, ' ', stadt.yzeigen);
    zentrum.define (7, 8);
    writeln ('Fläche ', zentrum.flaeche );
    readln
    END. (* ---------------------------------- *)
```

Gegenüber einem RECORD unterscheidet sich eine Klasse (OBJECT) ersichtlich
durch die Erweiterung um jene Methoden, die zu den wie bisher definierten
Datenstrukturen hinzugefügt werden. Man nennt diese Einbindung in die jeweils zugehörige Definition naheliegend <u>Kapselung</u>:

Die Prozedur *define*, in der Klasse *ort* nur vorläufig genannt und erst
weiter unten ausführlich deklariert, dient dazu, die Werte x, y aller Objekte zu initialisieren, die zu dieser Klasse gehören: Dies geschieht im
Programm zunächst am Beispiel der Variablen *stadt*, ein konkretes Objekt
des Klassentyps *ort*. Das Manual nennt solche Variablen "Instanzen eines
Objekts". – Im Hinblick auf die bisherige Definition von RECORDs ist zwar
auch eine Zuweisung (Instantiierung, daher wohl der Name)

```
    stadt.x := 1;
    stadt.y := 2;
```

möglich, aber dann durchbricht man die Kapselung, gibt also die Bindung
von Methoden an eine gewisse Klasse auf. – Analog wird das Anzeigen von
Werten (der Instanzen) durch passende Funktionen ausgeführt.

Die später deklarierte Klasse *lage* ist ein Nachfahre von *ort*. Ein Objekt
des Typs *lage*, im Beispiel die Variable (Instanz) *zentrum*, "erbt" daher
all jene Daten und Methoden (also all jene Eigenschaften), über welche die
Klasse *ort* bereits verfügt. – Hinzu kommen noch jene Datenstrukturen und
weiteren Methoden, die nur der Unterklasse eigen sind, im vorstehenden
Beispiel das Datum *groesse*, das wir nicht weiter benutzen.

Man könnte nun weitere Objekttyen hierarchisch erkären, in die <u>Hierarchie</u>
eines Objektstammbaums eingliedern, wobei jeder Nachfahre Code und Daten
(d.h. bereits vorhandene Struktur) seiner Vorfahren übernimmt, erbt. Neben
der Kapselung ist der Gesichtspunkt <u>Vererbung</u> ein zentraler (und offenbar
weitreichender) Aspekt der neuen, erweiterten Art des Programmierens:

So ist im Beispiel ersichtlich, daß die Methode der Initialisierung von x
und y auch für den Nachfahre *zentrum* von *stadt* gilt. Aber Instanzen zur
Klasse *ort* haben zusätzlich noch die Komponente *groesse*. Das direkte
Beschreiben im Programm per *zentrum.groesse := ...;* ist wie gesagt zwar
zulässig, aber im Sinne von OOP sachfremd. Es wäre besser, hierfür wieder
eigene Methoden einzuführen.

Ein Klassentyp kann viele direkte und indirekte Nachkommen haben, aber nur
einen einzigen direkten Vorfahren (oder gar keinen, wie *ort*). Im Beispiel

sorgt die Hierarchie automatisch dafür, daß alle Klassen des Typs *lage* die
Eigenschaften x und y haben, obwohl sie in der Deklaration nicht explizit
genannt werden.

Diese Idee ist konzeptuell neu: Denn während bisher der Deklarationsteil
in Pascal-Programmen nur klärte, welche Typen und Variablen unverträglich
sind, etwa ...

```
     VAR a, c : integer;  b : boolean;


         ----> b := a; liefert Compilierfehler
               c := a; möglich, aber u.U. dem Sinne nach falsch!
```

wird durch das Konzept der objektorientierten Methoden nunmehr ausdrücklich verbunden, was "zusammengehört". Code und Daten sind nicht mehr getrennt, sondern über eine Methode sinnvoll gekoppelt. Dabei müssen jene
Datenfelder, die von einer bestimmten Methode "ergriffen" werden sollen,
in der Hierarchie vor deren Deklaration stehen.

Man sieht ferner, daß der Funktionsbegriff alle bisher bekannten Eigenschaften (in der Art des Aufrufens, der Typbeschreibung der Funktion usw.)
aufweist, aber zusätzliche Möglichkeiten bietet, denn *xzeigen*, *yzeigen*
kann bei jenen Objekten (Instanzen) des Typs *ort* eingesetzt werden (z.B.
bei der Variablen *stadt*), wo ursprünglich die Definition (und Kapselung)
erfolgte, aber eben auch bei dem Nachfahrenstyp *lage* von *ort*, also z.B.
bei der Instanz *zentrum*!

Zunächst drängt sich der Eindruck auf, daß OOP den Quellcode eines Programms "aufbläht" ... Irgendwie stimmt das, aber:

Deklariert man statt mit RECORDs im alten Sinne mit den Klassen (OBJECT)
im neuen Sinne, so sind die solchermaßen definierten Objekte (Variablen)
einschließlich der zugehörigen Methoden weit flexibler in vielen anderen
Programmen verwendbar, denn alle Instantiierungs- und Abfrageroutinen und
dgl. können "mitgenommen" und müssen nicht mehr neu geschrieben werden.

Zugleich wird der Programmcode sicherer, da die Methoden den Variablen
stets eindeutig zugeordnet sind, also Fehlzuweisungen von vornherein vermieden werden, wenn keinerlei direkte Zugriffe (wie auf der Mitte der
vorigen Seite dargestellt) eingesetzt werden.

An einem kleinen Beispiel, das sich an eine Beschreibung in [4] anlehnt,
soll das Konzept OOP exemplarisch weiterentwickelt werden. Ausgangspunkt
sei das nachfolgende Listing.

Das Programm definiert eine Klasse *punkt*, als deren direkte Nachfahren auf
einer Ebene der Hierarchie die Klassen *circle* und *oval* mit ein paar
Methoden zum Setzen der Werte, zum Verändern, und schließlich zum Anzeigen
im Grafikmodus. Die Prozedur *farbesetzen* fällt aus dem Rahmen; sie könnte
im Hauptprogramm einfach durch *setcolor (nummer);* ersetzt werden, wird
aber weiter unten erklärungshalber noch gebraucht:

```
PROGRAM polymorphie;
USES graph;

TYPE farbe = integer;

TYPE punkt = OBJECT
                x, y : integer;
                PROCEDURE define (neux, neuy : integer);
                PROCEDURE zeigen
                END;

       circle = OBJECT (punkt)
                radius : integer;
                PROCEDURE define (neux, neuy, neur : integer);
                PROCEDURE zeigen;
                PROCEDURE bigger (umwas : integer)
                END;

         oval = OBJECT (punkt)
                a : integer;
                b : integer;
                PROCEDURE define (neux, neuy, neua, neub : integer);
                PROCEDURE zeigen
                END;

PROCEDURE punkt.define (neux, neuy : integer);
BEGIN
x := neux;
y := neuy
END;

PROCEDURE punkt.zeigen;
VAR color : farbe;
BEGIN
putpixel (x, y, color)
END;

PROCEDURE circle.define (neux, neuy, neur : integer);
BEGIN
punkt.define (neux, neuy);
radius := neur
END;

PROCEDURE circle.zeigen;
BEGIN
graph.circle (x, y, radius)           (* Aus Unit GRAPH.TPU *)
END;

PROCEDURE circle.bigger (umwas :integer);
BEGIN
radius := radius + umwas;
IF radius < 0 THEN radius := 0
END;
```

```
PROCEDURE oval.define (neux, neuy, neua, neub : integer);
BEGIN
punkt.define (neux, neuy);
a := neua;
b := neub
END;


PROCEDURE oval.zeigen;
BEGIN
ellipse (x, y, 0, 360, a, b)      (* zeichnet volle Ellipse *)
END;


PROCEDURE farbesetzen (farbe : integer);
BEGIN
setcolor (farbe)
END;


VAR graphdriver, graphmode : integer;
                     kreis : circle;
                     eiform : oval;

BEGIN (* ------------------------------------------------- *)
graphdriver := detect;
initgraph (graphdriver, graphmode, ' ');
farbesetzen (4);
kreis.define (100, 100, 50);
kreis.zeigen;
kreis.bigger (10);
kreis.zeigen;
eiform.define (200, 200, 100, 50);
eiform.zeigen;
readln;
closegraph
END.  (* ------------------------------------------------- *)
```

Wichtig: Da im Programm eine Klasse *circle* genannt wird, gleichlautend mit
einer vordefinierten Prozedur (Standardbezeichner) aus der Unit GRAPH.TPU,
wird jene Standardprozedur zur Unterscheidung als sog. qualifizierter Bezeichner (siehe [1]) in der von uns definierten Prozedur *circle.zeigen* mit
graph.circle aufgerufen.

Die Prozeduren *zeigen* bei den Nachfahren *circle* und *oval* tun etwas durchaus anderes als die gleichlautende Prozedur *zeigen* beim Vorfahren *punkt*.
Sie übernehmen aber indirekt von dort über die Hierarchie Komponenten aus
der Definition des Punktes, nämlich x und y.

Man nennt diesen Sachverhalt Polymorphie, sinngemäß "Auftreten in vieler-
lei Gestalt": Eine Methode hat auf der gesamten Hierarchie einer Klasse
denselben Namen, arbeitet aber auf den einzelnen Ebenen objektbezogen ganz
verschieden.

Diese Polymorphie ist neben Kapselung und Vererbung der dritte wesentliche
Aspekt von OOP.

Nehmen wir nun an, daß die in unserem Programm erklärten Klassen irgendwie von allgemeinerer Bedeutung wären und dem Sprachvorrat von TURBO Pascal für gewisse Anwendungen hinzugefügt werden sollten, wie wir das mit Units (Kapitel 12) bewerkstelligen können. Es sollte dann später mit Kenntnis der in dieser Unit beschriebenen Klassen möglich sein, diese samt ihren Methoden in einem Programm einzusetzen, also dort notwendige Objekte (i.e. Variablen) mit Bezug auf die vordefinierten Klassen einzuführen und fall- weise sogar die Hierarchie zu erweitern. − Wir erklären dazu die folgende Unit:

```
UNIT punkte;

INTERFACE
USES graph;

TYPE farbe = integer;

TYPE punkt = OBJECT
             x,y : integer;
             PROCEDURE define (neux, neuy : integer);
             PROCEDURE zeigen
             END;

    circle = OBJECT (punkt)
             radius : integer;
             PROCEDURE define (neux, neuy, neur : integer);
             PROCEDURE zeigen;
             PROCEDURE bigger (umwas : integer)
             END;

      oval = OBJECT (punkt)
             a : integer;
             b : integer;
             PROCEDURE define (neux, neuy, neua, neub : integer);
             PROCEDURE zeigen
             END;

PROCEDURE farbesetzen (farbe : integer);

IMPLEMENTATION

PROCEDURE punkt.define (neux, neuy : integer);
BEGIN
x := neux;
y := neuy
END;

PROCEDURE punkt.zeigen;
VAR color : farbe;
BEGIN
putpixel (x, y, color)
END;
```

```
    PROCEDURE circle.define (neux, neuy, neur : integer);
    BEGIN
    punkt.define (neux, neuy);
    radius := neur
    END;

    PROCEDURE circle.zeigen;
    BEGIN
    graph.circle (x, y, radius)              (* Aus Unit GRAPH.TPU *)
    END;

    PROCEDURE circle.bigger (umwas :integer);
    BEGIN
    radius := radius + umwas;
    IF radius < 0 THEN radius := 0
    END;

    PROCEDURE oval.define (neux, neuy, neua, neub : integer);
    BEGIN
    punkt.define (neux, neuy);
    a := neua;
    b := neub
    END;

    PROCEDURE oval.zeigen;
    BEGIN
    ellipse (x, y, 0, 360, a, b)
    END;

    PROCEDURE farbesetzen (farbe : integer);
    BEGIN
    setcolor (farbe)
    END;

    END.
```

Diese Unit enthält im öffentlichen Teil (INTERFACE) die Typendeklarationen
und die Prozedur *farbesetzen*. Damit ist die Prozedur zur Farbeinstellung
in einem Programm jedenfalls aufrufbar. Weiter: Die begonnene Hierarchie
der Klasse *punkt* kann jederzeit erweitert werden, sie ist <u>exportierbar</u>.
Dasselbe gilt für die im Implementationsteil genannten Prozeduren: Sie
können für weitere Definitionen benutzt, aber – da im nichtöffentlichen
Teil als Methoden auf den Klassen erklärt – nicht verändert werden.

Der Zugriff auf Objekte (also Variable) ist somit nur mit den vereinbarten
Methoden möglich. Die im öffentlichen Teil genannten Komponenten bei den
Klassen (im Beispiel: x, y, radius, a, b) fungieren als Übergabewerte, als
Schnittstellen für Setzungen. – Hier ist ein kleines Hauptprogramm, das
gegenüber unserem Beispiel von Seite 370 beispielhaft eine erste solche
Erweiterung enthält.

Die Unit PUNKTE.TPU muß dabei compiliert vorliegen, mit derselben Version,
mit der das folgende Listing übersetzt wird:

```
PROGRAM geometrie;

USES graph, punkte;

TYPE zylinder = OBJECT (oval)
                hoehe : integer;
                PROCEDURE define (u, v, w, s, h: integer);
                PROCEDURE zeigen
                END;

PROCEDURE zylinder.define (u, v, w, s, h : integer);
BEGIN
oval.define (u, v, w, s);
hoehe := h
END;

PROCEDURE zylinder.zeigen;
BEGIN
oval.zeigen;
oval.define (x, y - hoehe, a, b);
oval.zeigen;
line (x - a, y, x - a, y + hoehe);
line (x + a, y, x + a, y + hoehe)
END;

VAR  graphdriver, graphmode : integer;
     kreis  : circle;
     eiform : oval;
     rohr   : zylinder;

BEGIN (* ------------------------------------------------- *)
graphdriver := detect;
initgraph (graphdriver, graphmode, ' ');
farbesetzen (4);
kreis.define (100, 100, 50);
kreis.zeigen;
kreis.bigger (10);
kreis.zeigen;
eiform.define (200, 200, 100, 50);
eiform.zeigen;
farbesetzen (1);

rohr.define (400, 100, 150, 20, 50);
rohr.zeigen;

readln;
closegraph
END.  (* ----------------------------------------------- *)
```

Bei der Darstellung von *kreis* und *eiform* wird auf die existierende Unit
zurückgegriffen; *rohr* hingegen wird erst im Hauptprogramm unter Rückgriff
auf den Vorfahren *oval* in der dritten Ebene der Hierarchie erklärt. In

unserem Beispiel wird ein Zylinder noch ganz primitiv in der Form zweier versetzter Ellipsen samt zwei begrenzenden Mantellinien dargestellt. – Das Beispiel ist kein bahnbrechendes Programm, es geht exemplarisch nur um das Prinzip des Exports ...

Da wir die Prozedur *zylinder.zeigen* polymorph (und damit ohne Übergabeparameter) beschreiben möchten, müssen Bezeichner in ihr (die Komponenten früherer Klassen also) konsistent gewählt werden, d.h. entsprechend dem öffentlichen Teil der Unit *PUNKTE.TPU*. Da wir deren Quelltext kennen, können diese Bezeichner dort leicht entnommen werden. Normalerweise wäre das aber nicht der Fall; dann ist eine Beschreibung der Unit erforderlich, wobei als Kurzfassung etwa folgendes (besser ein Listing des Interface-Teils) ausreicht:

Die Unit Punkte enthält hierarchisch folgende Klassen:

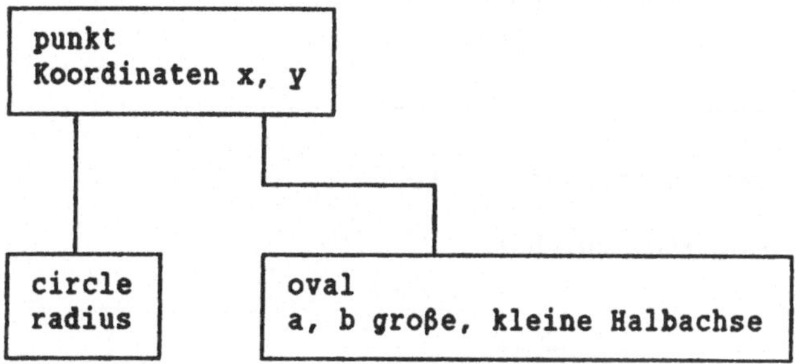

Aufrufe für die entsprechenden Klassen (deren Objekte):

```
punkt.define (x, y);
punkt.zeigen;
circle.define (x, y, radius);
circle.zeigen;
oval.define (x, y, a, b);
oval.zeigen;
```

Alle Zahlenangaben vom Tpy *Integer*

Abb.: Klassenhierarchie der Unit PUNKTE.TPU

Damit ergibt sich, daß beim direkten Aufruf der Prozedur *oval.define* in der ohne Übergabeparameter selbstdefinierten Prozedur *zylinder.zeigen* zwingend die Komponenten x, y, a und b zu verwenden sind, und fallweise natürlich zu ergänzen durch Komponenten (hier h), die wir extern (also in unserem eigentlichen Programm) hinzugefügt haben.

Zur Verdeutlichung geben wir eine weitere Programmversion an, in der die Prozedur *zylinder.zeigen* nicht polymorph konstruiert ist und als direkte Übergabeparameter fünf Ganzzahlen enthält:

```
PROGRAM neugeometrie;
USES graph, punkte;

TYPE zylinder = OBJECT (oval)
                PROCEDURE zeigen (u, v, w, s, h: integer);
                END;

PROCEDURE zylinder.zeigen (u, v, w, s, h : integer);
BEGIN
oval.define (u, v, w, s);
oval.zeigen;
oval.define (u, v - h, w, s);
oval.zeigen;
line (u - w, v, u - w, v - h);
line (u + a, v, u + a, v - h)
END;

VAR  graphdriver, graphmode : integer;
                     rohr    : zylinder;

BEGIN (* ------------------------------------------------- *)
graphdriver := detect;
initgraph (graphdriver, graphmode, ' ');
setcolor (1);
rohr.zeigen (400, 100, 150, 20, 50);
readln;
closegraph
END.  (* ------------------------------------------------- *)
```

Die Bedeutung der fünf lokalen Variablen (u, v, w, s und h) ergibt sich
aus dem früheren Listing.

Zwar ist der Typ *zylinder* noch als dritte Ebene an die Hierarchie der Unit
angehängt, aber es gibt keine passende Initialisierung mehr für die Höhe,
und damit müßten bei weiteren Nachfahren zum Zeichnen wiederum Übergabeparameter vereinbart werden. Die erste Lösung ist strukturell die bessere.
Ansonsten freilich leistet das Programm durchaus dasselbe.

Natürlich können neben den einfachen Variablentypen, die wir in unseren
Beispielen verwendet haben, alle Datenstrukturen aus TURBO einschließlich
Zeigervariablen in die Definition von Klassen eingebunden und damit ver-
erbt werden. Zusammen mit entsprechend definierten Methoden ist damit eine
völlig neue Art des Programmierens möglich, eben OOP.

Das TURBO Paket TURBO VISION basiert auf den hier kurz vorgestellten neuen
Konzepten. Im Manual [4] finden Sie eine ausführliche Einleitung zu seiner
Benutzung samt einführenden Beispielen. – Die Vorteile von OOP werden nach
Einschätzung des Verfassers in erster Linie beim Erstellen kommerzieller
Software (mit einheitlichem Erscheinungsbild) durchschlagen, dann in Auf-
gaben mit speziellen Zielen (z.B. in der Wissensverarbeitung: Vererbung!).
Bei kleinen "Schreibtischprogrammen" des Alltags lohnt OOP weniger ...

DOS, genauer MS.DOS, bedeutet MicroSoft Disk Operating System, ein Paket
von Betriebssystemprogrammen, ohne die ein PC "tot" ist. Analog ist DR.DOS
ein Paket von Digital Research. Der folgende Text macht keine Unterschiede
in der Beschreibung, da nur Übereinstimmendes angesprochen wird.

DOS befindet sich auf einer Systemdiskette (oder als Kopie auf der Festplatte C: des Rechners) und muß beim "Hochfahren" ('Booten'), dem Starten
der Maschine, (automatisch) geladen werden. Die benötigten Routinen sind
im Urlader-ROM (BIOS oder 'Binary Input Output System', ein Chip) des PC
fest installiert und werden beim Einschalten aktiv. Falls MS.DOS unter
Laufzeit des PC gestört wird, "stürzt der Rechner ab" und muß neu gestartet werden. Im Speicher vorher gelagerte Informationen sind dann unwider-
ruflich verloren. Die Gründe für einen Absturz liegen seltener in Fehl-
bedienung, sondern meistens in fehlerhafter Software, d.h. in Programmen,
denn normalerweise ist der DOS-Bereich des Speichers zugriffsgeschützt und
kann unabsichtlich praktisch kaum gefährdet werden. Trotzdem zwei wichtige
Grundregeln beim Arbeiten mit Text- und Verwaltungsprogrammen und auch
beim Entwickeln eigener Software:

> **Immer wieder abspeichern und damit getane Arbeit sichern!**
> **Von wichtigen Dateien hie und da Kopien anlegen!**

Bei Systemabsturz wird normalerweise ein "Warmstart" ausgeführt, nicht
aus- und wieder eingeschaltet, sondern per Tastenkombination Ctrl-Alt-Home
der Startchip aktiviert und das System so neu geladen. Dieser sog. "Affen-
griff" (drei Tasten gleichzeitig) ist vorgesehen, damit ein solcher Warmstart nicht versehentlich ausgelöst wird. (Andere Bezeichnungen für die
Tasten: Ctrl = Strg, Home = Entf oder ähnlich, siehe Rechnerhandbuch). Sie
erkennen einen Absturz daran, daß keinerlei Aktionen mehr möglich sind,
weiter auch die Kommandozeile von DOS fehlt und kein Cursor blinkt.

Ist nach dem Starten alles okay bzw. ein laufendes Programm regulär be-
endet, so meldet sich DOS mit der sog. Kommandozeile, d.h. dem aktiven
Laufwerk sowie dem blinkenden Cursor: Jetzt ist das System bereit, alle
Kommandos zur direkten Steuerung (wieder) zu akzeptieren.

DOS unterscheidet _interne_ und _externe_ Befehle: Die internen (oft auch
"resident" genannt) werden über das Systemfile COMMAND.COM zur Verfügung
gestellt und sind von der Kommandoebene (Laufwerk: > ..) stets erreichbar.
Die (seltener benutzten) externen müssen bei Bedarf stets nachgeladen
werden, wobei der "Pfad" (dazu unten mehr) zu jener Directory weisen muß,
auf der die sog. Systemfiles liegen; man erkennt solche externen Kommandos
dort als Files vom Typ .COM oder .EXE, es sind also Maschinenprogramme.

Die allerwichtigsten Kommandos

```
DIR
COPY
RENAME
DEL (oder ERASE)
TYPE
```

sind intern, zwei weitere oft gebrauchte DISKCOPY und FORMAT hingegen extern. Von DIR abgesehen, verlangen diese Kommandos meist Spezifikationen (Parameter), d.h. Angaben über wen, wohin usw. Die Laufwerke unter DOS heißen A:, B:, C: usw. Einen Wechsel auf ein anderes Laufwerk, das dann "aktiv" ist, erreichen Sie von der Kommandoebene aus durch Eingabe der benötigten "Laufwerksnummer", z.B. C: <RETURN>.

Zuvor noch eine begriffliche Klarstellung: Oft ist in der Literatur von Files und Dateien die Rede, wobei diese Begriffe synonym gebraucht werden. Aber: Jede Datei ist ein File, hingegen nicht jedes File eine Datei: Dateien haben eine interne Struktur (und bestehen aus einzelnen "Sätzen"), Files allgemein hingegen nicht. So sind die Begriffe Maschinenfile und Textfile korrekt (denn ein Text ist eine weitgehend ungegliederte Folge von ASCII-Zeichen!), auch Adressdatei ist korrekt, aber "Textdatei" an sich ist falsch. Meistens kommt es auf diese feinen Unterschiede freilich nicht so an ...

Jedes File hat einen <u>Namen</u>, unter DOS bestehend aus <u>maximal acht Zeichen</u>; zugelassen sind die angloamerikanischen Buchstaben, dazu auch die Ziffern, aber nicht am Anfang, und eventuell noch der Unterstrich _ : Aber keine Blanks, keine Umlaute, keine Sonderzeichen! (Auch wenn Sie das hie und da sehen, Vorsicht: gelegentlich nicht mehr ladbar!) In der Regel haben Files neben dem Namen auch einen <u>Extender</u>, eine sog. File-Extension (maximal drei Zeichen), die DOS etwas zum Inhalt signalisiert:

.COM und .EXE sind ausführbare Maschinenprogramme, die einfach per Namen ohne Extender gestartet werden. Zum Beispiel: FORMAT A: <RETURN>, obwohl das Programm FORMAT.COM oder anderswo FORMAT.EXE heißt. Der Extender wird per Punkt angehängt. Dieser Punkt ist zwar in der Directory nicht sichtbar, gleichwohl aber vorhanden und muß daher außer beim Starten eines Programms vom Typ COM oder EXE genannt werden. FORMAT   COM heißt also eigentlich FORMAT.COM ...

Alle Kommandos sind wie gesagt entweder im File COMMAND.COM integriert (und damit intern) oder aber eigene Files (extern).

Zum ersten Umgang mit DOS folgende Hinweise:

Mit DIR (und der Taste <RETURN>, das schreiben wir nicht mehr extra auf) zeigen Sie den Inhalt jenes Datenträgers an, der im aktiven Laufwerk liegt. Das aktive Laufwerk wird zu Beginn der Kommandozeile gemeldet, z.B.

        C:> ...

und kann dann mit dem Kommando A: auf Laufwerk A: gerichtet werden. Unter DOS sieht eine Anzeige etwa so aus:

        Diskette/Platte, Laufwerk A, hat keinen Namen
        Verzeichnis von A:\

        LOADPIC   EXE   19904   7-11-90   11:27a
        ADRESSEN DAT   1528   10-10-90   5:00p
        ... usw.

und gibt Informationen über Name, Extension, Filelänge in Byte, das Datum
der Erstellung und die Uhrzeit (a/p vor/nach 12.00 Uhr mittags).

Normalerweise ist das Inhaltsverzeichnis lang und "rollt"; das können Sie
mit dem Parameter /p ('page', seitenweise) verhindern: So blättert DIR/p
den Inhalt vor. Wenn Sie die Zusatzinformationen nicht interessieren,
können Sie auch DIR/w eingeben: Jetzt paßt eine Fülle von Files (je fünf
pro Zeile) auf den Bildschirm und Sie bekommen einen Überblick zum Inhalt.
(Mehr zu DIR folgt weiter unten).

COPY wird zum Kopieren von Files aus dem aktiven Laufwerk zu beliebigem
Ziel hin verwendet. Vollständig lautet der Befehl so

        COPY Q:altname.ext Z:neuname.ext

wobei Q: das Quell- und Z: das Ziellaufwerk sind. COPY tauft bei Bedarf
wahlweise auch um, wobei sich diese Taufe auf Name und/oder Extension
beziehen kann. Bei dieser Gelegenheit kann die Extension auch gelöscht
oder erst hinzugefügt werden. Wenn ein verkürzter Befehl unmißverständlich
ist, wird er unter DOS ausgeführt. Daher ist bei aktivem Laufwerk Q:

        COPY altname.ext Z:

ausreichend, wenn Sie den Namen beibehalten wollen. Ohne eine vom aktiven
Laufwerk abweichende Zielangabe geht das nicht, denn dann würde ein File
in sich kopiert werden. Hingegen ist

        COPY altname.ext neuname.ext

zulässig: Auf dem aktiven Laufwerk wird neben altname.ext noch eine Kopie
unter neuem Namen angelegt.

Es gibt kopiergeschützte Files und solche, die in der Directory nicht angezeigt werden, sog. "verdeckte" Files. Letztere können mit vielen Werkzeugen (NORTON Commander, aber auch einfache Hilfsprogramme – in diesem
Buch) sichtbar gemacht werden. Kopiergeschützte Files können je nach Art
und Trickreichtum des Schutzes mit Spezialprogrammen trotzdem kopiert
werden; in letzter Zeit verzichten daher immer mehr Hersteller auf den
Softwarekopierschutz und gehen notfalls auf Hardwareschutz über: Solche
Files sind als Kopie ohne jeden Wert; sie können nur mit Code-Steckern des
Softwareherstellers (meist über die Druckerschnittstelle angeschlossen)
zum Laufen gebracht werden.

<u>Warnung</u>: Ist auf der Zieldiskette B: ein File des Urspungsnamens name.ext
vorhanden, so wird es mit COPY name.ext B: überschrieben; eine Fehlermeldung kommt nur bei COPY name.ext in der Form "File kann nicht auf sich
kopiert werden ..." für den Fall, daß Quell- und Zieldisk übereinstimmen.

        RENAME altname.ext neuname.ext

tauft am aktiven Laufwerk um, wobei beide Komponenten des Namens verändert
werden können. – Wenn Sie beim Umtaufen oder auch Kopieren die Extension
von Maschinenfiles ändern, so wird zwar der Fileinhalt der alte bleiben,

aber das File wird von DOS nicht mehr als Maschinenfile erkannt und kann
nicht mehr gestartet werden: Da der Start nur mit dem Namen initiiert wird
und DOS dann COM oder EXE anhängt, findet es das File nicht mehr. Ein File
beliebiger anderer Extension wird umgekehrt natürlich nicht dadurch lauffähig, daß Sie es teilweise umtaufen!

Das gilt oft auch für andere Files, insb. Dateien: Da deren Extension oft
vom generierenden Programm vergeben wird, dürfen Sie diese nicht ändern.
DOS sieht bestimmte Extensions in diesem Sinne als wesentliche Kennungen
an: COM ('computer oriented machine'), EXE ('executable'), SYS ('system'),
BAT ('batch', d.h. Stapel), DOC (Dokumente), BGI ('Binary Graphics Interface'), TPU (sog. 'Turbo Pascal Unit'), PAS (Pascal), BAS (BASIC), BAK
('back-up copy'), BIN ('binary file') und einige andere Extender sollten
also nicht verändert werden! Dagegen könnten Sie z.B. das File FORMAT.COM
in DISKMAKE.COM umbenennen, ja sogar unsichtbar machen und dann mit
DISKMAKE starten.

     DEL name.ext   (oder auch ERASE name.ext)

löscht das genannte File, genauer: Der Zugriff über die Directory ist
nicht mehr möglich. Sollte Ihnen das mit einem wichtigen File passieren:
Legen Sie die Diskette sofort (!) beiseite (nichts mehr auf diese Disk
kopieren) und suchen Sie jemanden, der "Bescheid" weiß, denn noch ist
nicht alles verloren. Man kann das "gelöschte" File durch Reparatur in der
Directory "retten", wenn die passenden Werkzeuge zur Verfügung stehen.

     TYPE name.ext

listet das File name.ext auf dem Bildschirm direkt vom Datenträger her
auf. Sie sollen den Befehl aber nur verwenden, wenn das genannte File
"lesbar" ist, also Texte, Dateien und dergleichen enthält, aber keine
Maschinenfiles mit den Extensions COM, EXE und andere!

Das externe Kommando FORMAT dient dazu, fabrikneue oder inhaltlich nicht
mehr interessante Disketten zu "formatieren", d.h. auf den (die) Lauf-
werkstyp(en) Ihres Rechners "zuzuschneiden". Der Vorgang ist vergleichbar
dem Schneiden von Rillen auf einer (neuen) leeren Schallplatte, läuft aber
natürlich ganz anders ab. Die größeren 5.25'-Disks ('Floppy' = schlapp, da
biegsam) gibt es in zwei verschiedenen Qualitäten: "normale Dichte" für
XT-Laufwerke mit 360 KB und 40 Spuren je Seite; bessere sog. DD- bzw. HD-
Qualität ("High-Density", mit 720 und mehr KB, 80 Spuren). Die besseren
können entgegen erster Annahme auf den XT-Laufwerken aus physikalischen
Gründen nicht verwendet werden! Einfache Disks hingegen könnten notfalls
auch auf den DD/HD-Laufwerken mit einfacher Dichte formatiert werden.
Analoges gilt für die stabilen, festen 3.5'-Disks für die kleinen Lauf-
werke (1.44 Mbyte bzw. 720 KB). Vorsicht auch mit dem Schreiben auf XT-
Disketten von Laufwerken hoher Dichte aus (Nur-Lesen ist problemlos.).
Derart beschriebene Disketten sind später u.U. nirgends mehr lesbar!

Zum Formatieren muß auf dem aktiven Laufwerk DOS verfügbar sein, d.h. entweder muß vorher eine Systemdisk eingelegt werden oder aber die Festplatte
C: enthält die Systemfiles. - Im letzteren Fall lautet das Kommando ab C:

FORMAT A: oder **FORMAT B:**

wobei in A: oder B: die neue Disk eingelegt wird. Vergewissern Sie sich unbedingt, daß Sie nicht FORMAT C: geschrieben haben! Mit einer Zwischenmeldung "Diskette einlegen ... " geht es los. Bis hierher könnten Sie noch mit Ctrl-C abbrechen. - Bei zwei Laufwerken wird die Systemdiskette in einem eingelegt und das andere Laufwerk formatiert. Haben Sie jedoch nur ein Laufwerk, so werden Sie auf halbem Wege aufgefordert, eine neue Disk einzulegen, also die Systemdisk zu entfernen und zu ersetzen. Formatieren Sie keinesfalls aus Versehen C: oder Ihre Systemdiskette! Letzteres können Sie durch einen mechanischen Schreibschutz verhindern, der je nach Typ der Diskette durch Verkleben eines Schlitzes oder eine Schieberumstellung (Durchblick offen) erreicht wird. - PS: Jede Diskette hat eine Ober- und Unterseite und muß seitenrichtig eingelegt werden!

Bei Systemen mit Festplatte empfiehlt sich, FORMAT gut zu verstecken, damit nicht irgendwer aus Versehen Ihren Rechner formatiert, also die Festplatte. Und: Wenn Sie versuchen, unter Laufzeit einer gewissen DOS-Version eine Diskette mit einem FORMAT einer anderen Version (ab fremder Systemdisk also) neu zu formatieren, so geht das nicht. Es gibt nämlich Querinformationen zwischen COMMAND.COM und FORMAT.COM, die diesen Versuch unterbinden. Wenn Sie also "Ihr" FORMAT aus irgendeinem Grunde einmal verlieren, so müssen Sie unbedingt jene Fassung wieder aufkopieren, die zu Ihrer DOS-Version gehört, oder aber von einer anderen Systemdiskette COMMAND.COM, FORMAT.COM und ein paar verdeckte Systemfiles (ebenfalls mit solchen "Querverbindungen") per Kommando SYS ... neu einspielen. Das DOS-Handbuch beschreibt diesen komplizierten Vorgang insbesondere bei Festplattensystemen genauer; bei älteren DOS-Versionen muß die Festplatte dann neu formatiert werden, eine i.a. recht verlustreiche Aktion.

Nur auf formatierte Disketten kann der Rechner schreiben, und nur solche kann er lesen. Wenn Sie beim Zugriff auf ein Laufwerk eine Meldung wie "Disk nicht lesbar ..." o.ä. erhalten, dann ist entweder keine Diskette eingelegt, oder das Laufwerk offen oder aber eine systemfremde (bzw. unformatierte) Diskette im Angebot ...

Korrekt hingegen ist eine Meldung wie "Keine Datei vorhanden ..." o.ä.: Damit können Sie eine soeben formatierte Diskette mit DIR prüfen; der Rechner befindet sie für gut, stellt aber fest, daß sie noch leer ist. Zum Gebrauch von Disketten ist es übrigens gleichgültig, mit welcher Version von FORMAT sie formatiert worden sind. Disketten anderer DOS-Rechner (mit möglicherweise einer anderen DOS-Version des Besitzers) sind also völlig kompatibel.

Das Kommando DISKCOPY stellt von beschriebenen Disketten eine absolut gleichwertige physikalische Kopie her. DISKCOPY wird ebenfalls von DOS extern abgerufen (also gegebenenfalls ohne Festplatte dann die Systemdisk einlegen) und lautet z.B. ab Festplatte C:

DISKCOPY A: B:

In A: liegt dann die Quelldiskette, in B: die Zieldiskette. Die letztere wird bedarfsweise vorher formatiert. Sie können auch auf eine nicht mehr benötigte (gebrauchte) Diskette kopieren. In jedem Falle müssen die Laufwerkstypen A: und B: gleich sein: DISKCOPY kann also nicht benutzt werden, um eine 1.2 Megadiskette auf eine Disk des Formats 720 KB umzukopieren. DISKCOPY überträgt auch versteckte Dateien, etwa jene des Betriebssystems.

Noch zwei gängige Hilfsleistungen: Nach Eingabe eines Kommandos können Sie durch Betätigen der Taste F3 das alte Kommando nochmals vollständig zur Ausführung bereitstellen; interessieren Sie nur Teile davon, dann ist F1 (auch wiederholt) praktisch, das Sie mit F2 abschließen ...

Die bisherigen Informationen reichen für eine allererste Bedienung des PC gut aus:

Aber DOS bietet mehr ...

Wildcards und andere Annehmlichkeiten

Die bisher aufgeführten Kommandos (außer FORMAT und DISKCOPY) sprechen die Directory an: DOS sieht daher zur Bequemlichkeit vor, daß für Files sinnvolle Gruppenbildungen möglich sind. Dies geschieht mit den "Wildcards" * und ?, die wie gewisse Spielkarten übergreifende Ersatzwirkung haben. Beginnen wir mit dem Malzeichen *. Es vertritt bei Bedarf Namen und/oder Extender.

        DIR *.COM

bedeutet daher, daß aus der Directory nur jene Files ausgelistet werden, die den Extender COM haben. Analog listet DIR BEISPIEL.* alle Files mit dem Namen BEISPIEL, aber unterschiedlichen Extensions wie BEISPIEL.PAS und BEISPIEL.EXE aus, das zugehörige Maschinenfile zur Pascal-Quelle. DIR wäre demnach mit dem aufwendigen DIR *.* gleichwertig und ist es auch. Analog kopiert

        COPY *.* B:

alle Files vom aktiven Laufwerk auf eine Disk nach B:, sofern der dort noch verfügbare Platz dies zuläßt. Liegen auf der Disk in B: aber schon Files und reicht der Platz daher eventuell nicht aus, so wird der Kopiervorgang (eine Liste läuft am Bildschirm mit) gegebenfalls abgebrochen.

Wo ist der Unterschied zum Kommando DISKCOPY? Letzteres kopiert physikalisch, <u>COPY kopiert File für File</u>. - Damit ist eine mit COPY *.* angelegte Kopie "aufgeräumt", vor allem dann, wenn in B: eine neu formatierte Disk eingesetzt wird. Auf dieser ist in der Regel danach weit mehr freier Platz als auf der Quelle, und Zugriffe auf dortige Files sind folglich meist schneller. Man sollte dies hie und da nutzen und dann die Quelldiskette nach Test der neuen Disk wieder formatieren ...

Klar ist jetzt, was z.B. COPY *.TXT B: bedeutet: Nur Files mit der Extension *.TXT werden umkopiert. - Beim Kopieren mit dem Wildcard * muß die Zieldiskette i.a. von der Quelldiskette verschieden sein, es sei denn, sie greifen auf Files einer Extension zu: COPY *.TXT *.DTA verdoppelt alle Files zu einer Kopie mit einer zweiten Extension DTA.

Seien Sie mit COPY aber einigermaßen vorsichtig, denn beim Kopieren wird ein <u>gleichnamiges Ziel ohne Warnung überschrieben!</u>

DEL (gleichwertig mit ERASE) und RENAME werden analog behandelt:

    DEL *.*   (oder ERASE *.*)

löscht alle Files nach Rückfrage, DEL *.COM alle Files des Typs COM ohne jede Warnung, ERASE BEISPIEL.* alle wohl zusammengehörenden Files mit dem Namen BEISPIEL.

    RENAME altname.* neuname.*

behält die Extension bei, ändert aber die Filefamilie altname komplett. Vorsicht: Manche DOS-Versionen taufen auch um, wenn ein File mit dem neuen Namen auf der Disk schon existiert! Dann haben Sie unversehens zwei Files mit übereinstimmenden Namen und das zweite ist nicht mehr zugänglich!

TYPE kann mit Wildcards nicht benutzt werden.

Um Gruppen von Files noch spezifischer ansprechen zu können, gibt es das Fragezeichen ?, das stets genau eine Zeichenposition vertritt, und zwar im Namen und/oder Extender.

    DIR WISSEN??.RUL

listet alle Files mit einem Namen aus acht Zeichen auf, deren erste sechs Zeichen WISSEN sind, also WISSEN01.RUL, WISSEN02.RUL usw., ... aber nicht WISSENX.RUL (nur sieben Zeichen) ...

Insbesondere beim Kopieren kann das Fragezeichen daher sehr nützlich sein:

    COPY W????????.* B:

kopiert alle mit W beginnenden Files, deren Namen acht Zeichen haben, mit oder ohne Extension.

Die bisherigen nur fünf bzw. sieben Kommandos (DOS verfügt über weit mehr als fünfzig, je nach Version) sind mit einer Reihe zusätzlicher Parameter bzw. durch Verkettung untereinander weit flexibler in der Praxis, als so mancher PC-Besitzer ahnt. Beginnen wir mit COPY und dem Wissen, daß DOS die Konsole des PCs mit dem Namen CON, den angeschlossenen Drucker mit PRN adressiert, d.h. aus der Sicht des Prozessors ebenfalls als Files ansieht:

    COPY CON PRN

(also mit zwei Filenamen, wie gewohnt!) kopiert Tastatureingaben direkt auf den angeschlossenen Drucker (ON-LINE!), d.h. ist eine kleine <u>Textverarbeitung!</u> Sie können also zeilenweise mit <RETURN>s so schreiben wie gewohnt ... Das Ende signalisieren Sie mit der Eingabe Ctrl-Z (sog. END-of-File-Marker) samt <RETURN>. Bereits abgeschlossene Zeilen können nicht mehr korrigiert werden, es sei denn, Sie fangen ganz von vorne an ...

COPY CON A:name.ext

ist analog ein <u>primitiver Editor</u> zum Erstellen ganz kleiner Textfiles, die
direkt auf die Disk in Laufwerk A: kopiert werden, z.B. für eine Änderung
im File AUTOEXEC.BAT. Abschluß auch hier mit Ctrl-Z wie eben ...

Alle Files haben die Zeitangabe ihrer Ersterstellung mit abgespeichert.
Das kann man ändern:

COPY A:name.ext + ,,   (Zwei Kommata ohne Blank)

wechselt die alte Zeitangabe gegen die Systemzeit aus. Gegebenenfalls vorher Datum mit dem Kommando DATE, Zeit mit TIME setzen!

TYPE gestattet keine Wildcards, COPY jedoch in ganz besonderer Weise:

COPY B:*.PAS CON

kopiert der Reihe nach alle Files des Typs PAS auf den Bildschirm (der
ebenfalls CON heißt). Möglicherweise ist die Liste recht lang; Eingabe von
Ctrl-C (für 'continuing') bricht vor dem Einlesen des Folgefiles ab.

COPY C:AUTOEXEC.BAT PRN kopiert die wichtige Datei AUTOEXEC (mehr dazu
weiter unten) direkt auf den Drucker, was analog auch mit TYPE ... >PRN
veranlaßt werden kann. Falls C: aktiv ist, ist die Laufwerksbezeichnung
überflüssig.

Auch DIR ist sehr flexibel zu handhaben:

DIR >B:inhalt.txt   (oder ein anderer Name)

leitet die sonst auf dem Bildschirm angezeigte Directory als Textfile
unter dem angegebenen Namen zum Laufwerk B: und stellt so den Disketten-
inhalt als abgelegten Text zur Verfügung, so z.B. zum späteren direkten
Einlesen in eine Textverarbeitung. Falls es inhalt.txt bereits gibt, wird
das File dabei überschrieben. Sie können aber an ein schon bestehendes
Textfile mit

DIR >>B:name.ext

an das Ende anhängen, also verlängern! (NB: >> wirkt wie >, falls name.ext
noch fehlt.)

DIR >PRN

leitet das Inhaltsverzeichnis zum Drucker. Für Files auf Disks kann man
ein Listing am Drucker mit

TYPE A:name.ext >PRN

veranlassen, so gut wie jedes Lister-Programm, nur daß der Seitenvorschub
des Papiers bei längeren Texten fehlt, fortlaufend über den Falz gedruckt
wird.

Mit dem sog. <u>Verketten</u> von DOS-Befehlen (auch 'Piping' genannt) per Zeichen ¦ (Tastenkombination Alt, gedrückt und dabei Ziffernfolge 124 auf dem Nummernblock rechts) steigen die Variationsmöglichkeiten enorm. Wir stellen in diesem Zusammenhang die Befehle MORE, SORT und FIND vor:

```
DIR | MORE
```

entspricht zwar DIR /p, letzteres kann aber nicht mehr weiter kombiniert werden. Hingegen listet

```
DIR | SORT >PRN
```

auf den Drucker, aber alphabetisch sortiert (und ohne >PRN geht's auf den Bildschirm, logisch!). Auf dem Bildschirm würden Sie bei einer sehr langen Directory mit

```
DIR | SORT | MORE
```

besser fahren. MORE ist auch zum Anschauen langer Textfiles gut: Denn

```
TYPE A:name.ext | MORE
```

hält nach jeder Bildschirmseite an und ist viel besser als die unpräzise erreichbare Pause-Taste. (TYPE ... /p gibt es bei manchen DOS-Versionen.) Weiter läßt sich FIND zum Suchen von Zeichenketten einsetzen, eine Option, die auch in vielen Textverarbeitungen existiert:

```
TYPE A:name.ext | FIND "VAR" | MORE
```

liest seitenweise name.ext auf den Bildschirm und zeigt nur jene Zeilen des Textes name.ext, in denen die Zeichenfolge VAR vorkommt.

```
DIR | FIND "10-28-91"
```

listet nur jene Files aus, die im Oktober 1991 erstellt worden sind, diese Zeitkennung haben. Nachgeschoben

```
DIR | FIND "10-28-91" >PRN
DIR | FIND "10-28-91" >B:OKT_91
```

geht das auf den Drucker bzw. sogar in ein weiter verwendbares Textfile nach B: Falls es ein solches schon gibt, dann mit >>B:... anhängen.

Die Verwendung von SORT/+9 sortiert beim Piping nach den neunten Zeichen der Namenskette, also *.BAS zuerst, dann vielleicht *.PAS und so weiter. Und SORT/R sortiert bei Bedarf absteigend ... SORT ist also eine recht brauchbare Sortier-Routine des DOS-Betriebssystems. – Eine praktische Kombination könnte also z.B.

```
DIR | FIND "HP" | SORT >PRN
```

sein, um alle Files ...HP.. mit HP irgendwo im Namen sortiert auf den Drucker zu senden.

Von Haus aus sind unter DOS Files nicht <u>zugriffsgeschützt</u>, können also
versehentlich überschrieben bzw. gelöscht werden. Bei einer ganzen Disk
kann man das mit Überkleben der <u>Schreibschutzöffnung</u> sicher vermeiden
(Systemdisk und Archivexemplare!). Mit dem Setzen eines Dateiattributs
kann das elektronisch-elegant fileweise verhindert werden:

    ATTRIB +R A:name.ext   (d.h. nur lesen)

schützt das File name.ext vor Zugriffen wie RENAME, ERASE und auch COPY
(als Ziel). Zurückstellen geht bei Bedarf mit ATTRIB −R A:... +R: Solche
+R-Files können gelesen und kopiert werden, aber eben nicht gelöscht oder
verändert. Ist das File ein Maschinenfile, so bleibt es weiterhin lauffähig: Sie können demnach FORMAT so vor dem Löschen schützen.

Übrigens: Ähnlich wie das Zeichen | erreichen Sie jedes Zeichen aus dem
Vorrat Ihres PC durch Festhalten der Taste Alt und Eingabe des ASCII-Code
vom Nummernblock (rechts) aus, also z.B. Alt 65 für A, Alt 66 für B usw.
Von Interesse ist das für alle auf der Tastatur unsichtbar angelegten
Zeichen, auch wenn etliche von diesen auf Umwegen gesetzt werden können.
So sind die beiden Grafikzeichen − ⊣ mit der Tastenfolge Alt-F bzw. Alt-D
erreichbar, aber auch mit Alt 196 bzw. Alt 180, vom Ziffernblock aus. Vor-
sicht mit allen Zeichen, deren Code so unter 30 liegt, also mit Herzchen,
Noten, dem Gesicht und dgl. Die erscheinen zwar auf dem Bildschirm, sind
aber meistens nicht druckfähig; manche unter ihnen wie Alt 7 (Rechtspfeil)
regen den Drucker zum Irrsinn an und zwingen zum Abschalten, wenn Sie den
Bildschirm mit der Taste PrtScr ('printscreen'= Druck) als Hardcopy zum
Drucker senden wollen!

Und auch mit der Verwendung mancher dieser Zeichen in Textverarbeitungen
ist Vorsicht geraten: Sie können sie im Text setzen (und sehen die da),
aber beim Ausdrucken sind gewisse von ihnen vielleicht Steuerzeichen des
Programms und lassen den Drucker verrückt spielen, z.B. Papier endlos
spulen, auf Schnellschrift umschalten und so weiter. Dies gilt oft auch
für gewisse Zeichen im ASCII-Code jenseits von 127 (Testen oder besser
Handbuch zur Textverarbeitung daraufhin genauer durchsehen!).

Die meisten Textverarbeitungen sind aber so gemacht, daß Sie etwa folgende
Sondertypen schreiben und problemlos ausdrucken können:

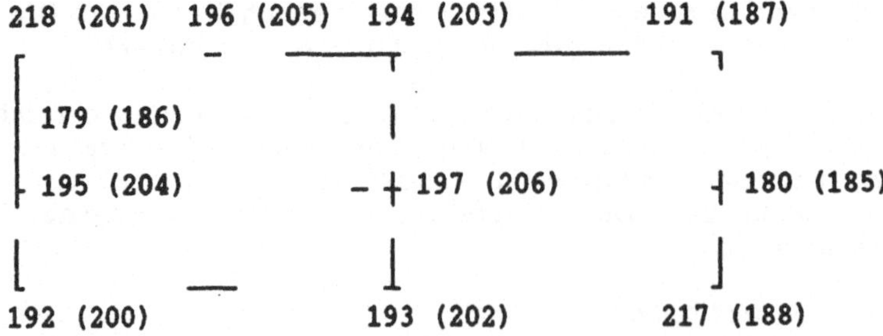

Analog gibt es auch Zeichen für Doppelstriche (in Klammern). Von Nutzen
sind oft noch die Zeichen

± 241	≥ 242	≤ 243	≈ 247	
é 130	è 138	ê 136	â 131	à 133
ç 135	û 150	½ 171	¼ 172	

und einige andere. Bei Tastaturen mit IBM-kompatiblem Treiber (das ist heute die Regel) kann ein Akzent auf z.B. è auch dadurch gesetzt werden, daß zuerst die Taste ' (mit Shift = Hebetaste) bedient wird, danach dann e. Analog ohne Shift für é. Wenn Sie hingegen z.B. die Zeichenfolge 'e haben wollen, so müssen Sie der Reihe nach ' Leertaste e bedienen.

Die Tastatur erzeugt beim Bedienen für jedes Zeichen einen Code, der von 0 bis 127 normiert ist, den sog. ASCII-Code, d.h. American Standard Code for Interchange of Information. 65 z.B. entspricht A, 66 B und so weiter. Jenseits von 127 (bis 255, das sind also insgesamt 256 = 2^8 Zeichen) gilt der sog. IBM-Standard als weithin verbindlich, fast eine Norm, die auch als EPSON-kompatibel bezeichnet wird. Der Namen dieser Firma steht für Generationen von Druckern, die Geschichte gemacht haben. Es gibt aber vor allem ältere Drucker, die damit ihre Probleme haben und auch bei deutschen Umlauten ratlos sind ...

Weiteres zur Systemverwaltung

Größere Directories, zumal auf der Festplatte, sind unübersichtlich. Hier helfen <u>Unterverzeichnisse</u> ab. Sie werden entsprechend dem Schema,

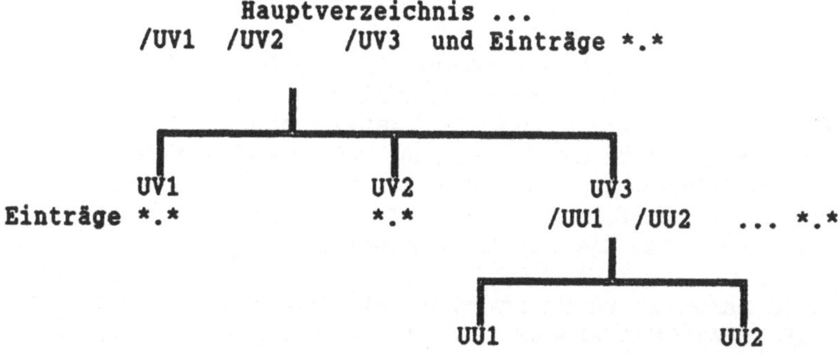

beginnend beim Hauptverzeichnis (Wurzel oder 'root' genannt), neben Fileeinträgen hierarchisch bis in große Tiefe angelegt.

Als Namen sind übliche DOS-Namen mit maximal acht Zeichen zulässig. Im Beispiel generieren Sie UV1 mit dem Kommando

    MD UV1   ('Make Directory')

vom Hauptverzeichnis aus. Dort liest sich die Directory nachher etwa so

    .   Files
    .   .....
    UV1   <DIR>   oder <KAT> für Katalog

Mit CD UV1 ('change directory') können Sie dann in das Unterverzeichnis
UV1 wechseln und dort DIR usw. anwenden. Am Anfang finden Sie zwei symbolische Leereinträge (für das "Oberverzeichnis"). Haben Sie zuletzt UV3
generiert und sind mit CD UV3 dorthin gewechselt, so geht es dann von dort
aus mit MD UU1 und CD UU1 weiter usf.

Angenommen, Sie haben eine Disk am Laufwerk A: (oder analog Ihre Festplatte) in obiger Weise strukturiert. Alle DOS-Befehle gelten stets nur in
einer Ebene. Wenn Sie vom aktiven Drive A: aus mit CD UV3 CD UU1 in die
dritte Ebene gelangt sind und A: verlassen, d.h. zum Laufwerk B: wechseln,
wo Sie im Hauptverzeichnis sind, so wird

        COPY *.* A:

alle Files von B: nach UU1 kopieren, d.h. DOS merkt sich zum Laufwerk auch
den eingestellten <u>Pfad</u>, den Weg in der Hierarchie aller Verzeichnisse.
Stellen Sie also auf B: ebenfalls einen (dort vorhandenen) Pfad ein, so
ist COPY '.' A: schon der direkte Weg von B: nach A:, und zwar vom Unterverzeichnis in B: auf das früher eingestellte in A:, obwohl dieses Laufwerk wegen Wechsel nach B: nicht aktiv ist. Eine eventuelle Pfadangabe
(durch Einstellen) ist demnach Bestandteil der Laufwerksnummer.

Der Rückweg in der Hierarchie erfolgt stufenweise mit CD .. solange, bis
Sie wieder im Hauptverzeichnis sind. Wechseln Sie also nach B: und geben
dort ein CD .., dann Rückwechsel nach A: , so wird

        COPY *.* B:

jetzt ganz A: (wenn möglich) nach UV3 kopieren. In der Hierarchie einer
Disk können also inhaltlich gleiche Files unter gleichen Namen vorkommen,
aber in verschiedenen Unterverzeichnissen. Es können ebenso inhaltlich
verschiedene Files auf einer Disk unter gleichem Namen vorkommen, eben in
verschiedenen Unterverzeichnissen! Man versieht aus diesem Grund dem Inhalt nach gleiche Files (Sicherungskopien) am besten nur mit einer anderen
Extension (und noch besser: hat die auf einer anderen Disk!).

Offiziell heißt ein File name.ext im Unterverzeichnis UU1 aus der Sicht
der Wurzel vollständig \UV3\UU1\name.ext und ist über die oberste Ebene
auch so ansprechbar. Ohne Einstellung eines Unterverzeichnisses auf B:
können Sie daher von A: aus auch mit dem Befehl

        COPY name.ext B:\UV3\UU1\neuname.ext

direkt kopieren, fallweise mit Namensänderung. Ansonsten ersetzen Sie
rechts neuname.ext durch '.' Damit kann auch innerhalb einer Hierarchie
kopiert werden. Wenn B: ohne Einstellung von irgendwelchen Unterverzeichnissen aktiv ist, so kopiert

        COPY \UV1\name.ext \UV3\UU1*.*

name.ext aus UV1 nach UU1. Alles klar? Ein Unterverzeichnis kann nur gelöscht werden, wenn es keinerlei Einträge mehr enthält. Wollen Sie also
UV3 löschen, so müssen zunächst dessen beide Unterverzeichnisse geleert,

gelöscht werden, daneben alle Files in UV3. Die Kommandofolge lautet ab
Wurzel:

```
CD UV3           jetzt sind Sie in UV3
CD UU1           jetzt sind Sie in UU1
DEL *.*          alles löschen
CD ..            Rückwechsel nach UV3
CD UU2           nach UU2 ...
DEL *.*          alles löschen
CD ..            wieder in UV3
RD UU1           Remove Directory, UU1 auflösen
RD UU2           dito für UU2
DEL *.*          alle Nebeneinträge in UV3 löschen
CD ..            ins sog. "Wurzelverzeichnis" ...
RD UV3           löschen ...
```

Sinngemäß funktioniert das auf jeder Teilebene so. Wie beim Löschen einer
ganzen Disk werden Sie beim Löschen aller Files in einem Unterverzeichnis
jedesmal gefragt, ob Sie das wollen ...

Damit man an der Kommandozeile sieht, in welcher Ebene Sie sich gerade befinden, gibt es Möglichkeiten, dies automatisch anzeigen zu lassen. (siehe
weiter unten). Ansonsten gilt: Ein einmal eingestelltes Unterverzeichnis
auf einem Laufwerk bleibt solange bestehen, bis Sie es mit CD verändern:
Haben Sie also auf obigem Laufwerk A: \UV1\UU1 mit einer entsprechenden
Disk im Laufwerk eingestellt und wechseln dann in Diskette aus, so kann es
Schwierigkeiten geben, die nur durch Einlegen der ursprünglichen Disk be-
hoben werden können. Es ist dabei ganz gleichgültig, von welchem Laufwerk
aus Sie Zugriffe (z.B. als Ziel beim Kopieren) versuchen, auf Deutsch:

Neben dem Laufwerk ist auch immer ein Pfad eingestellt, im allereinfachsten Falle keiner; dieser Pfad ist Bestandteil der Laufwerksorientierung
und der Filenamen: Disk und Laufwerk gehören zusammen ... Vor einem Dis-
kettenwechsel empfiehlt es sich also immer, zuerst die Wurzel anzuwählen.

Beim Einrichten einer Festplatte sollte man auf der neuen Festplatte nur
die für den Start notwendigen Files im Hauptverzeichnis aufspielen, aber
für alles andere Unterverzeichnisse anlegen. Nur so sehen Sie dann die
Directory der Festplatte i.a. komplett auf dem Bildschirm. Üblicherweise
wird die Festplatte (vor)formatiert geliefert, andernfalls können Sie das
von einem Laufwerk aus mit der Systemdiskette bewerkstelligen. NB: Ohne
Festplatte oder ohne System auf dieser bootet der Rechner stets vom Laufwerk A: und kann somit auch bei fehlerhafter Festplatte gestartet werden.
Dann werden von der Systemdisk mit SYS C: zwei verdeckte Systemfiles nach
C: kopiert. Dies muß bei DOS-Versionen bis 3.3 stets anfangs geschehen,
weil beim späteren Booten über C: diese Files vom Urlader auf der Spur 0
gesucht werden. Eine höhere DOS-Version mit längeren Systemfiles kann
daher nachträglich nicht mehr ohne weiteres aufkopiert werden, wenn der
Rest der Festplatte ohne Formatieren erhalten bleiben soll. Wohl aber
können Sie bei Verlust der sog. verdeckten Files genau deren Originale
wieder aufkopieren und damit problemlos reparieren. Ab DOS 4.0 (und bei
DR.DOS) fällt diese Beschränkung weg.

Danach übertragen Sie nach C: von der Systemdisk noch COMMAND.COM. Jetzt
wäre C: bereits bootfähig, aber noch nicht komfortabel: Sie brauchen einen
Tastaturtreiber und AUTOEXEC.BAT, das nach dem Start diesen Treiber einliest. Im Versuch könnten Sie diesen Treiber aber ohne AUTOEXEC auch von
jeder Disk starten, auf dem er liegt. Damit ergibt sich für C: etwa:

```
XXX       XXX        zwei verdeckte Systemfiles, z.B.
XXX       XXX        IBMDOS.COM und IBMBIO.COM
COMMAND   COM        Kommandointerpreter
ANSI      SYS        Gerätetreiber
CONFIG    SYS        Konfigurationsdatei
MOUSE     COM        Maustreiber wahlweise
KEYBGR    COM        Tastaturtreiber
AUTOEXEC  BAT        Start-Stapeldatei
VDISK     SYS        für virtuelle Laufwerke
DOS32     <KAT>      Unterverzeichnis DOS-System
TEXTE     <KAT>      Unterverzeichnis Textverarbeitung
...
```

Der Gerätetreiber wird u.U. von Anwenderprogrammen benötigt; in CONFIG.SYS
werden gewisse Voreinstellungen des Systems wahlweise verändert (der PC
läuft also in der Regel auch ohne CONFIG störungsfrei). Einige von dort
auslösbare Einstellungen können auch per AUTOEXEC veranlaßt werden.

Die Files AUTOEXEC.BAT und CONFIG.SYS

Files mit der Extension BAT sind sog. Stapelfiles. Solche Textfiles können
mit jedem ASCII-Editor (TURBO Pascal hat einen solchen) erstellt werden.
Schreiben Sie (via COPY CON DEMO.BAT ... Ctrl-Z) ein kleines File DEMO.BAT
mit folgenden Zeilen

```
RECHNEN
DIR
B:
DIR
```

und legen Sie das auf jener Diskette ab, auf der auch RECHNEN.EXE als Programm vorhanden ist. Starten Sie dann diese Disk von A: aus mit dem Aufruf
DEMO <RETURN>, so wird zuerst das Programm RECHNEN aufgerufen und danach
ablaufen, dann die Directory von A: angezeigt und zuletzt noch auf B: umgeschaltet und dort die Directory aufgelistet. Ein Stapelfile *.BAT arbeitet also der Reihe nach Kommandos ab, denn auch lauffähige Programme sind
unter DOS solche. Einen längeren Stapel können Sie nach jeder Zeile mit
Ctrl-C abbrechen, also nach Bearbeitung des jeweiligen Kommandos. Stapelfiles sind somit in vielfacher Hinsicht sehr praktisch, z.B. für den Einstieg in Textprogramme auf Bürorechnern, für Demos auf Disketten etc.

Der Name AUTOEXEC ist unter DOS reserviert. Beim Booten sucht der Rechner
am Startlaufwerk oder auf der Festplatte nach diesem File und arbeitet es
ab, sofern vorhanden. Damit können diverse Vorstellungen zum praktischen
Rechnerbetrieb realisiert werden. Auch AUTOEXEC.BAT können Sie mit jedem
Editor erstellen oder ändern. Eine brauchbare Miniversion sieht so aus:

```
KEYBGR                    (mindestens!)
PATH=C:\DOS32;C:\TEXTE
PROMPT $n $p $g
MOUSE                     (falls Sie eine haben!)
```

Sofern "echte" Programme aufgeführt werden, diese ohne COM/EXE usw. Die
zweite Zeile baut einen sog. Suchpfad auf: Systemprogramme wie FORMAT und
andere, die im Unterverzeichnis \DOS32 liegen, ferner die Textverarbeitung
im Unterverzeichnis \TEXTE (beide auf C:) sind dann von der DOS-Kommandozeile aus ohne Anwahl des Laufwerks bzw. Unterverzeichnisses aufrufbar.
Diese Zeile können Sie beliebig verlängern, fortlaufend ohne ; am Ende.

Die Zeile PROMPT beeinflußt das Prompt-Zeichen, die Bereitschaftsanzeige
in der Kommandozeile. $ ist ein Trennzeichen (Separator), gefolgt von
Kleinbuchstaben: In unserem Fall wird auf dieser Zeile zunächst stets das
Bootlaufwerk gezeigt, dann das aktive Laufwerk, fallweise mit dem ein-
gestellten Verzeichnispfad, zuletzt dann das Zeichen > . Also sieht diese
Zeile dann etwa so aus:

```
     C C:\texte >_ ...   (mit blinkendem Cursor)
```

Die Buchstaben n, p und g sollen klein geschrieben werden; einige weitere
Kürzel finden Sie im DOS-Handbuch, d.h. Sie können sich diese Zeile informativer gestalten, z.B. mit $t $d aktuelle Uhrzeit und Datum ausgeben und
manch anderes. So liefert $b statt $g das Zeichen ¦ anstelle > usw.

Wenn Sie an obiges AUTOEXEC.BAT noch die Zeile TEXTRUN anhängen, weil so
das Kommando zum Starten Ihrer Textverarbeitung in \TEXTE heißt, beginnt
der PC nach dem Hochfahren sofort mit dem Menü Ihrer Textverarbeitung ohne
eigene Vorbereitungen ... Zum Aufbau leistungsfähiger Stapeldateien gibt
es eine eigene kleine Unterkommandosprache. Mit REM können Sie Kommentare
einbauen, mit dem Wort PAUSE eine Unterbrechung, bis eine Taste gedrückt
wird. Es ist sogar möglich, eine andere Stapeldatei aufzurufen: CALL ZWEI
für den Aufruf von ZWEI.BAT als Beispiel. Mit Stapeldateien können häufig
benutzte Kommandoketten zu einer Einheit zusammengebunden und unter einem
neuem Namen abgelegt werden. So wäre z.B. die Datei NEUDISK.BAT

```
     REM Neue Diskette in A: einlegen
     PAUSE
     FORMAT A:
     DIR A:
     CHKDSK A:
     REM Vorgang beendet
```

geeignet, Formatieren und Prüfen einer Disk als ein eigenes neues Kommando
NEUDISK aufzubauen. Man erkennt, daß Stapelfiles auch als Direkt-Programme
auf der (DOS-) Kommandoebene des Rechners verstanden werden können ...

Das File CONFIG.SYS muß nicht unbedingt vorhanden sein, denn in COMMAND
werden bestimmte Voreinstellungen festgeschrieben. Wenn aber ein Anwender-
programm z.B. eine gewisse Mindestzahl von sog. "Puffern" und Files verwalten muß, ist CONFIG der richtige Ort zum Abändern dieser Werte, die
ohne CONFIG bei 640 KB Speicher auf 15 bzw. 8 (maximal geöffnete Dateien)

gesetzt werden. Puffer sind rechnergenerierte Zwischenspeicher beim Umgang
mit Dateien. Sie dienen dazu, Bearbeitungsgeschwindigkeiten auszugleichen.
So werden z.B. Eingaben von der Tastatur in einem Tastaturpuffer zwischen-
gespeichert, ehe sie als Zeichenkette von der CPU abgerufen werden. Bis
zum <RETURN> kann die CPU daher durchaus noch anderes erledigen. – Jeder
Drucker verfügt über einen Druckerpuffer: Die CPU muß nicht warten, bis
der Drucker fertig ist, sondern kann nach Übergabe von Zeichenketten an
diesen Puffer bereits mit einer neuen Arbeit beginnen, während der Drucker
seinen Puffer nach und nach "leert".

Das Bearbeiten bzw. Erstellen von CONFIG ist mit jedem ASCII-Editor möglich; CONFIG ist eine Textdatei. So etwa könnte CONFIG.SYS aussehen

```
FILES=30
BUFFERS=25
DEVICE=ANSI.SYS
DEVICE=MOUSE.SYS        (wenn nicht in AUTOEXEC)
DEVICE=VDISK.SYS 384 128 64 /E
BREAK=ON
```

Beachten Sie, daß "Programme" hier mit Extender genannt sind, am Beispiel
MOUSE fällt der Unterschied zu AUTOEXEC auf.

BREAK=ON bedeutet, daß laufende Programme (in der Regel) mit der Tastenkombination Ctrl-C abgebrochen werden können; dies ist die Voreinstellung
ohne CONFIG.SYS. BREAK=OFF gestattet Unterbrechung nur noch, wenn unter
laufendem Programm auf Tastatur oder Bildschirm zugegriffen wird. Vorsicht
aber: Manche professionellen Programme stellen diesen Schalter unter Laufzeit oft auf OFF, unabhängig von CONFIG.

ANSI.SYS müssen Sie nur dann haben, wenn bestimmte Anwenderprogramme das
erfordern. Den Maustreiber könnten Sie auch mit AUTOEXEC nachladen.

VDISK.SYS (oder ähnlich) ist ein Systemprogramm zum Erstellen eines sog.
virtuellen Laufwerks, einem Teil des RAM-Speichers, der dann wie eine
schnelle Platte behandelt wird. Man sagt dazu auch <u>Speicherlaufwerk</u>.
Dieses kann auch und vor allem im "Extended Memory" jenseits der 640 KB
eingerichtet werden, eine sinnvolle Nutzung bei großem Speicher. Im Beispiel sind 384 KB eingerichtet, das ist der restliche Speicher von 640 KB
bis 1024 KB. 128 markiert die hier gewünschte (und übliche) Sektorgröße,
und 64 die maximale Anzahl von Dateien, die eingetragen werden können. Und
/E heißt Anlegen im Extended Memory.

Unter DOS hat dieser Speicherbereich dann jene Nummer, die als erste noch
nicht belegt ist, also z.B. D: bei einer Festplatte C: und zwei Laufwerken
A: und B: Beachten Sie, daß beim Anlegen einer VDISK unterhalb der 640 KB
dieser Platz im Speicher jetzt für Anwendungen fehlt. – Sinnvoll ist dann
128 statt 384 und 16 statt 64. Virtuell heißt VDISK deswegen, weil es sich
bei diesem Programm um einen sog. Gerätetreiber handelt, ein Programm
also, das eine nicht vorhandene Diskette simuliert, so tut, als ob es sie
gäbe. Dazu gehört auch die Simulation der Directory-Verwaltung auf dieser
Disk und so weiter ...

Mehr Informationen zu CONFIG.SYS finden Sie im DOS-Handbuch; die obige
Konfiguration ist schon ganz passabel, und zwar auch ohne die relativ groß
gesetzten Werte für BUFFERS und FILES, mit denen der Rechner gegenüber den
kleineren Standardwerten ohne CONFIG.SYS beim Zugriff auf Dateien nur um
einiges langsamer wird.

Achtung: Während Schreibfehler im File AUTOEXEC nur dazu führen, daß in
der Startphase der Maschine jene Zeilen (mit Fehlermeldung) nicht ausgeführt werden, also der PC auf jeden Fall bootet, können Fehler im File
CONFIG (die ebenfalls angezeigt werden) zum Hängenbleiben des Systems
führen: CONFIG.SYS wird nämlich im Kommandointerpreter COMMAND eingebaut.
Sie kommen also für Korrekturen in CONFIG u.U. nicht mehr an das File und
müssen dann den Rechner auf alle Fälle von A: aus mit der Originalsystem-
diskette starten, um später CONFIG verbessern zu können. – Nehmen Sie also
Änderungen des Files CONFIG niemals auf der Original-Systemdisk vor!

Wenn Sie bis hierher gefolgt sind, dann ist der PC für Sie kein Geheimnis
mehr und Sie werden die Maschine ganz nach Ihren persönlichen Bedürfnissen
einrichten können, wenn Sie (vielleicht erst jetzt verständliche) Informationen im reichlich theoretischen DOS-Handbuch nachlesen.

Ganz allgemein seien an dieser Stelle einige Bemerkungen ergänzt, die vor
allem den Anfänger interessieren dürften:

Wer ist das Betriebssystem?

Im ROM sind einige Grundroutinen dauerhaft installiert, mit denen beim
Einschalten des Rechners die vorhandene Hardware erkannt und initialisiert
wird (damit erhält die Maschine einen definierten Betriebszustand). Danach
wird durch einen Sprung auf den Bootsektor einer Systemdiskette (oder der
Festplatte) das BIOS vollständig geladen. Das BIOS enthält die Ein- und
Ausgaberoutinen (für Tastatur, Monitor, Peripherie, daher der Name), ganz
wesentliche Teile des Betriebssystems. Wird die Systemdisk nicht gefunden,
so hält das System mit einer entsprechenden Meldung an; ansonsten werden
DOS und COMMAND sogleich nachgeladen. COMMAND übernimmt dann die weitere
Steuerung des Systems, es ist also die "Benutzeroberfläche" von DOS, die
Schnittstelle des Betriebssystems zum User. "Betriebssystem" ist vom Namen
her ein Hinweis auf die Aufgaben des Systemmanagements:

Der Ein- und Ausgabeteil (BIOS) regelt den Austausch der Daten zwischen
den Systemkomponenten, paßt über Puffer die Geschwindigkeit der Geräte an
(der Drucker ist i.a. die langsamste Komponente), kontrolliert z.B. Warteschlangen ('Spooling' beim Drucken) usw. Die Signale von BIOS an die CPU
(Warten, Fortfahren, ...) heißen "Interrupts", sind also Unterbrechungen
der gerade in Ausführung befindlichen Arbeit.

Weiter gehört zum DOS-Betriebssystem der File-Manager, die Verwaltung der
Dateien; er legt zum Beispiel auf den Disketten Inhaltsverzeichnisse an,
mit den Namen der Dateien und deren Position auf der Peripherie (sog. FCB:
File-Control-Blöcke, zum Verwalten der Fragmentierung, Ablegen der Dateien
auch in Teilen auf freien Plätzen) und dergleichen mehr.

Ein wichtiger Baustein des Betriebssystems ist weiter die Speicherverwaltung des Rechners mit Aufgaben wie Sperren von Bereichen (z.B. für DOS), der Zuweisung von Speicherplatz an Programme und so weiter; ihre nicht gerne gesehene Meldung "Out of memory" bedeutet i.a. Überlastung des PCs, u.U. Ende der Arbeit mit Systemhalt: Booten!

Weiter im Team arbeitet der CPU-Manager, das oberste Kontrollpult, über das alle Arbeitsaufträge laufen und entsprechend dem Eingang abgefertigt werden. Beispielsweise kontrolliert dieser Teil des Systems die Eingaben daraufhin, ob ein laufendes Programm unterbrochen und durch ein residentes Programm (das im Hintergrund wartet) vorläufig abgelöst werden soll.

Über allem thront als fünfter wesentlicher Bestandteil des Betriebssystems der Supervisor: er erkennt mittels COMMAND die Befehle von der Konsole und leitet sie fallweise an die richtige Stelle weiter. "Befehl nicht erkannt" ist eine seiner häufigsten Meldungen.

All diese Dienstleistungen sind in den beiden residenten Systemfiles und im File COMMAND.COM installiert, sofern sie "intern" verwaltet werden. Seltenere Routinen (wie FORMAT, DISKCOPY usw.) werden vom Kommandointerpreter COMMAND fallweise extern nachgeladen, sind also nicht resident.

Sofern Programme unter Laufzeit über ein eigenes Management verfügen, kann es vorkommen, daß nach deren Abarbeitung COMMAND.COM wieder in den Rechner geladen werden muß. Liegt das System auf der Festplatte, so geschieht dies meist unbemerkt; bei kleineren Rechnern kommt jedoch dann die Anforderung, eine Systemdisk in das Laufwerk A: einzulegen. Diese muß unbedingt jenes COMMAND.COM aufweisen, mit dem der Rechner gebootet worden ist!

Einige nützliche Ergänzungen zur Kommandoebene von DOS

Auch ATTRIB kann mit Wildcards verwendet werden, z.B. gemäß

    ATTRIB +R *.TXT

für "Read-Only" aller Dateien des Typs TXT. ATTRIB "." zeigt an, bei welchen Dateien +R gesetzt ist.

DIR .. (mit zwei Punkten) zeigt, wenn Sie in einem Unterverzeichnis sind, das Inhaltsverzeichnis der hierarchisch vorher liegenden Datei an. Analog wäre DIR . das aktuelle Verzeichnis, denn in einer Subdirectory verbergen sich hinter den beiden ersten leeren Einträgen mit . bzw. .. diese Namen.

Zu RENAME: Gekaufte Software soll nicht umbenannt werden, da u.U. der Name während des Programmlaufs intern benutzt wird und dann zu Störungen oder gar Programmabstürzen führt. Dies gilt auch für Dateien, die von solchen Programmen erzeugt werden und mindestens in den Extensions keinerlei Veränderungen erlauben.

Mit COMP A:name.ext B:name.ext können Sie zwei Dateien zeichenweise z.B. nach dem Kopieren auf Übereinstimmung vergleichen. COMP ist wie XCOPY ein externer Befehl, der vom System bei Ausführung erst geladen werden muß. Gegenüber COPY schafft XCOPY die Möglichkeit, sogar hierarchische Strukturen zu kopieren, nicht nur einzelne Listen von Files. Die häufigste Verwendungsform ist

XCOPY A:*.* B: /S

zum Kopieren einer ganzen Diskette in A: nach B: einschließlich aller Subdirectories, sofern diese Einträge erhalten. Nicht vorhandene Unterverzeichnisse werden auf B: notfalls angelegt. – Weitere Parameter zu einem noch flexibleren Kommandoaufbau entnehmen Sie DOS-Handbüchern. Interessant ist vielleicht noch der Fall, daß Sie alles ab irgendeiner Subdirectory "abwärts" kopieren wollen:

XCOPY C:\TEXTE\TXT1 B: /S

Der Pfad weist vom Hauptverzeichnis über \TEXTE\ nach dem dortigen Unterverzeichnis \TXT1\ und alle darunter. Mit /E/S als Parameter werden auch leere Unterverzeichnisse mit übernommen. XCOPY erlaubt aber keine Gerätebezeichnungen wie CON oder PRN, im Gegensatz zu COPY.

Wenn Sie einmal nicht wissen, in welcher Directory Sie sind, weil das Prompt-Zeichen nicht entsprechend eingerichtet worden ist, genügt die Eingabe von CD ohne Parameter. – Mit dem externen Befehl TREE können Sie sich die Directory-Struktur anzeigen lassen, am besten in der Form

TREE | MORE

denn die ist möglicherweise ziemlich umfangreich.

FORMAT ist mit einer Fülle von Parametern benutzbar, von denen wir nur ein paar wichtige beispielhaft vorführen: So können Sie einer Diskette mit

FORMAT B: /V"NAME"

beim Formatieren einen (Ihren) Namen (maximal 11 Zeichen) geben, der in Zukunft immer dann auftaucht, wenn Sie DIR ausführen. Hat eine bereits formatierte Diskette noch keinen Namen, so ist dies nachträglich mit dem Befehl LABEL B: möglich. Wenn Sie nur den Namen einer Disk wissen wollen, dann geht statt DIR viel kürzer VOL, ebenfalls ein interner Befehl.

FORMAT B: /S

kopiert nach dem Formatieren automatisch die verdeckten Systemdateien auf die Disk in B: auf und macht diese damit "selbststartfähig". Sie können durch nachheriges Aufkopieren des zugehörigen COMMAND.COM und einem AUTO-EXEC.BAT (mindestens mit Tastaturtreiber sowie einem Programm) eine Disk so erstellen, daß diese nach dem Einlegen in Laufwerk A: u.a. beim Einschalten des Rechners ganz von alleine bis in die Programmebene des aufkopierten Programms führt und dieses also gleich startet.

Wichtig kann ferner noch sein, daß Sie ein 5.25'- Laufwerk A: mit großer Kapazität (1.2 Mbyte) haben, aber ausnahmsweise damit eine Diskette für einen XT (360 KB) formatieren wollen. Dies geht mit

FORMAT A: /F:360

Bei allen 3.5'-Laufwerken mit 1.44 Mbyte können Sie ganz analog den Befehl
FORMAT A: /F:720 einsetzen, um die kleinere Kapazität zu erzielen. Als Zusatz ist /V"NAME" möglich (ein Blank Abstand).

Der Inhalt von Festplatten sollte von Zeit zu Zeit gesichert werden; Sie
können mit COPY oder XCOPY wichtige Teile herauskopieren, aber besser mit
BACKUP bzw. RESTORE arbeiten, beides externe Befehle, die im DOS-Handbuch
genau beschrieben sind.

DOS stellt auch einen eigenen Editor EDLIN zur Verfügung, falls Sie nicht
einen anderen, besseren haben, oder in einfachen Fällen die Version COPY
CON PRN benutzen. Der Umgang mit EDLIN ist in der Kürze nicht zu erklären,
jedenfalls hat dieser Text-Editor wie jeder seine eigene Kommandosprache.

Interessant ist noch, daß Sie Textdateien auch zum Drucker senden können,
während Sie mit einem anderen Programm arbeiten. Man nennt dies "Hinter-
grunddrucken", denn der zugehörige externe Befehl PRINT ist resident, kann
auch unter Laufzeit eines anderen Programms abgearbeitet werden. Das geht
mit TYPE ... (im direkten Kommandomodus) bekanntlich nicht.

Nehmen wir an, Sie haben auf C: im Unterverzeichnis \TEXTE zwei längere
Texte TEXT1 und TEXT2: Folgende Eingabe ab C: (wo auch das DOS-System
liegt, Pfad in AUTOEXEC anlegen!) löst dann den gewünschten Vorgang aus:

    PRINT C:\TEXTE\TEXT1 \TEXTE\TEXT2

Jetzt können Sie ein anderes Programm aufrufen. – Im Beispiel sind zwei
Texte in der "Warteschlange"; standardmäßig können es bis zu zehn sein.
Klar ist, daß Sie während des Abarbeitens von PRINT keinesfalls ander-
weitig vom neuen Programm aus auf den Drucker zugreifen dürfen, etwa mit
der Hardcopytaste. TYPE bzw. DIR und andere Kommandos dürfen Sie dann auch
nicht auf den Drucker umleiten. Natürlich möchten Sie abbrechen können.
Das geht von der Kommandoebene aus mit PRINT /T (für 'terminate'); vorher
anderes Programm verlassen. Auch PRINT gestattet eine Fülle von weiteren
Parametern, die in Ihrem DOS-Handbuch zu finden sind.

Zuletzt: Der externe Befehl MODE gestattet es, die Betriebsart für den
Bildschirm einzustellen. Testen Sie von der Kommandoebene aus die Eingabe
MODE 40, die Sie mit MODE 80 jederzeit wieder rückgängig machen können.
Für Vorführungen in größerem Kreis kann das manchmal nützlich sein.

Und erinnern Sie sich: Prinzipiell alle Kommandos können in Stapeldateien
eingesetzt werden, auch wenn das für einige nicht sehr sinnvoll ist ...

Mit dieser Übersicht sind Sie für den Alltagsbetrieb Ihres PC bestens ge-
rüstet; weitere Details finden Sie in Ihrem DOS-Handbuch oder in der Fach-
literatur.

26 Literatur

Nach den zuerst genannten offiziellen Handbüchern [1] bis [4] der BORLAND
GmbH (München 1990) folgen in alphabetischer Reihenfolge (nach Autoren)
jene Bücher, die ich selbst zu Rate gezogen habe, die in Detailfragen Aus-
kunft geben können oder aber generell weiterführen.

Wegen der schnellen Entwicklung von TURBO ist manches schon wieder über-
holt; gleichwohl sind z.B. die Bücher [10], [11] und [13] sehr lesenswert.

[5] und [23] enthalten eine Fülle von Tips, Tricks und Bausteinen für besonders effizientes Programmieren.

[20] ist ein Buch mit vielen farbigen Grafiken zum Anschauen und Lesen,
[19], ebenfalls reichhaltig bebildert, setzt sich mit Fraktalflächen aus-
einander, u.a. mit der MANDELBROT-Menge.

[6] und [21] sind Lehrbücher, [6] für Pascal, [21] mehr zum allgemeinen
Umfeld.

Auf einige andere Titel wie [7], [14] und [24] weise ich mehr aus grund-
sätzlichem Interesse hin; [15], [22] und [25] behandeln in erster Linie
formale Fragen bzw. Algorithmen.

...

[1] Turbo Pascal 6.0 Programmierhandbuch

[2] Turbo Pascal 6.0 Benutzerhandbuch

[3] Turbo Pascal 6.0 Referenzhandbuch

[4] Turbo Pascal 6.0 Objektorientierte Programmierung

...

[5] Althaus M.: Turbo Pascal Profibuch
     SYBEX, Düsseldorf usw., 1990

[6] Baumann R.: Informatik mit Pascal
     Klett, Stuttgart, 1981 ff

[7] Böhme G.: Einstieg in die Mathematische Logik
     Hanser, München-Wien, 1981

[8] Born G.: Das MS-DOS Programmierhandbuch
     Markt & Technik, Haar, 1989

[9] Hartmann E.: Computerunterstützte Darstellende Geometrie
     Teubner, Stutttgart, 1988

[10] Hartwig O.: TURBO-PASCAL für Insider
     Markt & Technik, Haar, 1987

[11] Hartwig O.: PC/XT/AT für Insider
Markt & Technik, Haar, 1987

[12] Herschel R.: TURBO PASCAL
Oldenbourg, München Wien, 1985 ff

[13] Kassera W. und Schröder H.: GRAFIK mit Turbo Pascal
Markt & Technik, Haar, 1988

[14] Lau Chung Him: The Principles and Practice of Chinese Abacus
Lau Chung Him, Hongkong, 1980

[15] Lindner U. und Trautloft R.: Grundlagen der problemorientierten
Programmentwicklung
VEB Verlag Technik, Berlin, 1988

[16] Mittelbach H.: Einführung in TURBO-PASCAL
Teubner, Stuttgart, 1988

[17] Mittelbach H.: Expertensystem SCHOLAR
Deutsche Sparkassen, 1991

[18] Norton P. und Socha J.: Peter Norton's Assemblerbuch
Markt & Technik, Haar, 1988

[19] Peitgen H.-O. und Richter P.H.: The Beauty of Fractals
Springer, Berlin Heidelberg usw., 1986

[20] Prueitt M.L.: COMPUTERKUNST
McGrawHill, Hamburg usw., 1985

[21] Remboldt U. (Hrsg.) : Einführung in die Informatik
Hanser, München-Wien, 1987

[22] Schuhmann J. und Gerisch M.: SOFTWAREENTWURF
VEB Verlag Technik, Berlin, 1984

[23] Somerson P. (Hrsg.): DOS POWER TOOLS
SYBEX, Düsseldorf usw., 1990

[24] Vorndran E.P.: Entwicklungsgeschichte des Computers
VDE, Berlin Offenbach, 1982

[25] Wirth N.: Algorithmen und Datenstrukturen
Teubner, Stuttgart, 1986

27 DISKETTEN

Der Autor hält zwei 3.5'-Disketten (1.44 MByte) mit mehr als 240 Files
bereit: auf der ersten Diskette alle im Buch gedruckten Programme samt
einigen dazu benötigten Dateien. - Auf der zweiten Diskette sind etliche
zusätzliche Listings aufgespielt: zunächst alle im Text aus Platzgründen
nur erwähnten Programme, aber auch ergänzende Beispiele mit komplizierteren Details und weiterführenden Lösungsansätzen. Beide Disketten sind
einschließlich Begleittext gegen Scheck über DM 40 (inklusive Nebenkosten)
direkt beim Autor erhältlich. - Bitte die genaue Absenderangabe nicht vergessen! - Hier ist die Bestelladresse:

Henning Mittelbach, Mittlerer Lechfeldweg 11, 8904 Friedberg/Bayern

...

Jeder Programmname besteht aus der Kapitelnummer KPnn, der vier Buchstaben
XXXX zur näheren Identifikation folgen: Dies ist i.a. der Namensanfang des
Files wie im Buch.

Erste Diskette:

KP03TEIL.PAS	KP03ASCI.PAS	KP03SUCH.PAS	KP03SELT.PAS	KP03KOKO.PAS
KP04WURZ.PAS	KP04MULT.PAS	KP04WERT.PAS	KP04EWIG.PAS	KP04WER2.PAS
KP04PRIM.PAS	KP04BAUM.PAS	KP04WOCH.PAS		
KP05FAKU.PAS	KP05FELL.PAS	KP05POTE.PAS	KP053AAL.PAS	KP05BARO.PAS
KP05DEVI.PAS	KP05NEWT.PAS	KP05ASCI.PAS	KP05WIRK.PAS	KP05TONL.PAS
KP06LOTT.PAS	KP06ABFR.PAS	KP06PRIM.PAS	KP06ERAT.PAS	KP06LOGT.PAS
KP06REKA.PAS	KP06GROS.PAS	KP06LINE.PAS	KP06TEXT.PAS	KP06SORT.PAS
KP06PALI.PAS	KP06EING.PAS	KP06DEFA.PAS	KP06DUAL.PAS	KP06WAND.PAS
KP07REST.PAS	KP07WUER.PAS	KP07ALLE.PAS	KP07ZUFA.PAS	KP07FOLG.PAS
KP07GEBU.PAS	KP07RUIN.PAS	KP07KREI.PAS	KP07PULL.PAS	KP07NORM.PAS
KP08FENS.PAS	KP08IRRE.PAS	KP08ZUFA.PAS	KP08SORT.PAS	KP08BILD.PAS
KP09PALE.PAS	KP09VERT.PAS	KP09VISK.PAS	KP09MELD.PAS	KP09VOLU.PAS
KP10SCHR.PAS	KP10LIES.PAS	KP10ZAHL.PAS	KP10FILE.PAS	KP10SORT.PAS
KP10READ.PAS	KP10WORT.PAS	KP10DATE.PAS	KP10BINA.PAS	KP10FICP.PAS
VIERWORT.DTA	SORTWORT.DTA			
KP11GOS1.PAS	KP11TEST.PAS	KP11GOS2.PAS	KP11TAUS.PAS	KP11SUMM.PAS
KP11RECH.PAS	KP11WERT.PAS	KP11VERW.PAS	KP11ARIT.PAS	KP11VEKT.PAS
KP11GAME.PAS	KP11GALV.PAS	KP11GALH.PAS	KP11ACHT.PAS	KP11PARA.PAS
KP11PROZ.PAS	KP11RIEM.PAS			
KP12PRIM.BIB	KP12PRIM.PAS	KP12BUBB.BIB	KP12VERG.PAS	KP12STEC.BIB
KP12ARIT.BIB	KP12LEIT.PAS	KP12OWNT.PAS	KP12TEST.PAS	KP12PARA.PAS

```
KP13FIB1.PAS    KP13FIB2.PAS    KP13FIB3.PAS    KP13HOFR.PAS    KP13HOFS.PAS
KP13HOFD.PAS    KP13FAKU.PAS    KP13REKU.PAS    KP13PERM.PAS    KP13PREK.PAS
KP13DAME.PAS    KP13WECH.PAS    KP13AUFR.PAS

KP14PCLE.PAS    KP14LAUF.PAS    KP14PCSE.PAS    KP14MSDO.PAS    KP14CURS.PAS
KP14DISK.BIB    KP14HIDD.PAS    KP14LOCK.PAS    KP14SCRE.PAS    KP14PASS.PAS
KP14VIRU.PAS    KP14VIRU.EXE    KP14EXEL.PAS

KP15ADRE.PAS

KP16LPRT.BIB    KP16TEXT.PAS    KP16KALE.PAS    KP16FILE.PAS    KP16INHA.PAS
KP16CODE.PAS    KP16LAUF.PAS    XYZ     .TXT    KP16UVW .TXT

KP17COLO.PAS    KP17EGAM.PAS    KP17LOAD.PAS    KP17LISS.PAS    KP17DEMO.PAS
KP17MAUS.PAS    KP17RAST.PAS    KP17LAND.PAS    KP17MOVE.PAS    KP17PYTH.PAS
KP17HILB.PAS    LINEARTS.EGA    LANDDEMO.LSC

KP18MAUS.PAS    KP18ANKU.PAS    KP18BEDI.PAS    KP18WART.PAS    KP18UTOP.PAS
KP18EULE.PAS    KP18WURF.PAS    KP18VERF.PAS    KP18INTE.PAS    KP18GRAV.PAS
KP18KOTI.PAS    KP18DREH.PAS    KP18FLUG.PAS    KP18APFE.PAS    KP18DREI.PAS
APPLEMAN.EGA    APRASTER.EGA    APSWLINE.EGA    APRASTER.EGA

KP19VERK.PAS    KP19ZEIG.PAS    KP19HEAP.PAS    KP19KURZ.PAS    KP19VEDE.PAS
KP19MEHR.PAS    KP19BACK.PAS    KP19WEGE.PAS    KP19BAUM.PAS

KP20STAP.PAS

KP21TEMP.PAS    KP21QUIC.PAS    KP21DEMO.PAS    KP21USER.PAS    KP21KRIM.PAS
KP21INDE.PAS    LONGTEXT        SORTLONG

KP22ARBE.PAS    KP22KALE.PAS

KP23MASC.PAS    KP23ASSE.PAS

KP24OBOR.PAS    KP24POLY.PAS    KP24PUNK.PAS    KP24GEOM.PAS    KP24NEUG.PAS
```

<u>Zweite Diskette:</u>

Weitere derzeit 40 Files (in Quelltexten), die im Text erwähnt sind, so
vor allem Tabellenprogramme, das Paket Adressverwaltung, etliche Ergänzungen zur EGA-Grafik (Bildfiles und Farbmanipulation), einige residente
Programme und ein aufwendiger BAYER-Baum. Hier finden Sie auch die Programme zu allen Abbildungen im Buch, soweit sie nicht mit den gedruckten
Listings erstellt werden können.

<u>Erstellen Sie sich von den Originaldisks unbedingt Sicherungskopien
und arbeiten Sie nur mit Kopien der Dateien ... !</u>

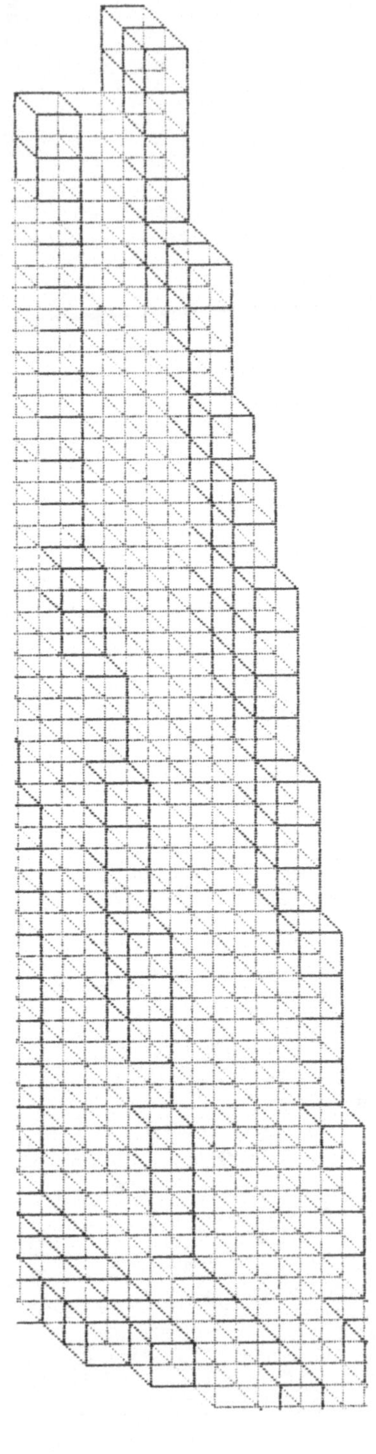

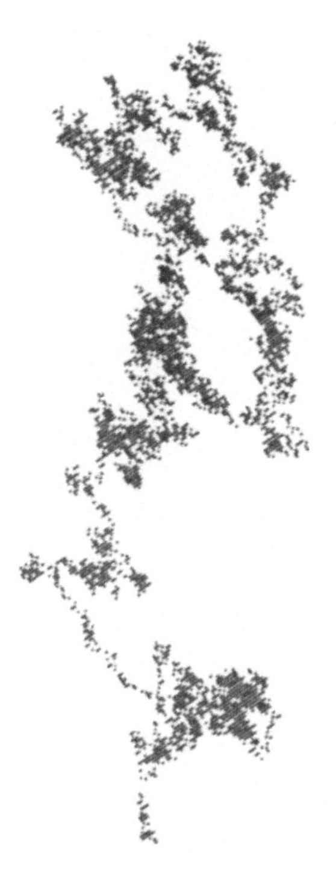

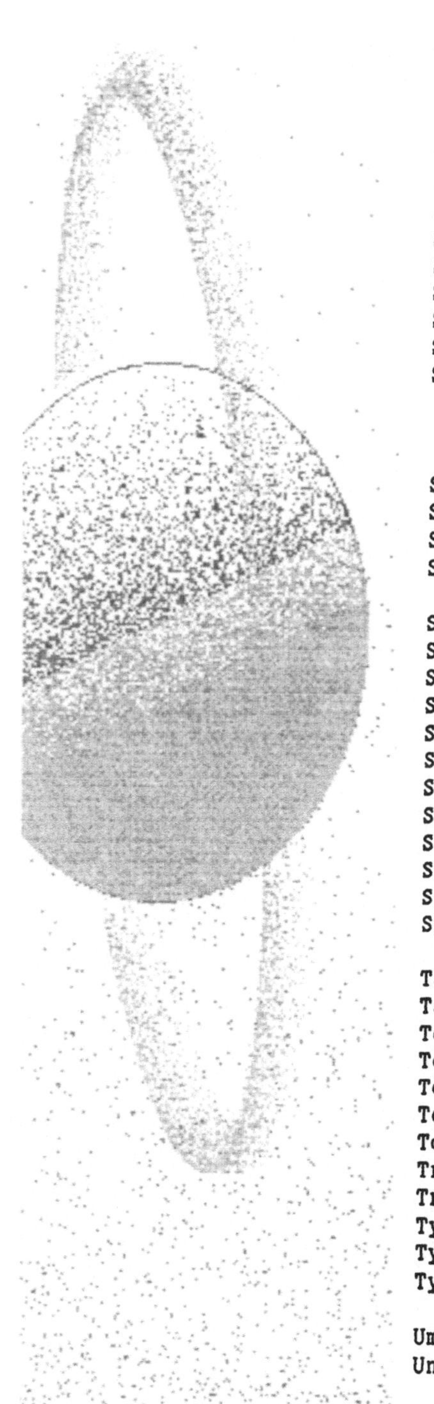

(A ...) bedeutet : Abbildung Seite ...
(P)   praktisch brauchbares Programm

Schulz
AutoCAD-Praktikum

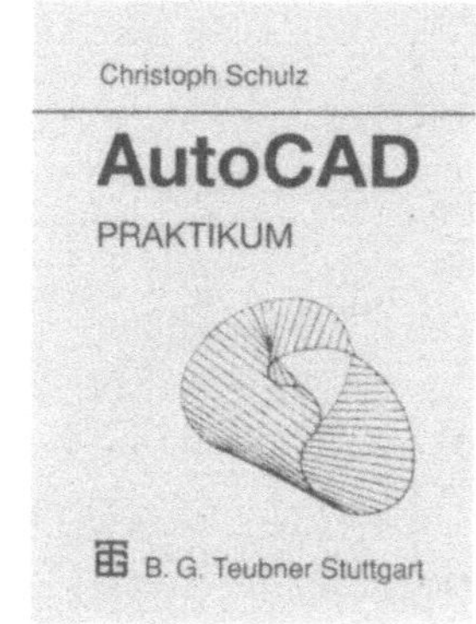

AutoCAD ist seit Jahren das führende CAD-Programm im PC-Bereich. Versionen für andere Rechner und Betriebssysteme (UNIX, AEGIS, VMS, Apple Macintosh) sind ebenfalls erhältlich. Der Anwendungs-Schwerpunkt liegt im Bereich professioneller 2D-Konstruktionen, weiterführende Anwendungen liegen im 3D-Bereich, sowie bei der Erstellung von Animationen und graphischer Präsentationen.

AutoCAD-Praktikum gibt eine leicht verständliche Einführung in die Arbeit mit diesem Programm. Die beste Methode, ein modernes interaktives Programm mit guter Benutzerführung im Selbststudium kennenzulernen, ist »einfach damit zu arbeiten«. Das ist auch der Leitgedanke dieses Buchs: Erklärung der Programmfunktionen anhand konkreter Beispiele, die in einer übersichtlichen tabellarischen Form Schritt für Schritt durchgeführt werden. Übungsaufgaben mit (ebenfalls tabellarisch detailliert dargestellten) Lösungen vertiefen das Verständnis. Am Ende jedes Kapitels werden die eingeführten Funktionen noch einmal in einem Abschnitt zusammengefaßt. Damit ist das Buch auch als Nachschlagewerk für die Arbeit mit AutoCAD nach der Einarbeitungsphase geeignet. Technische Aspekte (Installation, Konfiguration von Peripheriegeräten etc.) werden in Anhängen behandelt.

Schwerpunkt des Buchs ist die ausführliche Darstellung aller 2D-Funktionen von AutoCAD. Je ein Kapitel führt in die 3D-Konstruktion, die Erstellung von Dia-Serien und die automatische Generierung von Zeichnungen mit AutoLISP ein.

Von Prof. Dr.
Christoph Schulz,
Fachhochschule Wiesbaden

1992. 300 Seiten.
16,2 x 22,9 cm.
Kart. DM 36,–.
ISBN 3-519-02980-4

Preisänderungen vorbehalten.

B. G. Teubner Stuttgart

ERRATA

In den Kapiteln 17 (Grafik, ab Seite 227) und 18 sind durch einen
Fehler beim Überspielen der Files in die Textverarbeitung mehrmals
Mode und Treiber (der zumeist durch die Funktion *detect* gesetzt
wird) vertauscht worden. – Der Grafikmodus wird mit der Prozedur

initgraph (Treiber, Mode, Pfad);

aufgerufen; dabei ist auf die Reihenfolge der Parameter zu achten:
Erster Übergabeparameter muß stets der Treiber sein, erst danach
folgt der Grafikmodus. – Der Autor legt Wert auf die Feststellung,
daß der im Buchkopf irrtümlich genannte akad. Titel Dr. ohne sein
Zutun durch ein Verlagsversehen in das Buch geriet ...